U0906415

11－025职业技能鉴定指导书

职业标准·试题库

2019年版

汽轮机运行值班员

（第二版）

电力行业职业技能鉴定指导中心　编

电力工程　汽轮机运行与检修专业

中国电力出版社
CHINA ELECTRIC POWER PRESS

内 容 提 要

本《指导书》是按照劳动和社会保障部制定国家职业标准的要求编写的，其内容主要由职业概况、职业技能培训、职业技能鉴定和鉴定试题库四部分组成，分别对技术等级、工作环境和职业能力特征进行了定性描述；对培训期限、教师、场地设备及培训计划大纲进行了指导性规定。本《指导书》自1999年出版后，对行业内职业技能培训和鉴定工作起到了积极的作用，本书在原《指导书》的基础上进行了修编，补充了内容，修正了错误。

试题库是根据《中华人民共和国国家职业标准》和针对本职业（工种）的工作特点，选编了具有典型性、代表性的理论知识（含技能笔试）试题和技能操作试题，还编制有试卷样例和组卷方案。

本《指导书》是职业技能培训和技能鉴定考核命题的依据，可供劳动人事管理人员、职业技能培训及考评人员使用，亦可供电力（水电）类职业技术学校和企业职业学习参考。

图书在版编目（CIP）数据

汽轮机运行值班员 / 电力行业职业技能鉴定指导中心编. —2版. 北京：中国电力出版社，2009.7（2025.4重印）

职业技能鉴定指导书.（11–025）职业标准试题库. 电力工程、汽轮机运行与检修专业

ISBN 978-7-5083-8844-1

Ⅰ. 汽…　Ⅱ. 电…　Ⅲ. 火电厂–汽轮机运行–职业技能鉴定–习题　Ⅳ. TM621.4–44

中国版本图书馆CIP数据核字（2009）第074577号

中国电力出版社出版、发行

（北京市东城区北京站西街19号　100005　http://www.cepp.sgcc.com.cn）

北京世纪东方数印科技有限公司印刷

各地新华书店经售

*

2006年1月第一版

2009年7月第二版　　2025年4月北京第二十七次印刷

850毫米×1168毫米　32开本　14.25印张　362千字

印数104501—105000册　　定价**70.00**元

版 权 专 有　侵 权 必 究

本书如有印装质量问题，我社营销中心负责退换

电力职业技能鉴定题库建设工作委员会

主　任　徐玉华

副主任　方国元　王新新　史瑞家　杨俊平
陈乃灼　江炳思　李治明　李燕明
程加新

办公室　石宝胜　徐纯毅

委　员　（按姓氏笔划为序）
马建军　马振华　马海福　王　玉
王中奥　王向阳　王应永　丘佛田
吕光全　朱兴林　刘树林　许佐龙
杨　威　杨文林　杨好忠　杨耀福
李　杰　李生权　李宝英　吴剑鸣
张　平　张龙钦　张彩芳　陈国宏
季　安　金昌榕　南昌毅　倪　春
徐　林　奚　珣　高　琦　高应云
章国顺　谌家良　董双武　景　敏
焦银凯　路俊海　熊国强

第一版编审人员

编写人员　门丕勋　虞硕亮　刘　卫
　　　　　　陈传光　孙　斌

审定人员　罗斌雄　杨振茂　姚燕红
　　　　　　白胜喜　周笃毅　朱光明
　　　　　　涂卉芳　童宝忠

第二版编审人员

编写人员（修订人员）
　　　　　　陈立强　刘桂生　田亚钊

审定人员　胡　栋　成凤华　潘建军

说　明

为适应开展电力职业技能培训和实施技能鉴定工作的需要，按照劳动和社会保障部关于制定国家职业标准，加强职业培训教材建设和技能鉴定试题库建设的要求，电力行业职业技能鉴定指导中心统一组织编写了电力职业技能鉴定指导书（以下简称《指导书》）。

《指导书》以电力行业特有工种目录各自成册，于 1999 年陆续出版发行。

《指导书》的出版是一项系统工程，对行业内开展技能培训和鉴定工作起到了积极作用。由于当时历史条件和编写力量所限，《指导书》中的内容已不能适应目前培训和鉴定工作的新要求，因此，电力行业职业技能鉴定指导中心决定对《指导书》进行全面修编，在各网省电力（电网）公司、发电集团和水电工程单位的大力支持下，补充内容，修正错误，使之体现时代特色和要求。

《指导书》主要由职业概况、职业技能培训、职业技能鉴定和鉴定试题库四部分内容构成。其中，职业概况包括职业名称、职业定义、职业道德、文化程度、职业等级、职业环境条件、职业能力特征等内容；职业技能培训包括对不同等级的培训期限要求，对培训指导教师的经历、任职条件、资格要求，对培训场地设备条件的要求和培训计划大纲、培训重点、难点以及对学习单元的设计等；职业技能鉴定的依据是《中华人民共和国国家职业标准》，其具体内容不再在本书中重复；鉴定试题库是根据《中华人民共和国国家职业标准》所规定的范围和内容，以实际技能操作为主线，按照选择题、判断题、简答题、计算题、绘图题和论述题六种题型进行选题，并以难易程度组合排列，同时汇集了大量电力生产建设过程中具有普遍代表性和典型性的实际操作试题，构成了各工种的技能鉴定试题库。试题库的深度、广度涵盖了本职业技能鉴定的全部内容。题库之后还附有试卷样例和组卷方案，为实施鉴定命题提供依据。

《指导书》力图实现以下几项功能：劳动人事管理人员可根据《指导书》进行职业介绍，就业咨询服务；培训教学人员可按照《指导书》中的培训大纲组织教学；学员和职工可根据《指导书》要求，制订自学计划，确立发展目标，走自学成才之路。《指导书》对加强职工队伍培养，提高队伍素质，保证职业技能鉴定质量将起到重要作用。

本次修编的《指导书》仍会有不足之处，敬请各使用单位和有关人员及时提出宝贵意见。

电力行业职业技能鉴定指导中心

2008年6月

目　录

1 职业概况

1.1 职业名称

汽轮机运行值班员（11-025）。

1.2 职业定义

操作、监视、控制汽轮机设备及辅机设备运行的人员。

1.3 职业道德

热爱本职工作，刻苦钻研技术，遵守劳动纪律，爱护工具、设备，安全文明生产，诚实、团结、协作，严守职责，尊师爱徒。

1.4 文化程度

中等职业技术学校毕（结）业。

1.5 职业等级

本职业按照国家职业资格的规定，设为初级（国家五级）、中级（国家四级）、高级（国家三级）、技师（国家二级）、高级技师（国家一级）共五个技术等级。

1.6 职业环境条件

室内作业。部分季节现场就地操作和巡视检查时高温作业，现场就地操作和巡视检查时有一定的噪声和灰尘。

1.7 职业能力特征

本职业应具有分析判断汽轮机及辅机设备运行异常情况和及时、正确处理故障的能力；应具有领会、理解和应用技术文件的能力，用精练的语言进行联系、交流工作的能力，准确而有目的地运用数字进行运算和具有思维想象几何形体及识绘图能力。

2 职业技能培训

2.1 培训期限

2.1.1 初级工：累计不少于480标准学时。

2.1.2 中级工：在取得初级职业资格的基础上，累计不少于400标准学时。

2.1.3 高级工：在取得中级职业资格的基础上，累计不少于400标准学时。

2.1.4 技师：在取得高级职业资格的基础上，累计不少于480标准学时。

2.1.5 高级技师：在取得技师职业资格基础上，累计不少于320标准学时。

2.2 培训教师资格

2.2.1 具有中级以上专业技术职称的工程技术人员和技师可担任初、中级工的培训教师。

2.2.2 具有高级专业技术职称的工程技术人员和高级技师可担任高级工、技师和高级技师的培训教师。

2.3 培训场地设备

2.3.1 具备本职业（工种）基础知识培训的教室和教学设备。

2.3.2 具有基本技能训练的实习场所、实际操作训练设备。

2.3.3 虚拟仿真机、模拟机、仿真机。

2.3.4 本厂生产现场实际设备。

2.4 培训项目

2.4.1 培训目的：通过培训达到《职业技能鉴定规范》对本职业的知识和技能要求。

2.4.2 培训方式：以自学与脱产相结合的方式，进行基础知识讲课和技能训练。

2.4.3 培训重点：

（1）汽轮机和辅机设备规范、运行规程包括：① 汽轮机；② 汽轮机调速系统、油系统；③ 凝汽设备；④ 回热系统；⑤ 汽、水泵；⑥ 汽水系统；⑦ 热工仪表及自动调节装置。

（2）汽轮机和辅机设备操作与正常运行，包括：

1）设备的启动、停用操作；

2）设备的运行监视与调节；

3）设备的巡视、检查。

（3）设备维护和试验。

（4）故障分析和事故处理。

2.5 培训大纲

本职业技能培训大纲，以模块组合（MES）—模块（MU）—学习单元（LE）的结构模式进行编写，其学习目标及内容见表1，职业技能模块及学习单元对照选择见表2，学习单元名称见表3。

表1　　汽轮机运行值班员培训大纲

模块序号及名称	单元序号及名称	学习目标	学习内容	学习方式	参考学时
MU1 职业道德	LE1 汽轮机运行值班员职业道德	通过本单元的学习，掌握汽轮机值班员职业道德的规范，自觉遵守职业道德	1. 热爱本职工作 2. 刻苦钻研技术 3. 遵纪守法 4. 爱护设备、工具 5. 安全文明生产 6. 团结协作、尊师爱徒	自学	4

续表

模块序号及名称	单元序号及名称	学习目标	学习内容	学习方式	参考学时
MU2 汽轮机及辅机的启动	LE2 汽轮机启动前的检查	通过本单元的学习，掌握汽轮机所有系统启动前的检查工序及要求	1. 启动前的准备工作 2 启动前系统的检查 3. 汽轮机、主辅转动设备规范及参数	讲课与自学	6
	LE3 启动前的试验工作	通过本单元的学习，掌握启动前各项试验内容及标准，保证汽轮机正常运行	1. 调节系统静态试验 2. 打闸试验 3. 低油压试验 4. 电动主汽门及其旁路试验 5. 除氧器试验 6. 热工自动装置试验 7. 泵及电动门试验 8. 保护连锁试验	讲课与自学	8
	LE4 辅助设备系统投运	通过本单元的学习，掌握辅助设备系统的启停、正常运行，保证设备运行正常	1. 密封油系统投运及发电机的充氢，油、水系统投运 2. 盘车投入运行 3. 循环水系统投运（启停） 4. 工业水系统投运（启停） 5. 凝结水系统投运（启停） 6. 给水泵的启、停和运行 7. 除氧器投用、停用和运行	讲课与自学	10
	LE5 暖管冲转及升速暖机	通过本单元的学习，掌握管路暖管、暖缸的规定，正确掌握冲转及升速的操作，保证启动成功	1. 锅炉点火后，暖管与暖缸 2. 冲转前的工作 3. 冲转及升速 4. 升速中的注意事项 5. 定速后的工作及注意事项	讲课	6
	LE6 并列与带负荷	通过本单元的学习，掌握机组并列条件和要求，掌握及时投入冷却系统和暖机带负荷的要求	1. 全面检查机组运行情况，符合规定后，汇报值长，机组可以并列 2. 氢冷系统投运 3. 冷却水系统投运 4. 低负荷暖机 5. 一切符合规程要求后，负荷可升至额定值	讲课	4

续表

模块序号及名称	单元序号及名称	学习目标	学习内容	学习方式	参考学时
MU2 汽轮机及辅机的启动	LE7 热态启动	通过本单元的学习，掌握机组短期停机和跳闸后的重新启动操作	1. 热态启动条件和注意事项 2. 额定参数下的热态启动 3. 热态滑参数启动	讲课	8
	LE8 冷态启动	通过本单元的学习，了解冷、热态，启动方法及启动操作	1. 冷、热态的划分 2. 在什么情况下禁止汽轮机启动 3. 启动前的准备工作 4. 锅炉点火前的操作 5. 锅炉点火后的操作 6. 汽轮机保护系统就位 7. 冲转 8. 检查高压缸状态 9. 汽轮机暖机后升速的操作 10. 发电机并网前的操作 11. 发电机并网后高压缸切换前的操作 12. 高压缸切换及加负荷 13. 机组升负荷	讲课	10
MU3 汽轮机及辅机的运行	LE9 汽轮机运行调整操作	通过本单元的学习，掌握蒸汽、负荷、真空、轴承油压等参数的规定，掌握信号装置变化的调节操作	1. 监视仪表指示变化及相应调整 2. 主蒸汽参数、再热蒸汽参数变化操作 3. 负荷增减调整操作 4. 真空变化调整操作 5. 监视段压力、轴向位移和机组振动的监视和分析 6. 凝汽器、加热器、除氧器、轴封加热器水位变化的调节 7. 轴承油压、轴承温度变化的调整 8. 运行泵电流及出口压力变化的调整 9. 发电机氢温、水温、油温变化的调节	讲课	10

续表

模块序号及名称	单元序号及名称	学习目标	学习内容	学习方式	参考学时
MU3 汽轮机及辅机的运行	LE10 正常停机的操作	通过本单元的学习，掌握正常停机及滑参数停机的正确操作	1. 停机前的准备工作 2. 减负荷各阶段的操作与试验 3. 解列停机 4. 滑参数停机的控制参数 5. 滑参数停机 6. 停机的注意事项 7. 停机保养与维护 8. 辅助设备的停用	讲课	8
	LE11 故障停机	通过本单元的学习，掌握紧急停机和请示停机的操作	1. 紧急停机的条件 2. 汽轮机破坏真空停机 3. 汽轮机不破坏真空停机 4. 请示紧急停机 5. 紧急停机的操作步骤	讲课	4
	LE12 日常维护与定期试验	通过本单元的学习，掌握日常维护工作内容和定期试验项目	1. 正常运行中交接班制度 2. 运行中的维护项目 3. 运行中的巡回检查 4. 运行中的定期试验 5. 辅助设备的切换 6. 运行维护的基本要求	讲课与自学	10
MU4 汽轮机及辅机事故与处理	LE13 蒸汽参数异常	通过本单元的学习，掌握蒸汽参数的运行规定，保证机组正常运行	1. 蒸汽压力异常的处理方法 2. 主蒸汽及再热蒸汽汽温异常的处理方法 3. 当汽温、汽压同时下降时的处理	讲课	6

续表

模块序号及名称	单元序号及名称	学习目标	学习内容	学习方式	参考学时
MU4 汽轮机及辅机事故与处理	LE14 油系统工作失常	通过本单元的学习，掌握油系统故障原因及处理方法，保证汽轮机正常运行	1. 主油泵工作失常的处理方法 2. 油压、油位同时下降的处理方法 3. 油压、油位不同时下降的处理方法 4. 辅助油泵故障的处理方法 5. 油系统着火的处理方法	讲课	4
	LE15 水冲击	通过本单元的学习，掌握水冲击的现象、原因及处理方法，保证设备正常运行	1. 水冲击现象 2. 水冲击的原因 3. 水冲击的处理方法	讲课	2
	LE16 凝汽器真空下降	通过本单元的学习，掌握真空变化原因及处理方法，能正确处理真空下降	1. 真空下降的原因 2. 真空下降的处理原则 3. 真空下降的具体处理方法	讲课	2
	LE17 轴向位移量增大	通过本单元的学习，了解轴向位移增大的原因及处理方法，保证汽轮机安全运行	1. 轴向位移增大的原因 2. 轴向位移增大的处理方法	讲课	2
	LE18 机组振动异常	通过本单元的学习，掌握突然发生振动的原因和对机组振动参数的规定，能够迅速处理	1. 机组突然发生强烈振动的原因 2. 对机组振动参数的规定 3. 异常振动的处理方法	讲课	4
	LE19 甩负荷或负荷突增	通过本单元的学习，掌握发电机组负荷突减、突增的原因及处理方法，保证机组的正常运行	1. 发电机外部故障和与系统解列 2. 发电机内部故障、发电机解列、调速系统正常 3. 发电机跳闸、调速系统失常 4. 机组负荷突减、突增的原因 5. 处理方法	讲课	4

续表

模块序号及名称	单元序号及名称	学习目标	学习内容	学习方式	参考学时
MU4 汽轮机及辅机事故与处理	LE20 典型事故原因分析及预防	通过本单元的学习，掌握典型事故原因分析方法和应采取的预防措施	1. 通流部分动、静摩擦原因分析及防止措施 2. 汽轮机进水及进冷汽的现象、原因和防止措施 3. 汽轮机大轴弯曲的原因和防止措施 4. 汽轮机超速现象、原因分析和防止措施 5. 汽轮机叶片磨损的现象、原因及防止措施 6. 汽轮机轴承断油的原因及处理方法 7. 油系统着火的原因及处理方法 8. 全厂事故停机的原因及处理方法	讲课	10
	LE21 转动机械故障	通过本单元的学习，掌握转动机械故障原因分析和处理方法	1. 凝结水泵、射水泵、疏水泵、工业水泵、循环水泵等故障及处理方法 2. 给水泵故障原因和处理方法	讲课	8
	LE22 辅机设备故障	通过本单元的学习，掌握辅机设备故障原因和处理操作	1. 凝汽器真空下降的原因 2. 加热器受热面结垢、漏水的原因 3. 除氧器的常见故障 4. 其他热交换器的故障原因和处理方法	讲课	6
	LE23 压力管道泄漏故障	通过本单元的学习，掌握压力管道泄漏原因及处理操作	1. 给水管道故障原因及处理方法 2. 蒸汽、给水管道冲击原因、判断及处理方法	自学	2

续表

模块序号及名称	单元序号及名称	学习目标	学习内容	学习方式	参考学时
MU5 汽轮机及辅机大修后验收和试运行	LE24 大修后的验收	通过本单元的学习，掌握大修后验收项目及标准	1. 真空严密性的验收及试验内容 2. 辅助设备的验收 3. 汽轮机油系统循环冲洗 4. 调速系统的验收项目 5. 热控自动保护装置的试验 6. 各种阀门的验收及校验	讲课与自学	4
	LE25 汽轮机总体试运行	通过本单元的学习，掌握总体试运行的内容和操作	1. 转动机械的试运行 2. 空负荷运行的内容和操作项目 3. 带负荷运行的内容及操作	讲课与自学	4
MU6 发电厂经济指标分析	LE26 汽轮机运行经济指标	通过本单元的学习，掌握通过汽轮机经济指标分析和计算来改进运行方式、提高经济效益的方法	1. 发电厂主要经济指标 2. 汽轮机运行指标及分析	讲课	4
MU7 发电厂可靠性管理	LE27 发电厂可靠性管理内容	通过本单元的学习，掌握发电厂主、辅设备的可靠性知识，制定措施、降低非计划停运，提高发电设备可靠性	1. 发电厂可靠性管理的一般知识 2. 主、辅设备可靠性管理的统计内容 3. 发电设备异常情况分析	讲课	4
MU8 锅炉及附属设备系统	LE28 锅炉及附属设备	通过本单元的学习，掌握锅炉主设备、附属设备运行操作及对汽、水、燃料、烟、风系统的要求	1. 锅炉主要设备及附属设备的布置 2. 汽、水、燃料、烟、风系统 3. 锅炉启停及运行	讲课	6

续表

模块序号及名称	单元序号及名称	学习目标	学习内容	学习方式	参考学时
MU9 发电机及厂用电系统	LE29 发电机及厂用电系统	通过本单元的学习，掌握发电机、汽轮机、锅炉横向连锁系统对汽轮机安全运行的要求，厂用电负荷分配，辅机电源分布	1. 发电机一次接线及发电机主要保护 2. 机、电、炉横向连锁系统 3. 厂用电机组变压器和启动变压器系统的切换 4. 厂用电动机启停次数的规定	讲课	6
MU10 电力行业规程及标准	LE30 电力行业规程及标准	通过本单元的学习，掌握电力行业标准中与汽轮机、锅炉、发电机运行有关的内容，能结合本岗位实际，认真贯彻执行	1. 电业安全工作规程 2. 电力生产事故调查规程 3. 火力发电厂及蒸汽动力设备水汽质量标准 4. 火力发电厂高压加热器运行维护导则 5. 发电厂厂用电动机、电力变压器运行规程 6. 电业生产人员培训制度 7. 200MW、300MW汽轮机运行导则 8. 电力工业锅炉压力容器监察规程	讲课与自学	10
MU11 新技术应用	LE31 发电厂的新技术	通过本单元的学习，了解发电新技术的原理、应用现状及前景	1. 核能发电 2. 燃气—蒸汽联合循环发电 3. 地热发电 4. 风力发电 5. 太阳能发电 6. 潮汐发电 7. 磁流体发电 8. 环保电厂	讲课	4
MU12 计算机	LE32 计算机的应用	通过本单元的学习，掌握计算机性能用于生产实际	1. 基本操作及技能 2. 计算机管理方法 3. 监视、控制与调整 4. 事故处理	结合实际，讲解与自学	40
MU13 热工仪表和自动装置	LE33 热工仪表和自动装置	通过本单元的学习，掌握热工仪表一般构造、原理和热工保护、自动调整装置的作用、原理	1. 热工仪表 2. 测量仪表 3. 自动调整装置 4. 热工保护装置	讲课	10

表 2　　职业技能模块及学习单元对照选择表

模块		MU1	MU2	MU3	MU4	MU5	MU6	MU7	MU8	MU9	MU10	MU11	MU12	MU13
内容		职业道德	汽轮机及辅机的启动	汽轮机及辅机的运行	汽轮机及辅机事故与处理	汽轮机及辅机大修后验收和试运行	发电厂经济指标分析	发电厂可靠性管理	锅炉及附属设备系统	发电机及厂用电系统	电力行业规程及标准	新技术应用	计算机	热工仪表和自动装置
参考学时		4	52	32	50	8	4	4	6	6	14	4	40	10
适用等级		初级 中级 高级 技师 高级技师	初级 中级 高级 技师 高级技师	初级 中级 高级 技师	初级 中级 高级 技师 高级技师	初级 中级 高级	高级 技师 高级技师	高级 技师 高级技师	初级 中级 高级	中级 高级	初级 中级 高级 技师 高级技师	高级 技师 高级技师	初级 中级 高级 技师	初级 中级 高级 技师
学习单元LE序号选择	初级	1	2、3、4、5、6	9、10、11、12	16、20、21、22、23	24、25			28		30		32	33
	中级	1	2、3、4、5、6、7、8	9、10、11、12	13、14、15、16、17、18、19、20、21、22、23	24、25			28	29	30		32	33

续表

模块		MU1	MU2	MU3	MU4	MU5	MU6	MU7	MU8	MU9	MU10	MU11	MU12	MU13
学习单元LE序号选择	高级	1	2、3、4、5、6、7、8	9、10、11、12	13、14、15、16、17、18、19、20、21、22、23	24、25	26	27	28	29	30	31	32	33
	技师	1	2、3、4、5、6、7、8	9、10、11、12	13、14、15、16、17、18、19、20、21、22、23		26	27			30	31	32	33
	高级技师	1	2、3、4、5、6、7、8		20、21		26	27			30	31		

表3　　学习单元名称表

学习单元序号	学习单元名称	学习单元序号	学习单元名称
LE1	汽轮机运行值班员职业道德	LE18	机组振动异常
LE2	汽轮机启动前的检查	LE19	甩负荷或负荷突增
LE3	启动前的试验工作	LE20	典型事故原因分析及预防
LE4	辅助设备系统投运	LE21	转动机械故障
LE5	暖管冲转及升速暖机	LE22	辅机设备故障
LE6	并列与带负荷	LE23	压力管道泄漏故障
LE7	热态启动	LE24	大修后的验收
LE8	冷态启动	LE25	汽轮机总体试运行
LE9	汽轮机运行调整操作	LE26	汽轮机运行经济指标
LE10	正常停机的操作	LE27	发电厂可靠性管理内容
LE11	故障停机	LE28	锅炉及附属设备
LE12	日常维护与定期试验	LE29	发电机及厂用电系统
LE13	蒸汽参数异常	LE30	电力行业规程及标准
LE14	油系统工作失常	LE31	发电厂的新技术
LE15	水冲击	LE32	计算机的应用
LE16	凝汽器真空下降	LE33	热工仪表和自动装置
LE17	轴向位移量增大		

3 职业技能鉴定

3.1 鉴定要求

鉴定内容和考核双向细目表按照本职业（工种）《中华人民共和国职业技能鉴定规范·电力行业》执行。

3.2 考评人员

考评人员是在规定的工种（职业）、等级和类别范围内，依据国家职业技能鉴定规范和国家职业技能鉴定试题库电力行业分库试题，对职业技能鉴定对象进行考核、评审工作的人员。

考评人员分考评员和高级考评员。考评员可承担初、中、高级技能等级鉴定；高级考评员可承担初、中、高级技能等级和技师、高级技师资格考评。其任职条件是：

3.2.1 考评员必须具有高级工、技师或者中级专业技术职务以上的资格，具有15年以上本工种专业工龄；高级考评员必须具有高级技师或者高级专业技术职务的资格，取得考评员资格并具有1年以上实际考评工作经历。

3.2.2 掌握必要的职业技能鉴定理论、技术和方法，熟悉职业技能鉴定的有关法律、法规和政策，有从事职业技术培训、考核的经历。

3.2.3 具有良好的职业道德，秉公办事，自觉遵守职业技能鉴定考评人员守则和有关规章制度。

鉴定试题库

4

4.1 理论知识（含技能笔试）试题

4.1.1 选择题

下列每题都有4个答案，其中只有一个正确答案，将正确答案填在括号内。

La5A1001 当容器内工质的压力大于大气压力，工质处于（A）。

（A）正压状态；（B）负压状态；（C）标准状态；（D）临界状态。

La5A1002 在焓—熵图的湿蒸汽区，等压线与等温线（D）。

（A）是相交的；（B）是相互垂直的；（C）是两条平引的直线；（D）重合。

La5A1003 水蒸气的临界参数为（B）。

（A）p_c=22.115MPa，t_c=274.12℃；（B）p_c=22.115MPa，t_c=374.12℃；（C）p_c=22.4MPa，t_c=274.12℃；（D）p_c=22.4MPa，t_c=374.12℃。

La5A1004 朗肯循环是由（B）组成的。

（A）两个等温过程、两个绝热过程；（B）两个等压过程、两个绝热过程；（C）两个等压过程、两个等温过程；（D）两个等容过程、两个等温过程。

La5A1005　金属材料的强度极限σb是指（C）。

（A）金属材料在外力作用下产生弹性变形的最大应力；（B）金属材料在外力作用下出现塑性变形时的应力；（C）金属材料在外力作用下断裂时的应力；（D）金属材料在外力作用下出现弹性变形时的应力。

La5A1006　阀门部件的材质是根据工作介质的（B）来决定的。

（A）流量与压力；（B）温度与压力；（C）流量与温度；（D）温度与黏性。

La5A1007　凝汽器内蒸汽的凝结过程可以看作是（D）。

（A）等容过程；（B）等焓过程；（C）绝热过程；（D）等压过程。

La5A2008　沸腾时气体和液体同时存在，气体和液体的温度（A）。

（A）相等；（B）不相等；（C）气体温度大于液体温度；（D）气体温度小于液体温度。

La5A2009　已知介质的压力p和温度t，在该温度下，当p小于$p_{饱和}$时，介质所处的状态是（D）。

（A）未饱和水；（B）湿蒸汽；（C）干蒸汽；（D）过热蒸汽。

La5A2010　沿程水头损失随水流的流程增长而（A）。

（A）增大；（B）减少；（C）不变；（D）不确定。

La5A2011　容量为 200μF 和 300μF 的两只电容器，串联后总电容是（C）μF。

（A）500；（B）250；（C）120；（D）200。

La5A2012　两台离心水泵串联运行时，（D）。

（A）两台水泵的扬程应该相同；（B）两台水泵的扬程相同，总扬程为两泵扬程之和；（C）两台水泵扬程可以不同，但总扬程为两泵扬程之和的 1/2；（D）两台水泵扬程可以不同，但总扬程为两泵扬程之和。

La5A3013　额定功率为 10W 的三个电阻，R_1=10Ω、R_2=40Ω、R_3=250Ω，串联接于电路中，电路中允许通过的最大电流为（D）。

（A）200mA；（B）0.5A；（C）1A；（D）5.78mA。

La4A1014　随着压力的升高，水的汽化热（D）。

（A）与压力变化无关；（B）不变；（C）增大；（D）减小。

La4A1015　高压加热器内水的加热过程可以看作是（C）。

（A）等容过程；（B）等焓过程；（C）等压过程；（D）绝热过程。

La4A2016　压容图（p—V 图）上某一线段表示为（B）。

（A）某一确定的热力状态；（B）一个特定的热力过程；（C）一个热力循环；（D）某一非确定的热力状态。

La4A2017　水在水泵中压缩升压可以看作是（B）。

（A）等温过程；（B）绝热过程；（C）等压过程；（D）等焓过程。

La4A2018　蒸汽在汽轮机内的膨胀过程可以看作是（B）。

（A）等温过程；（B）绝热过程；（C）等压过程；（D）等容过程。

La4A2019　当热导率为常数时，单层平壁沿壁厚方向的温度按（D）分布。

（A）对数曲线；（B）指数曲线；（C）双曲线；（D）直线。

La4A3020　锅炉水冷壁管内壁结垢，会造成（D）。

（A）传热增强，管壁温度降低；（B）传热减弱，管壁温度降低；（C）传热增强，管壁温度升高；（D）传热减弱，管壁温度升高。

La4A3021　炉膛内烟气对水冷壁的主要换热方式是（B）。

（A）对流换热；（B）辐射换热；（C）热传导；（D）复合换热。

La3A2022　表示正弦电路中电容元件容抗的计算式，正确的是（C）。

（A）$i=U/(XC)$；（B）$i=U/(\omega C)$；（C）$I=U\omega C$；（D）$I=U/(\omega C)$。

La3A2023　班组加强定额管理工作中的劳动定额是指（A）。

（A）工时定额、产量定额；（B）质量定额、产量定额；（C）成品定额、工时定额；（D）质量定额、成品定额。

La3A3024　一个标准大气压（1atm）等于（B）。

（A）110.325kPa；（B）101.325kPa；（C）720mmHg；（D）780mmHg。

La3A3025　班组民主管理不包括（D）管理。

（A）政治民主；（B）经济民主；（C）生产技术民主；（D）奖惩民主。

La3A3026　运行分析工作不包括（A）。

（A）安全分析；（B）定期分析；（C）岗位分析；（D）专题分析。

La2A1027 对流体的平衡和运动规律具有主要影响的是（A）。

（A）黏性；（B）压缩性；（C）膨胀性；（D）表面张力。

La2A2028　汽轮机中常用的和重要的热力计算公式是（C）。

（A）理想气体的过程方程式；（B）连续方程式；（C）能量方程式；（D）动量方程式。

La2A2029　汽轮机纯冲动级的最佳速比为（A）

（A）1/2；（B）1/4；（C）3/4；（D）都不是。

La1A2030　热力学基础是研究（D）的规律和方法的一门学科。

（A）化学能转变成热能；（B）热能转变成机械能；（C）机械能转变成电能；（D）热能与机械能相互转换。

La1A3031　在新蒸汽压力不变的情况下，采用喷嘴调节的汽轮机在额定工况下运行，蒸汽流量增加时，调节级的焓降（B）

（A）增大；（B）减少；（C）基本不变；（D）不确定。

La1A3032　实际物体的辐射力与同温度下绝对黑体的辐

射力（B）。

（A）前者大于后者；（B）前者小于后者；（C）二者相等；（D）无法比较。

La1A3033　造成火力发电厂效率低的主要原因是（B）

（A）锅炉效率低；（B）汽轮机排汽热损失；（C）发电机损失；（D）汽轮机机械损失。

La1A3034　火力发电厂排出的烟气，会造成大气的污染，主要污染物是（A）

（A）二氧化硫；（B）粉尘；（C）二氧化碳；（D）微量重金属微粒。

La1A4035　流体流动时引起能量损失的主要原因是（C）

（A）流体的压缩性；（B）流体的膨胀性；（C）流体的黏滞性；（D）流体的挥发性。

La1A4036　高温对金属材料（如低碳钢）机械性能的影响是（A）。

（A）一般使材料的强度降低、塑性能力提高；（B）一般使材料的强度降低、塑性能力也降低；（C）一般使材料的强度提高、塑性能力降低；（D）一般使材料的强度提高、塑性能力也提高。

La1A5037　机组热耗验收工况是（C）

（A）TRL 工况；（B）T-MCR 工况；（C）THA 工况；（D）VWO 工况。

La1A5038　关于 FATT 温度，下列说法正确的是（A）

（A）汽轮机转子运行时间越长，FATT 温度越高；（B）汽轮机转子运行时间越长，FATT 温度越低；（C）只与金属的材料特性有关，与汽轮机转子运行时间长短无关；（D）FATT 温度越高越好。

La1A5039　变频技术可以实现节能降耗的主要原因是（B）。

（A）减少系统流量；（B）减少系统阻力；（C）降低电机损耗；（D）降低泵的磨损。

Lb5A1040　管道公称压力是指管道和附件在（C）℃及以下的工作压力。

（A）100；（B）150；（C）200；（D）250。

Lb5A1041　温度在（A）℃以下的低压汽/水管道，其阀门外壳通常用铸铁制成。

（A）120；（B）200；（C）250；（D）300。

Lb5A1042　油系统多采用（B）阀门。

（A）暗；（B）明；（C）铜质；（D）铝质。

Lb5A1043　减压门属于（D）。

（A）关（截）断门；（B）调节门；（C）旁路阀门；（D）安全门。

Lb5A1044　凝汽器内真空升高，汽轮机排汽压力（B）。

（A）升高；（B）降低；（C）不变；（D）不能判断。

Lb5A1045　加热器按工作原理可分为（A）。

（A）表面式加热器、混合式加热器；（B）加热器、除氧器；（C）高压加热器、低压加热器；（C）螺旋管式加热器、卧式加热器。

Lb5A1046　循环水泵主要向（D）提供冷却水。

（A）给水泵电动机空冷器；（B）冷油器；（C）发电机冷却器；（D）凝汽器。

Lb5A1047　球形阀的阀体制成流线型是为了（C）。

（A）制造方便；（B）外形美观；（C）减少流动阻力损失；（D）减少沿程阻力损失。

Lb5A1048　利用管道自然弯曲来解决管道热膨胀的方法，称为（B）。

（A）冷补偿；（B）自然补偿；（C）补偿器补偿；（D）热补偿。

Lb5A1049　利用（A）转换成电能的工厂称为火力发电厂。

（A）燃料的化学能；（B）太阳能；（C）地热能；（D）原子能。

Lb5A1050　火力发电厂中，汽轮机是将（D）的设备。

（A）热能转变为动能；（B）热能转变为电能；（C）机械能转变为电能；（D）热能转变为机械能。

Lb5A1051　在泵的启动过程中，下列泵中（C）应该进行暖泵。

（A）循环水泵；（B）凝结水泵；（C）给水泵；（D）疏水泵。

Lb5A1052　汽轮机油箱的作用是（D）。

（A）贮油；（B）分离水分；（C）贮油和分离水分；（D）贮油和分离水分、空气、杂质和沉淀物。

Lb5A2053 闸阀的作用是（C）。

（A）改变介质的流动方向；（B）调节介质的流量；（C）截止流体的流动；（D）调节介质的压力。

Lb5A2054 电磁阀属于（C）。

（A）电动门；（B）手动门；（C）快速动作门；（D）中速动作门。

Lb5A2055 抽气器的作用是抽出凝汽器中（D）。

（A）空气；（B）蒸汽；（C）蒸汽和空气混合物；（D）空气和不凝结气体。

Lb5A2056 冷油器油侧压力应（A）水侧压力。

（A）大于；（B）小于；（C）等于；（D）不等于。

Lb5A2057 公称压力为2.45MPa的阀门属于（B）。

（A）低压门；（B）中压门；（C）高压门；（D）超高压门。

Lb5A2058 汽轮机排汽温度与凝汽器循环冷却水出口温度的差值称为凝汽器的（B）。

（A）过冷度；（B）端差；（C）温升；（C）过热度。

Lb5A2059 离心泵轴封机构的作用是（A）。

（A）防止高压液体从泵中大量漏出或空气顺轴吸入泵内；（B）对水泵轴起支承作用；（C）对水泵轴起冷却作用；（D）防止漏油。

Lb5A2060 电厂锅炉给水泵采用（C）。

（A）单级单吸离心泵；（B）单级双吸离心泵；（C）分段式多级离心泵；（D）轴流泵。

Lb5A2061 在选择使用压力表时，为使压力表能安全可靠地工作，压力表的量程应选得比被测压力值高（**D**）。

（A）1/4；（B）1/5；（C）1/2；（D）1/3。

Lb5A2062 调速给水泵电动机与主给水泵连接方式为（**C**）连接。

（A）刚性联轴器；（B）挠性联轴器；（C）液力联轴器；（D）半挠性联轴器。

Lb5A2063 止回阀的作用是（**D**）。

（A）调节管道中的流量；（B）调节管道中的流量及压力；（C）可作为截止门起保护设备安全的作用；（D）防止管道中的流体倒流。

Lb5A3064 现代大型凝汽器冷却倍率一般取值范围为（**B**）。

（A）20～50；（B）45～80；（C）80～120；（D）120～150。

Lb5A4065 热工仪表的质量好坏通常用（**B**）三项主要指标评定。

（A）灵敏度、稳定性、时滞；（B）准确度、灵敏度、时滞；（C）稳定性、准确性、快速性；（D）精确度、稳定性、时滞。

Lb5A4066 0.5 级精度的温度表，其量程为 50～800℃，允许误差为（**A**）℃。

（A）±3.75；（B）±4；（C）±4.25；（D）5。

Lb5A4067 火力发电厂中，测量主蒸汽流量的节流装置多选用（**B**）。

（A）标准孔板；（B）标准喷嘴；（C）长径喷嘴；（D）文

丘里管。

Lb4A1068 氢冷发电机运行中密封油温度升高，则密封油压将（**C**）。

（A）升高；（B）不变；（C）稍有降低；（D）大幅降低。

Lb4A1069 调节汽轮机的功率主要是通过改变汽轮机的（**C**）来实现的。

（A）转速；（B）运行方式；（C）进汽量；（D）抽汽量。

Lb4A1070 压力容器的试验压力约为工作压力的（**D**）倍。

（A）1.10；（B）1.15；（C）1.20；（D）1.25。

Lb4A1071 锅炉与汽轮机之间连接的蒸汽管道，以及用于蒸汽通往各辅助设备的支管，都属于（**A**）。对于再热机组，还应该包括再热蒸汽管道。

（A）主蒸汽管道系统；（B）给水管道系统；（C）旁路系统；（D）真空抽汽系统。

Lb4A1072 汽轮机保安系统中要求主汽门关闭时间小于（**A**）。

（A）0.3s；（B）0.1s；（C）1s；（D）2s。

Lb4A2073 正常运行中当主蒸汽流量增加时，凝汽式汽轮机的轴向推力（**B**）。

（A）不变；（B）增加；（C）减小；（D）先减小后增加。

Lb4A2074 汽轮机超速保安器动作转速应为额定转速的（**A**）。

（A）110%～112%；（B）112%～114%；（C）110%～118%；

（D）100%～108%。

Lb4A2075 为了保证机组调节系统稳定，汽轮机转速变动率一般应取（**B**）为合适。

（A）1%～2%；（B）3%～6%；（C）6%～9%；（D）9%～12%。

Lb4A3076 主油泵供给调节及润滑油系统用油，要求其扬程—流量特性（**A**）。

（A）较平缓；（B）较陡；（C）无特殊要求；（D）有其他特殊要求。

Lb4A3077 采用铬钼钒铸钢 **ZG15Cr1Mo1V** 作为高、中压内缸材料的汽轮机的蒸汽工作温度不许超过（**D**）。

（A）360℃；（B）500℃；（C）540℃；（D）570℃。

Lb4A3078 轴向位移和膨胀差的各自检测元件的固定部分应装在（**A**）上。

（A）汽缸；（B）转子；（C）推力轴承；（D）支持轴承。

Lb4A3079 汽轮机调速系统的执行机构为（**C**）。

（A）同步器；（B）主油泵；（C）油动机；（D）调节汽门。

Lb4A3080 大型机组凝汽器的过冷度一般为（**A**）℃。

（A）0.51；（B）2.3；（C）3.5；（D）4.0。

Lb4A3081 凝汽器水阻的大小直接影响到循环水泵的耗电量，大型机组一般为（**B**）左右。

（A）2m 水柱；（B）4m 水柱；（C）6m 水柱；（D）9m 水柱。

Lb4A3082 在凝汽器内设空气冷却区是为了（C）。

（A）冷却被抽出的空气；（B）防止凝汽器内的蒸汽被抽出；（C）再次冷却、凝结被抽出的空气、蒸汽混合物；（D）用空气冷却蒸汽。

Lb4A3083 由两级串联旁路和一级大旁路系统合并组成的旁路系统称为（C）。

（A）两级串联旁路系统；（B）一级大旁路系统；（C）三级旁路系统；（D）三用阀旁路系统。

Lb4A3084 椭圆形轴承上下部油膜相互作用，使（D）的抗振能力增强。

（A）轴向；（B）径向；（C）水平方向；（D）垂直方向。

Lb4A3085 汽轮机汽缸的膨胀死点一般在（B）。

（A）立销中心线与横销中心线的交点；（B）纵销中心线与横销中心线的交点；（C）立销中心线与纵销中心线的交点；（D）纵销中心线与斜销中心线的交点。

Lb4A3086 连接汽轮机转子和发电机转子一般采用（B）。

（A）刚性联轴器；（B）半挠性联轴器；（C）挠性联轴器；（D）半刚性联轴器。

Lb4A3087 汽轮机隔板汽封一般采用（A）。

（A）梳齿形汽封；（B）J 形汽封；（C）枞树形汽封；（D）迷宫式汽封。

Lb4A3088 汽轮机相对内效率为（C）。

（A）轴端功率/理想功率；（B）电功率/理想功率；（C）内功率/理想功率；（D）输入功率/理想功率。

Lb4A3089 汽轮发电机组每生产 1kW·h 的电能所消耗的热量叫（B）。

（A）热耗量；（B）热耗率；（C）热效率；（D）热流量。

Lb4A3090 单缸汽轮机通流部分结了盐垢时，轴向推力（D）。

（A）反向减小；（B）反向增大；（C）正向减小；（D）正向增大。

Lb4A3091 汽轮机热态启动时，主蒸汽温度应高于高压缸上缸内壁温度至少（D）℃。

（A）20；（B）30；（C）40；（D）50。

Lb4A4092 大容量汽轮机停机从 3000r/min 打闸时，（C）突增的幅度较大。

（A）高压胀差；（B）中压胀差；（C）低压胀差；（D）高、中压胀差。

Lb4A4093 汽轮机滑销系统的合理布置和应用能保证（D）的自由膨胀和收缩。

（A）横向和纵向；（B）横向和立向；（C）横向、立向和纵向；（D）各个方向。

Lb3A2094 在主蒸汽管道系统中，为防止发生蒸汽温度偏差过大现象，可采取的措施为（C）。

（A）采用喷水减温的方法；（B）采用回热加热的方法；（C）采用中间联络管的方法；（D）采用减温器的方法。

Lb3A2095 机组甩负荷时，转子表面产生的热应力为（A）。

（A）拉应力；（B）压应力；（C）交变应力；（D）不产生

应力。

Lb3A3096　提高蒸汽初温，其他条件不变，汽轮机相对内效率（A）。

（A）提高；（B）降低；（C）不变；（D）先提高后降低。

Lb3A3097　中间再热使热经济性得到提高的必要条件是（A）。

（A）再热附加循环热效率大于基本循环热效率；（B）再热附加循环热效率小于基本循环热效率；（C）基本循环热效率必须大于40%；（D）再热附加循环热效率不能太低。

Lb3A3098　在汽轮机启动过程中，发生（B）现象，汽轮机部件可能受到的热冲击最大。

（A）对流换热；（B）珠状凝结换热；（C）膜状凝结换热；（D）辐射换热。

Lb3A4099　对于一种确定的汽轮机，其转子或汽缸热应力的大小主要取决于（D）。

（A）蒸汽温度；（B）蒸汽压力；（C）机组负荷；（D）转子或汽缸内温度分布。

Lb3A4100　选择蒸汽中间再热压力对再热循环热效率的影响是（B）。

（A）蒸汽中间再热压力越高，循环热效率越高；（B）蒸汽中间再热压力为某一值时，循环效率最高；（C）汽轮机最终湿度最小时相应的蒸汽中间压力使循环效率最高；（D）汽轮机相对内效率最高时相应的蒸汽中间压力使循环效率最高。

Lb3A4101　回热加热系统理论上最佳给水温度相对应的

是（B）。

（A）回热循环热效率最高；（B）回热循环绝对内效率最高；（C）电厂煤耗率最低；（D）电厂热效率最高。

Lb3A4102　采用回热循环后，与之相同初参数及功率的纯凝汽式循环相比，它的（B）。

（A）汽耗量减少；（B）热耗率减少；（C）做功的总焓降增加；（D）做功不足系数增加。

Lb3A4103　如对 50MW 机组进行改型设计，比较合理的可采用方案是（D）（原机组参数为 p_0=3.5MPa，t_0=435℃，p_c=0.5kPa）。

（A）采用一次中间再热；（B）提高初温；（C）提高初压；（D）同时提高初温、初压。

Lb3A4104　再热机组在各级回热分配上，一般采用增大高压缸排汽的抽汽，降低再热后第一级回热的抽汽来（A）。

（A）减少给水加热过程的不可逆损失；（B）尽量利用高压缸排汽进行回热加热；（C）保证再热后各回热加热器的安全；（D）增加再热后各级回热抽汽的做功量。

Lb3A4105　高强度材料在高应变区具有（B）寿命，在低应变区具有（B）寿命。

（A）较高，较低；（B）较低，较高；（C）较高，较高；（D）较低，较低。

Lb3A4106　汽轮机转子的疲劳寿命通常由（B）表示。

（A）循环应力—应变曲线；（B）应力循环次数或应变循环次数；（C）蠕变极限曲线；（D）疲劳极限。

Lb3A4107　汽轮机变工况时，采用（C）负荷调节方式，高压缸通流部分温度变化最大。

（A）定压运行节流调节；（B）变压运行；（C）定压运行喷嘴调节；（D）部分阀全开变压运行。

Lb3A5108　汽轮机的寿命是指从投运至转子出现第一条等效直径为（B）mm 的宏观裂纹期间总的工作时间。

（A）0.1～0.2；（B）0.2～0.5；（C）0.5～0.8；（C）0.8～1.0。

Lb3A5109　汽轮机负荷过低时，会引起排汽温度升高的原因是（C）。

（A）真空过高；（B）进汽温度过高；（C）进入汽轮机的蒸汽流量过低，不足以带走鼓风摩擦损失产生的热量；（D）进汽压力过高。

Lb3A5110　协调控制系统共有五种运行方式，其中最为完善、功能最强的方式是（B）。

（A）机炉独自控制方式；（B）协调控制方式；（C）汽轮机跟随锅炉方式；（D）锅炉跟随汽轮机方式。

Lb3A5111　协调控制系统由两大部分组成，其一是机、炉独立控制系统，另一部分是（C）。

（A）中调来的负荷指令；（B）电液调节系统；（C）主控制系统；（D）机组主控制器。

Lb3A5112　当汽轮机转子的转速等于临界转速时，偏心质量的滞后角（B）。

（A）$\varphi<90°$；（B）$\varphi=90°$；（C）$\varphi>90°$；（D）φ趋于180°。

Lb3A5113　强迫振动的主要特征是（D）。

（A）主频率与转子的转速一致；（B）主频率与临界转速一致；（C）主频率与工作转速无关；（D）主频率与转子的转速一致或成两倍频。

Lb2A2114　汽轮机油循环倍率最合适的范围是（B）。

（A）2～3；（B）8～10；（C）10～15；（D）15～20。

Lb2A2115　蒸汽对金属的放热系数与蒸汽的状态有很大的关系，其中（C）的放热系数最低。

（A）高压过热蒸汽；（B）湿蒸汽；（C）低压微过热蒸汽；（D）饱和蒸汽。

Lb2A3116　金属材料在外力作用下出现塑性变形的应力称（D）。

（A）弹性极限；（B）韧性极限；（C）强度极限；（D）屈服极限。

Lb2A3117　金属零件在交变热应力反复作用下遭到破坏的现象称（D）。

（A）热冲击；（B）热脆性；（C）热变形；（D）热疲劳。

Lb2A4118　电网频率超出允许范围长时间运行，将使叶片产生（D），可造成叶片折断。

（A）裂纹；（B）松动；（C）蠕变；（D）振动。

Lb2A4119　超速试验时，汽轮机转子应力比额定转速下应力应增加约（B）的附加应力。

（A）20%；（B）25%；（C）30%；（D）15%。

Lb2A4120　协调控制系统共有五种运行方式，其中负荷调节反应最快的方式是（D）。

（A）机炉独自控制方式；（B）协调控制方式；（C）汽轮机跟随锅炉方式；（D）锅炉跟随汽轮机方式。

Lb2A5121　汽轮发电机组转子的振动情况可由（C）来描述。

（A）振幅、波形、相位；（B）位移、位移速度、位移加速度；（C）激振力性质、激振力频率、激振力强度；（D）轴承稳定性、轴承刚度、轴瓦振动幅值。

Lb2A5122　当汽轮发电机组转轴发生动静摩擦时，（B）。

（A）振动的相位角是不变的；（B）振动的相位角是变化的；（C）振动的相位角有时变、有时不变；（D）振动的相位角始终是负值。

Lb2A5123　中间再热机组在滑参数减负荷停机过程中，再热蒸汽温度下降有（B）现象。

（A）超前；（B）滞后；（C）相同；（D）先超后滞。

Lb2A5124　汽轮发电机组的自激振荡是（A）。

（A）负阻尼振荡；（B）有阻尼振荡；（C）无阻尼振荡；（D）正阻尼振荡。

Lb1A3125　关于汽轮机寿命的定义不正确的是（D）。

（A）汽轮机寿命取决于其最危险部件的寿命；（B）转子的寿命决定了整台汽轮机的寿命；（C）汽轮机转子的寿命一般分为无裂纹寿命和剩余寿命；（D）汽缸的寿命决定了整台汽轮机的寿命。

Lb1A3126　工作温度在450～600℃之间的阀门为（B）。

（A）普通阀门；（B）高温阀门；（C）耐热阀门；（D）低温阀门。

Lb1A3127　闸阀的作用是（C）。

（A）改变介质流动方向；（B）调节介质的流量；（C）截止流体的流动；（D）调节流体的压力。

Lb1A3128　汽轮机工作转速为3000r/min，危急遮断器超速试验时，动作转速为3210r/min，你认为转速（B）。

（A）太高；（B）太低；（C）合适；（D）在合格范围的低限。

Lb1A3129　某台机组调速系统的速度变动率δ为8%，你认为：（A）。

（A）太大；（B）太小；（C）合适；（D）都不对。

Lb1A4130　汽轮机的寿命损伤主要是指（C）。

（A）低频疲劳损伤；（B）高温蠕变损伤；（C）低频疲劳与高温蠕变损伤的总和；（D）交变热应力损伤。

Lc5A1131　泡沫灭火器扑救（A）火灾效果最好。

（A）油类；（B）化学药品；（C）可燃气体；（D）电器设备。

Lc5A1132　浓酸、强碱一旦溅入眼睛或溅到皮肤上，首先应采用（D）方法进行处理。

（A）0.5%的碳酸氢钠溶液清洗；（B）2%稀碱液中和；（C）1%醋酸清洗；（D）清水冲洗。

Lc5A1133　（B）只适用于扑救 600V 以下的带电设备火灾。

（A）泡沫灭火器；（B）二氧化碳灭火器；（C）干粉灭火器；（D）1211 灭火器。

Lc5A2134　在梯子上工作时，梯子与地面的倾斜角度应为（D）。

（A）15°；（B）30°；（C）45°；（D）60°。

Lc4A1135　根据 DL 558—1994《电业生产事故调查规程》，如生产区域失火，直接经济损失超过（A）万元者认定为电力生产事故。

（A）1；（B）1.5；（C）2；（D）3。

Lc4A2136　同步发电机的转子绕组中（A）产生磁场。

（A）通入直流电；（B）通入交流电；（C）感应电流；（D）感应电压。

Lc4A2137　同步发电机的转速永远（C）同步转速。

（A）低于；（B）高于；（C）等于；（D）不等于。

Lc4A2138　HG-670/140-9 型锅炉，各型号参数代表（A）。

（A）哈尔滨锅炉厂生产、流量为 670t/h、过热汽压为 14MPa、第九型设计；（B）哈尔滨锅炉厂生产、过热汽温为 670℃、过热汽压为 14MPa，第九型设计；（C）哈尔滨锅炉厂生产、流量为 670t/h、过热汽压为 140MPa，第九型设计；（D）哈尔滨锅炉厂生产、流量为 670t/h、蒸汽负荷为 140MW，第九型设计。

Lc4A2139　火力发电厂采用（D）作为国家考核指标。

（A）全厂效率；（B）厂用电率；（C）发电煤耗率；（D）供电煤耗率。

Lc4A2140　氢气在运行中易外漏，当氢气与空气混合达到一定比例时，遇到明火会产生（A）。

（A）爆炸；（B）燃烧；（C）火花；（D）有毒气体。

Lc4A3141　在容量、参数相同的情况下，回热循环汽轮机与纯凝汽式汽轮机相比较，（B）。

（A）汽耗率增加，热耗率增加；（B）汽耗率增加，热耗率减少；（C）汽耗率减少，热耗率增加；（D）汽耗率减少，热耗率减少。

Lc4A4142　锅炉型式按工质在炉内的流动方式可分为（B）。

（A）自然循环、强制循环；（B）自然循环、多次强制循环汽包炉、直流炉、复合循环；（C）汽包炉和直流炉；（D）液态排渣煤粉炉和固态排渣煤粉炉。

Lc3A2143　交流电（A）mA 为人体安全电流。

（A）10；（B）20；（C）30；（D）50。

Lc3A2144　直流电（D）mA 为人体安全电流。

（A）10；（B）20；（C）30；（D）50。

Lc3A3145　生产厂房内外工作场所的常用照明，应该保证足够的亮度。在操作盘、重要表计、主要楼梯、通道等地点还必须设有（A）。

（A）事故照明；（B）日光灯照明；（C）白炽灯照明；（D）更多的照明。

Lc3A3146　电缆着火后无论何种情况都应立即（D）。

（A）用水扑灭；（B）通风；（C）用灭火器灭火；（D）切断电源。

Lc3A4147　如发现有违反《电业安全工作规程》，并足以危及人身和设备安全者，应（C）。

（A）汇报领导；（B）汇报安全部门；（C）立即制止；（D）给予行政处分。

Lc2A2148　发电机同期并列时，它与系统相位差不超过（A）。

（A）±10°；（B）±5°；（C）±20°；（D）±15°。

Lc2A3149　电流流过人体，造成对人体的伤害称为（B）。

（A）电伤；（B）触电；（C）电击；（D）电烙印。

Lc2A4150　在外界负荷不变的情况下，汽压的稳定主要取决于（B）。

（A）炉膛热强度的大小；（B）炉内燃烧工况的稳定；（C）锅炉的储热能力；（D）锅炉的型式。

Lc1A2151　我国变压器的额定频率为（A）Hz。

（A）50；（B）40；（C）60；（D）55。

Lc1A3152　人遭受电击后危及生命的电流称为（C）。

（A）感知电流；（B）持续电流；（C）致命电流；（D）摆脱电流。

Lc1A3153　变压器是利用（C）将一种电压等级的交流电能转变为另一种电压等级的交流电能。

（A）电路定律；（B）电磁力定律；（C）电磁感应原理；（D）欧姆定律。

Lc1A3154　数字仪表一般都是以（A）作为输入量的。

（A）电压；（B）电流；（C）位移；（D）温度。

Lc1A3155　转速调节是保持电网（B）的决定因素。

（A）电压；（B）频率；（C）周波；（D）稳定。

Lc1A4156　10 号钢表示钢中含碳量为（C）。

（A）百分之十；（B）千分之十；（C）万分之十；（D）亿分之十。

Lc1A4157　量程为 4.0MPa、2.5 级的压力表，其允许误差的范围应是（C）MPa。

（A）0.025；（B）0.25；（C）0.1；（D）0.01。

Lc1A4158　韧性破坏时，容器器壁应力达到或接近于材料的（B）。

（A）许用压力；（B）强度极限；（C）屈服极限；（D）疲劳极限。

Lc1A4159　最高工作压力定义为（A）。

（A）容器顶部在正常工作中可能达到的最高表压力；（B）设计壁厚的依据压力称为最高工作压力；（C）最高工作压力一般等于设计压力；（D）最高工作压力允许高出设计压力的 1.05～1.1 倍。

Lc1A4160　高温高压管道最薄弱的部位一般是（C）。

（A）弯头；（B）直管焊缝；（C）异种钢焊缝；（D）弯头焊缝。

Jd5A1161　离心泵最易受到汽蚀损害的部位是（B）。

（A）叶轮或叶片入口；（B）叶轮或叶片出口；（C）轮毂

或叶片出口；（D）叶轮外缘。

Jd5A1162　要使泵内最低点不发生汽化，必须使有效汽蚀余量（D）必需汽蚀余量。

（A）等于；（B）小于；（C）略小于；（D）大于。

Jd5A1163　多级离心泵在运行中，平衡盘的平衡状态是动态的，泵的转子在某一平衡位置上始终（A）。

（A）沿轴向移动；（B）沿轴向相对静止；（C）沿轴向左右周期变化；（D）极少移动。

Jd5A1164　加热器的传热端差是加热蒸汽压力下的饱和温度与加热器（A）。

（A）给水出口温度之差；（B）给水入口温度之差；（C）加热蒸汽温度之差；（D）给水平均温度之差。

Jd5A1165　加热器的凝结放热加热段是利用（D）。

（A）疏水凝结放热加热给水；（B）降低加热蒸汽温度加热给水；（C）降低疏水温度加热给水；（D）加热蒸汽凝结放热加热给水。

Jd5A1166　加热器的疏水采用疏水泵排出的优点是（D）。

（A）疏水可以利用；（B）安全可靠性高；（C）系统简单；（D）热经济性高。

Jd5A2167　在高压加热器上设置空气管的作用是（A）。

（A）及时排出加热蒸汽中含有的不凝结气体，增强传热效果；（B）及时排出从加热器系统中漏入的空气，增强传热效果；（C）使两个相邻加热器内的加热压力平衡；（D）启用前排汽。

Jd5A2168　淋水盘式除氧器设多层筛盘的作用是（B）。

（A）为了掺混各种除氧水的温度；（B）延长水在塔内的停留时间，增大加热面积和加热强度；（C）为了变换加热蒸汽的流动方向；（D）增加流动阻力。

Jd5A2169　给水泵出口再循环管的作用是防止给水泵在空负荷或低负荷时（C）。

（A）泵内产生轴向推力；（B）泵内产生振动；（C）泵内产生汽化；（D）产生不稳定工况。

Jd5A2170　火力发电厂的主要生产系统为（B）。

（A）输煤系统、汽水系统、电气系统；（B）汽水系统、燃烧系统、电气系统；（C）输煤系统、燃烧系统、汽水系统；（D）供水系统、电气系统、输煤系统。

Jd5A2171　在发电厂中，三相母线的相序是用固定颜色表示的，规定用（B）分别表示A相、B相、C相。

（A）红色、黄色、绿色；（B）黄色、绿色、红色；（C）黄色、红色、绿色；（D）红色、绿色、黄色。

Jd5A2172　把零件的某一部分向基本投影面投影，所得到的视图是（D）。

（A）正视图；（B）斜视图；（C）旋转视图；（D）局部视图。

Jd5A2173　流体在球形阀内的流动形式是（B）。

（A）由阀芯的上部导向下部；（B）由阀芯的下部导向上部；（C）与阀芯作垂直流动；（D）阀芯平行方向的流动。

Jd5A2174　火力发电厂的蒸汽参数一般是指蒸汽的（D）。

（A）压力、比体积；（B）温度、比体积；（C）焓、熵；

（D）压力、温度。

Jd5A3175　金属的过热是指因为超温使金属发生不同程度的（D）。

（A）膨胀；（B）氧化；（C）变形；（D）损坏。

Jd5A4176　标准煤的低位发热量为（C）kJ。

（A）20 934；（B）25 121；（C）29 308；（D）12 560。

Jd4A2177　汽轮机热态启动时出现负胀差的主要原因是（B）。

（A）冲转时蒸汽温度过高；（B）冲转时主汽温度过低；（C）暖机时间过长；（D）暖机时间过短。

Jd4A2178　当凝汽式汽轮机轴向推力增大时，其推力瓦（A）。

（A）工作面瓦块温度升高；（B）非工作面瓦块温度升高；（C）工作面瓦块和非工作面瓦块温度都升高；（D）工作面瓦块温度不变。

Jd4A2179　额定转速为 3000r/min 的汽轮机在正常运行中，轴瓦振幅不应超过（C）mm。

（A）0.03；（B）0.04；（C）0.05；（D）0.06。

Jd4A2180　汽轮机启动过临界转速时，当轴承振动超过（A）mm 应打闸停机，检查原因。

（A）0.1；（B）0.05；（C）0.03；（D）0.12。

Jd4A3181　对百分表装在一号瓦前的机组，直轴时应将（A）。

（A）弯曲凸面朝下，百分表指示最大值；（B）弯曲凸面朝上，百分表指示最小值；（C）百分表指示中间值；（D）百分表指任何值。

Jd4A3182　对百分表装在一号瓦前的机组，直轴时，当看到百分表指示到（C），即可认为轴已直好。

（A）直轴前的最小值；（B）直轴前的最大值；（C）直轴前晃度值的 1/2 处；（D）直轴前晃度值的 1/4 处。

Jd4A3183　汽轮机热态启动时，油温不得低于（C）℃。

（A）30；（B）38；（C）35；（D）25。

Jd4A3184　汽轮机主蒸汽温度 10min 内下降（A）℃时，应打闸停机。

（A）50；（B）40；（C）80；（D）90。

Jd4A3185　汽轮机轴位移保护应在（B）投入。

（A）全速后；（B）冲转前；（C）带部分负荷时；（D）冲转后。

Jd3A2186　汽轮机变工况运行时，容易产生较大热应力的部位是（B）。

（A）汽轮机转子中间级处；（B）高压转子第一级出口和中压转子进汽区；（C）转子端部汽封处；（D）中压缸出口处。

Jd3A2187　汽轮机启动进入（D）时，零部件的热应力值最大。

（A）极热态；（B）热态；（C）稳态；（D）准稳态。

Jd3A2188　衡量凝汽式机组的综合性经济指标是（D）。

（A）热耗率；（B）汽耗率；（C）相对电效率；（D）煤耗率。

Jd3A3189 **降低初温，其他条件不变，汽轮机的相对内效率（B）。**

（A）提高；（B）降低；（C）不变；（D）先提高后降低。

Jd2A2190 **汽轮发电机在启动升速过程中，没有临界共振现象发生的称为（B）转子。**

（A）挠性；（B）刚性；（C）重型；（C）半挠性。

Jd1A2191 **汽轮机在启、停或变工况过程中，在金属部件引起的温差与（C）。**

（A）金属部件的厚度成正比；（B）金属温度成正比；（C）蒸汽和金属之间的传热量成正比；（D）金属温度成反比。

Je5A1192 **当发电机内氢气纯度低于（D）时，应对氢气进行排污处理。**

（A）76%；（B）95%；（C）95.6%；（D）96%。

Je5A1193 **离心泵基本特性曲线中最主要的是（D）曲线。**

（A）$Q\text{–}\eta$；（B）$Q\text{–}N$；（C）$Q\text{–}P$；（D）$Q\text{–}H$。

Je5A1194 **在对给水管道进行隔绝泄压时，对放水一次门、二次门正确的操作方式是（B）。**

（A）一次门开足、二次门开足；（B）一次门开足、二次门调节；（C）一次门调节、二次门开足；（D）一次门调节、二次门调节。

Je5A1195 **在隔绝给水泵时，在最后关闭进口门过程中，应密切注意（A），否则不能关闭进口门。**

（A）泵内压力不升高；（B）泵不倒转；（C）泵内压力升高；（D）管道无振动。

Je5A1196　火力发电厂处于负压运行的设备为（C）。

（A）省煤器；（B）过热器；（C）凝汽器；（D）除氧器。

Je5A1197　汽轮机正常运行中，发电机内氢气纯度应（A）。

（A）大于96%；（B）大于95%；（C）大于93%；（D）等于96%。

Je5A1198　高压加热器运行应（C）运行。

（A）保持无水位；（B）保持高水位；（C）保持一定水位；（D）保持低水位。

Je5A1199　引进型300MW机组正常运行中发电机密封瓦进油压力应大于氢压（C）MPa。

（A）0.035；（B）0.056；（C）0.084；（D）0.098。

Je5A1200　引进型300MW机组发电机空氢侧密封油平衡油压差在（D）Pa范围内。

（A）±600；（B）0～600；（C）0～-600；（D）±500。

Je5A1201　引进型300MW汽轮机抗燃油温度低于（B）℃时，严禁启动油泵。

（A）5；（B）10；（C）15；（D）21。

Je5A1202　正常运行中，发电机内氢气压力应（B）定子冷却水压力。

（A）小于；（B）大于；（C）等于；（D）无规定。

Je5A1203　运行中汽轮发电机组润滑油冷却器出油温度正常值为（B）℃，否则应作调整。

（A）35；（B）40；（C）45；（D）49。

Je5A2204　高压加热器为防止停用后的氧化腐蚀，规定停用时间小于（C）h可将水侧充满给水。

（A）20；（B）40；（C）60；（D）80。

Je5A2205　给水泵中间抽头的水作（B）的减温水。

（A）锅炉过热器；（B）锅炉再热器；（C）凝汽器；（D）高压旁路。

Je5A2206　汽轮机旁路系统中，低压减温水采用（A）。

（A）凝结水；（B）给水；（C）闭式循环冷却水；（D）给水泵中间抽头。

Je5A2207　给水泵（D）不严密时，严禁启动给水泵。

（A）进口门；（B）出口门；（C）再循环门；（D）出口止回阀。

Je5A2208　转子在静止时严禁（A），以免转子产生热弯曲。

（A）向轴封供汽；（B）抽真空；（C）对发电机进行投、倒氢工作；（D）投用油系统。

Je5A2209　汽轮机停机后，盘车未能及时投入，或盘车连续运行中途停止时，应查明原因，修复后（C），再投入连续盘车。

（A）先盘90°；（B）先盘180°；（C）先盘180°直轴后；（D）先盘90°直轴后。

Je5A2210　转动机械的滚动轴承温度安全限额为不允许超过（A）℃。

（A）100；（B）80；（C）75；（D）70。

Je5A2211　射汽式抽气器喷嘴结垢，将会（A）。

（A）降低抽气能力；（B）提高抽气能力；（C）增加喷嘴前后压差，使汽流速度增加，抽气能力提高；（D）不影响抽气效率。

Je5A2212　离心泵与管道系统相连时，系统流量由（C）来确定。

（A）泵；（B）管道；（C）泵与管道特性曲线的交点；（D）阀门开度。

Je5A2213　在启动发电机定子水冷泵前，应对定子水箱（D），方可启动水泵向系统通水。

（A）补水至正常水位；（B）补水至稍高于正常水位；（C）补水至稍低于正常水位；（D）进行冲洗，直至水质合格。

Je5A3214　高压加热器水位迅速上升至极限而保护未动作应（D）。

（A）联系降负荷；（B）给水切换旁路；（C）关闭高压加热器到除氧器疏水；（D）紧急切除高压加热器。

Je5A3215　汽轮机凝汽器真空变化将引起凝汽器端差变化。一般情况下，当凝汽器真空升高时，端差（C）。

（A）增大；（B）不变；（C）减小；（D）先增大后减小。

Je5A3216　真空系统的严密性下降后，凝汽器的传热端差（A）。

（A）增大；（B）减小；（C）不变；（D）时大时小。

Je5A3217　抽气器从工作原理上可分为两大类：（C）。

（A）射汽式和射水式；（B）液环泵与射流式；（C）射流式和容积式真空泵；（D）主抽气器与启动抽气器。

Je5A3218　除氧器滑压运行时，当机组负荷突然降低，将引起除氧给水的含氧量（B）。

（A）增大；（B）减小；（C）波动；（D）不变。

Je5A3219　循环水泵在运行中，入口真空异常升高，是由于（D）。

（A）水泵水流增大；（B）循环水入口温度降低；（C）仪表指示失常；（D）循环水入口过滤网被堵或入口水位过低。

Je5A3220　离心泵在流量大于或小于设计工况下运行时，冲击损失（A）。

（A）增大；（B）减小；（C）不变；（D）不确定。

Je5A3221　提高除氧器水箱高度是为了（D）。

（A）提高给水泵出力；（B）便于管道及给水泵的布置；（C）提高给水泵的出口压力，防止汽化；（D）保证给水泵的入口压力，防止汽化。

Je5A3222　给水泵停运检修，进行安全布置，在关闭入口阀时，要特别注意入口压力的变化，防止出口阀不严（A）。

（A）引起泵内压力升高，使水泵入口低压部件损坏；（B）引起备用水泵联动；（C）造成对检修人员烫伤；（D）使给水泵倒转。

Je5A3223　高压加热器汽侧投用的顺序是（B）。

（A）压力从高到低；（B）压力从低到高；（C）同时投用；

（D）无规定。

Je4A1224　汽轮发电机正常运行中，当发现密封油泵出口油压升高、密封瓦入口油压降低时，应判断为（C）。

（A）密封油泵跳闸；（B）密封瓦磨损；（C）滤油网堵塞、管路堵塞或差压阀失灵；（D）油管泄漏。

Je4A1225　高压加热器运行中水位升高，则端差（C）。

（A）不变；（B）减小；（C）增大；（D）与水位无关。

Je4A1226　给水泵发生倒转时应（B）。

（A）关闭入口门；（B）关闭出口门并开启油泵；（C）立即合闸启动；（D）开启油泵。

Je4A1227　凝结水泵电流到零，凝结水压力下降，流量到零，凝汽器水位上升的原因是（D）。

（A）凝结水泵机械部分故障；（B）凝结水泵汽化；（C）凝结水泵注入空气；（D）凝结水泵电源中断。

Je4A1228　汽轮机运行中发现凝结水电导率增大，可判断为（C）。

（A）凝结水压力低；（B）凝结水过冷却；（C）凝汽器铜管泄漏；（D）凝汽器汽侧漏空气。

Je4A1229　给水泵发生（D）情况时应进行紧急故障停泵。

（A）给水泵入口法兰漏水；（B）给水泵某轴承有异声；（C）给水泵某轴承振动幅度达 0.06mm；（D）给水泵内部有清晰的摩擦声或冲击声。

Je4A1230　背压机组按热负荷运行时，一般必须把电负荷

带到（D）额定负荷时才可切换为排汽压力调节器工作。

（A）40%；（B）35%；（C）30%；（D）25%。

Je4A2231　汽轮机胀差保护应在（C）投入。

（A）带部分负荷后；（B）定速后；（C）冲转前；（D）冲转后。

Je4A2232　汽轮机低油压保护应在（A）投入。

（A）盘车前；（B）定速后；（C）冲转前；（D）带负荷后。

Je4A2233　汽轮机启动前先启动润滑油泵，运行一段时间后再启动高压调速油泵，其目的主要是（D）。

（A）提高油温；（B）先使各轴瓦充油；（C）排出轴承油室内的空气；（D）排出调速系统积存的空气。

Je4A3234　汽轮机大修后，甩负荷试验前必须进行（C）。

（A）主汽门严密性试验并符合技术要求；（B）调速汽门严密性试验并符合技术要求；（C）主汽门和调速汽门严密性试验并符合技术要求；（D）主汽门和调速汽门严密性试验任选一项并符合技术要求。

Je4A3235　汽轮机转速超过额定转速（D）%时，应立即打闸停机。

（A）7；（B）9；（C）14；（D）12。

Je4A3236　汽轮机大修后的油系统循环冲洗时，轴承进油管应加装不低于（C）号的临时滤网。

（A）20；（B）30；（C）40；（D）50。

Je4A3237　主汽门、调速汽门严密性试验时，试验汽压不

应低于额定汽压的（D）%。

（A）80；（B）70；（C）60；（D）50。

Je4A3238 汽轮机甩负荷试验一般按甩额定负荷的 1/2、3/4 及（D）三个等级进行。

（A）4/5；（B）5/6；（C）6/7；（D）全负荷。

Je4A3239 调整抽汽式汽轮机组热负荷突然增加，机组的（A）。

（A）抽汽量和主蒸汽流量都增加；（B）主蒸汽流量不变，抽汽量增加；（C）主蒸汽流量增加，抽汽量不变；（D）抽汽量增加，凝汽量减少。

Je4A3240 汽轮机超速试验应连续做两次，两次动作转速差不应超过（B）%额定转速。

（A）0.5；（B）0.6；（C）0.7；（D）1.0。

Je4A3241 汽轮机危急保安器超速动作脱机后，复位转速不应低于（C）r/min。

（A）3000；（B）3100；（C）3030；（D）2950。

Je4A3242 危急保安器充油动作转速应（D）3000r/min。

（A）大于；（B）小于；（C）等于；（D）略小于。

Je4A3243 危急保安器充油试验复位转速应（D）额定转速。

（A）大于；（B）小于；（C）等于；（D）略大于。

Je4A3244 汽轮机大修后进行真空系统灌水严密性试验后，灌水高度一般应在汽封洼窝以下（C）mm 处。

（A）300；（B）200；（C）100；（D）50。

Je4A3245 **汽轮机高压油泵的出口压力应（D）主油泵出口油压。**

（A）大于；（B）等于；（C）小于；（D）稍小于。

Je4A3246 **根据《电力工业技术管理法规》要求新机组投入运行（D）h后应进行大修。**

（A）5000；（B）6000；（C）7000；（D）8000。

Je4A3247 **双水内冷发电机断水达到（B）s，应立即自动或手动停机。**

（A）10；（B）20；（C）30；（D）40。

Je4A3248 **汽轮机正常运行中，凝汽器真空应（A）凝结水泵入口的真空。**

（A）大于；（B）等于；（C）小于；（D）略小于。

Je4A3249 **新蒸汽温度不变而压力升高时，机组末几级的蒸汽（D）。**

（A）温度降低；（B）温度上升；（C）湿度减小；（D）湿度增加。

Je4A3250 **当主蒸汽温度不变而汽压降低时，汽轮机的可用热降（A）。**

（A）减少；（B）增加；（C）不变；（D）略有增加。

Je4A3251 **降低润滑油黏度最简单易行的办法是（A）。**

（A）提高轴瓦进油温度；（B）降低轴瓦进油温度；（C）提高轴瓦进油压力；（D）降低轴瓦进油压力。

Je4A3252 **汽轮机任何一道轴承回油温度超过 75℃或突**

然连续升高至 70℃时，应（A）。

（A）立即打闸停机；（B）减负荷；（C）增开油泵，提高油压；（D）降低轴承进油温度。

Je4A3253 汽轮机高压油大量漏油，引起火灾事故，应立即（D）。

（A）启动高压油泵，停机；（B）启动润滑油泵，停机；（C）启动直流油泵，停机；（D）启动润滑油泵，停机并切断高压油源等。

Je4A3254 大修后的超速试验，每只保安器应做（B）次。

（A）1；（B）2；（C）3；（D）4。

Je4A3255 甩负荷试验前，汽轮机组应经（C）h 试运行，各部分性能良好。

（A）24；（B）；48；（C）72；（D）80。

Je4A3256 新机组 168h 试运行完成后，试运行中多项缺陷经过处理后，机组再次启动带负荷连续运行（C）h，机组移交生产。

（A）72；（B）48；（C）24；（D）12。

Je4A3257 汽轮机大修后真空系统通过灌水试验检查严密性，检查时可采用加压法，压力一般不超过（A）kPa。

（A）50；（B）70；（C）40；（D）30。

Je4A3258 带液压联轴器的给水泵试运中，注意尽量避开在（B）的额定转速范围内运行，因为此时泵的传动功率损失最大，勺管回油温度也达最高。

（A）1/3；（B）2/3；（C）1/2；（D）5/6。

Je4A3259 **具有暖泵系统的高压给水泵试运行前要进行暖泵，暖泵至泵体上下温差小于（A）℃。**

（A）20；（B）30；（C）40；（D）50。

Je4A3260 **浸有油类等的回丝及木质材料着火时，可用泡沫灭火器和（A）灭火。**

（A）黄砂；（B）二氧化碳灭火器；（C）干式灭火器；（D）四氯化碳灭火器。

Je4A3261 **电器设备着火时，应先将电气设备停用，切断电源后进行灭火。禁止用水、黄砂及（A）灭火器灭火。**

（A）泡沫式；（B）二氧化碳；（C）干式；（D）四氯化碳。

Je3A2262 **在机组允许的负荷变化范围内，采用（A）对寿命的损耗最小。**

（A）变负荷调峰；（B）两班制启停调峰；（C）少汽无负荷调峰；（D）少汽低负荷调峰。

Je3A2263 **高压加热器在工况变化时，热应力主要发生在（C）。**

（A）管束上；（B）壳体上；（C）管板上；（D）进汽口。

Je3A3264 **汽轮机停机后，转子弯曲值增加是由于（A）造成的。**

（A）上下缸温差；（B）汽缸内有剩余蒸汽；（C）汽缸疏水不畅；（D）转子与汽缸温差大。

Je3A3265 **当汽轮机膨胀受阻时，（D）。**

（A）振幅随转速的增大而增大；（B）振幅与负荷无关；（C）振幅随着负荷的增加而减小；（D）振幅随着负荷的增加

而增大。

Je3A3266　当汽轮发电机组转轴发生动静摩擦时，（B）。

（A）振动的相位角是不变的；（B）振动的相位角是变化的；（C）振动的相位角有时变有时不变；（D）振动的相位角起始变化缓慢，以后加剧。

Je3A3267　当转轴发生自激振荡时，（B）。

（A）转轴的转动中心是不变的；（B）转轴的转动中心围绕几何中心发生涡动；（C）转轴的转动中心围绕汽缸轴心线发生涡动；（D）转轴的转动中心围绕转子质心发生涡动。

Je3A4268　当转轴发生油膜振荡时，（D）。

（A）振动频率与转速相一致；（B）振动频率为转速之半；（C）振动频率为转速的一倍；（D）振动频率与转子第一临界转速基本一致。

Je3A4269　摩擦自激振动的相位移动方向（D）。

（A）与摩擦接触力方向平行；（B）与摩擦接触力方向垂直；（C）与转动方向相同；（D）与转动方向相反。

Je3A4270　间隙激振引起的自激振荡的主要特点是（D）。

（A）与电网频率有关；（B）与电网频率无关；（C）与机组的负荷无关；（D）与机组的负荷有关。

Je3A4271　汽轮机的负荷摆动值与调速系统的迟缓率（A）。

（A）成正比；（B）成反比；（C）成非线性关系；（D）无关。

Je3A4272　当转子的临界转速低于工作转速（D）时，才

有可能发生油膜振荡现象。

（A）4/5；（B）3/4；（C）2/3；（D）1/2。

Je3A4273　滑参数停机时，（C）作汽轮机超速试验。

（A）可以；（B）采取安全措施后；（C）严禁；（D）领导批准后。

Je3A4274　滑参数停机过程与额定参数停机过程相比，（B）。

（A）容量出现正胀差；（B）容易出现负胀差；（C）胀差不会变化；（D）胀差变化不大。

Je3A5275　汽轮机停机惰走降速时，由于鼓风作用和泊桑效应，低压转子会出现（A）突增。

（A）正胀差；（B）负胀差；（C）不会出现；（D）胀差突变。

Je3A5276　机组变压运行，在负荷变动时，要（A）高温部件温度的变化。

（A）减少；（B）增加；（C）不会变化；（D）剧烈变化。

Je3A5277　蒸汽与金属间的传热量越大，金属部件内部引起的温差就（B）。

（A）越小；（B）越大；（C）不变；（D）少有变化。

Je3A5278　汽轮机在稳定工况下运行时，汽缸和转子的热应力（A）。

（A）趋近于零；（B）趋近于某一定值；（C）汽缸大于转子；（D）转子大于汽缸。

Je3A5279　新装机组的轴承振动不宜大于（D）mm。

（A）0.045；（B）0.040；（C）0.035；（D）0.030。

Je3A5280　给水泵在运行中的振幅不允许超过 0.05mm，是为了（D）。

（A）防止振动过大，引起给水压力降低；（B）防止振动过大，引起基础松动；（C）防止轴承外壳遭受破坏；（D）防止泵轴弯曲或轴承油膜破坏造成轴瓦烧毁。

Je3A5281　当凝汽器真空度降低，机组负荷不变时，轴向推力（A）。

（A）增加；（B）减小；（C）不变；（D）不确定。

Je3A5282　当（B）发生故障时，协调控制系统的迫降功能将使机组负荷自动下降到 50%MCR 或某一设定值。

（A）主设备；（B）机组辅机；（C）发电机；（D）锅炉。

Je3A5283　两班制调峰运行方式为保持汽轮机较高的金属温度，应采用（C）。

（A）滑参数停机方式；（B）额定参数停机方式；（C）定温滑压停机方式；（D）任意方式。

Je3A5284　汽轮机发生水冲击时，导致轴向推力急剧增大的原因是（D）。

（A）蒸汽中携带的大量水分撞击叶轮；（B）蒸汽中携带的大量水分引起动叶的反动度增大；（C）蒸汽中携带的大量水分使蒸汽流量增大；（D）蒸汽中携带的大量水分形成水塞叶片汽道现象。

Je3A5285　汽轮发电机的振动水平是用（D）来表示的。

（A）基础的振动值；（B）汽缸的振动值；（C）地对轴承座的振动值；（D）轴承和轴颈的振动值。

Je3A5286 机组频繁启停增加寿命损耗的原因是（D）。

（A）上下缸温差可能引起动静部分摩擦；（B）胀差过大；（C）汽轮机转子交变应力太大；（D）热应力引起的金属材料疲劳损伤。

Je3A5287 国产 300、600MW 汽轮机参加负荷调节时，机组的热耗表现为（C）。

（A）纯变压运行比定压运行节流调节高；（B）三阀全开复合变压运行比纯变压运行高；（C）定压运行喷嘴调节比定压运行节流调节低；（D）变压运行最低。

Je3A5288 汽轮机变工况运行时，蒸汽温度变化率愈（A），转子的寿命消耗愈（A）。

（A）大、大；（B）大、小；（C）小、大；（D）寿命损耗与温度变化没有关系。

Je3A5289 作真空系统严密性试验时，如果凝汽器真空下降过快或凝汽器真空值低于（B）MPa，应立即开启抽气器空气泵，停止试验。

（A）0.09；（B）0.087；（C）0.084；（D）0.081。

Je3A5290 数字式电液控制系统用作协调控制系统中的（A）部分。

（A）汽轮机执行器；（B）锅炉执行器；（C）发电机执行器；（D）协调指示执行器。

Je2A2291 径向钻孔泵调节系统中的压力变换器滑阀是（B）。

（A）断流式滑阀；（B）继流式滑阀；（C）混流式滑阀；（D）顺流式滑阀。

Je2A3292　在全液压调节系统中，转速变化的脉冲信号用来驱动调节汽门，是采用（D）。

（A）直接驱动方式；（B）机械放大方式；（C）逐级放大后驱动的方式；（D）油压放大后驱动的方式。

Je2A3293　调节系统的错油门属于（D）。

（A）混合式滑阀；（B）顺流式滑阀；（C）继流式滑阀；（D）断流式滑阀。

Je2A3294　随着某一调节汽门开度的不断增加，其蒸汽的过流速度在有效行程内是（D）的。

（A）略有变化；（B）不断增加；（C）不变；（D）不断减少。

Je2A4295　某台汽轮机在大修时，将其调节系统速度变动率调大，进行甩负荷试验后发现，稳定转速比大修前（B）。

（A）低；（B）高；（C）不变；（D）略有提高。

Je2A4296　同步器改变汽轮机转速的范围一般为额定转速的（D）。

（A）−2%～+5%；（B）−3%～+5%；（C）−4%～+6%；（D）−5%～+7%。

Je2A5297　汽轮机启动暖管时，注意调节送汽阀和疏水阀的开度是为了（C）。

（A）提高金属温度；（B）减少工质和热量损失；（C）不使流入管道的蒸汽压力、流量过大，引起管道及其部件受到剧烈的加热；（D）不使管道超压。

Je2A5298　汽轮机热态启动，蒸汽温度一般要求高于调节

级上汽缸金属温度50～80℃是为了（D）。

（A）锅炉燃烧调整方便；（B）避免转子弯曲；（C）不使汽轮机发生水冲击；（D）避免汽缸受冷却而收缩。

Je2A5299　当主蒸汽温度和凝汽器真空不变，主蒸汽压力下降时，若保持机组额定负荷不变，则对机组的安全运行（C）。

（A）有影响；（B）没有影响；（C）不利；（D）有利。

Je2A5300　调整抽汽式汽轮机组热负荷突然增加，若各段抽汽压力和主蒸汽流量超过允许值，应（A）。

（A）手动减小负荷，使监视段压力降至允许值；（B）减小供热量，开大旋转隔板；（C）加大旋转隔板，增加凝汽量；（D）增加负荷，增加供热量。

Je2A5301　主蒸汽管的管壁温度监测点设在（A）。

（A）汽轮机的电动主汽门前；（B）汽轮机的自动主蒸汽门前；（C）汽轮机的调节汽门前的主蒸汽管上；（D）主汽门和调节汽门之间。

Je2A5302　圆筒形轴承的顶部间隙是椭圆轴承的（A）倍。

（A）2；（B）1.5；（C）1；（D）1/2。

Je1A2303　氢冷发电机中氢气纯度下降的主要原因在于（C）。

（A）油质不合格；（B）氢侧油压高于空侧油压；（C）空侧油压高于氢侧油压较多，或氢侧油箱补排油电磁阀失灵，连续补排油；（D）空侧油箱排烟机故障。

Je1A2304　汽轮机汽门严密性试验时，在额定汽压下转速降至（B）r/min才算合格。

（A）1500；（B）1000；（C）750；（D）500。

Je1A2305　在相同负荷、冷却水量的条件下，汽轮机的凝汽器端差冬季比夏季（B）。

（A）小；（B）大；（C）不确定；（D）都不是。

Je1A3306　密封油系统最主要的设备是（B）。

（A）平衡阀；（B）差压阀；（C）密封油箱；（D）排烟风机。

Je1A3307　汽轮机高压加热器水位迅速上升到极限值而保护未动作时应（D）。

（A）迅速关闭热水管入口门；（B）迅速关闭热水管出口门；（C）迅速关闭热水管出入口水门；（D）迅速开启高压加热器水侧旁路门。

Je1A3308　汽轮机凝汽器铜管内结垢可造成（D）。

（A）传热增强，管壁温度升高；（B）传热减弱，管壁温度降低；（C）传热增强，管壁温度降低；（D）传热减弱，管壁温度升高。

Je1A3309　泵入口处的汽蚀余量称为（A）。

（A）装置汽蚀余量；（B）允许汽蚀余量；（C）最小汽蚀余量；（D）最大汽蚀余量。

Je1A3310　干燥凝汽器铜管除垢时，排汽温度以控制在（C）℃为宜。

（A）40～45；（B）46～50；（C）50～54；（D）55～59。

Je1A3311　影响密封油压下降的原因不正确的说法是（D）。

（A）密封瓦间隙过大；（B）滤网堵塞或来油管道堵塞；

（C）密封油箱油位下降或油泵入口油压下降；（D）冷油器出油温度下降。

Je1A3312　当较大纵向收缩力受到阻碍时，可产生（A）现象。

（A）纵向应力；（B）横向应力；（C）纵向裂纹；（D）既没有应力，又没有裂纹。

Je1A3313　（B）条件下的焊接可不产生焊接应力。

（A）预热；（B）能自由收缩；（C）在加热时能自由膨胀；（D）都不对。

Je1A3314　选择的螺栓材料应是比螺母材料（A）。

（A）高一个工作等级的钢种；（B）选择一样；（C）低一个工作等级的钢种；（D）都不对。

Je1A4315　当汽轮机寿命损耗接近（C）时，应对机组进行彻底检查，以保证安全运行。

（A）60%～70%；（B）70%～80%；（C）80%～90%；（D）90%以上。

Je1A4316　循环水泵改双速电动机的主要目的是（A）。

（A）节能；（B）减小振动；（C）降低压头；（D）降低效率。

Je1A4317　安全泄放装置能自动、迅速地泄放压力容器内的介质，以便使压力容器的压力始终保持在（B）范围之内。

（A）工作压力；（B）最高允许压力；（C）设计压力；（D）安全压力。

Je1A4318　对外抽汽供热影响机组安全的因素是（B）。

（A）轴向位移变化；（B）机组超速；（C）通流间隙变化；（D）推力瓦温升高。

Je1A4319　汽轮机油系统的油中含水的主要原因是（A）。

（A）轴封压力过高或轴封漏汽；（B）滤油机脱水效果不好；（C）主油箱油位低；（D）油温调整不当。

Je1A4320　为解决高温管道在运行中的膨胀问题，应进行（C）。

（A）冷补偿；（B）热补偿；（C）冷、热补偿；（D）膨胀器补偿。

Jf5A1321　在人体触电后1～2min内实施急救，有（D）的救活可能。

（A）30%左右；（B）35%左右；（C）40%左右；（D）45%左右。

Jf5A1322　如果触电者触及断落在地上的带电高压导线，在尚未确认线路无电且救护人员未采取安全措施（如穿绝缘靴等）前，不能接近断线点（C）m范围内，以防跨步电压伤人。

（A）4～6；（B）6～8；（C）8～10；（D）10～12。

Jf5A2323　二氧化碳灭火剂具有灭火不留痕迹，并有一定的电绝缘性能等特点，因此适宜于扑救（D）V以下的带电电器、贵重设备、图书资料、仪器仪表等场所的初起火灾，以及一般可燃液体的火灾。

（A）220；（B）380；（C）450；（D）600。

Jf5A2324　火焰烧灼衣服时，伤员应该立即（C）。

（A）原地不动呼救；（B）奔跑呼救；（C）卧倒打滚灭火；（D）用手拍打灭火。

Jf5A2325　遭受强酸（如硫酸、硝酸、盐酸等）烧伤时，应先用清水冲洗（B），然后用淡肥皂水或（B）小苏打水冲洗，再用清水冲去中和液。

（A）10min，50%；（B）20min，50%；（C）10min，70%；（D）20min，70%。

Jf4A2326　触电人心脏跳动停止时，应采用（B）方法进行抢救。

（A）口对口呼吸；（B）心肺复苏；（C）打强心针；（D）摇臂压胸。

Jf4A2327　触电人呼吸停止时，应采用（D）法抢救。

（A）人工呼吸；（B）胸外心脏挤压；（C）打强心针；（D）口对口摇臂压胸人工呼吸。

Jf4A2328　所有工作人员都应学会触电急救法、窒息急救法、（D）。

（A）溺水急救法；（B）冻伤急救法；（C）骨折急救法；（D）人工呼吸法。

Jf4A3329（D）常用于大型浮顶油罐和大型变压器的灭火。

（A））泡沫灭火器；（B）二氧化碳灭火器；（C）干灰灭火器；（D）1211灭火器。

Jf3A2330　根据环境保护的有关规定，机房噪声一般不超过（B）dB。

（A）80～85；（B）85～90；（C）90～95；（D）95～100。

Jf3A3331　为了防止油系统失火，油系统管道、阀门、接头、法兰等附件承压等级应按耐压试验压力选用，一般为工作压力的（C）倍。

（A）1.5；（B）1.8；（C）2；（D）2.2。

Jf3A3332　中间再热机组应该（B）进行一次高压主汽门、中压主汽门（中压联合汽门）关闭试验。

（A）隔天；（B）每周；（C）隔10天；（D）每两周。

Jf3A4333　机组启动前，发现任何一台油泵或其自启动装置有故障时，应该（D）。

（A）边启动边抢修；（B）切换备用油泵；（C）报告上级；（D）禁止启动。

Jf2A2334　对于直流锅炉，在启动过程中，为了避免不合格的工质进入汽轮机并回收工质和热量，必须另设（B）。

（A）汽轮机旁路系统；（B）启动旁路系统；（C）给水旁路系统；（D）高压加热器旁路系统。

Jf2A3335　当需要接受中央调度指令参加电网调频时，机组应采用（D）控制方式。

（A）汽轮机跟随锅炉；（B）锅炉跟随汽轮机；（C）汽轮机锅炉手动；（D）汽轮机锅炉协调。

Jf2A4336　锅炉跟随汽轮机控制方式的特点是：（C）。

（A）主蒸汽压力变化平稳；（B）负荷变化平稳；（C）负荷变化快，适应性好；（D）锅炉运行稳定。

Jf1A3337　发电厂中所有温度高于（C）℃的管道及其上的法兰等附件均应保温。

（A）100；（B）45；（C）50；（D）60。

Jf1A4338　影响水环真空泵抽吸效率的最主要因素是（A）。

（A）密封水温度；（B）叶轮的级数；（C）分离器水位；（D）进气管道阻力。

4.1.2 判断题

判断下列描述是否正确，正确的在括号内打“√”，错误的在括号内打“×”。

La5B1001 沿程所有损失之和称为总水头损失，流体系统沿程所有损失之和称为总压头损失。（√）

La5B1002 在管道上采用止回阀可减少流体阻力。（×）

La5B1003 接到违反有关安全规程的命令时，工作人员应拒绝执行。（√）

La5B1004 在金属容器内应使用36V以下的电气工具。(×）

La5B1005 当润滑油温度升高时，其黏度随之降低。（√）

La5B2006 干度是干蒸汽的一个状态参数，表示干蒸汽的干燥程度。（×）

La5B2007 绝对压力与表压力的关系为：绝对压力=表压力+大气压力。（√）

La5B2008 凝汽器端差是指汽轮机排汽压力下的饱和温度与循环冷却水出口温度之差。（√）

La5B2009 水泵的吸上高度越大，水泵入口的真空度越高。（√）

La5B2010 流体与壁面间温差越大，换热量越大；对流换热热阻越大，则换热量也越大。（×）

La5B2011 过热蒸汽的过热度越小，说明越接近饱和状态。（√）

La5B2012 电力系统负荷可分为有功负荷和无功负荷两种。（√）

La5B2013 交流电在1s内完成循环的次数叫频率，单位是赫兹。（√）

La5B2014 消防工作的方针是以防为主，防消结合。（√）

La5B3015 轴流泵应在开启出口阀的状态下启动，是因为

这时所需的轴功率最小。（√）

La5B3016 水中溶解气体量越小，则水面上气体的分压力越大。（×）

La5B3017 三相异步电动机主要由两个基本部分组成，即定子（固定部分）和转子（转动部分）。（√）

La4B1018 蒸汽初压和初温不变时，提高排汽压力可提高朗肯循环的热效率。（×）

La4B1019 物体导热系数越大，则它的导热能力也越强。（√）

La4B2020 焓熵图中每条等压线上的压力都相等，曲线从左到右压力由低到高。（×）

La4B2021 焓熵图中湿蒸汽区等压线就是等温线。（√）

La4B2022 气体温度越高，气体的流动阻力越大。（√）

La4B2023 沿程阻力系数λ只与管壁粗糙度Δ和雷诺数Re有关。（×）

La4B3024 蒸汽流经喷嘴时，压力降低，比体积将减小，热能转变为动能，所以蒸汽流速增加了。（×）

La4B3025 当气体的流速较低时，如果气体参数变化不大，可以不考虑其压缩性。（√）

La4B3026 管子外壁加装肋片（俗称散热片）的目的是使热阻增大，传递热量减小。（×）

La4B3027 单位时间内通过固体壁面的热量与壁的两表面的温度差与壁面面积成正比，与壁厚度成反比。（√）

La4B3028 理想气体是指气体的分子间没有吸引力，分子本身没有大小的气体。（√）

La4B3029 水泵串联运行时，流量必然相同，总扬程等于各泵扬程之和。（√）

La4B3030 水泵的效率就是总功率与轴功率之比。（×）

La4B3031 一般泵的主要性能参数是扬程、流量和功率。（√）

La4B4032 换热器逆流布置时，由于传热平均温差大，传

热效果好，因而可增加受热面。（×）

La4B4033 火电厂采用的基本循环理论是卡诺循环，它的四个热力过程是吸热、膨胀、放热、压缩。（×）

La4B4034 热传导是通过组成物质的微观粒子的热运动来进行的，热辐射是依靠热射线来传播热量的。（√）

La4B4035 在热能和机械能相互转换过程中，能的总量保持不变，这就是热力学第二定律。（×）

La4B5036 对同一种液体而言，其密度和重度不随温度和压力的变化而变化。（×）

La4B5037 凡是有温差的物体就一定有热量的传递。（√）

La4B5038 热力学第一定律的实质是能量守恒定律与能量转换定律在热力学上应用的一种特定形式。（√）

La3B2039 三极管的开关特性是指控制基极电流，使三极管处于放大状态和截止状态。（×）

La3B2040 三个元件的平均无故障运行时间分别为MTBF1=1500h、MTBF2=1000h、MTBF3=500h，当这三个元件串联时，系统的MTBFs应是500h。（×）

La3B2041 汽轮机的转动部分包括轴、叶轮、动叶栅、联轴器和盘车装置等。（√）

La3B3042 异步电动机的功率因数可以是纯电阻性的。（×）

La3B3043 企业标准化是围绕实现企业生产目标，使企业的全体成员、各个环节和部门，从纵向到横向的有关生产技术活动达到规范化、程序化和科学化。（×）

La3B3044 具体地说，企业标准化工作就是对企业生产活动中的各种技术标准的制定。（×）

La3B3045 采用中间再热循环的目的是降低汽轮机末级蒸汽湿度，提高循环热效率。（√）

La3B3046 从干饱和蒸汽加热到一定温度的过热蒸汽所加入的热量叫过热热。（√）

La3B3047 调速系统由感受机构、放大机构、执行机构、

反馈机构组成。（√）

La3B3048 汽轮机常用的联轴器有三种，即刚性联轴器、半挠性联轴器和挠性联轴器。（√）

La3B4049 当流体流动时，在流体层间产生阻力的特性称为流体的黏滞性。（×）

La3B5050 从辐射换热的角度上看，一个物体的吸收率小，则辐射能力强。（×）

La2B2051 发电厂一次主接线的接线方式主要有单母线、单母线分段、单元、双母线带旁路接线等。（√）

La2B2052 汽轮机的滑销系统主要由立销、纵销、横销、角销、斜销、猫爪销等组成。（√）

La2B3053 汽轮机油箱的容积越小，则循环倍率也越小。（×）

La2B4054 汽轮机的内功率与总功率之比称做汽轮机的相对内效率。（×）

La2B4055 在相同的温度范围内，朗肯循环的热效率最高；在同一热力循环中，热效率越高，则循环功越大。（×）

La1B3056 当流体在管内流动时，若 Re<2300 时，流动为层流；Re>10 000 时，流动为紊流。（√）

La1B3057 工程上常用的喷管有渐扩喷管和缩放喷管两种形式。（×）

La1B5058 对过热蒸汽而言，喷管的临界压力比为 0.577；对饱和蒸汽而言，临界压力比为 0.546。（×）

Lb5B1059 厂用电是指发电厂辅助设备、附属车间的用电，不包括生产照明用电。（×）

Lb5B1060 闸阀只适用于在全开或全关的位置作截断流体使用。（√）

Lb5B1061 水泵的工作点在 Q–H 性能曲线的上升段能保证水泵的运行稳定。（×）

Lb5B1062 凡是经过净化处理的水都可以作为电厂的补

给水。（×）

Lb5B1063 水泵入口处的汽蚀余量称为装置汽蚀余量。（√）

Lb5B1064 凝汽器的作用是建立并保持真空。（×）

Lb5B1065 正常运行中，抽气器的作用是维持凝汽器的真空。（√）

Lb5B1066 用硬软两种胶球清洗凝汽器的效果一样。（×）

Lb5B1067 一般每台汽轮机均配有两台凝结水泵，每台凝结水泵的出力都必须等于凝汽器最大负荷时的凝结水量。（√）

Lb5B1068 按传热方式划分，除氧器属于混合式加热器。（√）

Lb5B1069 节流阀的阀芯多数是圆锥流线型的。（√）

Lb5B2070 当除氧给水中含氧量增大时，可开大除氧器排汽阀门来降低含氧量。（√）

Lb5B2071 中间再热机组旁路系统的作用之一是回收工质。（√）

Lb5B2072 0.5 级仪表的精度比 0.25 级仪表的精度低。（√）

Lb5B2073 铂铑—铂热电偶适用于高温测量和作标准热电偶使用。（√）

Lb5B2074 自动控制系统的执行器按驱动形式不同分为气动执行器、电动执行器和液体执行器。（√）

Lb5B2075 汽轮机由于金属温度变化引起的零件变形称为热变形，如果热变形受到约束，则会在金属零件内产生热应力。（√）

Lb5B2076 为检查管道及附件的强度而进行水压试验时，所选用的压力叫试验压力。（√）

Lb5B2077 对通过热流体的管道进行保温是为了减少热损失和环境污染。（√）

Lb5B2078 凝结水泵水封环的作用是阻止泵内的水漏出。（×）

Lb5B2079 一般冷轴器水侧压力应高于油侧压力。（×）

Lb5B2080 汽轮机按热力过程可分为凝汽式、背压式、反动式和冲动式。（√）

Lb5B3081 锅炉设备的热损失中，最大的一项是锅炉散热损失。（×）

Lb5B3082 电厂中采用高压除氧器可以减少高压加热器的台数，节省贵重材料。（√）

Lb5B3083 有效汽蚀余量小，则泵运行的抗汽蚀性能就好。（×）

Lb5B3084 两台水泵并联运行时流量相等、扬程相等。（×）

Lb5B3085 除氧器的作用就是除去锅炉给水中的氧气。（×）

Lb5B3086 射水式抽气器分为启动抽气器和主抽气器两种。（×）

Lb5B3087 离心泵的主要部件有吸入室、叶轮、压出室、轴向推力平衡装置及密封装置等。（√）

Lb5B4088 给水泵的任务是将除过氧的饱和水提升至一定压力后，连续不断地向锅炉供水，并随时适应锅炉给水量的变化。（√）

Lb4B1089 汽轮发电机组每生产 1kW·h 的电能所消耗的热量叫热效率。（×）

Lb4B1090 汽轮机轴端输出功率也称汽轮机有效功率。（√）

Lb4B1091 给水泵出口装设再循环管的目的是为了防止给水泵在低负荷时发生汽化。（√）

Lb4B1092 凝汽器热负荷是指凝汽器内凝结水传给冷却水的总热量。（×）

Lb4B1093 发电厂所有锅炉的蒸汽送往蒸汽母管，再由母管引到汽轮机和其他用汽处，这种系统称为集中母管制系统。（√）

Lb4B1094 热力循环的热效率是评价循环热功转换效果的主要指标。（√）

Lb4B2095 汽轮机组停止供应调节抽汽后，其调节系统的调节原理就和凝汽式机组一样。（√）

Lb4B2096 运行中对汽缸检查的项目包括轴封温度、运转声音和排汽缸振动三项。（×）

Lb4B2097 金属材料的性质是耐拉不耐压，所以当压应力大时危险性较大。（×）

Lb4B3098 当物体冷却收缩受到约束时，物体内会产生压缩应力。（×）

Lb4B3099 液压离心式调速器利用液柱旋转时产生离心力的原理，把感受到的转速变化信号，转变为油压的变化信号。（√）

Lb4B3100 汽轮机轴向位移保护装置按其感受元件的结构，可分为机械式、液压式、电气式三大类。（√）

Lb4B3101 在稳定状态下，汽轮机转速与功率之间的对应关系称调节系统的静态特性，其关系曲线称为调节系统静态特性曲线。（√）

Lb4B3102 汽轮机大修后启动时，汽缸转子等金属部件的温度等于室温，低于蒸汽的饱和温度。所以，在冲动转子的开始阶段，蒸汽在金属表面凝结并形成水膜，这种形式的凝结称膜状凝结。（√）

Lb4B3103 汽轮机从冷态启动、并网、稳定工况运行到减负荷停机，转子表面、转子中心孔、汽缸内壁、汽缸外壁等的热应力刚好完成一个交变热应力循环。（√）

Lb4B3104 《电力工业技术管理法规》规定调节系统的迟缓率应不大于 0.5%，对新安装的机组应不大于 0.2%。（√）

Lb4B3105 汽轮机相对内效率表示了汽轮机通流部分工作的完善程度，一般该效率在 78%～90%左右。（√）

Lb4B3106 当汽轮机的转速达到额定转速的 112%～115%时，超速保护装置动作，紧急停机。（×）

Lb4B3107 采用标准节流装置测量流量时，要求流体可不充满管道，但要连续稳定流动，节流件前流线与管道轴线平行，且无旋涡。（×）

Lb4B3108 弹簧管压力表内装有游丝，其作用是用来克服

扇形齿轮和中心齿轮的间隙所产生的仪表变差。（√）

Lb4B3109 动圈式温度表中的张丝除了产生反作用力矩和起支撑轴的作用外，还起导电作用。（√）

Lb4B3110 抽气器的作用是维持凝汽器的真空。（√）

Lb4B3111 采用回热循环可以提高循环热效率，降低汽耗率。（×）

Lb4B3112 高压给水管道系统有集中母管制、切换母管制、单元制和扩大单元制四种形式。（√）

Lb4B3113 超高压再热机组的主蒸汽及再热蒸汽管道可以分为单管制和双管制两种形式。（√）

Lb4B3114 背压机组按电负荷运行或按热负荷运行，同步器与排汽压力调节器不能同时投入工作。（√）

Lb4B3115 调节系统的迟缓率越大，其速度变动率也越大。（×）

Lb4B3116 在发电厂中，三相母线的相序是用固定颜色表示的，规定用黄色表示A相、红色表示B相、绿色表示C相。（×）

Lb4B4117 所谓热冲击就是指汽轮机在运行中蒸汽温度突然大幅度下降或蒸汽过水，造成对金属部件的急剧冷却。（×）

Lb4B4118 凝结水泵安装在热水井下面0.5～0.8m处的目的是防止水泵汽化。（√）

Lb4B4119 大型给水泵不用设暖泵装置。（×）

Lb4B4120 凝汽器铜管的排列方式有垂直、横向和辐向排列等。（×）

Lb4B4121 水泵密封环的作用是减少水泵的水力损失、提高水泵的效率。（×）

Lb4B5122 干度等于干蒸汽的容积除以湿蒸汽的容积。（×）

Lb3B2123 中间再热机组设置旁路系统的作用之一是保护汽轮机。（×）

Lb3B2124 汽轮机负荷增加时，流量增加，各级的焓降均增加。（×）

Lb3B2125 水蒸气的形成经过五种状态的变化，即未饱和水、饱和水、湿饱和蒸汽、干饱和蒸汽和过热蒸汽。（√）

Lb3B2126 危急保安器常见的形式有偏心飞环式和偏心飞锤式。（√）

Lb3B2127 循环水泵的主要特点是流量大、扬程小。（√）

Lb3B3128 火力发电厂的循环水泵一般采用大流量、高扬程的离心式水泵。（×）

Lb3B3129 目前，火力发电厂防止大气污染的主要措施是安装脱硫装置。（×）

Lb3B3130 水力除灰管道停用时，应从最低点放出管内灰浆。（√）

Lb3B3131 气力除灰系统一般用来输送灰渣。（×）

Lb3B3132 汽轮机变工况时，级的焓降如果不变，级的反动度也不变。（√）

Lb3B3133 汽轮机冷态启动冲转的开始阶段，蒸汽在金属表面凝结，但形不成水膜，这种形式的凝结称珠状凝结。（√）

Lb3B3134 凝汽式汽轮机当蒸汽流量增加时，调节级焓降增加，中间级焓降基本不变，末几级焓降减少。（×）

Lb3B3135 汽轮机内叶轮摩擦损失和叶高损失都是由于产生涡流而造成的损失。（√）

Lb3B3136 汽轮机供油系统的主要任务是保证调速系统用油，供给机组各轴承的润滑和冷却用油，及供给发电机密封用油。（√）

Lb3B4137 蒸汽的初压力和终压力不变时，提高蒸汽初温能提高朗肯循环热效率。（√）

Lb3B4138 蒸汽初压和初温不变时，提高排汽压力可提高朗肯循环的热效率。（×）

Lb3B4139 降低排汽压力可以使汽轮机相对内效率提

高。（×）

Lb3B4140 蒸汽与金属间的传热量越大，金属部件内部引起的温差就越小。（×）

Lb3B4141 汽轮机金属部件承受的应力是工作应力和热应力的叠加。（√）

Lb3B4142 汽轮机的寿命包括出现宏观裂纹后的残余寿命。（×）

Lb3B5143 汽轮机在稳定工况下运行时，汽缸和转子的热应力趋近于零。（√）

Lb3B5144 汽轮机的节流调节法也称质量调节法。只有带上额定负荷，节流门才完全开启。（√）

Lb3B5145 汽轮机冷态启动定速并网后加负荷阶段容易出现负胀差。（×）

Lb3B5146 并列运行的汽轮发电机组间负荷经济分配的原则是按机组汽耗（或热耗）微增率从小到大依次进行分配。（√）

Lb3B5147 双侧进油式油动机的特点是：当油系统发生断油故障时，仍可将自动主汽门迅速关闭，但它的提升力较小。（×）

Lb2B2148 调速系统的静态特性是由感受机构特性、放大机构特性和配汽机构特性所决定的。（√）

Lb2B2149 汽轮机的调速系统必须具有良好的静态特性和动态特性。（√）

Lb2B3150 汽轮发电机组的振动状况是设计、制造、安装、检修和运行维护水平的综合表现。（√）

Lb2B3151 汽轮机部分进汽启动可以减小蒸汽在调节级的温降幅度，并使喷嘴室附近区段全周方向温度分布均匀。（×）

Lb2B3152 调速系统的静态特性曲线应能满足并列和正常运行的要求。（√）

Lb2B3153 汽轮机调速系统的速度变动率越大，正常并网运行越稳定。（√）

Lb2B3154 中间再热机组中采用给水回热的效率比无再

热机组高。（√）

Lb2B3155 自动主汽门是一种自动闭锁装置，对它的要求是：动作迅速、关闭严密。（√）

Lb2B4156 当转子的临界转速低于 1/2 工作转速时，才有可能发生油膜振荡现象。（√）

Lb2B4157 汽轮机带负荷后，当调整段下缸及法兰内壁金属温度达到相当于新蒸汽温度减去新蒸汽与调整段金属正常运行最大温差的数值时，机组带负荷速度不再受限制。（√）

Lb2B4158 大型机组滑参数停机时，先维持汽压不变而适当降低汽温，以利汽缸冷却。（√）

Lb2B4159 随着汽轮发电机组容量的增大，转子的临界转速也随之升高，轴系临界转速分布更加简单。（×）

Lb2B4160 调速系统的速度变动率越小越好。（×）

Lb2B5161 机组热态启动时，调节级出口的蒸汽温度与金属表面温度之间出现一定程度的负温差是允许的。（√）

Lb2B5162 协调控制方式运行时，主控系统中的功率指令处理回路不接受任何指令信号。（×）

Lb2B5163 在机组启动过程中发生油膜振荡时，可以像通过临界转速那样以提高转速冲过去的办法来消除。（×）

Lb2B5164 评定汽轮发电机组的振动以轴承垂直、水平、轴向三个方向振动中最大者为依据，而振动类型是按照振动频谱来划分的。（√）

Lb2B5165 汽轮机采用节流调节时，每个喷嘴组由一个调速汽门控制，根据负荷的大小依次开启一个或几个调速汽门。（×）

Lb1B2166 汽轮机调速系统的迟缓率，一般应不大于 0.5%，对于新安装的机组，应不大于 0.3%。（×）

Lb1B4167 汽缸的支撑和滑销系统的布置，将直接影响到机组通流部分轴向间隙的分配。（√）

Lb1B4168 汽轮机的内部损失是指配汽机构的节流损失排汽管的压力损失和汽轮机的级内损失。（√）

Lb1B4169 汽轮机的外部损失是指汽缸散热损失和机械损失。（×）

Lb1B5170 汽轮机部件受到热冲击时的热应力，取决于蒸汽与金属部件表面的温差和蒸汽的放热系数。（√）

Lc5B1171 电流对人体的伤害形式主要有电击和电伤两种。（√）

Lc5B1172 我国规定的安全电压等级是42、36、24、12V额定值四个等级。（×）

Lc5B2173 把交流50～60Hz、10mA及直流50mA确定为人体的安全电流值。（√）

Lc5B2174 通畅气道、人工呼吸和胸外心脏按压是心肺复苏法支持生命的三项基本措施。（√）

Lc5B2175 烧伤主要分为热力烧伤、化学烧伤、电烧伤和放射性物质灼伤四种类型。（√）

Lc5B5176 泵的种类按其作用可分为离心式、轴流式和混流式三种。（×）

Lc5B5177 活动支架除承受管道重量外，还限制管道的位移方向，即当温度变化时使其按规定方向移动。（√）

Lc4B1178 锅炉本体设备是由汽水系统、燃烧系统和辅助设备组成。（×）

Lc4B2179 汽包锅炉汽压调节的实质是调节锅炉的燃烧。（√）

Lc4B2180 发电厂中，低压厂用供电系统一般多采用三相四线制，即380V/220V。（√）

Lc4B2181 浓酸强碱一旦溅入眼睛或皮肤上，首先应采用2%稀碱液中和方法进行清洗。（×）

Lc4B2182 触电者死亡的五个特征（1. 心跳、呼吸停止；2. 瞳孔放大；3. 尸斑；4. 尸僵；5. 血管硬化），只要有一个尚未出现，就应该坚持抢救。（√）

Lc4B3183 发电机的极对数和转子转数决定了交流电动

势的频率。（√）

Lc4B3184 回热系统普遍采用表面式加热器的主要原因是其传热效果好。（×）

Lc4B4185 发电机与系统准同期并列必须满足电压相等、电流一致、频率相等三个条件。（×）

Lc4B4186 在工质受热做功的过程中，工质自外界吸收的热量，等于工质因容积膨胀而对外做的功与工质内部储存的能量之和。（√）

Lc4B5187 泵的车削定律是指水泵叶轮内径经车削后，其流量、扬程、功率与外径的关系。（×）

Lc3B2188 汽轮机静止部分主要包括基础、台板、汽缸、喷嘴、隔板、汽封、轴承等。（√）

Lc3B2189 电流直接经过人体或不经过人体的触电伤害叫电击。（×）

Lc3B2190 主蒸汽管道保温后，可以防止热传递过程的发生。（×）

Lc3B3191 对违反 DL 408—1991《电业安全工作规程》者，应认真分析，区别情况，加强教育。（×）

Lc3B3192 在金属容器内，应使用 36V 以下的电气工具。（×）

Lc3B3193 室内着火时，应立即打开门窗，以降低室内温度进行灭火。（×）

Lc3B3194 触电人心脏停止跳动时，应采用胸外心脏挤压方法进行抢救。（√）

Lc3B3195 300MW 机组循环水泵出口使用蝶阀或闸阀都可以。（×）

Lc3B3196 阀门的公称直径是一种名义计算直径，用 D_g 表示，单位为毫米（mm）。一般情况下，通道直径与公称直径是接近相等的。（√）

Lc3B3197 迷宫密封是利用转子与静子间的间隙进行节

流、降压来起密封作用的。（√）

Lc3B3198 水泵中离心叶轮比诱导轮有高得多的抗汽蚀性能。（×）

Lc3B4199 按外力作用的性质不同，金属强度可分为抗拉强度和抗压强度、抗弯强度、抗扭强度等。（√）

Lc3B4200 汽轮发电机大轴上安装接地碳刷是为了消除大轴对地的静电电压。（√）

Lc3B4201 汽轮机在减负荷时，蒸汽温度低于金属温度，转子表面温度低于中心孔的温度，此时转子表面形成拉伸应力，中心孔形成压应力。（√）

Lc3B4202 轴流泵启动有闭阀启动和开阀启动两种方式，主泵与出口阀门同时启动为开阀启动。（×）

Lc2B2203 由于再热蒸汽温度高、压力低，其比热容较过热蒸汽小，故等量的蒸汽在获得相同的热量时，再热蒸汽温度变化较过热蒸汽温度变化要小。（×）

Lc2B3204 锅炉初点火时，采用对称投入油枪，定期倒换，或多油枪、少油量等方法，是使炉膛热负荷比较均匀的有效措施。（√）

Lc2B4205 为保证凝结水泵在高度真空下工作，需用生水密封盘根。（×）

Lc2B5206 气割可用来切割碳钢、合金钢、铸铁等部分金属。（√）

Lc1B2207 汽轮机相对内效率表示了汽轮机通流部分工作的完善程度，一般该效率在 78%～90%左右。（√）

Lc1B2208 蒸汽在汽轮机内膨胀做功，将热能转变为机械能，同时又以传导传热方式将热量传给汽缸内壁，汽缸内壁的热量以传导方式由内壁传导至外壁。（×）

Lc1B4209 阀门水压试验的压力应为公称压力的 1.25 倍，保持 15min。（√）

Jd5B1210 驱动给水泵的汽轮机具有多个进汽汽源。（√）

Jd5B1211 自动调节系统的测量单元一般由传感器和变送器两个环节组成。（√）

Jd5B1212 表面式热交换器都是管内走压力低的介质。（×）

Jd5B1213 锅炉给水未经良好的除氧，无疑是造成热力设备严重腐蚀的原因之一。（√）

Jd5B1214 导向支架除承受管道重量外，还能限制管道的位移方向。（√）

Jd5B1215 高压加热器的疏水也是除氧器的一个热源。（√）

Jd5B2216 电动阀门在空载调试时，开、关位置不应留余量。（×）

Jd5B2217 抽气器的任务是将漏入凝汽器内的空气和蒸汽中所含的不凝结气体连续抽出，保持凝汽器在高度真空下运行。（√）

Jd5B2218 加热式除氧是利用气体在水中溶解的性质进行除氧。（√）

Jd5B2219 闸阀适用于流量、压力、节流的调节。（×）

Jd5B2220 发现电动机有进水受潮现象，应及时测量绝缘电阻。（√）

Jd5B2221 阴离子交换器的作用是除去水中的酸根。（√）

Jd5B2222 阳离子交换器的作用是除去水中的金属离子。（√）

Jd5B2223 启动循环水泵时，开循环水泵出口门一定要缓慢，否则容易引起水锤，造成阀门、管道等损坏及循环水泵运行不稳。（√）

Jd5B3224 管道的工作压力＜管道的试验压力＜管道的公称压力。（×）

Jd5B3225 汽轮机凝汽器底部若装有弹簧，要加装临时支撑后方可进行灌水查漏。（√）

Jd4B1226 当汽轮机金属温度等于或高于蒸汽温度时，蒸汽

的热量以对流方式传给金属表面，以导热方式向蒸汽放热。（×）

Jd4B1227 交流电完成一次循环所需要的时间称为周期，单位是s。（√）

Jd4B1228 冷油器运行中油侧压力应大于水侧压力，以确保油不会泄漏。（√）

Jd4B2229 采用中间再热循环的目的是降低末几级蒸汽温度及提高循环的热效率。（×）

Jd4B2230 发电机充氢时，密封油系统必须连续运行，并保持密封油压与氢压的差值，排烟风机也必须连续运行。（√）

Jd4B2231 汽轮机的合理启动方式是寻求合理的加热方式，在启动过程中使机组各部件热应力、热膨胀、热变形和振动等维持在允许范围内，启动时间越长越好。（×）

Jd4B2232 汽轮机机械效率表示了汽轮机的机械损失程度，汽轮机的机械效率一般为90%。（×）

Jd4B3233 汽轮机甩去额定负荷后转速上升，但未达到危急保安器动作转速即为甩负荷试验合格。（√）

Jd4B3234 汽轮机热态启动时，由于汽缸、转子的温度场是均匀的，因此启动时间短，热应力小。（√）

Jd4B3235 汽轮机热态启动并网，达到起始负荷后，蒸汽参数可按照冷态启动曲线滑升（升负荷暖机）。（√）

Jd4B3236 汽轮机启停或变工况时，汽缸和转子以同一死点进行自由膨胀和收缩。（×）

Jd4B3237 汽轮机冷态启动中，从冲动转子到定速，一般相对膨胀差出现正值。（√）

Jd4B3238 发电厂中，汽水管道涂上各种颜色是为了便于生产人员识别和操作。（√）

Jd4B4239 高压加热器疏水也是除氧器的一个热源。（√）

Jd3B1240 闸阀在运行中必须处于全开或全关位置。（√）

Jd3B2241 为防止冷空气冷却转子，必须等真空到零，方可停用轴封蒸汽。（×）

Jd3B2242 金属在蠕变过程中，弹性变形不断增加，最终断裂。（×）

Jd3B3243 汽轮机热态启动和减负荷过程一般相对膨胀出现正值增大。（×）

Jd3B3244 汽轮机润滑油温过高，可能造成油膜破坏，严重时可能造成烧瓦事故，所以一定要保持润滑油温在规定范围内。（√）

Jd3B3245 滑参数停机时，为保证汽缸热应力在允许范围之内，要求金属温度下降速度不要超过 1.5℃/min。在整个滑参数停机过程中，新蒸汽温度应该始终保持有 50℃的过热度。（√）

Jd3B3246 改变管路阻力特性的常用方法是节流法。（√）

Jd3B3247 水冷发电机入口水温应高于发电机内氢气的露点，以防发电机内部结露。（√）

Jd3B4248 发现汽轮机胀差变化大时，首先检查主蒸汽温度和压力，并检查汽缸膨胀和滑销系统，进行分析，采取措施。（√）

Jd2B2249 汽轮机冷态启动时，为了避免金属产生过大的温差，一般不应采用低压微过热蒸汽冲动汽轮机转子的方法。（×）

Jd2B3250 超高压汽轮机的高、中压缸采用双层缸结构，在夹层中通入蒸汽，以减小每层汽缸的压差和温差。（√）

Jd2B3251 阀门是用来通断或调节介质流量的。（√）

Jd2B3252 汽轮发电机启动过程中在通过临界转速时，机组的振动会急剧增加，所以提升转速的速率越快越好。（×）

Jd2B4253 对于大型机组而言，自冷态启动进行超速试验，应按制造厂规定进行，一般在带负荷到 25%～30%额定负荷、连续运行 1～2h 后进行。（×）

Jd2B4254 油管道应尽量减少用法兰盘连接，在热体附近的法兰盘必须装金属罩壳，大容量机组的油管道多采用套装式。（√）

Jd1B2255 转子在一阶临界转速以下，汽轮机轴承振动值

达 0.04mm 必须打闸停机；过临界转速时，汽轮机轴承振动值达 0.1mm 应立即打闸停机。（√）

Je5B1256 轴功率为 1MW 的水泵可配用 1MW 的电动机。（×）

Je5B1257 运行中高压加热器进汽压力允许超过规定值。（×）

Je5B1258 运行中发现凝结水泵电流摆动，压力摆动，即可判断是凝结水泵损坏。（×）

Je5B1259 运行中引起高压加热器保护装置动作的唯一原因是加热器钢管泄漏。（×）

Je5B1260 上一级加热器水位过低，会排挤下一级加热器的进汽量，增加冷源损失。（√）

Je5B1261 高压加热器装设水侧自动保护的根本目的是防止汽轮机进水。（√）

Je5B1262 投入高压加热器汽侧时，要按压力从低到高，逐个投入，以防汽水冲击。（√）

Je5B1263 提高除氧器的布置高度，设置再循环管的目的都是为了防止给水泵汽化。（√）

Je5B1264 球形阀与闸阀比较，其优点是局部阻力小，开启和关闭力小。（×）

Je5B1265 电动机在运行中，允许电压在额定值的–5%～+10%范围内变化，电动机功率不变。（√）

Je5B1266 运行中不停用凝汽器进行凝汽器铜管冲洗的唯一方法是反冲洗法。（×）

Je5B1267 密封油系统中，排烟风机的作用是排出油烟。（×）

Je5B1268 正常运行中，氢侧密封油泵可短时停用进行消缺。（√）

Je5B2269 汽轮机运行中，凝汽器入口循环水水压升高，则凝汽器真空升高。（×）

Je5B2270 高压加热器随机启动时，疏水可以始终导向除氧器。（×）

Je5B2271 值班人员可以仅根据红绿指示灯全灭来判断设备已停电。（×）

Je5B2272 在运行中，发现高压加热器钢管泄漏，应立即关闭出口门切断给水。（×）

Je5B2273 若要隔绝汽动给水泵，则给水泵前置泵必须停用。（√）

Je5B2274 运行中给水泵电流表摆动，流量表摆动，说明该泵已发生汽化，但不严重。（√）

Je5B2275 凝结水泵加盘根时应停电，关闭进出口水门，密封水门即可检修。（×）

Je5B2276 目前大多数电厂中的冷却水系统均采用闭式循环，故系统内的水不会减少，也不需要补水。（×）

Je5B2277 当出口扬程低于母管压力或空气在泵内积聚较多时，水泵打不出水。（√）

Je5B2278 离心泵启动的空转时间不允许太长，通常以2～4min为限，目的是为了防止水温升高而发生汽蚀。（√）

Je5B3279 水泵运行中，开关红灯不亮（灯泡不坏），该泵可能停不下来。（√）

Je5B3280 止回阀不严的给水泵，不得投入运行，但可做备用。（×）

Je5B3281 对于EH油压为定压运行的机组，EH油系统中的高压蓄能器不起作用。（×）

Je5B3282 抗燃油系统中的蓄能器可分为两种形式：一种为活塞式蓄能器，另一种为球胆式蓄能器。（√）

Je5B3283 所有作为联动备用泵的出口门必须在开足状态。（×）

Je5B3284 汽轮发电机组正常运行中，当发现密封油泵出口油压升高，密封瓦入口油压降低时，应判断为密封瓦磨损。（√）

Je5B3285 给水泵入口法兰漏水时，应进行紧急故障停泵。（×）

Je5B3286 当电动给水泵发生倒转时，应立即合闸启动。（×）

Je5B3287 凝汽器进行干洗时，排汽温度越高越好。（×）

Je4B1288 汽轮机热态启动时，凝汽器真空适当保持低一些。（×）

Je4B1289 汽轮机热态启动的关键是恰当选择冲转时的蒸汽参数。（√）

Je4B1290 汽轮机停机从 3000r/min 打闸后，胀差不发生变化。（×）

Je4B1291 汽轮机正常停机时，一旦转子静止即应启动盘车，连续运行。（√）

Je4B1292 真空系统和负压设备漏空气，将使射汽式抽气器冒汽量增大，且真空不稳。（√）

Je4B1293 汽轮机大修后的油系统循环冲洗中，为将系统冲洗干净，一般油温不低于 50℃，不得超过 85℃。（×）

Je4B1294 汽轮机的超速试验应连续做两次，两次的转速差不超过 30r/min。（×）

Je4B1295 机组甩掉电负荷到零后，转速可能不变、可能升高、可能超速，也可能下降。（×）

Je4B1296 汽轮机旁路系统可供机组甩负荷时使用。（√）

Je4B2297 为赶走调节系统内的空气，当机组启动时，开高压油泵前，应启动润滑油泵向高压油泵及调节系统充油。（√）

Je4B2298 汽轮机启动时，先供轴封汽、后轴真空是热态启动与冷态启动的主要区别之一。（√）

Je4B2299 为防止汽轮机金属部件内出现过大的温差，在汽轮机启动中，温升率越小越好。（×）

Je4B2300 汽轮机启动中，暖机的目的是为了提高金属部件的温度。（×）

Je4B3301 对于大功率汽轮机，轴系较长，转子较多，临界转速分散，通常在中速暖机后，以 100～150r/min 的速度升到额定转速暖机。（√）

Je4B3302 汽轮机停止后，未能及时投入盘车或在盘车连续运行中停止时，应查明原因，修复后立即投入盘车并连续运行。（×）

Je4B3303 采用喷嘴调节工况的汽轮机，调节最危险工况发生在第一调节阀全开、第二调节阀尚未开启时。（√）

Je4B3304 汽轮机热态启动时，应先送轴封汽，再抽真空。（√）

Je4B3305 汽轮机的动叶片结垢将引起轴向位移正值增大。（√）

Je4B3306 汽轮发电机运行中，密封油瓦进油温度一般以接近高限为好。（√）

Je4B3307 汽轮机正常运行中，当出现甩负荷时，相对膨胀出现负值大时，易造成喷嘴出口与动叶进汽侧磨损。（√）

Je4B3308 汽轮机滑销系统的作用在于防止汽缸受热膨胀而保持汽缸与转子中心一致。（×）

Je4B3309 汽轮机带额定负荷运行时，甩掉全部负荷比甩掉 80%负荷所产生的热应力要大。（×）

Je4B3310 如发现汽轮机胀差变化大，检查主蒸汽温度和压力并检查汽缸膨胀和滑销系统，进行分析，采取措施。（√）

Je4B3311 当汽轮机金属温度低于主蒸汽或再热蒸汽温度时，蒸汽将在金属壁凝结，热量以凝结放热的方式传给金属表面。（×）

Je4B3312 汽轮机甩负荷试验，一般按甩额定负荷的 50%、75%及 100%三个等级进行。（√）

Je4B3313 汽轮机启动过程中，在一阶临界转速以下，汽轮机振动不应超过 0.05mm。（×）

Je4B3314 汽轮机装有低油压保护装置，它的作用是：当

润滑油压降低时，根据油压降低程度依次自动地启动润滑油泵、跳机、发出报警信号和停止盘车。（×）

Je4B3315 汽轮机推力瓦片上的乌金厚度一般为 1.5mm 左右，这个数值等于汽轮机通流部分动静最小间隙。（×）

Je4B3316 汽轮机一般在突然失去负荷时，转速升到最高点后又下降到一稳定转速，这种现象称为动态飞升。（√）

Je4B3317 单元汽轮机组冷态启动时，一般采用低压微过热蒸汽冲动汽轮机转子。（√）

Je4B3318 汽轮机运行中，当工况变化时，推力盘有时靠工作瓦块，有时靠非工作瓦块。（√）

Je4B3319 汽轮机运行中，当发现主蒸汽压力升高时，应对照自动主汽门前后压力及各监视段压力分析判断采取措施。（√）

Je4B3320 汽轮机运行中，发现润滑油压低，应参照冷油器前润滑油压及主油泵入口油压分析判断采取措施。（√）

Je4B3321 汽轮机调速系统工作不良，使汽轮机在运行中负荷摆动，当负荷向减少的方向摆动时，主汽门后的压力表读数就降低。（×）

Je4B3322 汽轮机能维持空负荷运行，就能在甩负荷后维持额定转速。（×）

Je4B3323 同型号的汽轮机调速系统特性曲线一定相同。（×）

Je4B3324 汽轮机运行中，当凝汽器管板脏污时，真空下降，排汽温度降低，循环水出入口温差减小。（×）

Je4B4325 汽轮机抽气器喷嘴堵塞将影响真空下降，此时抽气器喷嘴前压力也降低。（×）

Je4B4326 汽轮机射汽式抽气器冷却器满水时，抽气器的排气口有水喷出，抽气器外壳温度低，内部有撞击声，疏水量增加。（√）

Je4B5327 赶走调节系统内空气的方法是：当机组启动时，

开高压油泵前，启动润滑油泵向高压油泵及调节系统充油。（√）

Je4B5328 机械密封的特点是摩擦力小、寿命长、不易泄漏，在圆周速度较大的场所也能可靠地工作。（√）

Je3B2329 汽轮机的负荷摆动值与调速系统的迟缓率成正比，与调速系统的速度变动率成反比。（√）

Je3B2330 当供热式汽轮机供热抽汽压力保持在正常范围时，机组能供给规定的抽汽量，调压系统的压力变动率为5%～8%左右。（√）

Je3B3331 汽轮机停机后的强制冷却介质采用蒸汽与空气。（√）

Je3B3332 汽轮机超速试验时，为防止发生水冲击事故，必须加强对汽压、汽温的监视。（√）

Je3B3333 大型汽轮机启动后应带低负荷运行一段时间后，方可做超速试验。（√）

Je3B3334 为确保汽轮机的自动保护装置在运行中动作正确可靠，机组在启动前应进行模拟试验。（√）

Je3B3335 汽轮机调速级处的蒸汽温度与负荷无关。（×）

Je3B3336 汽轮机在冷态启动和加负荷过程中，蒸汽将热量传给金属部件，使之温度升高。（√）

Je3B3337 在汽轮机膨胀或收缩过程中出现跳跃式增大或减小时，可能是滑销系统或台板滑动面有卡涩现象，应查明原因予以消除。（√）

Je3B3338 汽轮机汽缸与转子以同一死点膨胀或收缩时出现的差值称相对膨胀差。（×）

Je3B3339 汽轮机转子膨胀值小于汽缸膨胀值时，相对膨胀差为负值差胀。（√）

Je3B4340 汽轮机冷态启动和加负荷过程一般相对膨胀出现向负值增大。（×）

Je3B4341 汽轮机相对膨胀差为零说明汽缸和转子的膨胀为零。（×）

Je3B4342 一般汽轮机热态启动和减负荷过程相对膨胀出现向正值增大。（×）

Je3B4343 汽轮发电机组最优化启停是由升温速度和升温幅度来决定的。（√）

Je3B4344 汽轮机的超速试验只允许在大修后进行。（×）

Je3B4345 运行中机组突然发生振动的原因较为常见的是转子平衡恶化和油膜振荡。（√）

Je3B4346 单元制汽轮机调速系统的静态试验一定要在锅炉点火前进行。（√）

Je3B4347 汽轮机转动设备试运前，手盘转子检查时，设备内应无摩擦、卡涩等异常现象。（√）

Je3B4348 一般辅助设备的试运时间应连续运行 1～2h。（×）

Je3B4349 汽轮机甩负荷试验，一般按甩额定负荷的 1/3、1/2、3/4 及全部负荷四个等级进行。（×）

Je3B4350 油系统着火需紧急停机时，只允许使用润滑油泵进行停机操作。（√）

Je3B4351 禁止在油管道上进行焊接工作；在拆下的油管道上进行焊接时，必须事先将管道清洗干净。（√）

Je3B5352 调节系统动态特性试验的目的是测取电负荷时转速飞升曲线，以准确评价过渡过程的品质。（√）

Je3B5353 汽轮机空负荷试验是为了检查调速系统空载特性及危急保安器装置的可靠性。（√）

Je3B5354 润滑油油质恶化将引起部分轴承温度升高。（×）

Je3B5355 汽轮机机组参与调峰运行，由于负荷变动和启停频繁，机组要经常承受剧烈的温度和压力变化，缩短了使用寿命。（√）

Je3B5356 当转子在第一临界转速以下发生动静摩擦时，对机组的安全威胁最大，往往会造成大轴永久弯曲。（√）

Je2B2357 当转子在第一临界转速以下发生动静摩擦时，

机组的振动会急剧增加，所以提升转速的速率越快越好。（×）

Je2B3358 常用的寿命评估方法为常规肉眼检查、无损探伤和破坏性检验三级管理法。（√）

Je2B3359 低负荷运行时，定压运行的单元机组仍比变压运行的经济性好。（×）

Je2B3360 单机容量为200MW及以上的新机组的试生产阶段为3个月。（×）

Je2B4361 数字式电液控制系统是纯电调的控制系统。（√）

Je2B4362 对汽轮机来说，滑参数启动的特点是安全性好。（√）

Je2B4363 主蒸汽压力、温度随负荷变化而变化的运行方式称滑压运行。（×）

Je2B4364 用同步器改变负荷是通过平移静态特性曲线来达到的。（√）

Je2B5365 计算机监控系统的基本功能就是为运行人员提供机组在正常和异常情况下的各种有用信息。（×）

Je2B5366 汽轮机快速冷却是将压缩空气经空气电加热器加热到所需温度再送入汽轮机各个冷却部位进行冷却的过程。（×）

Je2B5367 协调控制方式既能保证有良好的负荷跟踪性能，又能保证汽轮机运行的稳定性。（√）

Je2B5368 汽轮机总体试运行的目的，是检查、考核调速系统的动态特性及稳定性，检查危急保安器动作的可靠性及本体部分的运转情况。（√）

Je2B5369 调速系统的稳定性、过渡过程的品质、系统动作的迅速性和过程的振荡性是衡量调节系统动态特性的四个指标。（√）

Je2B5370 高压大容量汽轮机热态启动参数的选择原则：根据高压缸调节级汽室温度和中压缸进汽室温度，选择与之相匹配的主蒸汽和再热蒸汽温度。（√）

Je2B5371 超速保安器装置手打试验的目的是检查危急保安器动作是否灵活可靠。（×）

Je2B5372 当阀壳上无流向标志时，对于止回阀，介质应由阀瓣上方向下流动。（×）

Je1B2373 衡量调速系统调节品质的两个重要指标是速度变动率和迟缓率。（√）

Je1B2374 汽缸大螺栓的拧紧程序是先冷紧，后热紧。（√）

Je1B2375 危急遮断器的试验方法有压出试验和超速试验两种。（√）

Je1B2376 中速暖机和额定转速下暖机的目的是防止材料脆性破坏和避免过大的热应力。（√）

Je1B3377 汽轮机速度变动率的调整范围一般为额定转速的3%～6%，局部速度变动率最低不小于2.5%。（√）

Je1B3378 汽轮机危急保安器动作转速整定为额定转速的110%～112%，且两次动作的转速差不应超过0.6%。（√）

Je1B4379 冷油器检修时，打压试验的压力一般为工作压力的1.5倍，时间为5min。（×）

Je1B4380 转子叶轮松动的原因之一是汽轮机发生超速，也有可能是原有过盈不够或运行时间长，产生材料疲劳。（√）

Je1B4381 调速系统大修后，开机前作静态试验的目的是测量各部件的行程量限和传动关系，调整有关部件的始终位置、动作时间等，并与厂家提供的关系曲线比较，检查各部件是否符合厂家要求，工作是否正常。（√）

Jf5B1382 氢冷发电机气体置换的中间介质只能用 CO_2。（×）

Jf5B1383 汽轮机调节系统因采用了抗燃油，而该油的闪点在 500℃以上，所以当抗燃油发生泄露至高温部件时，永远不会着火。（×）

Jf5B1384 任何情况下发电机定子冷却水压力都不能高于发电机内气体的压力。（×）

Jf5B2385 引进型 300MW 汽轮发电机在运行中，若空侧交、直流密封油泵均故障，则只能作停机处理。（×）

Jf5B2386 抗燃油系统中的硅藻土过滤器可以降低油中的酸度。（√）

Jf5B2387 电动机运行中，如果电压下降，则电流也随之下降。（×）

Jf4B1388 锅炉燃烧产物包括烟气灰和水蒸气。（×）

Jf4B2389 在室内窄小空间使用二氧化碳灭火器时，一旦火被扑灭，操作者就应迅速离开。（√）

Jf4B2390 发电厂的转动设备和电气元件着火时不准使用二氧化碳灭火器。（×）

Jf4B2391 由于氢气不能助燃，因此发电机绕组元件没击穿时，着火的危险性很小。（√）

Jf4B2392 在室外使用灭火器灭火时，人一定要处于上风方向。（√）

Jf4B3393 二氧化碳灭火器常用于大型浮顶油罐和大型变压器的灭火。（×）

Jf4B5394 发电机风温过高会使定子绕组温度、铁芯温度相应升高；使绝缘发生脆化，降低机械强度；使发电机寿命大大缩短。（√）

Jf3B2395 离心泵的工作点在 Q–H 性能曲线的下降段才能保证水泵运行的稳定性。（√）

Jf3B2396 液体流动时影响能量损失的主要因素是流体的黏滞性。（√）

Jf3B3397 锅炉的蒸汽参数是指锅炉干饱和蒸汽的压力和温度。（×）

Jf3B3398 工作票签发人、工作票许可人、工作负责人对工作的安全负有责任。（√）

Jf3B3399 工作负责人应对工作许可人正确说明哪些设备有压力、高温和有爆炸危险。（×）

Jf3B3400 工作结束前，如必须改变检修与运行设备的隔离方式，必须重新签发工作票。（√）

Jf3B4401 由于受客观条件限制，在运行中暂时无法解决、必须在设备停运时才能解决的设备缺陷，称三类设备缺陷。（×）

Jf3B4402 水力除灰管道停用时，应从最低点放出管内灰浆。（√）

Jf2B2403 运行分析的方法通常采用对比分析法、动态分析法及多元分析法。（√）

Jf2B2404 汽轮机低压缸一般都是支撑在基础台板上，而高、中压缸一般是通过猫爪支撑在轴承座上。（√）

Jf2B3405 运行分析的内容只有岗位分析、定期分析和专题分析三种。（×）

Jf2B4406 蝶阀主要用于主蒸汽系统。（×）

Jf2B4407 管道的吊架有普通吊架和弹簧吊架两种。（√）

Jf2B5408 冷油器的检修质量标准是：油、水侧清洁无垢，铜管无脱锌、机械损伤，水压 0.5MPa、5min 无泄漏，筒体组装时可用面黏净，会同化学验收合格。（√）

Jf1B2409 铸铁也能进行锻压加工。（×）

Jf1B3410 为安装检修方便，汽缸都做成水平对分上、下汽缸，并通过水平结合面的法兰用螺栓紧密连接。（√）

Jf1B4411 油管道法兰可以用塑料垫或胶皮垫作垫。（×）

4.1.3 简答题

La5C1001 什么叫绝对压力、表压力？两者有何关系？

答：容器内工质本身的实际压力称为绝对压力，用符号 p 表示。工质的绝对压力与大气压力的差值为表压力，用符号 p_g 表示。因此，表压力就是我们表计测量所得的压力，大气压力用符号 p_a 表示。绝对压力与表压力之间的关系为

$$p=p_g+p_a，或 p_g=p-p_a。$$

La5C1002 何谓热量？热量的单位是什么？

答：热量是依靠温差而传递的能量。热量的单位是 J（焦耳）。

La5C1003 什么叫真空和真空度？

答：当容器中的压力低于大气压时，低于大气压力的部分叫真空，用符号 p_v 表示，其关系式为

$$p_v=p_a-p$$

发电厂有时用百分数表示真空值的大小，称为真空度。真空度是真空值和大气压力比值的百分数，即

真空度$=p_v/p_a\times100\%$。

La5C1004 什么叫热机？

答：把热能转变为机械能的设备称为热机，如汽轮机，内燃机，蒸汽轮机、燃气轮机等。

La5C2005 什么叫机械能？

答：物质有规律的运行称为机械运动。机械运动一般表现为宏观运动，物质机械运动所具有的能量叫机械能。

La5C2006　什么是比热容？

答：单位数量的物质温度升高或降低 1℃所吸收或放出的热量称为该物质的比热容。

La5C2007　热力学第一定律的实质是什么？它说明什么问题？

答：热力学第一定律的实质是能量守恒与转换定律在热力学上的一种特定应用形式，说明了热能与机械能互相转换的可能性及其数值关系。

La5C2008　什么叫等压过程？

答：工质的压力保持不变的过程称为等压过程，如锅炉中水的汽化过程、乏汽在凝汽器中的凝结过程、空气预热器中空气的吸热过程都是在压力不变时进行的过程。

La5C2009　局部流动损失是怎样形成的？

答：在流动的局部范围内，由于边界的突然改变，如管道上的阀门、弯头、过流断面形状或面积的突然变化等，使得液体流动速度的大小和方向发生剧烈的变化，质点剧烈碰撞形成旋涡消耗能量，从而形成流动损失。

La5C2010　何谓状态参数？

答：表示工质状态特征的物理量叫状态参数。工质的状态参数有压力、温度、比体积、焓、熵、内能等，其中压力、温度、比体积为工质的基本状态参数。

La5C3011　什么叫绝热过程？

答：在与外界没有热量交换情况下所进行的过程称为绝热过程。如为了减少散热损失，汽轮机汽缸外侧包有绝热材料，而工质所进行的膨胀过程极快，在极短时间内来不及散热，其热量损失很小，可忽略不计。工质在这些热机中的过程常作为绝热过程处理。

La4C2012　什么叫节流？什么叫绝热节流？

答：工质在管内流动时，由于通道截面的突然缩小，从而使工质流速突然增加、压力降低的现象称为节流。节流过程中如果工质与外界没有热交换，则称之为绝热节流。

La4C2013　为什么饱和蒸汽压力随饱和蒸汽温度升高而升高？

答：温度越高，分子的平均动能越大，能从水中飞出的分子越多，因而使汽侧分子密度增大；同时，温度升高，蒸汽分子的平均运动速度也随之增大，这样就使得蒸汽分子与容器壁面的碰撞增强，使压力增大。所以饱和蒸汽压力随饱和蒸汽温度升高而升高。

La4C3014　什么是水击现象？

答：当液体在压力管道流动时，由于某种外界原因，如突然关闭或开启阀门，或者水泵突然停止或启动，以及其他一些特殊情况，使液体流动速度突然改变，引起管道中压力产生反复的、急剧的变化，这种现象称为水击或水锤。

La4C3015　什么叫中间再热循环？

答：中间再热循环就是把汽轮机高压缸内做了功的蒸汽引到锅炉的中间再热器重新加热，使蒸汽的温度又得到提高，然后再引到汽轮机中压缸内继续做功，最后的乏汽排入凝汽器。这种热力循环称中间再热循环。

La1C3016　什么是波得图（Bode）？有什么作用？

答：所谓波得（Bode）图，是绘制在直角坐标上的两个独立曲线，即将振幅与转速的关系曲线和振动相位滞后角与转速的关系曲线绘在直角坐标图上，它表示转速与振幅和振动相位之间的关系。

波得图有下列作用：① 确定转子临界转速及其范围；② 了解升（降）速过程中除转子临界转速外，是否还有其他部件（例如：基础、静子等）发生共振；③ 作为评定柔性转子平衡位置和质量的依据；④ 可以正确地求得机械滞后角α，为加准试重量提供正确的依据；⑤ 通过前后对比，可以判断机组启动中，转轴是否存在动、静摩擦，可以判断冲动转子前，转子是否存在热弯曲等故障；⑥ 将机组启、停所得波得图进行对比，可以确定运行中转子是否发生热弯曲。

La1C3017 简述蒸汽在汽轮机内部做功时的传热过程。

答：蒸汽在汽轮机内部做功时，发生能量的转换，并以对流、传导的方式将热量传递给转子及汽缸等金属部件：以对流的方式将热量传递给汽缸、转子的表面；以传导的方式，由汽缸的内壁传到外壁，由转子的表面传到中心孔，通过中心孔散给周围空间。

La1C2018 离心真空泵的工作原理是怎样的？

答：当泵轴转动时，工作水从下部入口被吸入，并经过分配器从叶轮的流道中喷出，水流以极高速度进入混合室，由于强烈的抽吸作用，在混合室内产生高度真空，这时凝汽器中汽气混合物，由于压差作用冲开止回阀，被不断地抽到混合室内，并同工作水一道通过喷射管、喷嘴和扩散管被排出。

Lb5C1019 凝结水泵空气平衡管的作用是什么？

答：当凝结水泵内有空气时，可由空气管排至凝汽器，保证凝结水泵正常运行。

Lb5C1020　凝汽器管板有什么作用？

答：凝汽器管板的作用就是安装并固定铜管（或钛管/不锈钢管），把凝汽器分为汽侧和水侧。

Lb5C1021　汽轮机本体由哪些部件组成？

答：汽轮机本体由静止部件和转动部件两大部分组成。静止部分包括汽缸、隔板、喷嘴和轴承等，转动部分包括轴、叶轮、叶片和联轴器等。此外，还有汽封。

Lb5C1022　表明凝汽器运行状况好坏的标志有哪些？

答：凝汽器运行状况主要表现在以下三个方面：① 能否达到最有利真空；② 能否保证凝结水的品质合格；③ 凝结水的过冷度是否能够保持最低。

Lb5C2023　凝汽设备的任务有哪些？

答：凝汽设备的任务主要有两个：① 在汽轮机的排汽口建立并保持真空；② 把在汽轮机中做完功的排汽凝结成水，并除去凝结水中的氧气和其他不凝结气体，回收工质。

Lb5C2024　简述弹簧管压力表的工作原理。

答：被测介质导入圆弧形的弹簧管内，使其密封自由端产生弹性位移，然后经传动放大机构，通过齿轮带动指针偏转，指示出压力的大小。

Lb5C2025　离心泵的工作原理是什么？

答：离心泵的工作原理就是在泵内充满水的情况下，叶轮旋转使叶轮内的水也跟着旋转，叶轮内的水在离心力的作用下获得能量。叶轮槽道中的水在离心力的作用下甩向外围流进泵壳，于是叶轮中心压力降低，这个压力低于进水管处压力，水就在这个压力差作用下由吸水池流入叶轮，这样水泵就可以不断地吸水、供水了。

Lb5C2026 试述高压加热器汽侧安全门的作用。

答：高压加热器汽侧安全门是为了防止高压加热器壳体超压爆破而设置的。由于管系破裂或高压加热器疏水装置失灵等因素引起高压加热器壳内压力急剧增高，通过设置的安全阀可将此压力泄掉，保证高压加热器的安全运行。

Lb5C2027 抽气器的作用是什么？主、辅抽气器的作用有何不同？

答：抽气器的作用就是不断地抽出凝汽器内的不凝结气体，以利于蒸汽凝结成水。辅助抽气器一般是在汽轮机启动之前抽出凝汽器和汽轮机本体内的空气，迅速建立真空，以便缩短启动时间；而主抽气器是在汽轮机正常运行中维持真空的。

Lb5C2028 简述射水式抽气器的工作原理。

答：从专用射水泵来的具有一定压力的工作水，经水室进入喷嘴，喷嘴将压力水的压力能转变成动能，水流以高速从喷嘴喷出，在混合室内形成高度真空，抽出凝汽器内的汽—气混合物，一起进入扩散管，速度降低，压力升高，最后略高于大气压力，排出扩散管。

Lb5C2029 除氧器的作用是什么？

答：除氧器的作用就是除去锅炉给水中的氧气及其他气体，保证给水品质，同时它本身又是回热系统中的一个混合式加热器，起到加热给水的作用。

Lb5C3030 简述汽轮机油系统中注油器的工作原理。

答：当压力油经喷嘴高速喷出时，利用自由射流的卷吸作用，把油箱中的油经滤网带入扩散管，经扩散管减速升压后，以一定油压自扩散管排出。

Lb5C3031　电触点水位计是根据什么原理测量水位的？

答：由于汽水容器中的水和蒸汽的密度不同，所含导电物质的数量也不同，所以它们的导电率存在着极大的差异。电触点式水位计就是根据汽和水的电导率不同来测量水位的。

Lb5C3032　离心泵启动前为什么要先灌水或将泵内空气抽出？

答：因为离心泵之所以能吸水和压水，是依靠充满在工作叶轮中的水作回转运动时产生的离心力。如果叶轮中无水，因泵的吸入口和排出口是相通的，而空气的密度比液体的密度要小得多，这样不论叶轮怎样高速旋转，叶轮进口处都不能达到较高的真空，水不会被吸入泵体，故离心泵在启动前必须在泵内和吸入管中先灌满水或抽出空气后再启动。

Lb5C3033　水泵汽化的原因是什么？

答：水泵汽化的原因在于：进口水压过低或水温过高，入口管阀门故障或堵塞使供水不足，水泵负荷太低或启动时迟迟不开再循环门，入口管路或阀门盘根漏入空气等。

Lb5C3034　调速给水泵发生汽蚀应如何处理？

答：调速给水泵发生汽蚀应做如下处理：① 给水泵轻微汽蚀，应立即查找原因，迅速消除；② 汽蚀严重，应立即启动备用泵，停用产生汽蚀的给水泵；③ 开启给水泵再循环门。

Lb5C3035　热力除氧的工作原理是什么？

答：热力除氧的工作原理是：液面上蒸汽的分压越高，空气分压越低，液体温度越接近饱和温度，则液体中溶解的空气量越少。在除氧器中尽量将水加热到饱和温度，并尽量增大液体的表面积（雾化、滴化、膜化）以加快汽化速度，使液面上蒸汽分压升高，空气分压降低，就可达到除氧效果。

Lb5C3036　锅炉给水为什么要除氧？

答：水与空气或某气体混合接触时，会有一部分气体溶解到水中去，锅炉给水也溶有一定数量的气体。给水溶解的气体中，危害性最大的是氧气，它对热力设备造成氧化腐蚀，严重影响电厂安全经济运行。此外，在热交换设备中存在的气体还会妨碍传热，降低传热效果，所以锅炉给水必须进行除氧。

Lb5C3037　汽轮机喷嘴的作用是什么？

答：汽轮机喷嘴的作用是把蒸汽的热能转变成动能，也就是使蒸汽膨胀降压，增加流速，按一定的方向喷射出来推动动叶片而做功。

Lb5C4038　简述热力除氧的基本条件。

答：热力除氧要取得良好的除氧效果，必须满足下列基本条件：

（1）必须将水加热到相应压力下的饱和温度。

（2）使气体的解析过程充分。

（3）保证水和蒸汽有足够的接触时间和接触面积。

（4）能顺利地排出解析出来的溶解气体。

Lb5C4039　凝汽器的中间支持管板有什么作用？

答：凝汽器中间支持管板的作用就是减少铜管（或钛管/不锈钢管）的挠度，并改善运行中铜管（或钛管/不锈钢管）的振动特性。支持管板布置时，通常要求使铜管（或钛管/不锈钢管）中间高于两端，可减少铜管（或钛管/不锈钢管）的热胀应力。

Lb4C1040　汽轮机冲动转子前或停机后为什么要盘车？

答：在汽轮机冲动转子前或停机后，进入或积存在汽缸内的蒸汽使上缸温度高于下缸温度，从而转子上下受热或冷却不均匀，产生弯曲变形。因此，在冲动转子前和停机后必须通过盘车装置使转子以一定转速连续转动，以保证其均匀受热或冷却，消除或防止暂时性的转子热弯曲。

Lb4C2041　汽轮机调节系统一般由哪几个机构组成？

答：汽轮机调节系统一般由转速感受机构、传动放大机构、执行机构和反馈装置等组成。

Lb4C2042　什么叫仪表的一次门？

答：热工测量仪表与设备测点连接时，从设备测点引出管上接出的第一道隔离阀门称为仪表一次门。规程规定，仪表一次门归运行人员操作。

Lb4C2043　什么是主蒸汽管道单元制系统？

答：由一台或两台锅炉直接向配用的汽轮机供汽，组成一个单元，各单元间无横向联系的母管，单元中各辅助设备的用汽支管与本单元的蒸汽总管相连，这种系统称为单元制系统。

Lb4C2044　简述设置轴封加热器的作用。

答：汽轮机运行中必然要有一部分蒸汽从轴端漏向大气，造成工质和热量的损失，同时也影响汽轮发电机的工作环境，若调整不当而使漏汽过大，还将使靠近轴封处的轴承温度升高或使轴承油中进水。为此，在各类机组中，都设置了轴封加热器，以回收利用汽轮机的轴封漏汽。

Lb4C3045　为什么超速试验时要特别加强对汽压、汽温的监视？

答：超速试验是一项非常严肃、紧张的操作，超速试验时，汽压、汽温的变化，都会使过热蒸汽的过热度下降，易发生水冲击事故。

Lb4C3046　凝汽器为什么要有热井？

答：热井的作用是集聚凝结水，有利于凝结水泵的正常运行。热井储存一定数量的水，保证甩负荷时凝结水泵不会马上断水。热井的容积一般要求相当于满负荷时的约 0.5～1.0min 内所集聚的凝结水量。

Lb4C3047　电站用抽气器如何分类？

答：电站用的抽气器大体可分为两大类：

（1）容积式真空泵：主要有滑阀式真空泵、机械增压泵和液环泵等。此类泵价格高，维护工作量大。

（2）射流式真空泵：主要是射汽抽气器和射水抽气器等。射汽抽气器按用途又分为主抽气器和辅助抽气器。国产中、小型机组用射汽抽气器较多。

Lb4C3048　汽轮机主蒸汽温度不变时主蒸汽压力升高有哪些危害？

答：主蒸汽温度不变时，汽轮机主蒸汽压力升高主要有下述危害：

（1）机组的末几级的蒸汽湿度增大，使末几级动叶片的工作条件恶化，水冲刷加重。对于高温高压机组来说，主蒸汽压力升高 0.5MPa，其湿度增加约 2%。

（2）使调节级焓降增加，将造成调节级动叶片过负荷。

（3）会引起主蒸汽承压部件的应力增高，缩短部件的使用寿命，并有可能造成这些部件的变形，以至于损坏部件。

Lb4C4049　汽轮机真空下降有哪些危害？

答：汽轮机真空下降有如下危害：

（1）排汽压力升高，可用焓降减小，不经济，同时使机组出力降低。

（2）排汽缸及轴承座受热膨胀，可能引起中心变化，产生振动。

（3）排汽温度过高可能引起凝汽器铜管（或钛管/不锈钢管）松弛，破坏严密性。

（4）可能使纯冲动式汽轮机轴向推力增大。

（5）真空下降使排气的容积流量减小，对末几级叶片工作不利。末级要产生脱流及旋流，同时还会在叶片的某一部位产生较大的激振力，有可能损坏叶片，造成事故。

Lb4C4050　多级冲动式汽轮机轴向推力由哪几部分组成？

答：多级冲动式汽轮机轴向推力主要由以下三部分组成：

（1）动叶片上的轴向推力。蒸汽流经动叶片时，其轴向分速度的变化将产生轴向推力；另外，级的反动度也使动叶片前后出现压差而产生轴向推力。

（2）叶轮轮面上的轴向推力。当叶轮前后出现压差时，产生轴向推力。

（3）汽封凸肩上的轴向推力。由于每个汽封凸肩前后存在压力差，因而产生轴向推力。

各级轴向推力之和是多级汽轮机的总推力。

Lb3C3051　单元制主蒸汽系统有何优缺点？适用何种形式的电厂？

答：主蒸汽单元制系统的优点是：系统简单、机炉集中控制，管道短、附件少、投资少、管道的压力损失小、检修工作量小、系统本身发生事故的可能性小。

蒸汽单元制系统的缺点是：相邻单元之间不能切换运行，单元中任何一个主要设备发生故障，整个单元都要被迫停止运行，运行灵活性差。

该系统广泛应用于高参数大容量的凝汽式电厂及蒸汽中间再热的超高参数电厂。

Lb3C4052　根据汽缸温度状态怎样划分汽轮机启动方式？

答：各厂家机组划分方式并不相同。一般汽轮机启动前，以上汽缸调节级内壁温度150℃为界，小于150℃为冷态启动，大于 150℃为热态启动。有些机组把热态启动又分为温态、热态和极热态启动，这样做只是为了对启动温度提出不同要求和对升速时间及带负荷速度作出规定。规定150～350℃为温态，350～450℃为热态，450℃以上为极热态。

Lb3C4053　表面式加热器的疏水方式有哪几种？发电厂通常是如何选择的？

答：原则上有疏水逐级自流和疏水泵两种方式。实际上采用的往往是两种方式的综合应用。即高压加热器的疏水采用逐级自流方式，最后流入除氧器；低压加热器的疏水，一般也是逐级自流，但有时也将一号或二号低压加热器的疏水用疏水泵打入该级加热器出口的主凝结水管中，避免了疏水流入凝汽器而产生的热损失。

Lb3C5054　热力系统节能潜力分析包括哪两个方面的内容？

答：热力系统节能潜力分析包括如下两个方面内容：

（1）热力系统结构和设备上的节能潜力分析。它通过热力系统优化来完善系统和设备，达到节能目的。

（2）热力系统运行管理上的节能潜力分析。它包括运行参数偏离设计值，运行系统倒换不当，以及设备缺陷等引起的各种做功能力亏损。热力系统运行管理上的节能潜力，是通过加强维护、管理，消除设备缺陷，正确倒换运行系统等手段获得。

Lb3C5055　大型汽轮发电机组的旁路系统有哪几种形式？

答： 归纳起来有以下几种：

（1）两级串联旁路系统（实际上是两级旁路三级减压减温）。

（2）一级大旁路系统。由锅炉来的新蒸汽，经旁路减压减温后排入凝汽器。一级大旁路应用在再热器不需要保护的机组上。

（3）三级旁路系统。由两级串联旁路和一级大旁路系统合并组成。

（4）三用阀旁路系统。是一种由高、低压旁路组成的两级串联旁路系统。它的容量一般为100%，由于一个系统具有“启动、溢流、安全”三种功能，故被称为三用阀旁路系统。

Lb2C4056　什么是在线监控系统？

答： 在线监控又称实时监控，即传感器将现场生产过程中的参数变化输入到计算机中，计算机根据现场变化立即做出应变措施，保证维持发电主、辅设备安全运行。

Lb2C5057　国产300MW机组启动旁路系统有哪些特点？

答： 国产300MW机组普遍采用总容量为锅炉蒸发量的37%或47%的两级旁路并联系统。大旁路（又称全机旁路）分两路从主蒸汽联络管上接出，每路容量为锅炉额定蒸发量的10%或15%，经装在锅炉房的快速减压减温器，再经装在汽轮机凝汽器喉部外侧的扩容式减温减压器，直通凝汽器。小旁路（又称高压缸旁路）从主蒸汽联络管上接出，容量为锅炉蒸发量的17%，经装在锅炉房的快速减压减温器，接入再热器冷段。

主蒸汽大、小旁路减温水来自给水泵出水母管。扩容式减温减压器减温水来自凝结水升压泵出水母管。

Lb2C5058　影响汽轮发电机组经济运行的主要技术参数和经济指标有哪些？

答：影响汽轮发电机组经济运行的主要技术参数和经济指标有汽压、汽温、真空度、给水温度、汽耗率、循环水泵耗电率、高压加热器投入率、凝汽器端差、凝汽器进出水温升、凝结水过冷度、汽轮机热效率等。

Lb1C1059　汽轮机的寿命由哪几部分组成？

答：影响汽轮机寿命的因素很多，总的来说，汽轮机寿命由两部分组成：受到高温和工作应力的作用而产生的蠕变损耗和受到交变应力作用引起的低频疲劳寿命损耗。

Lb1C1060　常用的空气冷却系统有哪几种？

答：常用的空气冷却系统有：① 直接空冷系统（机械式通风冷却系统）；② 间接空冷系统。间接空冷系统又分为带喷射式凝汽器和自然通风冷却塔的冷却系统（海勒式间接空冷系统）和带表面式凝汽器和自然通风冷却塔的冷却系统（哈蒙式间接空冷系统）。

Lb1C2061　什么是凝汽器的额定真空？

答：一般汽轮机铭牌排汽绝对压力对应的真空是凝汽器的额定真空，是指机组在设计工况、额定功率、设计冷却水温时的真空。这个数值不是机组的极限真空值。

Lb1C2062　什么是汽轮机排汽空气冷却凝结系统？

答：现代凝汽式汽轮机绝大多数用水作为冷却介质，冷却汽轮机排汽，使之成为凝结水加以回收。但某些地区的水资源相当缺乏，因而采用空冷技术，用空气作冷却介质来冷却汽轮机的排汽，使之冷却成为凝结水而进行回收。该系统称为汽轮机排汽空气冷却凝结系统。

Lb1C3063　什么叫凝汽器的冷却倍率？

答：凝结1kg排汽所需要的冷却水量，称为冷却倍率。其数值为进入凝汽器的冷却水量与进入凝汽器的汽轮机排汽量之比，一般取50～80。

Lb1C3064　主油箱的容量是根据什么决定的？什么是汽轮机油的循环倍率？

答：汽轮机主油箱的贮油量决定于油系统的大小，应满足润滑及调节系统的用油量。机组越大，调节、润滑系统用油量越多，油箱的容量也越大。

汽轮机油的循环倍率等于每小时主油泵的出油量与油箱总油量之比，一般应小于12。如循环倍率过大，汽轮机油在油箱内停留时间少，空气、水分来不及分离，会使油质迅速恶化，缩短油的使用寿命。

Lb1C4065　汽轮机运行中，变压运行和定压运行相比有哪些优点？

答：有如下优点：

（1）机组负荷变化可以减小高温部件的温度变化，从而减小转子和汽缸的热应力、热变形，提高机组的使用寿命。

（2）在低负荷时能保持机组较高的效率。因为降压不降温，进入汽轮机的容积流量基本不变，汽流在叶片通道内偏离设计工况小；另外，因调节汽门全开，节流损失小。

（3）因变压运行时可采用变速给水泵，所以给水泵耗功率减小。

Lb1C5066　解释汽轮机的汽耗特性及热耗特性。

答：汽耗特性是指汽轮发电机组汽耗量与电负荷之间的关系。汽轮发电机组的汽耗特性可以通过汽轮机变工况计算或在机组热力试验的基础上求得，凝汽式汽轮机组的汽耗特性随其调节方式不同而不同。

热耗特性是指汽轮发电机组的热耗量与负荷之间的关系。热耗特性可由汽耗特性和给水温度随负荷变化的关系求得。

Lb1C5067　火力发电机组计算机监控系统的输入信号有哪几类？

答：火力发电机组计算机监控系统输入信号分为模拟量输入信号、数字量输入信号和脉冲量输入信号。

Lb1C5068　提高机组运行经济性要注意哪些问题？

答：提高机组运行经济性要注意如下问题：

（1）维持额定蒸汽初参数。

（2）维持额定再热蒸汽参数。

（3）保持最有利真空。

（4）保持最小的凝结水过冷度。

（5）充分利用加热设备，提高给水温度。

（6）注意降低厂用电率。

（7）降低新蒸汽的压力损失。

（8）保持汽轮机最佳效率。

（9）确定合理的运行方式。

（10）注意汽轮机负荷的经济分配。

Lb1C5069　什么是调节汽门的重叠度？为什么必须有重叠度？

答：（1）采用喷嘴调节的汽轮机，一般都有几个调节汽门。当前一个调节汽门尚未完全开启时，就让后一个调节汽门开启，即称调节汽门具有一定的重叠度。调节汽门的重叠度通常为10%左右，也就是说，前一个调节汽门开启到阀后压力为阀前压力的90%左右时，后一个调节汽门随即开启。

（2）如果调节汽门没有重叠度，执行机构的特性曲线就有波折，这时调节系统的静态特性也就不是一根平滑的曲线，这样的调节系统就不能平稳地工作，所以调节汽门必须要有重叠度。

Lc5C1070　电动机着火应如何扑救？

答：电动机着火应迅速停电。是旋转电动机在灭火时要防止轴与轴承变形。灭火时使用二氧化碳或 1211 灭火器，也可用蒸汽灭火，不得使用水、干粉、沙子、泥土灭火。

Lc5C1071　什么是电气设备的额定值？

答：电气设备的额定值是制造厂家出于安全、经济、寿命全面考虑，为电气设备规定的正常运行参数。

Lc5C1072　压力测量仪表有哪几类？

答：压力测量仪表可分为液柱式压力计、弹性式压力计和活塞式压力计等几类。

Lc5C1073　水位测量仪表有哪几种？

答：水位测量仪表主要有玻璃管水位计、差压型水位计、电极式水位计等几种。

Lc4C1074　发电厂原则性热力系统图的定义和实质是什么？

答：以规定的符号表明工质在完成某种热力循环时所必须流经的各种热力设备之间的联系线路图，称为原则性热力系统图。其实质是用以表明公式的能量转换和热量利用的基本规律，反映发电厂能量转换过程的技术完善程度和热经济性的高低。

Lc4C2075　运行中对锅炉进行监视和调节的主要任务是什么？

答：监视和调节运行锅炉的主要任务是：① 使锅炉的蒸发量适应外界负荷的需要；② 均衡给水并维持正常水位；③ 保持正常的汽压与汽温；④ 维持经济燃烧，尽量减少热损失，提高机组的效率；⑤ 随时分析锅炉及辅机运行情况，如有失常及时处理，对突发的事故进行正确处理，防止事故扩大。

Lc4C2076　发电机在运行中为什么要进行冷却处理？

答：发电机在运行中会产生磁感应的涡流损失和线阻损失，这部分能量损失转变为热量，造成发电机的转子和定子发热。发电机线圈的绝缘材料因温度升高而引起绝缘强度降低，会导致发电机绝缘击穿事故的发生，所以必须不断地排出由于能量损耗而产生的热量。

Lc3C4077　发电厂应杜绝哪五种重大事故？

答：发电厂要杜绝的五种重大事故是：① 人身死亡事故；② 全厂停电事故；③ 主要设备损坏事故；④ 火灾事故；⑤ 严重误操作事故。

Lc2C4078　汽包锅炉和直流锅炉各有何优缺点？

答：汽包炉的主要优点：① 由于汽包内储有大量汽水，因此具有较大的储热能力，能缓冲负荷变化时引起的汽压变化；② 汽包炉由于具有固定的水、汽、过热汽分界点，故负荷变化时引起过热汽温的变化小；③ 由于汽包内有蒸汽清洗装置，故对给水品质要求较低。主要缺点：① 金属耗量大；② 对调节反应滞后；③ 只适宜临界压力以下的工作压力。

直流炉的主要优点：① 金属耗量小；② 启停时间短，调节灵敏；③ 不受压力限制，即可用于亚临界压力以下，也可设计为超临界压力。主要缺点：① 对给水品质要求高；② 给水泵电能消耗量大；③ 对自动控制系统要求高；④ 必须配备专门用于启动的旁路系统。

Lc1C2079　通常汽轮机保护装置有哪些？

答：汽轮机保护装置主要有自动主汽门、超速保护装置、轴向位移保护装置、胀差保护装置、低油压保护装置、低真空保护装置等。

Lc1C3080　热力试验时对机组运行参数有什么要求？

答：在试验过程中，发电厂运行值班人员应尽量保持试验期间运行参数稳定并且力求接近规定的数值：主要参数的试验平均值与额定数值的偏差要在规定的允许范围内，发电机的功率因数应调整到铭牌规定数值。

Lc1C3081　汽轮机为什么要设胀差保护？

答：汽轮机启动、停机及异常工况下，常因转子加热（或冷却）比汽缸快，产生膨胀差值（简称胀差）。无论是正胀差还是负胀差，达到某一数值，汽轮机轴向动静部分就要相碰发生摩擦。为了避免因胀差过大引起动静摩擦，大机组一般都设有胀差保护，当正胀差或负胀差达到某一数值时，保护动作，关闭主汽门和调节汽门，紧急停机。

Lc1C4082　转子为什么要进行平衡？

答：要避免和消除转子的强迫振动，就应该尽可能减少干扰力，转子材料的不均衡和装于同级轮槽内每只叶片质量的不均，会使转子产生不平衡的质量，这不平衡在转子旋转时引起的偏心离心力是干扰力的主要因素，减少和消除不平衡质量是平衡要解决的任务。

Lc1C4083　影响转子或汽缸内外壁温差变化的因素有哪些？

答：影响转子或汽缸内外壁温差变化的因素有：

（1）汽缸、转子金属材料的热导率。

（2）转子或汽缸的几何尺寸。

（3）蒸汽温度的变化速率。

（4）蒸汽温度的变化范围。

（5）蒸汽与金属表面的换热系数。

在实际运行中，要求运行人员合理控制蒸汽参数的变化速率和范围，以便达到控制温差的目的。

Lc1C4084　汽轮机轴向位移保护装置起什么作用？

答：汽轮机转子与静子之间的轴向间隙很小，当转子的轴向推力过大，致使推力轴承乌金熔化时，转子将产生不允许的轴向位移，造成动静部分摩擦，导致设备严重损坏事故，因此汽轮机都装有轴向位移保护装置。其作用是：当轴向位移达到一定数值时，发出报警信号；当轴向位移达到危险值时，保护装置动作，切断进汽，紧急停机。

Lc1C4085　我国现行的汽轮机振动标准是如何规定的？

答：我国现行的汽轮机振动标准的规定为：

（1）汽轮机转速在 1500r/min 时，振动双振幅 50μm 以下为良好，70μm 以下为合格；汽轮机转速在 3000r/min 时，振动双振幅在 25μm 以下为良好，50μm 以下为合格。

（2）标准还规定新装机组的轴承振动幅度不宜大于 30μm。

（3）标准规定的数值适用于额定转速和任何负荷稳定工况。

（4）标准对轴承的垂直、水平和轴向三个方向的振动测量进行了规定。在进行振动测量时，每次测量的位置都应保持一致，否则将会带来很大的测量误差。

（5）在三个方向的任何一个方向的振动幅值超过了规定的数值，则认为该机组的振动状况是不合格的，应当采取措施来消除振动。

（6）紧急停机措施还规定汽轮机运行中振动突然增加 50μm 应立即打闸停机。同时还规定临界转速的振动幅度最大不超过 100μm。

Lc1C4086　汽轮机惰走时间过长或过短说明什么?

答: 汽轮机打闸后，从自动主汽门和调速汽门关闭起，转子转速从额定转速到零的这段时间称为转子惰走时间。表示转子惰走时间与转速下降数值的关系曲线称为转子惰走曲线。

如果惰走时间急剧减少时，可能是轴承磨损或汽轮机动静部分发生摩擦；如果惰走时间显著增加，则说明新蒸汽或再热蒸汽管道阀门或抽汽止回阀不严，致使有压力蒸汽漏入了汽缸。顶轴油泵启动过早，凝汽器真空较高时，惰走时间也会增加。

Lc1C4087　分散控制系统（DCS）一般应包括哪些子系统?

答: 分散控制系统（DCS）一般包括以下子系统：数据采集与处理系统（DAS）、顺序控制系统（SCS）、汽轮机数字电调（DEH）、给水泵汽轮机电调（MEH）、模拟量控制系统（MCS）以及炉膛安全监控系统（FSSS）等。其中 DEH、MEH 也有不采用 DCS 来实现的。

Jd5C1088　汽轮发电机组润滑油系统各油泵的低油压联动顺序是怎样的?

答: 油泵的低油压联动顺序为：润滑油压降至一定后，联动交流润滑油泵，最后联动事故油泵（直流润滑油泵）。

Jd5C1089　给水泵在停泵时发现止回阀不严密有泄漏，应如何处理?

答: 发现止回阀不严密时，应立即关闭出口门，保持油泵连续运行，同时采取其他有效措施遏制给水泵倒转。

Jd5C1090　汽轮机润滑油供油系统主要由哪些设备组成?

答: 汽轮机润滑油供油系统主要由主油泵、注油器、辅助润滑油泵、顶轴油泵、冷油器、滤油器、油箱、滤网等组成。

Jd5C1091　汽动给水泵汽轮机保护有哪些？

答：汽动给水泵小汽轮机保护有机械超速保护、电超速保护、润滑油压低保护、低真空保护、轴向位移保护等。

Jd5C1092　为什么规定发电机定子水压力不能高于氢气压力？

答：因为若发电机定子水压力高于氢气压力，则在发电机内定子水系统有泄漏时会使水漏入发电机内，造成发电机定子接地，对发电机安全造成威胁，所以应维持发电机定子水压力低于氢压一定值，一旦发现超限时应立即调整。

Jd5C2093　凝汽器冷却水管的清洗方法一般有哪些？

答：凝汽器冷却水管的清洗方法有反冲洗法、机械清洗法、干洗法、高压冲洗法及胶球清洗法。

Jd5C2094　给水母管压力降低应如何处理？

答：给水母管压力降低应做如下处理：

（1）检查给水泵运行是否正常，并核对转速和电流及勺管位置，核对给水泵出口压力及给水流量，检查电动出口门和再循环门开度。

（2）检查给水管道系统有无破裂和大量漏水。

（3）联系锅炉调节给水流量，若勺管位置开至最大，给水压力仍下降，影响锅炉给水流量时，应迅速启动备用泵，并及时联系有关检修班组处理。

（4）影响锅炉正常运行时，应汇报有关人员降负荷运行。

Jd5C2095　影响加热器正常运行的因素有哪些？

答：影响加热器正常运行的因素如下：① 受热面结垢，严重时会造成加热器管子堵塞，使传热恶化；② 汽侧漏入空气；③ 疏水器或疏水调整门工作失常，汽侧水位过高或过低；④ 内部结构不合理；⑤ 铜管或钢管泄漏；⑥ 加热器汽水分配不平衡；⑦ 抽汽止回阀开度不足或卡涩。

Jd5C2096　给水泵汽蚀的原因有哪些？

答：给水泵汽蚀的原因如下：

（1）除氧器内部压力降低。

（2）除氧水箱水位过低。

（3）给水泵长时间在较小流量或空负荷下运转。

（4）给水泵再循环门误关或开得过小，给水泵打闷泵。

（5）进口滤网堵塞。

Jd5C2097　离心式水泵为什么不允许倒转？

答：因为离心泵的叶轮是一套安装的轴套，上有丝扣拧在轴上，拧的方向与轴转动方向相反，所以泵顺转时，就愈拧愈紧，如果反转就容易使轴套退出，使叶轮松动产生摩擦。此外，倒转时扬程很低，甚至打不出水。

Jd5C2098　凝汽器水位升高有什么害处？

答：凝汽器水位升高，会使凝结水过冷却，影响凝汽器的经济运行。如果水位太高，将铜管（或钛管/不锈钢管）（底部）浸没，将使整个凝汽器冷却面积减少，严重时淹没空气管，使抽气器抽水，凝汽器真空严重下降。水位升高至排汽口，造成末级叶片带水发生振动或断叶片事故。

Jd5C3099　什么叫凝汽器的热负荷？

答：凝汽器热负荷是指凝汽器内蒸汽和凝结水传给冷却水的总热量（包括排汽、汽封漏汽、加热器疏水等热量）。凝汽器的单位负荷是指单位面积所冷凝的蒸汽量，即进入凝汽器的蒸汽量与冷却面积的比值。

Jd5C3100　氢冷发电机进行气体切换时应注意哪些事项？

答：氢冷发电机进行气体切换时应注意事项如下：

（1）现场严禁烟火。

（2）一般只有在发电机气体切换结束后，再提高风压或泄压。

（3）排泄氢气时速度不宜过快。

（4）发电机建立风压时应向密封瓦供油。

（5）在校氢或倒氢时，应严密监视密封油箱油位，如有异常应作调整，以防止发电机内进油。

Jd4C1101　叙述汽轮机运行中凝结水泵隔离操作步骤及注意事项。

答：见本厂规程。

Jd4C2102　叙述汽轮机运行中给水泵的恢复操作步骤及注意事项。

答：见本厂规程。

Jd4C2103　叙述汽轮机运行中高压加热器恢复操作步骤及注意事项。

答：见本厂规程。

Jd4C3104　叙述汽轮机运行中凝汽器半边（一组）恢复操作步骤及注意事项。

答：见本厂规程。

Jd3C3105　汽轮机启动前主蒸汽管道、再热蒸汽管道的暖管为什么要控制温升率？

答：暖管时要控制蒸汽温升速度，温升速度过慢将拖长启动时间，温升速度过快会使热应力增大，造成强烈的水击，使管道振动以至损坏管道和设备。所以，一定要根据制造厂规定，控制温升率。

Jd1C3106　如何防止汽轮机转子发生热弯曲？

答：防止汽轮机转子发生热弯曲的措施如下：

（1）机组启动、停机时，应正确使用盘车装置。

（2）机组冲转前应按规定连续运行盘车。

（3）盘车的停运应在汽缸金属温度降至规定值以下之后。

（4）盘车运行期间，注意盘车电流及大轴弯曲值的监视测量。

（5）机组停运后，应切断冷气、冷水进入汽轮机的可能途径。

Jd1C3107　造成汽轮机轴承损坏的主要原因有哪些？

答：造成汽轮机轴承损坏的主要原因如下：

（1）轴承断油或润滑油量偏小。

（2）油压偏低、油温偏高或油质不合格。

（3）轴承过载或推力轴承超负荷，盘车时顶轴油压低或未顶起。

（4）轴承间隙、紧力过大或过小。

（5）汽轮机进水或发生水击。

（6）长期振动偏大造成轴瓦损坏。

（7）交、直流油泵自动连锁不正常，有关连锁、保护定值不正确，造成事故时供油不正常。

Je5C1108　机组启动时，凝结水分段运行的目的是什么？

答：在机组启动时，由于凝结水水质不合格，凝结水不能倒向除氧器，此时凝结水排至地沟，直至凝结水水质合格方可倒向除氧器，以保证汽水品质尽早符合标准。

Je5C1109　凝汽器铜管（或钛管/不锈钢管）出现轻微泄漏时如何堵漏？

答：凝汽器铜管（或钛管/不锈钢管）胀口轻微泄漏，凝结水硬度微增大，可在循环水进口侧或在胶球清洗泵加球室加锯末，使锯末吸附在铜管（或钛管，或不锈钢管）胀口处，从而堵住胀口泄漏点。

Je5C1110　水泵在调换过盘根后为何要试开？

答：试开的目的是为了观察盘根是否太紧或太松：太紧，盘根会发烫；太松，盘根会漏水。所以水泵在调换过盘根后应试开。

Je5C1111　凝结水产生过冷却的主要原因有哪些？

答：凝结水产生过冷却的主要原因有：① 凝汽器汽侧积有空气；② 运行中凝结水水位过高；③ 凝汽器冷却水管排列不佳或布置过密；④ 循环水量过大。

Je5C2112　给水泵在运行中，遇到什么情况应紧急停运？

答：运行中的给水泵出现下述情况之一时，应紧急停运：

（1）清楚地听出水泵内有金属摩擦声或撞击声。

（2）水泵或电动机轴承冒烟或乌金熔化。

（3）水泵或电动机发生强烈振动，振幅超过规定值。

（4）电动机冒烟或着火。

（5）发生人身事故。

Je5C2113　简述凝汽器胶球清洗系统的组成和清洗过程。

答：胶球连续清洗装置所用胶球有硬胶球和软胶球两种。硬胶球直径略小于管径，通过与铜管（或钛管/不锈钢管）内壁的碰撞和水流的冲刷来清除管壁上的沉积物。软胶球直径略大于管径，随水进入铜管后被压缩变形，能与铜管（或钛管/不锈钢管）壁全周接触，从而清除污垢。

胶球自动清洗系统由胶球泵、装球室、收球网等组成。清洗时，把海绵球（软胶球）填入装球室，启动胶球泵，胶球便在比循环水压力略高的水流带动下，经凝汽器的进水室进入铜管（或钛管/不锈钢管）进行清洗。流出铜管（或钛管/不锈钢管）的管口时，随水流到达收球网，并被吸入胶球泵，重复上述过程，反复清洗。

Je5C2114　冷油器串联和并联运行有何优缺点？

答：冷油器串联运行的优点是：冷却效果好，油温冷却均匀。缺点是：油的压降大，如果冷油器漏油，油侧无法隔绝。

冷油器并联运行的优点是：油压下降少，隔绝方便，可在运行中修理一组冷油器。缺点是：冷却效果差，油温冷却不均匀。

Je5C2115　凝汽器冷却水管产生腐蚀的原因有哪些？

答：凝汽器冷却水管的腐蚀有下列几个方面的原因：① 化学性腐蚀；② 电腐蚀；③ 机械腐蚀。

Je5C2116　简述凝结水泵出口再循环管的作用。

答：凝结水泵出口再循环管的作用是为了保持凝结水泵在任何工况下都有一定的流量，以保证射汽抽气器冷却器和轴封加热器有足够的冷却水量，并防止凝结水泵在低负荷下运行时由于流量过小而发生汽蚀现象。

Je5C2117　凝结水硬度升高是由哪些原因引起的？

答：凝结水硬度升高的原因如下：

（1）汽轮机、锅炉处于长期检修或备用后的第一次启动。

（2）凝汽器停机后，对凝汽器进行水压试验时，放入了不合格的水。

（3）凝汽器冷却水管或管板胀口有泄漏的地方。

Je5C2118　高压加热器为什么要设置水侧自动旁路保护装置？其作用是什么？

答： 高压加热器运行时，由于水侧压力高于汽侧压力，当水侧管子破裂时，高压给水会迅速进入加热器的汽侧，甚至经抽汽管道流入汽轮机，发生水冲击事故。因此，高压加热器均配有自动旁路保护装置。其作用是当高压加热器钢管破裂时，及时切断进入加热器的给水，同时接通旁路，保证锅炉供水。

Je5C3119　高压加热器钢管泄漏时应如何处理？

答： 如高压加热器钢管漏水，应及时停止运行，安排检修，防止泄漏突然扩大引起其他事故。若加热器泄漏引起加热器满水，而高压加热器保护又未动作，应立即手动操作使其动作，及时停止加热器工作。然后应及时调整机组负荷，做好隔绝工作，安排检修。

Je5C3120　加热器运行要注意监视什么？

答： 加热器运行要监视以下参数：① 进、出加热器的水温；② 加热蒸汽的压力、温度及被加热水的流量；③ 加热器疏水水位的高度；④ 加热器的端差。

Je5C3121　故障时停用循环水泵应如何操作？

答： 故障时停用循环水泵应做如下操作：

（1）启动备用泵。

（2）停用故障泵，注意惰走时间，如倒转，应关闭出口门。

（3）无备用泵或备用泵启动不起来，应请示上级后停用故障泵或根据故障情况紧急停泵。

（4）检查备用泵启动后的运行情况。

Je5C3122　循环水泵跳闸应如何进行处理？

答：循环水泵跳闸应作如下处理：

（1）合上联动泵操作开关，拉跳闸泵操作开关。

（2）断开联动开关。

（3）迅速检查跳闸泵是否倒转，发现倒转立即关闭出口门。

（4）检查联动泵运行情况。

（5）备用泵未联动应迅速启动备用泵。

（6）无备用泵或备用泵联动后又跳闸，应立即报告班长、值长。

（7）联系电气人员检查跳闸原因。

Je5C3123　凝结水泵在运行中发生汽化的象征有哪些？应如何处理？

答：凝结水泵在运行中发生汽化的主要象征是在水泵入口处发出噪声，同时水泵入口的真空表、出口的压力表和电流表指针急剧摆动。

凝结水泵发生汽化时不宜再继续保持低水位运行，而应限制水泵出口阀的开度，或利用调整凝结水再循环门的开度，或向凝汽器内补充软化水的方法来提高凝汽器的水位，以消除水泵汽化。

Je5C3124　两台凝结水泵运行时，低压加热器水位为什么会升高？

答：两台凝结水泵运行时，凝结水通过各加热器的流量增加，加热器热交换量增大，因而各低压加热器疏水量增加而水位升高。另外，两台凝结水泵运行时，凝结水母管压力升高，低压加热器疏水受阻，同样会使低压加热器水位升高。

Je5C3125　给水泵运行中的检查项目有哪些？

答：由于给水泵有自己的润滑系统、串轴指示及电动机冷风室，调速给水泵具有密封水装置，故除按一般泵的检查外，还应检查：

（1）串轴指示是否正常。

（2）冷风室出、入水门位置情况，油箱油位、油质、辅助油泵的工作情况，油压是否正常，冷油器出、入口油温及水温情况，密封水压力，液力耦合器，勺管开度，工作冷油器进、出口油温。

Je5C3126　为什么要对热流体通过的管道进行保温？对管道保温材料有哪些要求？

答：当流体流过管道时，管道表面向周围空间散热形成热损失，这不仅使管道经济性降低，而且使工作环境恶化，容易烫伤人体，因此温度高的管道必须保温。对保温材料有如下要求：

（1）导热系数及密度小，且具有一定的强度。

（2）耐高温，即高温下不易变质和燃烧。

（3）高温下性能稳定，对被保温的金属没有腐蚀作用。

（4）价格低，施工方便。

Je5C3127　给水泵在运行中入口发生汽化有哪些征象？

答：给水泵在运行中入口发生汽化的征象有：泵的电流、出口压力、入口压力、流量剧烈变化，泵内伴随有噪声和振动声音；泵的窜轴增大，推力轴承温度上升。

Je5C3128　高压加热器紧急停用时应如何操作？

答：高压加热器紧急停用操作如下：

（1）关闭高压加热器进汽门及止回阀，并就地检查在关闭位置。

（2）开启高压加热器给水旁路门，关闭高压加热器进出水门。

（3）开启高压加热器危急疏水门。

（4）关闭高压加热器疏水门，开启有关高压加热器汽侧放水门。

（5）其他操作同正常停高压加热器的操作。

Je5C3129　高压高温汽水管道或阀门泄漏应如何处理？

答：高压高温汽水管道或阀门泄漏，应作如下处理：

（1）应注意人身安全，在查明泄漏部位的过程中，应特别小心谨慎，使用合适的工具，如长柄鸡毛帚等，运行人员不得敲开保温层。

（2）高温高压汽水管道、阀门大量漏汽，响声特别大，运行人员应根据声音大小和附近温度高低，保持一定安全距离，同时做好防止他人误入危险区的安全措施；按隔绝原则及早进行故障点的隔绝，无法隔绝时，请示上级要求停机。

Je5C3130　泵运行中一般检查项目有哪些？

答：泵运行中一般检查项目如下：

（1）对电动机应检查：电流、出口风温、轴承温度、轴承振动、运转声音等正常，接地线良好，地脚螺栓牢固。

（2）对泵体应检查：进、出口压力正常，盘根不发热和不漏水，运转声音正常，轴承冷却水畅通，泄水漏斗不堵塞，轴承油位正常，油质良好，油圈带油正常，无漏油，联轴器罩固定良好。

（3）与泵连接的管道保温良好，支吊架牢固，阀门开度位置正常，无泄漏。

（4）有关仪表应齐全、完好、指示正常。

Je5C3131　运行中发现主油箱油位下降应检查哪些设备？

答：应检查如下设备：① 检查油净化器油位是否上升；② 油净化器自动抽水器是否有水；③ 密封油箱油位是否升高；④ 发电机是否进油；⑤ 油系统各设备管道、阀门等是否泄漏；⑥ 冷油器是否泄漏。

Je5C3132　如何保持油系统清洁、油中无水、油质正常？

答：应做好以下工作：

（1）机组大修后，油箱、油管路必须清洁干净，机组启动前需进行油循环以冲洗油系统，油质合格后方可进入调节系统。

（2）每次大修应更换轴封梳齿片，梳齿间隙应符合要求。

（3）油箱排烟风机必须运行正常。

（4）根据负荷变化及时调整轴封供汽量，避免轴封汽压过高漏至油系统中。

（5）保证冷油器运行正常，冷却水压必须低于油压。停机后，特别要禁止水压大于油压。

（6）加强对汽轮机油的化学监督工作，定期检查汽轮机油质和定期放水。

（7）保证油净化装置投用正常。

Je5C3133　凝结水硬度增大时应如何处理？

答：凝结水硬度增加应作如下处理：

（1）开机时凝结水硬度大，应加强排污。

（2）关闭备用射水抽气器的空气门。

（3）检查机组所有负压放水门关闭严密。

（4）将停用中的中继泵冷却水门关闭，将凝结水至中继泵的密封水门开大。

（5）确认凝汽器铜管（或钛管/不锈钢管）轻微泄漏，应立即通知加锯末。

（6）凝结水硬度较大，应立即就地取样，以确定哪侧凝汽器铜管（或钛管/不锈钢管）漏，以便隔离。

Je5C4134　除氧器的正常维护项目有哪些？

答：除氧器的正常维护项目如下：

（1）保持除氧器水位正常。

（2）除氧器系统无漏水、漏汽、溢流现象，排气门开度适当，不振动。

（3）确保除氧器压力、温度在规定范围内。

（4）防止水位、压力大幅度波动影响除氧效果。

（5）经常检查校对室内压力表，水位计与就地表计相一致。

（6）有关保护投运正常。

Je4C1135　汽轮机组停机后造成汽轮机进水、进冷汽（气）的原因可能有哪些？

答：进水、进冷汽（气）的原因可能为：① 锅炉和主蒸汽系统；② 再热蒸汽系统；③ 抽汽系统；④ 轴封系统；⑤ 凝汽器；⑥汽轮机本身的疏水系统。

Je4C2136　凝汽器怎样抽真空？

答：凝汽器抽真空步骤为：① 启动抽真空设备及开启出口水门；② 开启抽真空设备空气门；③ 满足条件后向轴封送汽（严禁转子在静止状态下向轴封送汽），调节轴封汽压力。

Je4C2137　对高压加热器自动旁路保护有何要求？

答：对高压加热器自动旁路保护有三点要求：

（1）要求保护动作准确可靠（应定期对其试验）。

（2）保护必须随同高压加热器一同投入运行。

（3）保护故障禁止启动高压加热器。

Je4C2138　简述汽轮机轴瓦损坏的主要原因。

答：汽轮机轴瓦损坏的原因有：① 轴承断油；② 机组强烈振动；③ 轴瓦制造不良；④ 油温过高；⑤ 油质恶化。

Je4C3139　盘车运行中的注意事项有哪些？

答：盘车运行中的注意事项如下：

（1）盘车运行或停用时，手柄方向应正确。

（2）盘车运行时，应经常检查盘车电流及转子弯曲。

（3）盘车运行时，应根据运行规程确保顶轴油系统运行正常。

（4）汽缸温度高于 200℃时，因检修需要停盘车，应按规定时间定期盘动转子 180°。

（5）定期盘车改为连续盘车时，其投用时间要选择在二次盘车之间。

（6）应经常检查各轴瓦油流正常、油压正常、系统无漏油。

（7）检查倾听汽缸动静之间的声音。

Je4C3140　汽轮机在什么情况下应作超速试验？

答：汽轮机在下列情况下应作超速试验：① 机组大修后；② 危急保安器解体检修后；③ 机组在正常运行状态下，危急保安器误动作；④ 停机备用一个月后，再次启动；⑤ 甩负荷试验前；⑥ 机组运行 2000h 后无法做危急保安器注油试验或注油试验不合格。

Je4C3141　汽轮发电机组振动的危害有哪些？

答：汽轮发电机的振动有如下危害：

（1）汽轮发电机组的大部分事故，甚至比较严重的设备损坏事故，都是由振动引起的，机组异常振动是造成通流部分和其他设备元件损坏的主要原因之一。

（2）机组的振动，会使设备在振动力作用下损坏。

（3）长期振动会造成基础及周围建筑物产生共振损坏。

Je4C3142　简述单台冷油器投入的操作顺序。

答：单台冷油器投入操作顺序如下：

（1）检查冷油器放油门关闭。

（2）微开冷油器进油门，开启空气门，将空气放尽，关闭油侧空气门。

（3）在操作中严格监视油压、油温、油位、油流正常。

（4）缓慢开启冷油器进油门，直至开足；微开出油门，使油温在正常范围。

（5）开启冷油器冷却水进水门，放尽空气，关闭水侧空气门，开足出油门，并调节出水门。

Je4C3143　简述单台冷油器退出操作的顺序。

答：单台冷油器退出操作顺序如下：

（1）确定要退出冷油器以外的冷油器运行正常。

（2）缓慢关闭退出冷油器出水门，开大其他冷油器进水门，保持冷油器出油温度在允许范围内。

（3）冷油器出油温度稳定后，慢关进水门，直至全关。

（4）慢关退出冷油器出油门，注意调整油温，注意润滑油压不应低于允许范围，直至全关。

（5）润滑油压稳定后关闭进油门。

Je4C3144　简述单台发电机水冷器投入操作的顺序。

答：单台发电机水冷器投入操作顺序如下：

（1）检查水冷器放水门应关闭。

（2）微开水冷器进水门，将空气放尽，关闭空气门。

（3）在操作中严格监视水压、水温、水位、水流正常。

（4）缓慢开启水冷器进水门，直至开足。

（5）开启水冷器冷却水进水门，开足水冷器出水门，调节冷却水出水门，使水温保持在正常范围内。

Je4C3145　汽轮机冲转时为什么凝汽器真空会下降？

答：汽轮机冲转时，一般真空还比较低，有部分空气在汽缸及管道内未完全抽出，在冲转时随着汽流冲向凝汽器。冲转时，蒸汽瞬间还未立即与凝汽器铜管（或钛管/不锈钢管）发生热交换而凝结，故冲转时凝汽器真空总是要下降的。当冲转后进入凝汽器的蒸汽开始凝结，同时抽气器仍在不断地抽空气，真空即可较快地恢复到原来的数值。

Je4C3146　按启动前汽轮机汽缸温度分，汽轮机启动有几种方式？

答：汽轮机启动方式有四种：① 冷态启动；② 温态启动；③ 热态启动；④ 极热态启动。

Je4C3147　汽轮机冲转条件中，为什么规定要有一定数值的真空？

答：汽轮机冲转前必须有一定的真空，一般为 60kPa 左右，若真空过低，转子转动就需要较多的新蒸汽，而过多的乏汽突然排至凝汽器，凝汽器汽侧压力瞬间升高较多，可能使凝汽器汽侧形成正压，造成排大气安全薄膜损坏，同时也会给汽缸和转子造成较大的热冲击。

冲动转子时，真空也不能过高，真空过高不仅要延长建立真空的时间，也因为通过汽轮机的蒸汽量较少，放热系数也小，使得汽轮机加热缓慢，转速也不易稳定，从而会延长启动时间。

Je4C3148　防止汽轮机大轴弯曲的技术措施有哪些？

答：防止汽轮机大轴弯曲的技术措施如下：

（1）汽缸应具有良好的保温条件。

（2）主蒸汽管道、旁路系统应有良好的疏水系统。

（3）主蒸汽导管和汽缸的疏水符合要求。

（4）汽缸各部分温度计齐全可靠。

（5）启动前必须测大轴晃度，超过规定则禁止启动。

（6）启动前应检查上、下缸温差，超过规定则禁止启动。

（7）热态启动中要严格控制进汽温度和轴封供汽温度。

（8）加强振动监视。

（9）汽轮机停止后严防汽缸进水。

Je4C4149　新蒸汽温度过高对汽轮机有何危害？

答：制造厂设计汽轮机时，汽缸、隔板、转子等部件是根据蒸汽参数的高低选用钢材的。每种钢材有它一定的最高允许工作温度，在这个温度以下，它有良好的机械性能。如果运行温度高于设计值很多时，势必造成金属机械性能的恶化，强度降低，脆性增加，导致汽缸蠕胀变形，叶轮在轴上的套装松弛，汽轮机运行中发生振动或动静摩擦；严重时，设备损坏，故汽轮机在运行中不允许超温运行。

Je4C4150　轴封供汽带水对机组有何危害？应如何处理？

答：轴封供汽带水在机组运行中有可能使轴端汽封损坏，重者将使机组发生水冲击，危害机组安全运行。

处理轴封供汽带水事故时，应根据不同的原因，采取相应措施。如发现机组声音变沉，振动增大，轴向位移增大，胀差减小或出现负胀差，应立即破坏真空，打闸停机。打开轴封供汽系统及本体疏水门，倾听机内声音，测量振动，记录惰走时间，检查盘车电动机电流是否正常且稳定，盘车后测量转子弯曲数值。如惰走时间明显缩短或机内有异常声音，推力瓦温度升高，轴向位移、胀差超限时，不经检查不允许机组重新启动。

Je3C4151　对于湿冷机组，作真空严密性试验的步骤及注意事项是什么？

答：真空严密性试验步骤及注意事项如下：

（1）汽轮机带额定负荷的80%，运行工况稳定，保持抽气器或真空泵的正常工作。记录试验前的负荷、真空、排汽温度。

（2）关闭抽气器或真空泵的空气门。

（3）空气门关闭后，每分钟记录一次凝汽器真空及排汽温度，8min 后开启空气门，取后 5min 的平均值作为测试结果。

（4）真空下降率小于 0.4kPa/min 为合格，如超过应查找原因，设法消除。

在试验中，当真空或排汽温度出现异常时，应立即停止试验，恢复原运行工况。

Je3C4152　如何做危急保安器充油试验？

答：危急保安器充油试验步骤如下：

（1）危急保安器每运行两个月应进行充油活动校验。

（2）校验时必须汇报值长同意后进行（一般在中班系统负荷低谷时进行）。

（3）撤下切换油门销钉，将切换油门手轮转至被校验危急保安器位置（No1 或 No2）。

（4）将被校验危急保安器喷油阀向外拉足，向油囊充油；当被校验危急保安器动作显示牌出现时放手。

（5）将喷油阀向里推足，当被校验危急保安器动作显示牌复位时松手。

（6）确定被校验的危急保安器动作显示牌复位时，撤下切换油门销钉，将切换油门手轮转至“正常”位置。

（7）用同样方法校验另一只危急保安器。

Je3C4153　如何做危急保安器超速试验？

答：危急保安器超速试验步骤如下：

（1）在下列情况应进行危急保安器超速试验：① 汽轮机新安装后及机组大小修后；② 危急保安器检修后；③ 机组停用一个月后再启动时；④ 每运行两个月后不能进行充油活动校验时。

（2）校验时应用两种不同的转速表（可参考一次油压和主油泵出口油压）。

（3）超速试验一般应在机组启动时并手动脱扣良好、高压内缸温度为 200℃以上时进行。在其他特殊情况下进行超速试验应制定特殊措施，并经总工程师批准后才可进行。

（4）揿下试验油门销钉，将试验油门手轮转至动作低的危急保安器。

（5）用辅同步器手轮向增荷方向转动，使转速均匀上升，当“遮断”字样出现时，该转速即是试验油门所指的低转速危急保安器动作转速。这时可继续升速至另一只危急保安器动作，使主汽门关闭时停止（如果超过 3360r/min 不动作，应立即手动脱扣，停止校验）。

（6）超速脱扣后拍脱扣器，启动调速油泵，将辅同步器及试验油门恢复到启动正常位置，当转速下降到 3000r/min，停用调速油泵。

（7）记录脱扣转速是否在 3300～3360r/min 范围内。

Je3C5154　防止轴瓦损坏的主要技术措施有哪些？

答：防止轴瓦损坏的主要技术措施如下：

（1）油系统各截止门应有标示牌，油系统切换工作按规程进行。

（2）润滑油系统截止门采用明杆门或有标尺。

（3）高低压供油设备定期试验，润滑油应以汽轮机中心线距冷油器最远的轴瓦为准。直流油泵熔断器宜选较高的等级。

（4）汽轮机达到额定转速后，停止高压油泵，应慢关出口油门，注意油压变化。

（5）加强对轴瓦的运行监督，轴承应装有防止轴电流的装置，油温测点、轴瓦乌金温度测点应齐全可靠。

（6）油箱油位应符合规定。

（7）润滑油压应符合设计值。

（8）停机前应试验润滑油泵正常后方可停机。

（9）严格控制油温。

（10）发现下列情况应立即打闸停机：① 任一轴瓦回油温

度超过75℃或突然连续升高至70℃；② 主轴瓦乌金温度超过85℃；③ 回油温度升高且轴承冒烟；④ 润滑油泵启动后，油压低于运行规定允许值。

Je3C5155 凝汽器停机后，如何进行加水查漏（上水检漏）？

答：凝汽器停机后，按如下步骤查漏：

（1）凝汽器铜管（或钛管/不锈钢管）查漏（低水位查漏）：① 确定凝汽器循环水进水门关闭，切换手轮放至手动位置，水已放尽，汽侧和水侧人孔门已打开，高中压汽缸金属温度均在300℃以下；② 凝汽器弹簧用支撑撑好；③ 加软水至铜管（或钛管/不锈钢管）全部浸没为止；④ 查漏结束，放去存水，由班长检查确已无人，无工具遗留时，关闭汽侧和水侧人孔门，放水门；⑤ 将凝汽器支撑弹簧拆除；⑥ 全面检查，将设备放至备用位置。

（2）凝汽器汽侧漏空气查漏（高水位查漏）：① 凝汽器汽侧漏空气查漏工作的水位的监视应由班长指定专人监视，在进水未完毕前不得离开；② 高中压汽缸金属温度均在200℃以下方可进行加水，并注意上下缸温差；③ 确定凝汽器循环水进水门关闭、切换手轮放至手动位置、水已放尽、汽侧和水侧人孔门已打开；④ 凝汽器弹簧用支撑撑好；⑤ 加软水至汽侧人孔门溢水后，开启汽侧监视孔门及顶部空气门，关闭汽侧人孔门，加软水至汽侧监视孔门溢水止；⑥ 查漏结束后，放去存水，由班长检查确已无人，无工具遗留时，关闭汽侧监视孔门及顶部空气门，关闭水侧人孔门放水门；⑦ 将凝汽器支撑弹簧拆除。

全面检查将设备放至备用位置。

Je3C5156 如何进行凝汽器不停机查漏？

答：凝汽器不停机查漏步骤如下：

（1）与值长联系将机组负荷减至额定负荷的70%左右。

（2）将不查漏的一侧凝汽器循环水进水门适当开大。

（3）关闭查漏一侧的凝汽器至抽气器空气门。

（4）关闭查漏一侧的凝汽器循环水进水门及连通门，调整循环水空气门；循环水空气门关闭后，必须将切换手柄放至手动位置。

（5）检查机组运行正常后，开启停用一侧凝汽器放水门。

（6）确认凝汽器真空和排汽温度正常。

（7）开启停用一侧凝汽器人孔门，进入查漏。

（8）查漏完毕后，由班长检查确无人且无工具遗留时，关闭凝汽器人孔门及放水门。

（9）开启停用一侧凝汽器循环水进水门，调整循环水空气门、循环水连通门，将另一侧循环水进水门调正。

（10）将停用一侧凝汽器至抽气器空气门开启。

（11）用同样方法对另一侧凝汽器查漏。

Je3C5157　安全门升压试验方法是如何？

答：安全门升压的试验方法如下：

（1）校验时应有汽轮机检修配合。

（2）确定压力表准确，安全门的隔离门开启。

（3）安全门升压校验前先手动校验正常。

（4）逐渐开启容器进汽门，待容器安全门在规定值动作时关闭（如不在规定值动作，应由检修调正）。

（5）校验时的压力不得超过容器安全门动作值。

（6）检验不合格不得投入运行。

Je2C4158　滑参数启动主要应注意什么问题？

答：滑参数启动应注意以下问题：

（1）滑参数启动中，金属加热比较剧烈的时间一般在低负荷时的加热过程中，此时要严格控制新蒸汽升压和升温速度。

（2）滑参数启动时，金属温差可按额定参数启动时的指标加以控制。启动中有可能出现差胀过大的情况，这时应通知锅炉停止新蒸汽升温、升压，使机组在稳定转速下或稳定负荷下停留暖机，还可以调整凝汽器的真空或用增大汽缸法兰加热进汽量的方法调整金属温差。

Je2C5159 额定参数启动汽轮机时怎样控制减少热应力？

答：额定参数启动汽轮机时，冲动转子一瞬间，接近额定温度的新蒸汽进入金属温度较低的汽缸内。与新蒸汽管道暖管的初始阶段相同，蒸汽将对金属进行剧烈的凝结放热，使汽缸内壁和转子外表面温度急剧增加，温升过快，容易产生很大的热应力。所以额定参数下冷态启动时，只能采用限制新蒸汽流量、延长暖机和加负荷时间等办法来控制金属的加热速度，减少受热不均，以免产生过大的热应力和热变形。

Je2C5160 什么叫负温差启动？为什么应尽量避免负温差启动？

答：当冲转时蒸汽温度低于汽轮机最热部位金属温度的启动为负温差启动。因为负温差启动时，转子与汽缸先被冷却，而后又被加热，经历一次热交变循环，从而增加了机组疲劳寿命损耗。如果蒸汽温度过低，将在转子表面和汽缸内壁产生过大的拉应力，而拉应力较压应力更容易引起金属裂纹，并会引起汽缸变形，使动静间隙改变，严重时会发生动静摩擦事故。此外，热态汽轮机负温差启动，使汽轮机金属温度下降，加负荷时间必须相应延长，因此一般不采用负温差启动。

Je2C5161 进入汽轮机的蒸汽流量变化时，对通流部分各级的参数有哪些影响？

答：对于凝汽式汽轮机，当蒸汽流量变化时，级组前的温度一般变化不大（喷嘴调节的调节级汽室温度除外）。不论是采用喷嘴调节，还是节流调节，除调节级外，各级组前压力均可看成与流量成正比变化，所以除调节级和最末级外，各级级前、级后压力均近似地认为与流量成正比变化。运行人员可通过各监视段压力来有效地监视流量变化情况。

Je2C5162　厂用电中断为何要打闸停机？

答：厂用电中断，所有的电动设备都停止运转，汽轮机的循环水泵、凝结水泵、抽真空设备都将停止，真空将急剧下降，如处理不及时，将引起低压缸排大气安全门动作。由于冷油器失去冷却水，润滑油温迅速升高，水冷泵的停止又引发发电机温度升高，对双水内冷发电机的进水支座将因无水冷却和润滑而产生漏水；对于氢冷发电机，氢气温度也将急剧上升，给水泵的停止，又将引起锅炉断水。由于各种电气仪表无指示，失去监视和控制手段。可见，厂用电全停，汽轮机已无法维持运行，必须立即启动直流润滑油泵和直流密封油泵，紧急停机。

Je1C4163　国家电力公司 2000 年 9 月 8 日发布的《防止电力生产重大事故的 25 项重点要求》中，与汽轮机有关的有哪几条？

答：（1）防止汽轮机超速和轴系断裂事故。

（2）防止汽轮机大轴弯曲和轴瓦烧瓦事故。

（3）防止火灾事故。

（4）防止压力容器爆破事故。

（5）防止全厂停电事故。

Je1C5164　防止汽轮机大轴弯曲的安全技术措施有哪些？

答：根据 DL/T 609—1996《300MW 级汽轮机运行导则》，防止汽轮机大轴弯曲的主要措施有：

（1）汽轮机每次冲转前及停机后，均应测量转子偏心度及盘车电流，应正常。冲转前发生转子弹性热弯曲应适当加长盘车时间，升速中发现弹性热弯曲应加强暖机时间，热弯曲严重时或暖机无效应停机处理。

（2）汽轮机盘车状态应采取有效的隔离措施，防止汽缸进水和冷汽。

（3）汽轮机上下缸温差或转子偏心度超限时，禁止汽轮机冲转。

（4）汽轮机启动时应充分疏水，并监视振动、胀差、膨胀、轴向位移、汽缸滑销系统等正常，避免动静碰磨，引起大轴弯曲。

（5）汽轮机升速在80%～85%高中压转子一阶临界转速时，应检查确认轴系振动正常；如果发现异常振动，应打闸停机直至盘车状态。

Je1C5165　防止汽轮机断油烧瓦的安全技术措施有哪些？

答：根据DL/T 609—1996《300MW级汽轮机运行导则》防止轴承损坏的主要措施有：

（1）加强油温、油压的监视调整，严密监视轴承乌金温度及回油温度，发现异常应及时查找原因并消除。

（2）油系统设备自动及备用可靠，并进行严格的定期试验。运行中油泵或冷油器的投停切换应平稳谨慎，严防断油烧瓦。

（3）油净化装置运行正常，油质应符合标准。

（4）防止汽轮机进水、大轴弯曲、轴承振动及通流部分损坏。

（5）汽轮发电机转子应可靠接地。

（6）启动前应认真按设计要求整定交、直流油泵的连锁定值，检查接线正确。

Je1C5166　简述汽轮机启停过程优化分析的内容？

答：汽轮机启停过程优化分析的内容如下：

（1）根据转子寿命损耗率、热变形和胀差的要求确定合理的温度变化率。

（2）蒸汽温度变化率随放热系数的变化而变化。

（3）监视温度、胀差、振动等测点不超限。

（4）盘车预热和正温差启动，实现最佳温度匹配。

（5）在保证设备安全前提下尽量缩短启动时间，减少电能和燃料消耗。

Je1c5167　大型汽轮机为什么要低负荷运行一段时间后再进行超速试验？

答：汽轮机在空负荷运行时，汽轮机内的蒸汽压力低，转子中心孔处的温度尚未被加热到脆性转变温度以上。另外，超速试验时转子的应力比额定转速时增加25%的附加应力。基于以上原因，所以大型汽轮机要带低负荷运行一段时间，进行充分暖机，使金属部件（主要是转子）达到脆性转变温度以上，然后再进行超速试验。

Je1c5168　汽轮机启动过程中应注意什么？

答：汽轮机启动过程中应注意：

（1）严格执行规程制度，机组不符合启动条件时，不允许强行启动。

（2）在启动过程中要根据制造厂规定，控制好蒸汽、金属温升速度，以及上下缸、汽缸内外壁、法兰内外壁、法兰与螺栓等温差指标。

（3）启动时，进入汽轮机的蒸汽不得带水，参数与汽缸金属温度相匹配，要充分疏水暖管，带有疏水自动控制系统的机组，应投入疏水自动控制。

（4）严格控制启动过程的振动值，达到紧急停机规定时应执行紧急停机。因振动大打闸后，不允许进行低速暖机，应进入盘车状态。待查明原因，消除故障后，方可重新启动。

（5）在启动过程中，按规定的曲线控制蒸汽参数的变化，保持足够的蒸汽过热度。

（6）任何情况下，汽温在10min内突降或突升50℃，应打闸停机。

（7）控制汽轮机转速，不能突升过快，通过临界转速时，不能人为干预转速自动控制系统，如认为手动控制转速，应以400r/min 的速度快速通过临界转速。

（8）并网前，检查蒸汽参数符合要求，防止并网后调节汽门突然大开。

（9）并网后应注意各风、油、水、氢气的温度，调整正常，保持发电机氢气温度不低于规程规定值。

Je1c5169　事故处理的基本要求是什么？

答：事故处理的基本要求是：

（1）事故发生时，应按“保人身、保电网、保设备”的原则进行处理。

（2）事故发生时的处理要点：

1）根据仪表显示及设备异常象征判断事故确已发生。

2）迅速处理事故，首先解除对人身、电网及设备的威胁，防止事故蔓延。

3）必要时应立即解列或停用发生事故的设备，确保非事故设备正常运行。

4）迅速查清原因，消除事故。

（3）将所观察到的现象、事故发展的过程和时间及所采取的消除措施等进行详细记录。

（4）事故发生及处理过程中的有关数据资料等应完整保存。

Jf5C1170　何谓高处作业？

答：凡是在离地面 2m 以上的地点进行的工作，都应视作高处作业。

Jf5C1171　何谓“两票三制”？

答：“两票”指操作票、工作票。“三制”指交接班制度、巡回检查制度和设备定期试验切换制度。

Jf5C1172　什么叫相电压、线电压？

答：相电压为发电机（变压器）的每相绕组两端的电压、即相线与中性线（零线）之间的电压。线电压为线路任意两火线之间的电压。

Jf5C1173　试述在对待和处理所有事故时的“三不放过”原则的具体内容。

答：“三不放过”原则的具体内容是：① 事故原因不清不放过；② 事故责任者和应受教育者没有受到教育不放过；③ 没有采取防范措施不放过。

Jf4C1174　汽轮机调节系统的任务是什么？

答：汽轮机调节系统的任务是使汽轮机的输出功率与外界负荷保持平衡。即当外界负荷变化、电网频率（或机组转速）改变时，汽轮机的调节系统相应地改变汽轮机的功率，使之与外界负荷相适应，建立新的平衡，并保持转速偏差不超过规定。另外，在外界负荷与汽轮机输出功率相适应时，保持汽轮机稳定运行。当外界（电网）故障造成汽轮发电机甩掉负荷时，调节系统关小汽轮机调速汽门，控制汽轮机转速升高值低于危急保安器动作值，保持汽轮机空负荷运行。

Jf4C2175　发电机、励磁机着火及氢气爆炸应如何处理？

答：发电机、励磁机着火及氢气爆炸应进行如下处理：

（1）发电机、励磁机内部着火及氢气爆炸时，司机应立即破坏真空紧急停机。

（2）关闭补氢气阀门，停止补氢气。

（3）通知电气排氢气，置换 CO_2。

（4）及时调整密封油压至规定值。

Jf3C3176 汽轮机启动、停机时，为什么要规定蒸汽的过热度？

答：如果蒸汽的过热度低，在启动过程中，由于前几级温度降低过大，后几级温度有可能低到此级压力下的饱和温度，变为湿蒸汽。蒸汽带水对叶片的危害极大，所以在启动、停机过程中蒸汽的过热度要控制在50～100℃较为安全。

Jf3C4177 热态启动时，为什么要求新蒸汽温度高于汽缸温度50～80℃？

答：机组进行热态启动时，要求新蒸汽温度高于汽缸温度50～80℃。这可以保证新蒸汽经调节汽门节流、导汽管散热、调节级喷嘴膨胀后，蒸汽温度仍不低于汽缸的金属温度。因为机组的启动过程是一个加热过程，不允许汽缸金属温度下降。如在热态启动中新蒸汽温度太低，会使汽缸、法兰金属产生过大的应力，并使转子由于突然受冷却而产生急剧收缩，高压差胀出现负值，使通流部分轴向动静间隙消失而产生摩擦，造成设备损坏。

Jf2C3178 厂用电中断应如何处理？

答：厂用电中断应进行如下处理：

（1）启动直流润滑油泵、直流密封油泵，立即打闸停机。

（2）联系电气，尽快恢复厂用电。若厂用电不能尽快恢复，超过1min后，解除跳闸泵连锁，复置停用开关。

（3）设法手动关闭有关调整门、电动门。

（4）排汽温度小于50℃时，投入凝汽器冷却水，若排汽温度超过50℃，需经领导同意，方可投入凝汽器冷却水（凝汽器投入冷却水后，方可开启本体及管道疏水）。

（5）厂用电恢复后，根据机组所处状态进行重新启动。切记：动力设备应分别启动，严禁瞬间同时启动大容量辅机。机组恢复并网后，接带负荷速度不得大于10MW/min。

Jf1C3179　电力系统的主要技术经济指标是什么？

答：电力系统的主要技术经济指标是：

（1）发电量、供电量、售电量和供热量。

（2）电力系统供电（供热）成本。

（3）发电厂供电（供热）成本。

（4）火电厂的供电（供热）的标准煤耗。

（5）水电厂的供电水耗。

（6）厂用电率。

（7）网损率（电网损失电量占发电厂送至网络电量的百分比）。

（8）主要设备的可调小时。

（9）主要设备的最大出力和最小出力。

Jf1C4180　汽轮机检修前应做哪些工作？

答：汽轮机在开始检修之前，须与蒸汽母管、供热管道、抽汽系统等隔断，阀门应上锁，并挂上警告牌。还应将电动阀门的电源切断，并挂警告牌。疏水系统应可靠地隔绝。检修工作负责人应检查汽轮机前蒸汽管道确无压力后，方可允许工作人员进行工作。

Jf1C3181　pH 值表示什么意思？

答：pH 值表示的意思如下：

（1）pH 值是一种表示水的酸碱性的水质指标。

（2）当 pH 值大于 7 时，水呈碱性，pH 值越大，碱性越强；当 pH 值等于 7 时，水呈中性；当 pH 值小于 7 时，水呈酸性，pH 值越小，酸性越强。

Jf1C1182　对高温管道、容器的保温有何要求？

答：所有高温的管道、容器等设备上都应有保温层，保温层应保证完整。当室内温度在 25℃时，保温层外侧温度一般不超过 50℃。

Jf1C1183　转机轴承温度的极限值是多少？

答：转机轴承温度的极限值滚动轴承是 80℃，滑动轴承是 70℃。电动机滚动轴承是 100℃，滑动轴承是 80℃。

4.1.4 计算题

La5D1001 某汽轮机额定功率 P=300MW，求该机组一个月（30 天，即 t=720h）的发电量 W。

解： $W=Pt=300\ 000\times720=2.16\times10^8$（kW·h）

答： 该机组的月发电量为 2.16×10^8kW·h。

La5D1002 每小时（即 t=3600s）均匀通过导线截面积的电量 Q =900C，求导线中的电流 I。

解： $I=Q/t=900/3600=0.25$（A）

答： 导线中的电流为 0.25A。

La5D1003 设人体的最小电阻 R=720Ω，当通过人体的电流 I 超过 50mA 时，就会危及人身安全，试求安全工作电压 U。

解： $U=IR=0.05\times720=36$（V）

答： 安全工作电压为 36V。

La4D1004 混凝土衬砌的压力隧道，直径 d=5m，通过流量 q=200m^3/s，长度 L=500m，取 n=0.012，求沿程水头损失。

解： 水力半径 $R=d/4=5/4=1.25$（m）

由 n=0.012，查谢才系数表得 C=85.85m$^{1/2}$/s

$$v=4q/(\pi d^2)=4\times200/(3.14\times5^2)=10.2\text{（m/s）}$$

$$h=Lv^2/(C^2R)=500\times10.2^2/(85.85^2\times1.25)=5.65\text{（m）}$$

答： 沿程水头损失为 5.65m。

La4D1005 水在某容器内沸腾，如压力保持 1MPa，对应的饱和温度 t_1=180℃，加热面温度 t_2 保持 205℃，沸腾放热系数 α 为 85 700W/（m^2·℃），求单位加热面上换热量。

解： $q=\alpha(t_2-t_1)=85\ 700\times(205-180)=2\ 142\ 500$（W/m^2）

答：单位加热面上换热量是 2 142 500W/m^2。

La3D2006 某循环热源温度 t_1=538℃，冷源温度 t_2=38℃，在此温度范围内循环可能达到的最大热效率是多少？

解：已知 T_1=273+538=811（K）

$$T_2=273+38=311\text{（K）}$$

$$\eta=(1-T_2/T_1)\times100\%=(1-311/811)\times100\%=61.7\%$$

答：最大热效率是 61.7%。

La2D3007 电容器的电容 C=500μF，接到电压 u=200×2sin(100t+30°)V 的电源上，求电源的电流瞬时值表达式及无功功率。

解：由题意知ω=100（1/s），根据容抗的计算公式得

$$X_C=1/(\omega C)=1/(100\times500\times10^{-6})=20\text{（}\Omega\text{）}$$

$$I=U/X_C=200\div20=10\text{（A）}$$

$$i=10\times2\sin(100t+120^\circ)\text{（A）}$$

$$Q_C=X_CI^2=20\times10^2=2000\text{（var）}=2\text{（kvar）}$$

答：电流瞬时值表达式 i=2×10sin(100t+120°)，无功功率为 2kvar。

La1D4008 某热机中的工质从 t_1=1727℃的高温热源吸热 1000kJ/kg，向 t_2=227℃的低温热源放热 360kJ/kg。试判断该热机中工质的循环能否实现，是否为可逆循环。

解：按卡诺循环定理，在两给定的热源间卡诺循环的热效率最高。按题目的条件，卡诺循环的热效率为

$$\eta_{\text{t卡}}=\left(1-\frac{T_2}{T_1}\right)\times100\%=\left(1-\frac{273+227}{273+1727}\right)\times100\%$$

$$=0.75\times100\%=75\%$$

按热效率的定义，该循环的热效率为

$$\eta_t=\frac{q_1-q_2}{q_1}\times100\%=\left(1-\frac{q_2}{q_1}\right)\times100\%$$
$$=\left(1-\frac{360}{1000}\right)\times100\%=0.64\times100\%=64\%$$

因$\eta_t<\eta_{t卡}$，所以这一循环原则上是可能实现的，且为不可逆循环。

答： 该热机中工质的循环可以实现，是不可逆循环。

La1D4009 将初压为 0.98×10^5Pa、温度为 30℃的 1kg 空气，在气缸内绝热压缩至原来容积的 1/15。求压缩所需的功、内能变化量及压缩后的压力和温度。

解： 空气作为双原子气体处理，k=1.4。

终压 $p_2=p_1\left(\frac{V_1}{V_2}\right)^k=0.98\times10^5\times\left(\frac{V_1}{V_1/15}\right)^k=0.98\times10^5\times15^{1.4}$

$=0.98\times10^5\times44.3=43.4\times10^5$（Pa）=4.34（MPa）

终温 $T_2=T_1(V_1/V_2)^{k-1}=(273+30)\times15^{1.4-1}=303\times15^{0.4}$

=895（K）

功量 $W=\frac{R}{k-1}(T_1-T_2)=\frac{287}{1.4-1}(303-895)=-424\ 760$（J/kg）

=−424.76（kJ/kg）

负号表示外界压缩气体的功。

因$\delta q=0$，$q=0$，无热量进出。

内能的变化量$-W$=424.76（kJ/kg）

外界消耗于压缩气体的功，全部转变为气体内能的增加。

答： 压缩所需的功为 424.76kJ/kg、内能变化量为 424.76kJ/kg、压缩后的压力为 4.34MPa、温度为 895K。

Lb5D1010 汽轮机排汽焓 h=2260.8kJ/kg，凝结水焓 h'=125.6kJ/kg，求 1kg 蒸汽在凝汽器内所放出的热量 q。

解： $q=h-h'=2260.8-125.6=2135.2$（kJ）

答： 1kg 蒸汽在凝汽器内放出 2135.2kJ 热量。

Lb5D2011 m=100t 的水流经加热器后，水的焓从 h_1=214.2kJ/kg 增加至 h_2=408.8kJ/kg，求 100t 水在加热器内吸收了多少热量？

解： 吸收的热量 $Q=m(h_2-h_1)$

$$=100\times10^3\times(408.8-214.2)$$

$$=194.6\times10^5\text{（kJ）}$$

答： 100t 水在加热器内吸收了 194.6×10^5kJ 热量。

Lb5D2012 冷油器入口油温 t_1=55℃，出口油温 t_2=40℃，油的流量 q_m=50t/h，求每小时放出的热量 Q［油的比热容 c=1.988 7kJ/（kg・K）］。

解： $Q=cq_m(t_1-t_2)$

$$=1.9887\times50\times1000\times(55-40)$$

$$=1.49\times10^6\text{（kJ/h）}$$

答： 每小时油放出的热量为 1.49×10^6kJ/h。

Lb5D2013 某容器内气体压力由压力表读得 p_g=0.25MPa，气压表测得大气压力 $p_a=0.99\times10^5$Pa，若气体绝对压力不变，而大气压力升高 $p'_a=1.1\times10^5$Pa，则容器内压力表的读数 p'_g 为多少？

解： $p'_g=p_g+p_a-p'_a=0.25\times10^6+0.99\times10^5-1.1\times10^5=0.239$（MPa）

答： 大气压力变化后，压力表读数为 0.239MPa。

Lb5D2014 某锅炉连续排污率 P=1%，当其出力 D 为 610t/h 时，排污量 D_{pw} 为多少？

解： $D_{pw}=PD=1\%\times610=6.1$（t/h）

答： 排污量为 6.1t/h。

Lb5D2015 某台凝汽器冷却水进口温度为 t_{w1}=16℃，出口温度 t_{w2}=22℃，冷却水流量 $q_m=8.2\times10^4$t/h，水的比热容= 4.187kJ/(kg·K)，问该凝汽器 8h 内被冷却水带走了多少热量？

解： 1h 内被冷却水带走的热量

$$q=q_m c_p(t_{w2}-t_{w1})$$
$$=8.2\times10^4\times10^3\times4.187\times(22-16)$$
$$=2.06\times10^9\ \text{（kJ/h）}$$

8h 内被冷却水带走热量

$$Q=2.06\times10^9\times8=1.648\times10^{10}\ \text{（kJ）}$$

答： 该凝汽器 8h 内被冷却水带走了 1.648×10^{10}kJ 的热量。

Lb4D2016 某 P=200MW 机组调节系统的迟缓率 ε=0.3%，速度变动率 δ=5%，试计算由迟缓引起负荷摆动量是多少？

解： 负荷摆动量 $\Delta P=(\varepsilon/\delta)P=0.3/5\times200=12$（MW）

答： 由迟缓引起的负荷摆动量是 12MW。

Lb4D3017 某电厂在低周波运行期间曾将速度变动率 δ=5%的同步器工作范围由+7%～−5%改为+4%～−6%，试问这样改动后，当电网频率恢复为 50Hz 后，机组最多能带多少额定负荷（用百分数表示）？

解： 同步器工作范围改为+4%～−6%后，为使机组带满负荷，同步器应处于高限位置，设在 50Hz 时机组带负荷 P'，则

$$(1.04\times3000-3000)/P'=\delta n_0/P$$
$$P'/P\times100\%=[(1.04\times3000-3000)/\delta n_0]\times100\%$$
$$=[(1.04\times3000-3000)/(0.05\times3000)]\times100\%$$
$$=(0.04/0.05)\times100\%$$
$$=80\%$$

答： 此时机组只能带 80%额定负荷。

Lb4D3018 设 1kg 蒸汽在锅炉中吸热 Q_1=2.51×103kJ/kg，

蒸汽通过汽轮机做功后在凝汽器中放出热量 Q_2=2.09×103kJ/kg。蒸汽流量 q_m=440t/h，如果做的功全部用来发电，则每天能发电多少？（不考虑其他能量损失）

解： $q_m=440t/h=4.4\times10^5kg/h$

$$(Q_1-Q_2)\times q_m=(2.51-2.09)\times10^3\times4.4\times10^5$$
$$=1.848\times10^8\ (kJ/h)$$

因 $1kJ=2.78\times10^{-4}kW\cdot h$

则　每天发电量 $W=2.78\times10^{-4}\times1.848\times10^8\times24$

$$=1.23\times10^6\ (kW\cdot h)$$

答： 每天能发电 $1.23\times10^6kW\cdot h$。

Lb4D3019　一台 50MW 汽轮机的凝汽器，其表面单位面积上的换热量 Q=23 000W/m²，凝汽器铜管内外壁温差为 2℃，求水蒸气的凝结换热系数α。

解： $Q=\alpha(t_{内}-t_{外})$

$$\alpha=Q/(t_{内}-t_{外})=23\,000/2=11\,500\ [W/(m^2\cdot ℃)]$$

答： 水蒸气的换热系数是 11 500W/（$m^2\cdot$℃）。

Lb4D3020　某电厂一昼夜发电 $1.2\times10^6kW\cdot h$，此功应由多少热量转换而来？（不考虑其他能量损失）

解： $1kW\cdot h=3.6\times10^3kJ$

则　$Q=3.6\times10^3\times1.2\times10^6=4.32\times10^9\ (kJ)$

答： 此功应由 4.32×10^9kJ 的热量转换而来。

Lb4D3021　一台十级离心泵，入口压力 p_1=0.21MPa，出口压力 p_2=6.5MPa，入口水温 t=109.32℃，求该泵的总扬程和单级扬程。

解： 根据水泵入口水温和压力查找饱和水温表，得ρ=951.2kg/m³，g=9.81m/s²。

根据水泵扬程公式得泵的总扬程为

$H_t=(p_2-p_1)/(\rho g)=(6.5\times10^6-0.21\times10^6)/(951.2\times9.81)$
$=471.5$（m）

每级扬程为

$$H=H_t/10=471.5/10=47.15\text{（m）}$$

答：该离心泵的总扬程为 471.5m，单级扬程为 47.15m。

Lb4D3022 一台热机按卡诺循环工作，分别在温度 t_1=20℃、t_1'=300℃、t_1''=600℃的高温热源与温度 t_2=20℃的低温冷源下工作，求热效率。

解：已知 T_2=273+20=293K，同理，T_1=293K，T_1'=573K，T_2''=873K

$$\eta_{cu}=(1-T_2/T_1)\times100\%$$

则 $\eta_{cu}=(1-293/293)\times100\%=0\%$

$$\eta_{cu}'=(1-293/573)\times100\%=48.87\%$$

$$\eta_{cu}''=(1-293/873)\times100\%=66.44\%$$

答：热效率分别为 0%、48.87%、66.44%。

Lb3D2023 某喷嘴的蒸汽进口处压力 p_0 为 1.0MPa，温度 t 为 300℃，若喷嘴出口处压力 p_1 为 0.6MPa，问该选用哪一种喷嘴？

解：查水蒸气表或 $h-s$ 图可知，喷嘴前蒸汽为过热蒸汽，其临界压力比 ε_k=0.546。这组喷嘴的压力比为

$$p_1/p_0=0.6/1.0=0.6>0.546$$

答：其压力比大于临界压力比，应选渐缩喷嘴。

Lb3D3024 汽轮机某压力级喷嘴中理想焓降 h_n=40.7kJ/kg，前一级可利用的余速能量 h_{c2}^*=1.34kJ/kg，动叶片中产生的理想焓降 h_b=6.7kJ/kg，喷嘴损失为 Δh_n=2.5kJ/kg，动叶片损失 Δh_b=1.8kJ/kg，余速损失 Δh_{c2}=1.4kJ/kg，求该级的轮周效率 η_u。

解：轮周效率

$$\eta_u=(h_{c2}^*+h_n+h_b-\Delta h_n-\Delta h_b-\Delta h_{c2})/(h_{c2}^*+h_n+h_b)\times100\%$$
$$=(1.34+40.7+6.7-2.5-1.8-1.4)/(1.34+40.7+6.7)\times100\%$$
$$=88.3\%$$

答：轮周效率为 88.3%。

Lb3D3025 某汽轮机每小时排汽量 D_1=650t，排汽焓 h_1=560×4.186 8kJ/kg，凝结水焓 h_2=40×4.186 8kJ/kg，凝汽器每小时用循环冷却水量 D_2=42 250t。水的比热容 c=4.186 8kJ/kg，求循环冷却水温升。

解：$\Delta t=[(h_1-h_2)\times D_1]/(D_2c)$

=41 868×(560–40)×650/(42 250×4.186 8)=8（℃）

答：循环冷却水温升为 8℃。

Lb3D3026 某发电厂年发电量为 103.155 9×10⁸kW·h，燃用原煤 5 012 163t。原煤的发热量为 5100×4.186 8kJ/kg。求该发电厂的发电煤耗率。

解：标准煤燃煤量=(5 012 163×5100×4.186 8)/(7000×4.186 8)= 3 651 718.757（t）

发电煤耗量=$(3\ 651\ 718.757\times10^6)/(1\ 031\ 559\times10^8)$

=354［g /（kW·h）］

答：该发电厂的发电煤耗率是 354g /（kW·h）。

Lb3D3027 某发电厂年发电量为 103.155 9×10^8kW·h，燃用原煤 5 012 163t。原煤的发热量为 21 352.68kJ/kg，全年生产用电 64 266×10^8kW·h。求该发电厂的供电煤耗。

解：标准燃煤量=(5 012 163×21 352.68)/(7000×4.186 8)= 3 651 718.757（t）

供电燃耗量=$(3\ 651\ 718.757\times10^6)/(1\ 031\ 559\times10^8-64\ 266\times10^8)$= 377.5［g /（kW·h）］

答：该发电厂的供电煤耗率是 377.5g /（kW·h）。

Lb3D4028 某台汽轮机带额定负荷与系统并列运行，由于系统事故，该机甩负荷至零，如果调节系统的速度变动率δ=5%，试问该机甩负荷后的稳定转速n_2。

解： 根据转速变动率公式

$$\delta=(n_1-n_2)/n_0\times100\%$$

式中 n_1——负荷为额定功率的稳定转速；

n_2——负荷为零的稳定转速；

n_0——额定转速。

则 $n_2=(1+\delta)n_0=(1+0.05)\times3000=3150$（r/min）

答： 稳定转速为3150r/min。

Lb3D4029 一台汽轮机初参数p_0=10MPa，t_0=500℃，凝汽器背压p_1=0005MPa，给水回热温度t_2=180℃，求该机的循环效率η_t。

解： 查表得下列值

h_0=3372kJ/kg　h_1=2026kJ/kg（理想排汽焓）

$$h_2\approx180\times4.186\,8=753.6\text{kJ/kg}$$

汽轮机的循环效率为

$$\eta_t=(h_0-h_1)/(h_0-h_2)\times100\%$$
$$=(3372-2026)/(3372-753.6)\times100\%=51.4\%$$

答： 该机的循环效率为51.4%。

Lb3D4030 汽轮机的主蒸汽温度每低于额定温度10℃，汽耗量要增加1.4%。一台P=25 000kW的机组带额定负荷运行，汽耗率d=4.3kg/（kW·h），主蒸汽温度比额定温度低15℃，计算该机组每小时多消耗多少蒸汽量。

解： 主蒸汽温度低15℃时，汽耗增加率为

$$\Delta\delta=0.014\times15/10=0.021$$

机组在额定参数下的汽耗量为

$$D=Pd=25\,000\times4.3=107\,500\text{kg/h}=107.5\text{（t/h）}$$

由于主蒸汽温度比额定温度低15℃致使汽耗量的增加量为

$$\Delta D=D\times\Delta\delta=107.5\times0.021=2.26\text{（t/h）}$$

答：由于主蒸汽温度比额定温度低15℃，使该机组每小时多消耗蒸汽量2.26t。

Lb2D2031 纯凝汽式汽轮发电机组和回热循环机组的热耗率如何计算？

解：每生产1kW·h的电能，汽轮发电机组所消耗的热量称为热耗率q。

对纯凝汽式汽轮机，其热耗率为

$$q=d(h_0-h'_{co})$$

式中　h'_{co}——凝结水焓，其数值近于它的温度值，4187kJ/kg；

h_0——主蒸汽的焓，kJ/kg；

d——汽耗率，kg/（kW·h）。

对采用回热循环的汽轮发电机组，其热耗率为

$$q=d(h_0-h'_{gs})$$

式中　h'_{gs}——锅炉给水的焓，kJ/kg；

h_0——主汽阀前蒸汽的焓，kJ/kg；

d——汽耗率，kg/（kW·h）。

Lb2D3032 汽轮机运行人员如何计算汽轮发电机组的效率？

解：对于回热循环的凝汽式汽轮发电机组

$$\eta=3600/[d\times(h_0-h'_{gs})]$$

式中　d——汽耗率，kg/（kW·h）；

h_0——新蒸汽焓值，kJ/kg；

h'_{gs}——给水焓值，kJ/kg；

η——效率。

对于中间再热机组，热耗率公式为

$$q=[D_0(h_0-h'_{gs})+D_{zr}(h_{zr}-h_{gp})]/W$$

式中 D_0——主蒸汽流量，kg；

D_{zr}——进入中压缸的再热蒸汽流量，kg；

h_{zr}——进入中压缸的再热蒸汽焓，kJ/kg；

h_{gp}——高压缸排汽焓，kJ/kg；

W——发电量，kW·h。

再热机组的效率为

$$\eta=3600/q=3600N/[D_0(h_0-h'_{gs})+D_{zr}(h_{zr}-h_{gp})]$$

Lb2D3033 某汽轮机每小时排汽量为 400t，排汽压力为 0.004MPa，排汽干度 $x=0.88$，冷却水比热容 c_p=4.186 8kJ/(kg·℃)，凝汽器每小时用循环冷却水 24 800t。求循环冷却水温升。

解： 查饱和水与饱和水蒸气热力性质表知，排汽压力为 0.004MPa 时，饱和蒸汽焓为 h''_{co}=2554.5kJ/kg，饱和水焓 h'_{co}=121.41kJ/kg

排汽焓为

$$\begin{aligned}h_{co}&=x\,h''_{co}+(1-x)\,h'_{co}\\&=0.88\times2554.5+(1-0.88)\times121.41\\&=2247.96+14.57\\&=2262.53\ (\text{kJ/kg})\end{aligned}$$

凝汽器循环倍率为

$$m=D_w/D_{co}=24\,800/400=62$$

循环冷却水温升

$$\begin{aligned}\Delta t&=(h_{co}-h'_{co})/(mc_p)\\&=(2262.53-121.41)/(62\times4.186\,8)=8.25\ (℃)\end{aligned}$$

答： 循环冷却水温升为 8.25℃。

Lb2D3034 某机组发电标准煤耗率为 320g/（kW·h），若年发电量 N 为 103.155 9 亿 kW·h，将消耗多少标准煤？若燃用发热量为 4800kcal/kg 的煤，又将消耗多少煤？

解： 该机组年消耗标准煤 B^b 为

$$B^b=b^b\times N=320\times10^{-3}\times103.155\ 9\times10^8$$
$$=3\ 300\ 988\ 800\text{（kg 标准煤）}$$
$$=3\ 300\ 988.8\text{（t 标准煤）}$$

若燃用发热量为4800kcal/kg的煤，则消耗量为

$$B=3\ 300\ 988.8\times7000/4800$$
$$=4\ 813\ 942\text{（t）}$$

答：该机组每年将消耗3 300 988.8t标准煤。若燃用发热量为4800kcal/kg的煤，则将消耗4 813 942t。

Lb2D5035 一台简单朗肯循环凝汽式机组容量是12MW，蒸汽参数 p_o=5MPa、t_o=450℃、p_{co}=0.005MPa、机组的相对内效率 η_{oi}=0.85、机械效率 η_j=0.99、发电机效率 η_d=0.98、排汽干度 x=0.9。求机组汽耗量 D、汽耗率 d、热耗量 Q、热耗率 q。

解：查表求出下列参数：

h_o=3316.8kJ/kg，h'_{co}=137.77kJ/kg，h''_{co}=2561.6kJ/kg

绝热膨胀排汽焓为

$$h_{cot}=x\,h''_{co}+(1-x)\times h'_{co}$$
$$=0.9\times2561.6+(1-0.9)\times137.77$$
$$=2305.44+13.777$$
$$=2319.21\text{（kJ/kg）}$$

汽耗量

$$D=3600N/[(h_o-h_{cot})\eta_{oi}\eta_j\eta_d]$$
$$=3600\times12\ 000/[(3316.8-2319.21)\times0.85\times0.99\times0.98]$$
$$=52\ 511.14\text{（kg/h）}$$

汽耗率

$$d=D/N$$
$$=52\ 511.14/12\ 000$$
$$=4.376\ [\text{kg/（kW·h）}]$$

热耗量

$$Q=D(h_o-h'_{co})$$

$=52\ 511.14\times(3316.8-137.77)$
$=166\ 934\ 489.4$（kJ/h）

热耗率

$$q=Q/N$$
$$=166\ 934\ 489.4/12\ 000$$
$$=13\ 911.2\ [\text{kJ/(kW·h)}]$$

答：汽轮机的汽耗量 D 为 52 511.14kg/h；汽轮机的汽耗率 d 为 4.376kg/（kW·h）；汽轮机的热耗量 Q 为 166 934 489.4kJ/h；汽轮机的热耗率 q 为 13 911.2kJ/（kW·h）。

Lb1D3036 如果系统内有 2 台汽轮机并列运行，其中 1 号机带额定负荷 P_{01}=50MW，其调节系统速度变动率 δ_1=3%；2 号机带额定负荷 P_{02}=25MW，其调节系统速度变动率 δ_2=5%，如果此时系统频率增高至 50.5Hz，试问每台机组负荷降低多少？

解：系统频率变动时，汽轮机速度变动率

$$\delta_n=(50.5-50)/50\times100\%=1\%$$

1 号机负荷减少

$$\Delta P_1=P_{01}\times\delta_n/\delta_1$$
$$=50\times0.01/0.03$$
$$=16.7\ (\text{MW})$$

2 号机负荷减少

$$\Delta P_2=P_{02}\times\delta_n/\delta_2$$
$$=25\times0.01/0.05$$
$$=5\ (\text{MW})$$

答：1、2 号机负荷分别下降了 16.7MW 及 5MW。

Lb1D3037 N100–90/535 型汽轮机在设计工况下的新蒸汽焓 h_0=3479kJ/kg，给水焓 h'_{gs}=975kJ/kg，每千克蒸汽在汽轮机中的有效焓降为 1004kJ/kg，若机械效率和发电机效率均为 99%，试求该汽轮发电机组在设计工况下的汽耗率

和热耗率。

解：汽耗率

$$d=3600/(H_i\times\eta_j\times\eta_d)$$
$$=3600/(1004\times0.99\times0.99)$$
$$=3.66\ [\text{kg/(kW·h)}]$$

热耗率

$$q=d(h_0-h'_{gs})$$
$$=3.66\times(3479-975)$$
$$=9164.6\ [\text{kJ/(kW·h)}]$$

答：汽耗率为 3.66kg/（kW·h），热耗率为 9164.6kJ/（kW·h）。

Lb1D3038 某凝汽式汽轮机按朗肯循环工作，新蒸汽压力 p_1=8.826MPa，温度 t_1=500℃，排汽压力为 0.003 9MPa，h_o=3387kJ/kg；h_{co}=2003kJ/kg；h'_{co}=120kJ/kg，机械效率和发电机效率均为 99%，汽轮机功率为 100MW。求汽耗量和热耗量及满负荷运行时每小时消耗标准煤量。

解：汽耗率

$$d=3600/[(h_0-h_{co})\times\eta_j\times\eta_d]$$
$$=3600/[(3387-2003)\times0.99\times0.99]$$
$$=2.654\ [\text{kg/(kW·h)}]$$

热耗率

$$q=d(h_0-h'_{co})$$
$$=2.654\times(3387-120)$$
$$=8670.62\ [\text{kJ/(kW·h)}]$$

汽耗量

$D=Pd$=100 000×2.654=265 400（kg/h）=265.4（t/h）

热耗量

$Q=Pq$=100 000×8670.62=867 062 000（kJ/h）

标准煤耗量

$$B=Q/29\,307.6=867\,062\,000/29\,307.6$$
$$=29\,584.886\text{（kg/h）}=29.6\text{（t/h）}$$

答： 汽耗量为265.4t/h，热耗量为867 062 000kJ/h，标准煤耗量为29.6t/h。

Lb1D4039 N100–90/535型汽轮机在经济工况下运行，调节级室压力为4.40MPa，流量为G_0=100kg/s。运行一段时间后，调节级室压力为4MPa。求蒸汽流量G_0'。

解： 已知p_0=4.40MPa，G_0=100kg/s，p_0'= 4.40MPa

$$G_0/G_0'=p_0/p_0'=4.40/4=1.1$$
$$G_0'=90.9\text{（kg/s）}$$

答： 蒸汽流量G_0'为90.9 kg/s。

Lb1D4040 外径为30mm，壁温为40℃的横管，有压力为1.99×10^4Pa的饱和水蒸气在管外凝结放热，求放热系数α。

解： 根据压力表查得对应的t_s=60℃，此时的汽化潜热为r=2358.4 kJ/kg =2358.4×10^3J/kg。

定性温度为

$$t_m=1/2(t_s+t_w)=1/2(60+40)=50\text{（℃）}$$

查得物性参数为

$$\rho=988.1\ \text{kg/m}^3$$
$$\lambda=64.8\times10^{-2}\text{W/（m·℃）}$$
$$\mu=549.4\times10^{-6}\text{kg/（m·s）}$$
$$\Delta t=t_s-t_w=60-40=20\text{（℃）}$$

对水平管C=0.725，定型尺寸取管外径d=0.03m。

$$\alpha=C\left[\frac{\rho^2 g\lambda^3 r}{\mu d(t_s-t_w)}\right]^{1/4}$$
$$=0.725\times\left[\frac{988.1^2\times9.81\times(64.8\times10^{-2})^3\times2358.4\times10^3}{549.4\times10^{-6}\times0.03\times20}\right]^{1/4}$$

$=0.725\times(1.864\times10^{16})^{1/4}$

$=8468$［W/（m²·℃）］

答：放热系数α为8468W/（m²·℃）。

Lb1D5041 有一台12MW的汽轮发电机组，主蒸汽压力p_0=5MPa，主蒸汽温度t_0=450℃，一级抽汽压力p_c=1.0MPa，排汽压力p_{co}=0.005MPa，给水回热温度t_{gs}=165℃，给水压力p_{gs}=8MPa，加热器的抽汽量q_{mc}=10.2t/h，机组的相对内效率η_{oi}=0.85，机械效率η_j=0.99，发电机效率η_g=0.99。求机组的汽耗量D、机组的汽耗率d、机组的热耗量Q、机组的热耗率q。

解：查焓熵图和水蒸气参数表得：

主蒸汽焓h_0=3316.8kJ/kg；

理想排汽焓h_{cot}=2096kJ/kg；

抽汽焓h_c=3116kJ/kg；

给水焓h'_{gs}=701.5kJ/kg；

凝结水焓h'_{co}=137.77kJ/kg。

实际排汽焓

$$h_{co}=h_0-(h_0-h_{cot})\times\eta_{oi}$$
$$=3316.8-(3316.8-2096)\times0.85$$
$$=2279.12\ (\text{kJ/kg})$$

回热抽汽轮机组的汽耗量

$$D=3600P/[(h_0-h_{co})\times\eta_j\times\eta_g]+q_{mc}(h_c-h_{co})/(h_0-h_{co})$$
$$=3600\times12\,000/[(3316.8-2279.12)\times0.99\times0.99]+10\,200\times(3116-2279.12)/(3316.8-2279.12)$$
$$=42\,476.62+8226.2$$
$$=50\,702.82\ (\text{kg/h})$$
$$\approx50.7\ (\text{t/h})$$

回热抽汽轮机组的汽耗率

$$d=D/P=50\,700/12\,000=4.225\ [\text{kg/(kW·h)}]$$

回热抽汽轮机组的热耗量

$Q=D(h_0-h_{gs})=50\ 702.82\times(3316.8-701.5)=132\ 603\ 032.8$（kJ/h）

回热抽汽轮机组的热耗率

$q=Q/P=132\ 603\ 032.8/12\ 000=11\ 050.25$［kJ/（kW·h）］

答： 该回热抽汽轮机组的汽耗量为50.7t/h；汽耗率为4.225kg/（kW·h）；热耗量 132 603 032.8kJ/h；热耗率为 11 050.25kJ/（kW·h）。

Lb1D5042 汽轮机转速传感器，当汽轮机轴每转一转发60个脉冲，此脉冲送给计算器，计算机用一任务读此计数器，该任务每秒由调度启动一次，读入数据后把计数器清零。若调度启动该任务时间误差为±10ms，当汽轮机在 100r/min、1000r/min 和 3000r/min 时，计算机显示转数在什么范围？

解： 设汽轮机转速为 n（r/min），则

$$n\text{（r/min）}=n/60\text{（r/s）}$$

又因为汽轮机轴每转一转发 60 个脉冲，所以，当汽轮机转速为 n（r/min）时，其每秒发出的脉冲个数 K 为

$$K=n/60\text{（r/s）}\times 60\text{（脉冲个数/r）}=n\text{（脉冲个数/s）}$$

$1s=10^3ms$，则

$K=n\times10^{-3}$（脉冲个数/ms）

由于时间误差为±10ms，所以，由时间误差所引起的脉冲个数误差ΔK和转速误差Δn之间的关系为

$$\Delta K=\Delta n\approx\pm n\times10^{-2}$$

当 n=100r/min 时，Δn=±1，这时计算机显示转速为 99～101r/min；

当 n=1000r/min 时，Δn=±10，这时计算机显示转速为 990～1010r/min；

当 n=3000r/min 时，Δn=±30，这时计算机显示转速为 2970～3030r/min。

答： 当汽轮机在 100r/min、1000r/min 和 3000r/min 时计算机显示转速分别在 99～101r/min；990～1010r/min；2970～

3030r/min 范围内。

Lc4D1043 某车间的一条直流线路长 L=500m，原来用截面为 S_{Cu}=20mm^2 的橡皮绝缘铜线（ρ_{Cu}=0.017 5Ω • mm^2/m）。现发现导线绝缘已老化，计划换新导线，并以铝（ρ_{Al}=0.028 5Ω •mm^2/m）代铜，要求其导线电阻不能改变。试求采用多大截面的铝导线合适？

解：$R=\rho L/S$

用铜导线时的电阻值为

$$R=\rho_{Cu}L/S_{Cu}=0.0175\times500\times2/20=0.875\text{（Ω）}$$

改用铝导线时的电阻值应相等，所以

$$S_{Al}=\rho_{Al}L/R=0.0285\times500\times2/0.875=32.5\text{（mm}^2\text{）}$$

答：采用铝导线的截面为 32.5mm^2，应根据计算结果查我国标准线径，选大于且接近于计算值即可。

Lc3D2044 某锅炉蒸发量 D=130t/h，给水温度为 172℃，给水压力为 4.41MPa，过热蒸汽压力为 3.92MPa，过热蒸汽温度为 450℃，锅炉的燃煤量 m=16 346kg/h，燃煤的低位发热量为 $Q_{ar,net}$=22 676kJ/kg，试求锅炉的效率。

解：由汽水的性质查得给水焓 h_1=728kJ/kg，主蒸汽焓 h_0=3332kJ/kg。

锅炉输入热量

$$Q_1=mQ_{ar,net}=16346\times22676=3.7\times10^8\text{（kJ/h）}$$

锅炉输出热量

$$Q_2=D(h_0-h_1)=130\times10^3\times(3332-728)=3.39\times10^8\text{（kJ/h）}$$

锅炉效率

$$\begin{aligned}\eta&=Q_2/Q_1\times100\%\\&=3.39\times10^8/3.7\times10^8\times100\%\\&=91.62\%\end{aligned}$$

答：该锅炉的效率是 91.62%。

Lc2D2045 某电力系统供电频率为（50±0.2）Hz，每投入发电机容量 100MW，可增加频率 0.2Hz，试求该系统运行容量。

解：系统容量增加将使系统频率成正比地增加，即$\Delta P/P_C=\Delta f/f$，所以系统容量$P_C=\Delta P\cdot f/\Delta f=100\times50/0.2=25\,000$（MW）

答：该系统运行容量为 25 000MW。

Lc1D3046 有一台降压变压器额定容量为 3200kVA，电压为 35×(1±2×2.5%)/10.3kV，U_d（%）=7，系统阻抗忽略不计。继电器采用不完全星形接线。试计算电流速断保护的一次动作值。

解：变压器高压侧的额定电流

$$I_N=3200/(1.732\times35)=52.8\text{（A）}$$

低压侧三相短路流过高压侧的电流为

$$I_d^{(3)}=52.8/0.07=754\text{（A）}$$

速断保护的一次电流整定值为

$$I_{dZ}=K_k I_d^{(3)}=1.4\times754=1055.6\text{（A）}$$

答：该电流速断保护的一次动作值为 1055.6A。

Lc1D3047 三相汽轮发电机输出电流为 1380A，线电压是 6300V，若负载的功率因数从 0.8 下降到 0.6，该发电机输出的有功功率有何变化？

解：当 $\cos\varphi=0.8$ 时，发电机的有功功率为

$$P_1=3^{1/2}U_2I_1\cos\varphi$$
$$=3^{1/2}\times6300\times1380\times0.8=12\,000\text{（kW）}$$

当 $\cos\varphi=0.6$ 时，发电机的有功功率为

$$P_2=3^{1/2}U_2I_1\cos\varphi$$
$$=3^{1/2}\times6300\times1380\times0.6=9000\text{（kW）}$$

$$P_1-P_2=12\,000-9000=3000\text{（kW）}$$

答：当负载的功率因数从 0.8 下降到 0.6 时，该发电机输出

的有功功率减小了3000kW。

Jd5D1048 物体做功为 2.1×10^6J，问该功相当于多少kW·h?

解： 换算公式 1kJ=2.78×10^{-4}kW·h

2.1×10^6J为2.1×10^3kJ，相当于

$$2.78\times10^{-4}\times2.1\times10^3=0.583\,8\text{（kW·h）}$$

答： 该功相当于0.583 8kW·h。

Jd5D2049 已知凝汽器的循环冷却水量 D_w=25 000t/h，冷却倍率 m=60，试求排入凝汽器的蒸汽量 D_{co}。

解： $D_{co}=D_w/m=25\,000/60=416.6$（t/h）

答： 排入凝汽器的蒸汽量为416.6t/h。

Jd5D2050 1kg 水产生的压力为 0.1MPa，其饱和温度 t_1=99.64℃，当压力不变时，若其温度 t_2=150℃，则过热度为多少？

解： 过热度为

$$t_2-t_1=150-99.64=50.36\text{（℃）}$$

答： 过热度为50.36℃。

Jd4D1051 某物体的摄氏温度为 15℃，该物体的热力学温度为多少？

解： T=273.16+15=288.16（K）

答： 该物体的绝对温度为288.16K。

Jd4D2052 汽轮机某级级前压力 p_0=3.92MPa，蒸汽流速 v_0=0，喷嘴后压力 p_1=1.96MPa，问该级应选用何种喷嘴？

解： 压力比为

$$\varepsilon_n=p_1/p_0=1.96/3.92=0.5$$

当$\varepsilon_n\geqslant0.3$时，应采用渐缩斜切喷嘴。

答： 本级应选用渐缩斜切喷嘴。

Jd3D3053 某冲动级喷嘴前压力 p_0=1.5MPa，温度为 t_0=300℃，喷嘴后压力为 1.13MPa，喷嘴前的滞止焓降为 Δh_0^*=1.2kJ/kg，求该级的理想焓降 h_t^*。

解： 根据滞止焓的公式，先求出滞止焓 h_0^*

$$h_0^*=h_0+\Delta h_0^*$$

在 h–s 图上，查得喷嘴前的初焓 h_0=3040kJ/kg，喷嘴出口理想焓 h_{1t}=2980kJ/kg

$$h_0^*=h_0+\Delta h_0^*=3040+1.2=3041.2\text{（kJ/kg）}$$

理想焓降为

$$h_t^*=h_0^*-h_{1t}=3041.2-2980=61.2\text{（kJ/kg）}$$

答： 该级的理想焓降为 61.2kJ/kg。

Jd1D5054 120℃的干饱和蒸汽在一台单流程换热器的管子外表面上凝结成饱和水，汽化潜热 r=2202kJ/kg，传热系数为 1800W/（m·℃）。若把流量为 2000kg/h 的水从 20℃加热至 90℃，水的比热为 4.18 kJ/（kg·℃）。试求所需的换热面积及蒸汽的凝结量。

解： 由热平衡方程式求出所需的换热量为

$$Q=m_2c_2(t_2'-t_2'')$$

$$=\frac{2000}{3600}\times4.18\times(90-20)=162.6\text{（kW）}$$

换热器两端温差为

$$\Delta t_{大}=120-20=100\text{（℃）}$$

$$\Delta t_{小}=120-90=30\text{（℃）}$$

$$\Delta t_m=\frac{\Delta t_{大}-\Delta t_{小}}{\ln\Delta t_{大}/\Delta t_{小}}=\frac{100-30}{\ln100/30}=58.3\text{（℃）}$$

（Δt_m 为对数平均温差）

所以传热面积为

$$A=\frac{Q}{K\Delta t_m}=\frac{162.6\times10^3}{1800\times58.3}=1.55\ (\mathrm{m}^2)$$

蒸汽的凝结量为

$$D=\frac{Q}{r}=\frac{162.6}{2202}=0.074\ (\mathrm{kg/s})$$

答：所需的换热面积为 $1.55\mathrm{m}^2$，蒸汽的凝结量为 0.074kg/s。

Je5D1055 某台汽轮机排汽饱和温度 t_{cos}=40℃，凝结水过冷度δ =1℃，凝汽器循环冷却水进水温度 t_{w_1} =20℃，出水温度 t_{w_2} =32℃，求凝汽器端差δ_t。

解：端差$\delta_t=t_{cos}-t_{w_2}$ =40−32=8（℃）

答：凝汽器端差为 8℃。

Je5D2056 某凝汽器真空表读数 p_1=96kPa，当地大气压力 p_2=104kPa，求凝汽器的真空度。

解：真空度=p_1/p_2×100%=(96/104)×100%=92.3（%）

答：凝汽器的真空度为 92.3%。

Je5D2057 通过对循环水系统的调节，使循环泵下降的电流 I=20A，试求每小时节约的电量。（循环水泵电动机电压 U=6kV，功率因数 $\cos\varphi$=0.85）

解：$W=\sqrt{3}\,UI\cos\varphi\times t$

$=\sqrt{3}\times6\times20\times0.85\times1$

=176（kW·h）

答：每小时可节约 176kW·h 电量。

Je5D2058 凝汽器真空表的读数 p_1=97.09kPa，大气压计读数 p_2=101.7kPa，求工质的绝对压力。

解：绝对压力为

$$p=p_2-p_1=101.7-97.09=4.61\text{（kPa）}$$

答： 工质的绝对压力是4.61kPa。

Je5D2059 某凝汽器的铜管直径 D=25mm，铜管长 L=8470mm，铜管数 n=17 001根，试求凝汽器的冷却面积。

解： 冷却面积为

$$S=\pi DLn$$
$$=3.14\times0.025\times8.47\times17\,001$$
$$=11\,303.88\text{（m}^2\text{）}$$

答： 凝汽器的冷却面积为11 303.88m²。

Je5D3060 某300MW汽轮机排汽饱和温度为36℃，凝结水温度为35℃，凝汽器循环冷却水进水温度为19℃，排汽量 D_{co}=550t/h，冷却水量 D_w=30 800t/h，求凝汽器循环冷却水温升Δt及端差Δt。

解： 已知 D_{co}=550 t/h，D_w=30 800 t/h，t_{co}=36℃，t_{w_2}=19℃，则

冷却倍率

$$m=30\,800/550=56$$

冷却水温升

$$\Delta t=520/m=520\div56=9.3\text{（℃）}$$

端差

$$\Delta t=t_{co}-(t_{w_2}+\Delta t)=36-(19+9.3)=7.7\text{（℃）}$$

答： 冷却水温升为9.3℃，端差为7.7℃。

Je4D2061 某机组额定转速为3000r/min，空负荷转速为3120r/min，满负荷转速为3000r/min，求调速系统的速度变动率。

解： 调速系统速度变动率为

$$\delta=[(\text{空负荷转速}-\text{满负荷转速})/\text{额定转速}]\times100\%$$

$=(3120-3000)/3000\times100\%$

$=4$（%）

答：该机组调速系统的速度变动率为4%。

Je4D3062 某台汽轮机额定参数为：主蒸汽压力p_1=13.1MPa，主蒸汽温度535℃，做主汽门、调门严密性试验时的蒸汽参数为：主蒸汽压力p_2=8.8MPa，主蒸汽温度456℃。问该台汽轮机转速n下降到多少时，主汽门、调门的严密性才算合格？

解：$n=p_2/p_1\times1000=8.8/13.1\times1000=671.75$（r/min）

答：该汽轮机转速下降到671.75r/min以下时，主汽门、调门的严密性才算合格。

Je4D3063 某台凝汽器冷却水进水温度为t_1=11℃，出水温度为t_2=19℃，冷却水流量d=9.7×104t/h，水的比热容c=4.187kJ/kg，该凝汽器48h内被冷却水带走多少热量？

解：该凝汽器每小时被冷却水带走热量

$$q=dc(t_2-t_1)=9.7\times10^7\times4.187\times(19-11)$$

$$=324.9\times10^7\text{（kJ/h）}$$

48h内被冷却水带走热量

$$324.9\times10^7\times48=15\,595.74\times10^7=1.56\times10^{11}\text{（kJ）}$$

答：该凝汽器48h内被冷却水带走1.56×10^{11}kJ热量。

Je4D3064 某容器内气体压力由压力表读得p_1=0.42MPa，气压表测得大气压力$p_2=0.97\times10^5$Pa，若气体绝对压力不变，而大气压力升高到1.1×10^5Pa，求容器内压力表的读数。

解：容器内的绝对压力

$$p=p_1+p_2=0.42\times10^6+0.97\times10^5$$

$$=517\,000\text{（Pa）}=0.517\text{（MPa）}$$

大气压力变化后，压力表读数 $p_1=p-p_2=517\,000-110\,000=$

407 000（Pa）=0.407（MPa）

答： 压力表读数为 0.407MPa。

Je4D3065 一台 125MW 汽轮机额定工况运行时，一级抽汽压力 p_1=3.7MPa，查曲线表得对应抽汽点压力 p_2=3.35MPa，求该机一级抽汽压力增长率Δp。

解： $\Delta p=(p_2-p_1)/p_1\times100\%=(3.7-3.35)/3.35\times100\%=10.4$（%）

答： 该机一级抽汽增长率为 10.4%。

Je4D3066 某机组的凝汽器排汽压力为 5.622kPa，凝结水温度 31℃，凝结水的过冷度为多少？

解： 查饱和水与饱和水蒸气热力性质表知，凝汽器排汽压力为 5.622kPa 下的排汽饱和温度为 35℃

过冷度=排汽饱和温度–凝结水温度=35–31=4（℃）

答： 凝结水过冷度为 4℃。

Je4D3067 某机组每小时发电量为 125 000kW·h，给水泵每小时耗电 3000kW·h，给水泵用电率是多少？

解： 给水泵用电率=(给水泵耗电量/发电量)×100%=3000/125 000×100%=2.4（%）

答： 该机组的给水泵用电率为 2.4%。

Je4D3068 某台循环水泵的电动机轴功率 P_1=1000kW·h，循环水泵有效功率 P_2=800kW·h，该循环水泵的效率η是多少？

解： $\eta=P_2/P_1\times100\%=(800/1000)\times100\%=80$（%）

答： 该循环水泵的效率为 80%。

Je4D3069 某机组在某一工况下运行时，测得凝汽器真空为 95kPa，大气压力为 0.101 2MPa，求凝汽器的真空度。（保留两位小数）

解： 大气压力为 0.101 2MPa=101.2kPa

真空度=凝汽器真空/大气压力×100%

=95/101.2×100%

≈93.87（%）

答： 凝汽器真空度为 93.87%。

Je4D3070 某机组额定负荷为 200 000kW·h，配用的循环水泵每小时耗电 1500kW·h，求该机组循环水泵用电率。

解： 循环水泵耗电率=循环水泵耗电量/机组发电量×100%

=1500/200 000×100%=0.75（%）

答： 该机组循环水泵用电率为 0.75%。

Je4D3071 某台纯凝汽式汽轮机，新蒸汽压力为 p_1=13.24MPa，温度 t_1=550℃，汽轮机排汽压力为 0.005MPa，求该台汽轮机循环热效率。

解： 查图得知：h_1=3470kJ/kg，h_2=2288kJ/kg，h_2'=138.2kJ/kg。

循环热效率

$$\eta_t=(h_1-h_2)/(h_1-h_2')\times100\%$$

$$=(3470-2288)/(3470-138.2)\times100\%$$

$$=1182/3331.8\times100\%$$

$$=0.354\,7\times100\%$$

$$=35.47（\%）$$

答： 该台汽轮机循环热效率为 35.47%。

Je4D3072 一台 125MW 汽轮机，新蒸汽压力为 p_1=13.24MPa，温度 t_1=550℃，高压缸排汽压力为 2.55MPa，再热汽温为 550℃，汽轮机排汽压力为 0.005MPa，求该台 125MW 汽轮机循环热效率。

解： 查图得知：h_1=3470kJ/kg，h_a=2990kJ/kg，h_b=3576kJ/kg，h_2=2288kJ/kg，h_2'=138.2kJ/kg。

再热循环热效率

$$\eta_t=[(h_1-h_a)+(h_b-h_2)]/[(h_1-h_2')+(h_b-h_a)]\times100\%$$
$$=[(3470-2990)+(3576-2288)]/[(3470-138.2)+(3576-2990)]\times100\%$$
$$=0.451\times100\%=45.1（\%）$$

答：该台 125MW 汽轮机循环热效率为 45.1%。

Je4D3073 已知给水泵的流量 Q=2300kN/h，扬程 H=1300m，给水密度ρ=910kg/m^3，若给水泵的效率 h_1=0.65，原动机的备用系数 K=1.05，原动机的传动效率η_2=0.98，试计算原动机的容量。（g=9.8m/s^2）

解：给水泵的轴功率为

$$P=(\rho gQH)/(1000\eta_1)$$
$$=(910\times9.8\times2300\times10^3\times1300)/(1000\times0.65\times3600\times910\times9.8)$$
$$=1278（kW）$$

原动机所需容量

$$P_0=KP/\eta_2=1.05\times1278/0.98=1369（kW）$$

答：原动机所需容量为 1369kW。

Je4D3074 某纯凝汽式汽轮机主蒸汽焓 h_0 为 3370kJ/kg，凝结水焓 h'为 138.2kJ/kg，汽耗率 d 为 3.04kg/（kW·h）。求该机组的热耗率。

解：热耗率

$$q=d(h_0-h')=3.04\times(3370-138.2)$$
$$=9852.03［kJ/（kW·h）］$$

答：该机组热耗率为 9852.03kJ/（kW·h）。

Je3D3075 已知某级的理想焓降Δh_t=61.2kJ/kg，喷嘴的速度系数ψ=0.95，求喷嘴出口理想速度 c_{1t} 及出口的实际速度 c_1。

解：喷嘴出口理想速度为

$$c_{1t}=1.414\times\sqrt{1000\Delta h_t}=1.414\times\sqrt{1000\times 61.2}$$
$$=1.414\times\sqrt{61\,200}=349.8\text{（m/s）}$$

喷嘴出口实际速度为

$$c_1=\psi c_{1t}=0.95\times 349.8=332.31\text{（m/s）}$$

答： 喷嘴出口实际理想速度及实际速度分别为 349.8m/s 及 332.3m/s。

Je3D3076 某级喷嘴出口绝对进汽角 α_1=13.5°，实际速度 c_1=332.31m/s，动叶出口绝对排汽角 α_2=89°，动叶出口绝对速度 c_2=65m/s，通过该级的蒸汽流量 q_m=60kg/s，求圆周方向的作用力 F。

解： 圆周作用力为

$$F=q_m(c_1\cos\alpha_1+c_2\cos\alpha_2)$$
$$=60\times(332.31\cos 13.5°+65\cos 89°)$$
$$=60\times 324.3$$
$$=19\,458\text{（N）}$$

答： 该级圆周作用力为 19 458N。

Je3D3077 某汽轮机调节系统静态特性曲线在同一负荷点增负荷时的转速为 2980r/min，减负荷时的转速为 2990r/min，额定转速 n_N 为 3000r/min，求该调节系统的迟缓率。

解： 调节系统的迟缓率

$$\varepsilon=\Delta n/n_N\times 100\%$$
$$=(2990-2980)/3000\times 100\%=0.33\text{（\%）}$$

答： 该调节系统的迟缓率为 0.33%。

Je3D4078 某台汽轮机从零负荷至额定负荷，同步器行程为 h=9mm，该机组调节系统的速度变动率 δ=5%，在同一负荷下，其他参数均不改变的情况下，同步器位置差 Δh=1mm，试求该机组调节系统迟缓率ε。

解： 调节系统迟缓率为

$$\varepsilon=\delta\times\Delta h/h\times100\%=0.05\times1/9\times100\%=0.56\ (\%)$$

答： 该机组调节系统迟缓率为0.56%。

Je3D4079 如果在一个全周进汽的隔板上装有Z_1=80个喷嘴，汽轮机的转速 n_e=3000r/min，求叶片所承受的高频激振力频率f。

解：

$$f=Z_1n_s$$

$$n_s=n_e/60=3000/60=50\ (\text{r/s})$$

$$f=Z_1n_s=80\times50=4000\ (\text{Hz})$$

答： 高频激振力频率为4000Hz。

Je3D4080 某台汽轮机调节系统为旋转阻尼调节系统，在空负荷下，一次油压 p_1=0.217MPa，从空负荷至额定负荷一次油压变化值Δp=0.022MPa，求该机组调节系统的速度变动率δ。

解： 因为$\Delta p/p_1=2\Delta n/n=2\delta$，则

$$\begin{aligned}\delta&=\Delta p/(2p_1)\times100\%\\&=0.022/(2\times0.217)\times100\%\\&=5.07\ (\%)\end{aligned}$$

答： 该汽轮机调节系统速度变动率为5.07%。

Je3D4081 某厂一台P=12 000kW机组带额定负荷运行，由一台循环水泵增加至两台循环水泵运行，凝汽器真空率由H_1=90%上升到 H_2=95%。增加一台循环水泵运行，多消耗电功率P' =150kW。计算这种运行方式的实际效益（在各方面运行条件不便的情况下，凝汽器真空率每变化1%，机组效益变化1%）。

解： 凝汽器真空上升率为

$$\Delta H=H_2-H_1=0.95-0.90=0.05$$

机组提高的效益为

$$\Delta P=P\Delta H=12\,000\times0.05=600\text{（kW）}$$

增加一台循环水泵运行后的效益为

$$\Delta P-P'=600-150=450\text{（kW）}$$

答： 增加运行一台循环水泵每小时可增加450kW的效益。

Je3D4082 已知进入凝汽器的蒸汽量 D_{co}=198.8t/h，凝汽器设计压力 p_{co}=0.054MPa。凝汽器排汽焓 h_{co}=2290kJ/kg，凝结水焓 h'_{co}=139.3kJ/kg，冷却水的进水温度 t_{w1}=20℃，冷却水比热容 c_p=4.186 8kJ/（kg·℃），冷却水量为12 390t/h，求冷却倍率、冷却水温升、传热端差。

解： 查表得 p_{co} 压力下蒸汽的饱和温度 t_{cos}=34.25℃

冷却倍率

$$m=D_w/D_{co}=13\,900/1988=62.3$$

冷却水温升

$$\begin{aligned}\Delta t&=(h_{co}-h'_{co})/(c_p\times m)\\&=(2290-139.3)/(4.186\,8\times62.3)\\&=8.25\text{（℃）}\end{aligned}$$

冷却水出口温度

$$t_{w2}=t_{w1}+\Delta t=20+8.25=28.25\text{（℃）}$$

则传热端差

$$\delta_t=t_{cos}-t_{w2}=34.25-28.25=6.0\text{（℃）}$$

答： 冷却倍率为62.3，冷却水温升8.25℃，传热端差6.0℃。

Je3D5083 某汽轮机汽缸材料为ZG20CrMoV，工作温度为535℃，材料的高温屈服极限 $\sigma_{0.2}^t$=225MPa，泊桑比 μ=0.3，取安全系数 n=2，弹性模数 $E=0.176\times10^6$MPa，线胀系数 $\alpha=12.2\times10^{-6}$1/℃，求停机或甩负荷时，汽缸内外壁的最大允许温差。

解： 该材料的许用应力

$$[\sigma]=\sigma_{0.2}^t/n=225/2=112.5\text{MPa}$$

汽缸内外壁的最大允许温差

$$\Delta t=\{[\sigma]\times(1-\mu)\}/(\phi E\alpha)$$
$$=[112.5\times(1-0.3)]/(\phi\times0.176\times10^{6}\times12.2\times10^{-6})$$
$$=367/\phi$$

停机或甩负荷时，汽缸受到冷却，应按内壁计算，取ϕ=2/3 则

$$\Delta t=367/(2/3)=55（℃）$$

答：停机或甩负荷时，汽缸内外壁的最大允许温差为55℃。

Je2D3084 一台离心泵在转速1450r/min时，其全扬程为25m，流量为240m³/h，轴功率为22kW，因受外界影响，实际转速为1420r/min，试求此时的扬程、流量和轴功率。

解：对同一泵在流量控制装置相同的情况下，泵内的流动相似，可以应用相似定律中的比例定律

$$H'=H(n'/n)^2=25\times(1420/1450)^2=24.0（m）$$
$$Q'=Q(n'/n)=240\times(1420/1450)=235（m^3/h）$$
$$N'=N(n'/n)^3=22\times(1420/1450)^3=20.7（kW）$$

答：实际转速为1420r/min时，扬程为24.0m；流量为235m³/h；轴功率为20.7kW。

Je2D3085 某电厂有一台离心通风机在标准进口状态下，其流量Q=135 000m³/h，风压p=5.92kPa，轴功率P=246.7kW，现准备用来作引风机，其进口状态为t=200℃，p_a'=750mmHg，求该引风机的风压和轴功率。

解：标准状态下大气压力为760mmHg，温度为20℃，密度为1.2kg/m³，在t=200℃，p_a'=750mmHg时的气体密度可由理想气体状态方程来求得。

$$\rho'=\rho(p_a'/p_a)\times(T/T')$$
$$=1.2\times(750/760)\times(273+20)/(273+200)$$
$$=0.734（kg/m^3）$$
$$p'=p\times\rho'/\rho=5.92\times0.734/1.2=3.62（kPa）$$

$P'=P\times\rho'/\rho=246.7\times0.734/1.2=150.9$（kW）

答：该引风机的风压为3.62kPa，轴功率为150.9kW。

Je2D3086 一台容量为300MW的汽轮机，已知其凝汽器内的压力为p_{co}=5kPa，排汽进入凝汽器时的干度x=0.93，排汽的质量流量 D_m=570t/h，若凝汽器冷却水的进出口温度分别为18℃和 28℃，水的平均定压质量比热 c_p=4.187kJ/（kg・℃）。试求该凝汽器的冷却倍率和循环冷却水量。

解：查饱和水与饱和水蒸气热力性质表，排汽压力下的饱和水焓

h'_{co}=137.77kJ/kg，饱和蒸汽焓h''_{co}=2561.6kJ/kg。

排汽焓

$$\begin{aligned}h_{co}&=x\,h''_{co}+(1-x)\times h'_{co}\\&=0.93\times2561.6+(1-0.93)\times137.77\\&=2382.3+9.6\\&=2391.9\ \text{(kJ/kg)}\end{aligned}$$

凝汽器热平衡方程

$$D_m(h_{co}-h'_{co})=D_w c_p(t_{w2}-t_{w1})$$

$$\begin{aligned}D_w&=[D_m(h_{co}-h'_{co})]/[c_p(t_{w2}-t_{w1})]\\&=[570\times(2391.9-137.7)]/[4.187\times(28-18)]\\&=30\ 687.7\ \text{(t/h)}\end{aligned}$$

冷却倍率

$$m=D_w/D_m=30\ 687.7/570=53.84$$

答：该凝汽器的冷却倍率为 53.84，循环冷却水量为30 687.7t/h。

Je2D4087 某凝汽式发电厂总共装有四台汽轮发电机组，其中三台容量均为 50MW，另一台的容量为 100MW。已知该厂装机容量的年利用小时数为 7200h，假定该发电厂的总效率η_{ndc}=34.2%，所用燃料的低位发热量 $Q_{ar,net}$=23 440kJ/kg，求平

均每昼夜所需供给的燃料量。

解： 该发电厂全厂装机容量为

$$3\times50\ 000+1\times100\ 000=250\ 000\ (\text{kW})$$

全年发电量为

$$250\ 000\times7200=1800\times10^6\ (\text{kW}\cdot\text{h})$$

该厂的发电标准煤耗为

$$b^b=0.123/\eta_{ndc}=0.123/0.342$$
$$=0.359\ 65\ [\text{kg}/(\text{kW}\cdot\text{h})]$$
$$=359.65\text{g}/(\text{kW}\cdot\text{h})$$

全年标准煤的总消耗量为

$$1800\times10^6\times0.359\ 65=647\ 370\ 000\ (\text{kg})=647\ 370\ (\text{t})$$

全厂平均每昼夜消耗的标准煤为

$$647\ 370/365=1773.62\ (\text{t})$$

若燃用低位发热量为 23 440kJ/kg 的煤，则平均每昼夜该厂的燃料实际消耗量为

$$1773.62\times7000\times4.187/23\ 440=2217.7\ (\text{t})$$

答： 该厂平均每昼夜消耗低位发热量为 23 440kJ/kg 的煤 2217.7t。

Je2D4088 国产 125MW 汽轮发电机组进汽参数为 p_1=13.24MPa，t_1=550℃，高压缸排汽压力 2.55MPa，再热蒸汽温度 550℃，排汽压力为 5kPa，试比较再热循环的热效率与简单朗肯循环的热效率，并求排汽干度变化。

解： 从水蒸气焓熵图及表中查得：

高压缸进汽焓 h_1=3467kJ/kg，熵 S_1=6.6kJ/（kg·K）；高压缸排汽焓 h_b=2987kJ/kg；中压缸的进汽焓 h_a=3573kJ/kg，熵 S_a=7.453kJ/（kg·K）；简单朗肯循环排汽焓 h_c=2013kJ/kg；再热循环排汽焓 h_{co}=2272kJ/kg；排汽压力下饱和水焓 h'_{co}=137.8kJ/kg。

再热循环的热效率

$$\eta_{t,zr}=[(h_1-h_b)+(h_a-h_{co})]/[(h_1-h'_{co})+(h_a-h_b)]\times100\%$$
$$=[(3467-2987)+(3573-2272)]/[(3467-137.8)+(3573-2987)]\times100\%$$
$$=1781/3915.2\times100\%$$
$$=45.5\%$$

简单朗肯循环的热效率为

$$\eta_t=(h_1-h_c)/(h_1-h'_{co})\times100\%$$
$$=(3467-2013)/(3467-137.8)\times100\%$$
$$=1454/3329.2\times100\%$$
$$=43.7\%$$

采用再热循环后，循环热效率提高了

$$\delta\eta_t=(\eta_{t,zr}-\eta_t)/\eta_t\times100\%$$
$$=(45.5\%-43.7\%)/43.7\%\times100\%$$
$$=0.041\ 2\times100\%$$
$$=4.12\%$$

从水蒸气焓熵图中可查得，简单朗肯循环的排汽干度为0.773 5，再热循环的排汽干度为0.881，排汽干度提高了

(0.881–0.773 5)/0.773 5×100%=0.139×100%=13.9（%）

答：采用再热循环，使循环热效率提高了 4.12%，使排汽干度提高了 13.9%。

Je2D4089 设有两个采用再热循环的发电厂，其新蒸汽参数均为p_1=12.5MPa，t_1均为500℃，排汽压力均为6kPa，再热循环 A 的中间压力为 2.5MPa，再热循环 B 的中间压力为0.5MPa，两者再热后的蒸汽温度都等于原来的初温 500℃，试分别求这两个再热循环的热效率和排汽干度，并与简单朗肯循环进行比较。

解：查水蒸气焓熵图及表得：

新蒸汽焓 h_1=3343.3kJ/kg

再热循环 A 的高压缸排汽焓 $h_{b,A}$=2928kJ/kg

再热循环 B 的高压缸排汽焓 $h_{b,B}$=2620kJ/kg

再热循环 A 的中压缸进汽焓 $h_{a,A}$=3461.7kJ/kg

再热循环 B 的中压缸进汽焓 $h_{a,B}$=3483.8kJ/kg

简单朗肯循环排汽干度 x=0.757

再热循环 A 的排汽干度 x_A=0.882

再热循环 B 的排汽干度 x_B=0.92

排汽压力下的饱和蒸汽焓 h''_{co}=2567.5kJ/kg

排汽压力下的饱和水焓 h'_{co}=151.5kJ/kg

简单朗肯循环的排汽焓

$$h_{co}=x\,h''_{co}+(1-x)\,h''_{co}$$
$$=0.757\times2567.5+(1-0.757)\times151.5$$
$$=1943.6+36.8$$
$$=1980.4\text{（kJ/kg）}$$

再热循环 A 的排汽焓

$$h_{co,A}=x_A\,h''_{co}+(1-x_A)\,h'_{co}$$
$$=0.882\times2567.5+(1-0.887)\times151.5$$
$$=2264.5+17.1$$
$$=2281.6\text{（kJ/kg）}$$

再热循环 B 的排汽焓

$$h_{co,B}=x_B\,h''_{co}+(1-x_B)\,h'_{co}$$
$$=0.92\times2567.5+(1-0.92)\times151.5$$
$$=2362.1+12.1$$
$$=2374.2\text{（kJ/kg）}$$

简单朗肯循环效率

$$\eta_t=(h_1-h_{co})/(h_1-h'_{co})\times100\%$$
$$=(3343.3-1980.4)/(3343.3-151.5)\times100\%$$
$$=1362.9/3191.8\times100\%$$
$$=42.7\%$$

再热循环A的循环效率

$$\eta_{t,A}=[(h_1-h_{b,A})+(h_{a,A}-h_{co,A})]/[(h_1-h'_{co})+(h_{a,A}-h_{b,A})]\times100\%$$
$$=[(3343.3-2928)+(3461.7-2281.6)]/$$
$$[(3343.3-151.5)+(3461.7-2928)]\times100\%$$
$$=1595.4/3725.5\times100\%$$
$$=42.8\%$$

再热循环B的循环效率

$$\eta_{t,B}=[(h_1-h_{b,B})+(h_{a,B}-h_{co,B})]/[(h_1-h'_{co})+(h_{a,B}-h_{b,B})]\times100\%$$
$$=[(3343.3-2620)+(3483.8-2374.2)]/$$
$$[(3343.3-151.5)+(3483.8-2620)]\times100\%$$
$$=1832.9/4055.6\times100\%$$
$$=45.2\%$$

答：由计算结果可知，再热循环B的循环效率最高，再热循环A次之，朗肯循环最低；再热B的排汽干度最高，再热循环A次之，朗肯循环最低。

Je2D5090 某凝汽式汽轮机的参数为p_1=9.12MPa，t_1=535℃，p_{co}=0.005MPa，试求以下两种情况循环热效率和排汽湿度的变化。

（A）初温不变，初压提高到$p_{1,A}$=13.68MPa；

（B）初压不变，初温提高到$t_{1,B}$=550℃。

解：查水蒸气表得原来蒸汽参数下，凝结水焓h'_{co}=137.77kJ/kg，蒸汽初焓 h_1=3477.7kJ/kg，排汽焓 h_{co}=2066.5kJ/kg，排汽干度x=0.795。

循环热效率

$$\eta_t=(h_1-h_{co})/(h_1-h'_{co})\times100\%$$
$$=(3477.7-2066.5)/(3477.7-137.77)\times100\%$$
$$=1411.2/3339.93\times100\%$$
$$=42.25\%$$

（A）初温不变，初压提高后，凝结水焓不变，蒸汽初焓$h_{1,A}$=3429.94kJ/kg，排汽焓 $h_{co,A}$=1995.7kJ/kg，排汽干度 x_A=

0.766，循环热效率为

$$\eta_{t,A}=(h_{1,A}-h_{co,A})/(h_{1,A}-h'_{co})\times100\%$$
$$=(3429.94-1995.7)/(3429.94-137.77)\times100\%$$
$$=1434.24/3292.17\times100\%$$
$$=43.56\%$$

（B）初压不变，初温提高后，凝结水焓仍不变，蒸汽初焓 $h_{1,B}$=3511.9kJ/kg，排汽焓 $h_{co,B}$=2080.3kJ/kg，排汽干度 x_B=0.801，循环热效率为

$$\eta_{t,B}=(h_{1,B}-h_{co,B})/(h_{1,B}-h'_{co})$$
$$=(3511.9-2080.3)/(3511.9-137.77)$$
$$=1431.6/3374.1$$
$$=0.424\ 3$$

答：根据查表及计算结果可知，初温不变，初压提高，循环效率将提高，但干度明显下降；初压不变，初温提高，既能提高循环效率（不很明显），又能明显提高排汽干度。

Je2D5091　试求 125MW 机组在额定工况下 1 号、2 号高压加热器的抽汽份额，已知：疏水逐级自流。1 号高温加热器出口给水焓 h_1=1040.4kJ/kg，入口给水焓 h_2=946.9kJ/kg，出口疏水焓 h_{s1}=979.6kJ/kg，入口蒸汽焓 h_{z1}=3093kJ/kg。2 号高温加热器入口给水焓 h_3=667.5kJ/kg，出口疏水焓 h_{s2}=703.5，入口蒸汽焓 h_{z2}=3018kJ/kg。

解：1 号高温加热器热平衡方程

$$\alpha_1(h_{z1}-h_{s1})=(h_1-h_2)$$
$$\alpha_1=(h_1-h_2)/(h_{z1}-h_{s1})$$
$$=(1040.4-946.9)/(3093-979.6)$$
$$=93.5/2113.4$$
$$=0.044\ 24$$

2 号高温加热器热平衡方程

$$\alpha_2(h_{z2}-h_{s2})+\alpha_1(h_{s1}-h_{s2})=(h_2-h_3)$$

$\alpha_2=[(h_2-h_3)-\alpha_1(h_{s1}-h_{s2})]/(h_{z2}-h_{s2})$
$=[(946.9-667.5)-0.044\ 24(979.6-703.5)]/(3018-703.5)$
$=(279.4-12.215)/2314.5$
$=0.115\ 44$

答：1 号高温加热器抽汽份额为 0.044 24，2 号高温加热器抽汽份额为 0.115 44。

Je1D4092 某纯凝汽式发电厂总效率η_{ndc}为 0.32，汽轮机的相对内效率η_{oi}由 0.80 提高到 0.85，试求该电厂每发 1kW・h 电能节省多少标准煤？

解：已知$\eta_{ndc}=\eta_{gl}\eta_{gd}\eta_t\eta_{oi}\eta_j\eta_d=0.32$，令$\eta_{gl}\eta_{gd}\eta_t\eta_j\eta_d=K$，则

$$K=\eta_{ndc}/\eta_{oi}=0.32/0.8=0.4$$

$$\eta'_{ndc}=K\eta'_{oi}=0.4\times0.85=0.34$$

则 1kW・h 电能所节省的标准煤Δb^b为

$$\Delta b^b=b^b-b^{b''}=0.123/\eta_{ndc}-0.123/\eta'_{ndc}$$
$$=0.123/0.32-0.123/0.34$$
$$=0.022\ 61\ [kg/(kW\cdot h)]$$
$$=22.61\ [g/(kW\cdot h)]$$

答：当汽轮机的相对内效率η_{oi}由 0.80 提高到 0.85 时，该电厂每发 1kW・h 电能节省 22.61g 标准煤。

Je1D4093 某蒸汽中间再热凝汽式发电厂，已知有关参数为锅炉出口压力 p_{gr}=14.3MPa，锅炉出口温度 t_{gr}=555℃，机组额定发电量 P=125MW，汽轮机进汽压力 p_0=13.68MPa，汽轮机的进汽温度 t_0=550℃，高压缸排汽压力 p'_{zr}=2.63MPa，中压缸进汽压力 p''_{zr}=2.37MPa，中压缸进汽温度 t_{zr}=550℃，高压缸的排汽温度为 331℃，低压缸的排汽压力 p_{co}=0.006MPa，排汽的干度 x=0.942，汽轮机发电机组的机械效率η_j=0.98，发电机效率η_d=0.985，无回热。试计算该厂的汽耗量、汽耗率、热耗量、热耗率。

解： 根据已知数据，由水蒸气表查得各状态点的焓值为

汽轮机进口蒸汽焓 h_0=3469.3kJ/kg，高压缸的排汽焓 h'_{zr}=3198.6kJ/kg，中压缸的进汽焓 h''_{zr}=3577.4kJ/kg，低压缸排汽焓 h_{co}=2421.8kJ/kg，因为无回热，锅炉进口给水焓即凝结水焓 h'_{co}=136.4kJ/kg。

汽耗量 $D=3600P/\{[(h_0-h'_{zr})+(h''_{zr}-h_{co})]\times\eta_j\times\eta_d\}$

$=(3600\times125\ 000)/\{[(3469.3-3198.6)+(3577.4-2421.8)]\times0.98\times0.985\}$

=326 843（kg/h）

汽耗率 $d=D/P$=326 843/125 000=2.61［kg/（kW・h）］

热耗量 $Q=D[(h_0-h'_{co})+(h''_{zr}-h'_{zr})]$

=326 843[(3469.3−136.4)+(3577.4−3198.6)]

=1 213 143 163（kJ/h）

热耗率 $q=Q/P$=1 213 143 163/125 000

=9705.145［kJ/（kW・h）］

答： 该厂的汽耗量为326 843kg/h；汽耗率为2.61kg/（kW・h）；热耗量为1 213 143 163kJ/h；热耗率为9705.145kJ/（kW・h）。

Je1D4094 某发电厂锅炉出口蒸汽参数 p_{gr}=10.234MPa，t_{gr}=540℃，汽轮机进汽压力 p_0=9.12MPa，t_0=535℃，大气压力 p_a=0.101 325MPa，环境温度 t_h=0℃，求主蒸汽管道的散热损失和节流损失。

解： 由锅炉出口蒸汽参数查水蒸气表，得锅炉出口的蒸汽焓 h_{gr}=3478.96kJ/kg，熵 S_{gr}=6.736 7kJ/（kg・℃）；由汽轮机进汽参数查水蒸气表得汽轮机进口蒸汽焓 h_0=3477.7kJ/kg，熵 S_0=6.785 3kJ/（kg・℃）。

管道散热损失

$$\Delta L_{散}=T_h(S_{gr}-S_0)$$

$$=273.15(6.736\ 7-6.785\ 3)$$

$$=-13.271\ 3\text{（kJ/kg）}$$

管道节流损失

$$\Delta L_{节}=h_{gr}-h_0=3478.96-3477.7$$
$$=1.26\text{（kJ/kg）}$$

答： 管道散热损失 13.271 3kJ/kg，管道节流损失 1.26kJ/kg。

Je1D5095 汽轮机某级叶片为自由叶片。叶高 l_b=161mm，叶宽 B_b=30mm，叶片材料为1Cr13。设计工况下，动叶前蒸汽温度 t_1=110℃，蒸汽干度 x_1=0.987，动叶后蒸汽温度 t_2=106℃，实测其静频率为 372～412Hz，蒸汽作用力产生的弯曲应力 σ_{sb}=26.97MPa，型底合成应力 σ_{st}=118.3MPa，动频系数 B=3.8，转速 n=3000r/min，该级前有回热抽汽。试判别该级是否需要调频。

解： 动频率 f_d

$$f_d=(f^2+Bn^2)^{1/2}$$
$$=[(372^2\sim412^2)+3.8\times50^2]^{1/2}$$
$$=385\sim423\text{（Hz）}$$

由于 f_d/n=(385～423)/50=7.7～8.46，因此运行中存在 K=8 的倍率共振。

各修正系数

考虑到 x_1=0.987>0.96，叶片处于过渡区，可选

介质腐蚀修正系数　　K_1=0.5

通道修正系数　　K_4=1.1

表面质量修正系数　　K_2=1

应力集中系数　　K_3=1.3

尺寸系数　　K_d=0.93（由 B_b 查表得）

流量不均匀系数　　K_5=1.1（因级前有抽汽）

成组影响系数　　K_μ=1

叶型底部出汽边的平均压力

$$\sigma_m=1.2\sigma_{st}=1.2\times118.3=142\text{（MPa）}$$

根据级前温度、叶片材料和 σ_m 值可查得耐振强度

σ_a^*=235.36MPa，则安全倍率为

$$A_b=(K_1K_2K_d\sigma_a^*)/(K_3K_4K_5K_\mu\sigma_{sb})$$
$$=(0.5\times1\times0.93\times235.36)/(1.3\times1.1\times1.1\times1\times26.97)$$
$$=2.58$$

查表知，当 K=8 时，安全倍率的界限值［A_b］=4.1

因为 A_b<［A_b］，则叶片应进行调频，否则不能保证安全运行。

答： 需调频。

Je1D5096 已知某级扭叶片根部截面上的离心拉应力 σ_c=89.71MPa，进出汽边的气流弯曲应力 $\sigma_{u进、出}$=13.63MPa，背弧上的气流弯曲应力 $\sigma_{u背}$=–10.22MPa，背弧上的离心弯应力 $\sigma_{A背}$=–0.169MPa，进汽边的离心弯应力 $\sigma_{c进}$=–19.14MPa，出汽边的离心弯应力 $\sigma_{c出}$=38.61MPa，求叶片进汽边、出汽边和背弧上的合成应力。

解： 进汽边的合成应力

$$\Sigma\sigma_{进}=\sigma_c+\sigma_{u进、出}+\sigma_{c进}$$
$$=89.71+13.63-19.14$$
$$=84.2\text{（MPa）}$$

出汽边的合成应力

$$\Sigma\sigma_{出}=\sigma_c+\sigma_{u进、出}+\sigma_{c出}$$
$$=89.71+13.63+38.61$$
$$=141.95\text{（MPa）}$$

背弧上的合成应力

$$\Sigma\sigma_{背}=\sigma_c+\sigma_{u背}+\sigma_{A背}$$
$$=89.71-10.22-0.169$$
$$=79.32\text{（MPa）}$$

答： 该叶片根部截面上进汽边合成应力 84.2MPa，出汽边合成应力 141.95MPa，背弧上合成应力 79.32MPa。

Je1D5097 汽轮机某级叶轮前的压力 p_1=2.89MPa，叶轮后

的压力 p_2=2.8MPa，喷嘴进汽角α_1=11°，喷嘴出口蒸汽实际速度 c_1=281m/s，蒸汽从动叶片排出的绝对速度 c_2=53m/s，绝对排汽角α_2=80°，动叶片处的平均直径 d_m=0.97m，动叶片平均高度 l_b=70mm，部分进汽度ε=1，通过该级的蒸汽流量 q_m=96.9kg/s，如果不考虑动叶片及其他影响因素，试求该级的轴向推力。

解： 受压面积 S 为

$$S=\pi d_m l_b \varepsilon=3.141\,6\times0.97\times0.07\times1$$
$$=0.213\,3\text{（m}^2\text{）}$$

喷嘴轴向分速度 c_{1z} 及动叶轴向分速度 c_{2z} 为

$c_{1z}=c_1\sin\alpha_1=281\times\sin11°=281\times0.190\,8=53.62$（m/s）

$c_{2z}=c_2\sin\alpha_2=53\times\sin80°=53\times0.984\,8=52.19$（m/s）

轴向推力 F_z 为

$$F_z=q_m(c_{1z}-c_{2z})+A(p_1-p_2)$$
$$=96.9(53.62-52.19)+0.213\,3(2.89-2.8)\times10^6$$
$$=103.567+19\,197$$
$$=19\,335.57\text{（N）}$$

答： 该级的轴向推力为 19 335.57N。

Je1D5098 40ZLB－50 型立式轴流泵，在转速 n=585r/min 时，流量 Q=1116m^3/h，扬程 H=11.6m，由泵样本上查得泵的汽蚀余量Δh=12m。若水温为 40℃，当地大气压力 p_a=100kPa，吸水管的阻力损失为 0.5m，试求泵的最大安装高度。

解： 由水的汽化压力表查得 40℃时，水的汽化压力 H_{vp}=0.75m

大气压力高度 H_a 为

$H_a=p_a/\gamma=100\times1000/9807=10.20$（$mH_2O$）

则泵的最大安装高度 $H_{1,\ max}$ 为

$$H_{1,\ max}=p_a/\gamma-p_{vp}/\gamma-\Delta H-H_{w1}$$
$$=10.20-0.75-12-0.5$$

$=-3.05$（m）

答：计算结果为负值，表明该泵的叶轮进口中心应在水面以下 3.05m 处。

Je1D5099 某汽轮机进汽压力 p_0=9.12MPa，进汽温度 t_0=535℃，排汽压力 p_{co}=0.005MPa，求在理想循环条件下的循环热效率，并求当排汽压力降低到 0.003MPa 和升高到 0.008MPa 时，循环热效率的绝对变化量和相对变化率。

解：由汽轮机进汽参数查得汽轮机的进汽焓 h_0 为 3477.7kJ/kg，进汽熵 S_0 为 6.785 3kJ/（kg・℃），当排汽压力为 0.005MPa 时，汽轮机排汽焓 h_{co}=2066.5kJ/kg，凝结水的焓 h'_{co}=136.4kJ/kg，则循环的热效率 η_t 为

$$\eta_t=(h_0-h_{co})/(h_0-h'_{co})=(3477.7-2066.5)/(3477.7-136.4)$$
$$=0.422\ 4$$

当排汽压力降低为 0.03 绝对大气压时，查表得排汽焓 h_{co}=2010.8kJ/kg，凝结水焓 h'_{co}=99.7kJ/kg，循环的热效率

$$\eta'_t=(3477.7-2010.8)/(3477.7-99.7)=0.434\ 3$$

循环热效率的绝对变化

$$\Delta\eta_t=\eta'_t-\eta_t=0.434\ 3-0.422\ 4=0.011\ 9$$

循环热效率的相对变化

$$\delta\eta_t=\Delta\eta_t/\eta_t\times100\%=0.011\ 9/0.422\ 4\times100\%=2.817\%$$

当排汽压力升高为 0.08 绝对大气压时，查表得排汽焓 h_{co}=2120.6kJ/kg，凝结水焓 h'_{co}=172.5kJ/kg，循环的热效率

$$\eta''_t=(3477.7-2120.6)/(3477.7-172.5)=0.410\ 6$$

循环热效率的绝对变化

$$\Delta\eta_t=\eta''_t-\eta_t=0.410\ 6-0.422\ 4=-0.011\ 8$$

循环热效率的相对变化

$$\delta\eta_t=\Delta\eta_t/\eta_t\times100\%=-0.011\ 8/0.422\ 4\times100\%=-2.793\%$$

答：原循环的效率为 0.434 3，当排汽压力降低到 0.03 绝对大气压时，循环热效率的绝对变化量为 0.011 9，相对变化率为

2.817%；当排汽压力升高到 0.08 绝对大气压时，循环热效率的绝对变化量为–0.011 8，相对变化率为–2.793%。

Je1D5100 已知机组某级的平均直径 d_m=883，设计流量 G=597t/h。设计工况下级前蒸汽压力 p_0=5.49MPa，温度 t_0=417，级后蒸汽压力 p_2=2.35MPa。该级反动度Ω_m=0.296，上一级余速动能被该级利用的部分为Δh_{c0}=33.5kJ/kg，又知喷嘴出汽角 α_1=11° 51′，速度系数ψ=0.97，流量系数μ_n=0.97，该级为全周进汽。试计算喷嘴出口高度。

解：根据 p_0、t_0 和 p_2，由 h–s 图可求得蒸汽在该级中的理想焓降为

$$\Delta h_t=3230-3003=227\text{（kJ/kg）}$$

根据级的反动度Ω_m，可确定蒸汽在喷嘴中的焓降为

$$\Delta h_n=(1-\Omega_m)\Delta h_t=(1-0.296)\times227=160\text{（kJ/kg）}$$

由 h–s 图可定出喷嘴后的蒸汽压力 p_1=3.1MPa，再根据Δh_{c0}值由 h–s 图可确定蒸汽进入该级的滞止参数。

$$p_0^*=6.08\text{MPa，}\quad h_0^*=3264\text{ kJ/kg}$$

喷嘴前后压力比$\varepsilon_n=\dfrac{p_1}{p_0^*}=\dfrac{3.1}{6.08}$=0.51，可知该值小于过热蒸汽的临界压力比（$\varepsilon_{cr}$= 0.546），则喷嘴出口汽流超临界。

临界压力 p_{cr}：$p_{cr}=\varepsilon_{cr}\ p_0^*$=0.546×6.08=3.32（MPa）

由 h–s 图在等熵膨胀线上可确定临界状态下的蒸汽参数：h_{cr}=3090kJ/kg，v_{cr}=0.08m^3/kg，则蒸汽的理想临界速度 c_{crt} 为

$$c_{crt}=\sqrt{2(h_0^*-h_{cr})}=\sqrt{2(3264-3090)}\times10^3=590\text{（m/s）}$$

喷嘴喉部面积

$$(S_n)_{cr}=\frac{Gv_{cr}}{\mu_n c_{crt}}=\frac{597\times0.08}{0.97\times590\times3.6}=0.023\ 2\text{（m}^2\text{）}=232\text{（cm}^2\text{）}$$

喷嘴出口高度

$$L_n=\frac{(A_n)_{cr}}{\pi d_m \sin\alpha_1}=\frac{232}{3.14\times 88.3\times \sin 11°51'}=4.08\text{（cm）}$$

$$=40.8\text{（mm）}$$

可知，喷嘴出口高度可取 41mm，该级的等熵膨胀线如图 D–1 所示。

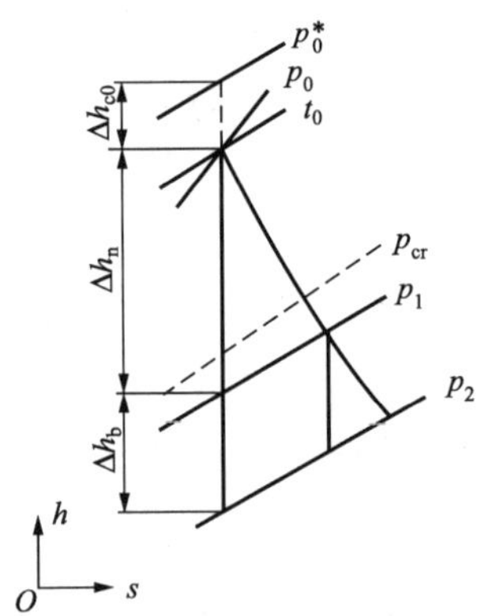

图 D-1　等熵膨胀线

Jf5D1101　国际电工委员会规定接触电压的限定值（安全电压）U=50V，一般人体电阻 R=1700Ω，计算人体允许电流 I（直流电）。

解： 电流 $I=U/R$=50×1000/1700=29.14（mA）

答： 人体允许电流为 30mA（直流电）。

Jf3D3102　一个理想的 16 位 A/D 转换器，转换的电压范围为 0～10V，当输入信号为 3.8V 时，对应的二进制码应该是多少？

解： 16 位 A/D 转换器，最大数值为 2^{16}=65 536。由于电压范围最大为 10V，所以，10V 对应 65 536，那么 3.8V 为 3.8×6553.6=24 903.48，取整为 24 903。

其二进制表示为 0001100010100011 1。

答：对应的二进制码为 0001100010100011 1。

Jf1D4103 已知钢板厚度δ=10mm，其剪切极限应力为τ_u=300MPa。若用冲床将钢板冲出直径 d=25mm 的孔，问需要多大的冲剪力？

解：剪切面是钢板内被冲头冲出的圆饼体的柱形侧面，其侧面积为

$$S=\pi d\delta=\pi\times(25\times10^{-3})\times(10\times10^{-3})=785\times10^{-6}\text{（m}^2\text{）}$$

冲孔所需要的冲剪力应为

$$F\geqslant S\tau_u=(785\times10^{-6})\times(300\times10^{6})=236\times10^{3}\text{N}=236\text{（kN）}$$

答：至少需要 236kN 的冲剪力。

Jf1D5104 用一根三股白麻绳起吊 300kg 的重物，需选用多少毫米直径的麻绳？（提示：许用应力为$[\sigma]$=1.0 kg/mm^2）

解：$m=\dfrac{\pi d^2}{4}[\sigma]$

$$d=\sqrt{4m/(\pi[\sigma])}=\sqrt{4\times300/(3.14\times1)}=19.55\text{（mm）}$$

答：需选用直径 20mm 直径的麻绳。

4.1.5 绘图题

La5E1001 画出如下几何体（见图 E-1）的三视图。

答：如图 E-1′所示。

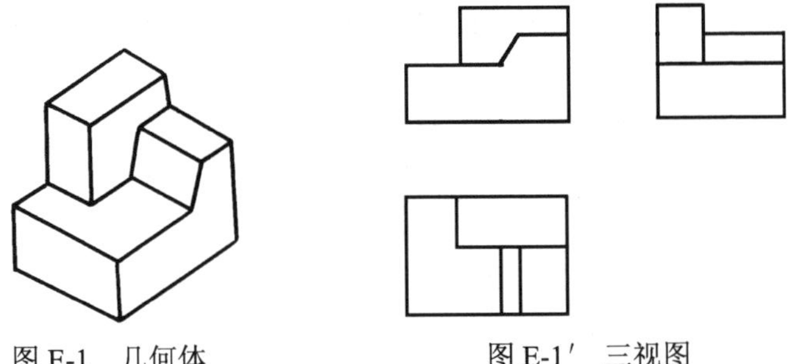

图 E-1 几何体　　图 E-1′ 三视图

La4E1002 已知某管壁粗糙度Δ=0.2mm 管径 d =100mm，雷诺数 Re =200 000，从莫迪图（图 E-2）中查取沿程损失系数λ。

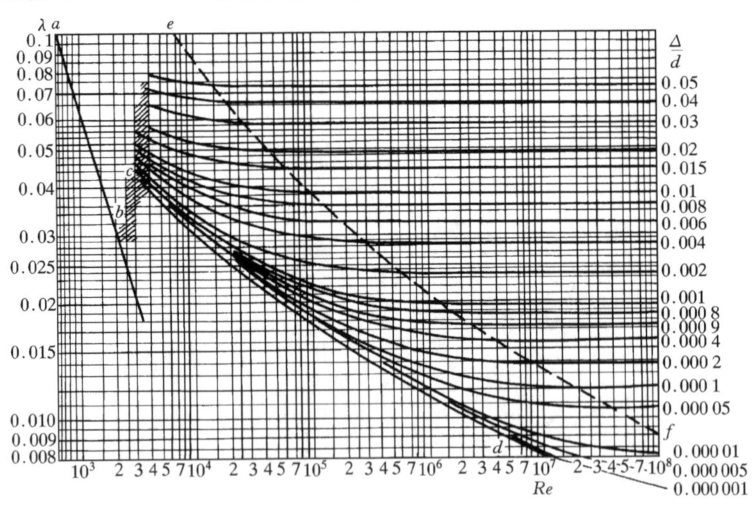

图 E-2 莫迪图

答：查图得$\lambda \approx 0.025$。

La3E3003 绘出低压异步鼠笼式电动机的控制回路。

答：如图 E-3 所示。

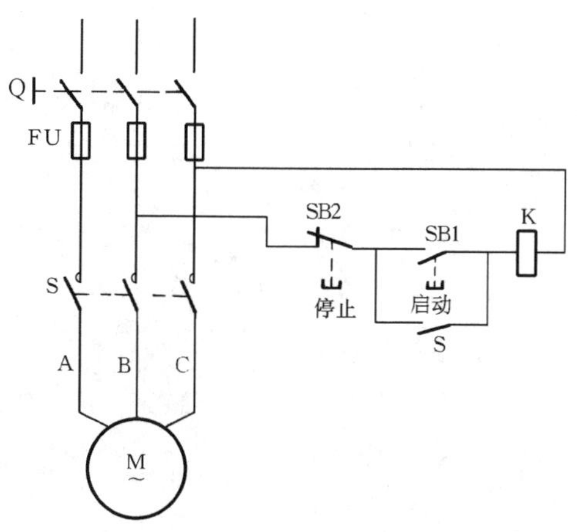

图 E-3 接触器控制回路

Lb5E1004 试画出发电厂最简单的凝汽设备原则性系统图，并指出各部件名称。

答：如图 E-4 所示。

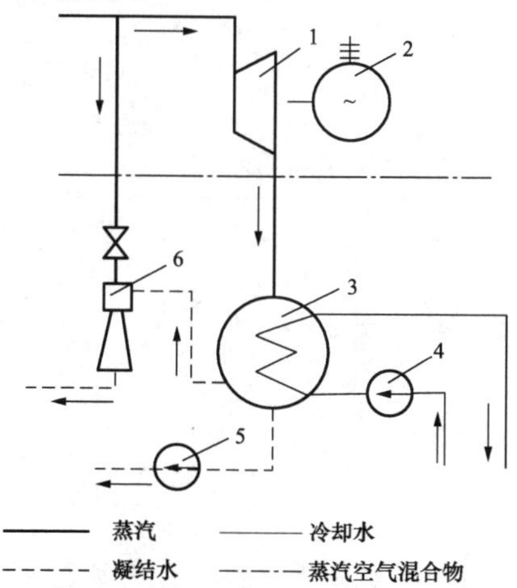

图 E-4 凝汽器设备原则性系统

1—汽轮机；2—发电机；3—凝汽器；4—循环水泵；5—凝结水泵；6—抽气器

Lb5E2005 画出两级抽气器工作原理示意图，并加以说明。

答：如图 E-5 所示。

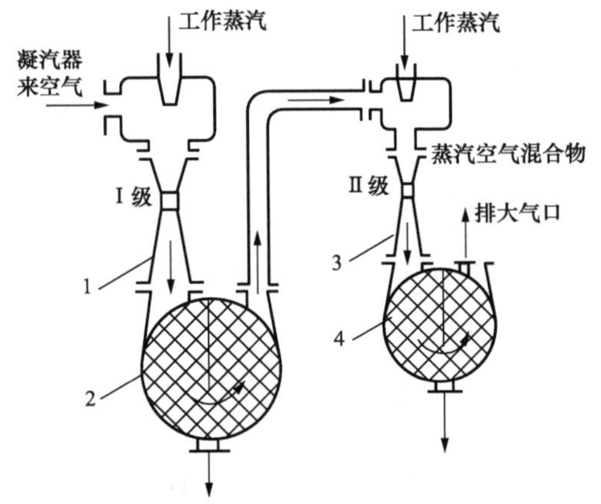

图 E-5　两级抽气器工作原理示意

1—第一级抽气器；2—第一级冷却器；3—第二级抽气器；4—第二级冷却器

Lb4E2006 绘出汽轮机间接调节系统框图。

答：如图 E-6 所示。

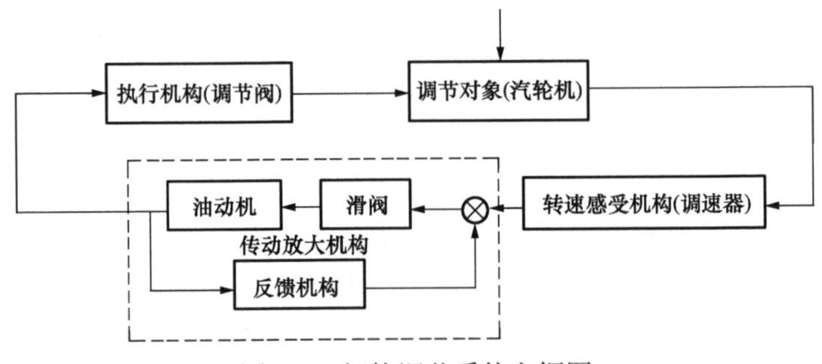

图 E-6　间接调节系统方框图

Lb4E2007 画出回热循环的设备系统图，并标注说明。

答：如图 E-7 所示。

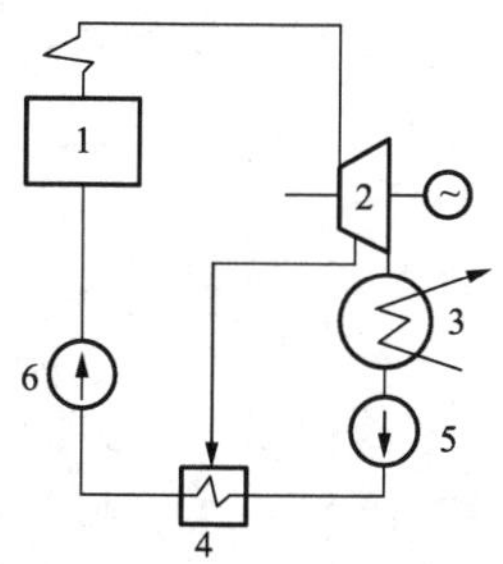

图 E-7 回热循环的设备系统

1—锅炉；2—汽轮机；3—凝汽器；4—加热器；5—凝结泵；6—给水泵

Lb3E2008 画出火力发电厂给水泵连接系统图。

答：如图 E-8 所示。

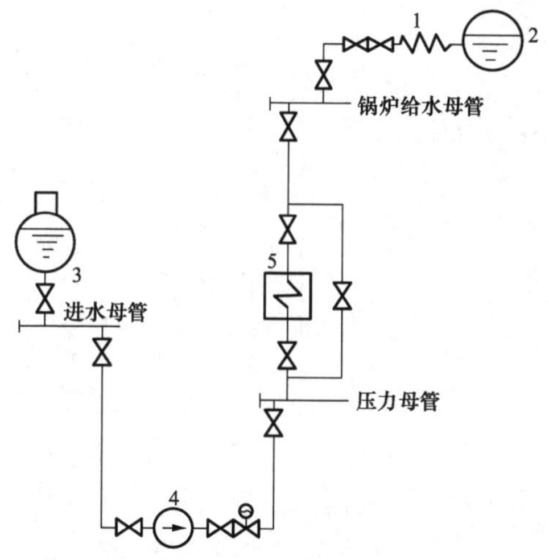

图 E-8 给水泵连接系统

1—省煤器；2—汽包；3—给水箱；4—给水泵；5—高压加热器

Lb3E3009 画出反动级的热力过程示意图。

答：如图 E-9 所示。

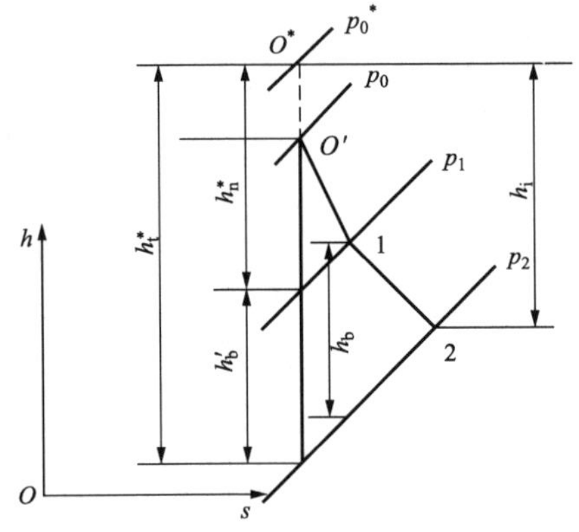

图 E-9　反动级的热力过程示意

Lb3E3010　画出再热机组两级串联旁路系统图。

答： 如图 E-10 所示。

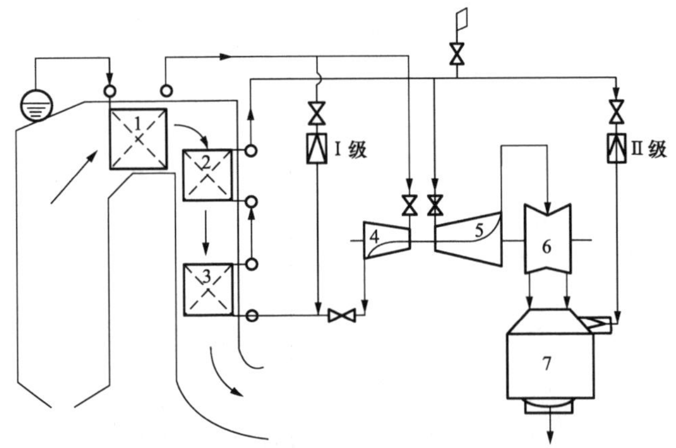

图 E-10　再热机组的两级串联旁路系统

1—过热器；2—高温再热器；3—低温再热器；4—高压缸；5—中压缸；6—低压缸；7—凝汽器

Lb3E3011　画出火力发电厂三级旁路系统图。

答： 如图 E-11 所示。

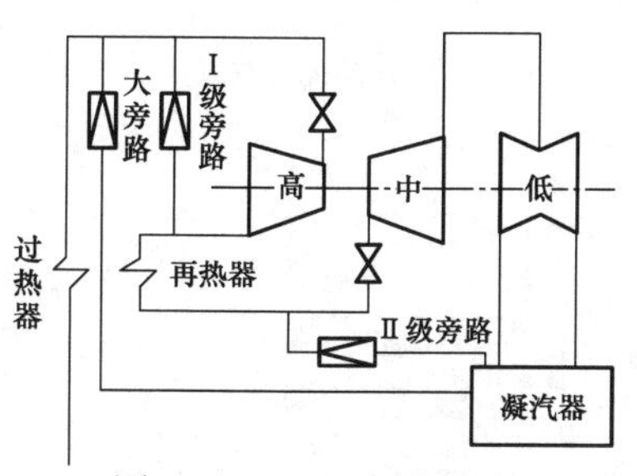

图 E-11 三级旁路系统

Lb3E4012 画出 N200–130/535/535 型机组发电厂原则性热力系统图。

答：如图 E-12 所示。

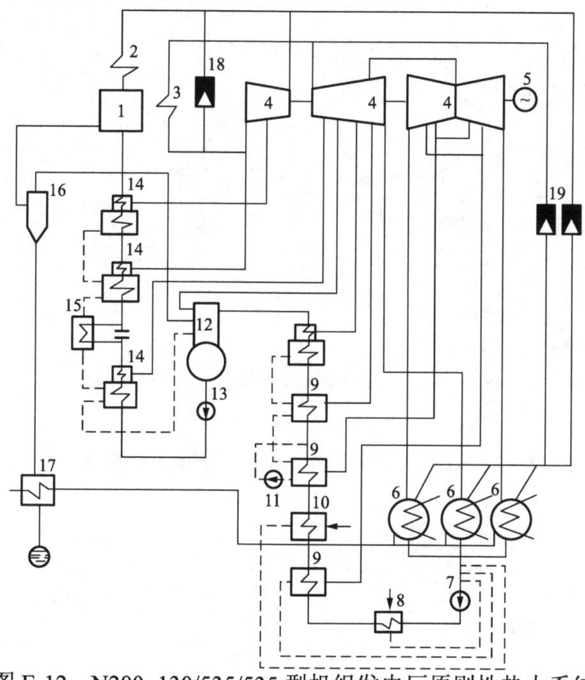

图 E-12 N200–130/535/535 型机组发电厂原则性热力系统

1—锅炉；2—过热器；3—再热器；4—汽轮机；5—发电机；6—凝汽器；7—凝结水泵；8—低压轴封加热器；9—低压加热器；10—高压轴封加热器；11—疏水泵；12—除氧器；13—给水泵；14—高压加热器；15—疏水冷却器；16—排污扩容器；17—排污水冷却器；18—Ⅰ级旁路；19—Ⅱ级旁路

Lb3E4013 画出单元机组机炉协调控制方式示意图。

答：如图 E-13 所示。

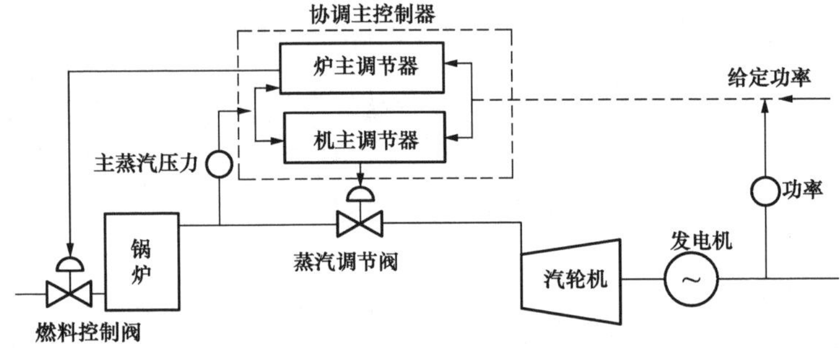

图 E-13 单元机组机炉协调控制方式示意

Lb3E4014 画出汽轮机跟踪锅炉控制方式示意图。

答：如图 E-14 所示。

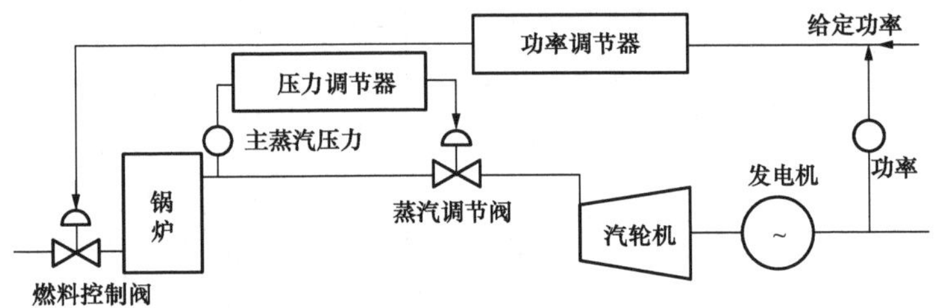

图 E-14 汽轮机跟踪锅炉控制方式示意

Lb3E4015 画出锅炉跟踪汽轮机控制方式示意图。

答：如图 E-15 所示。

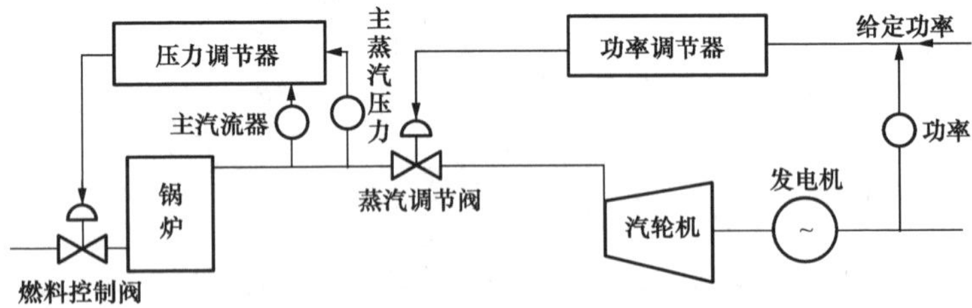

图 E-15 锅炉跟踪汽轮机控制方式示意

Lb2E3016 试画出 AI 通道的原理框图，并简要说明其作用。

答： AI 通道原理框图如图 E-16 所示。

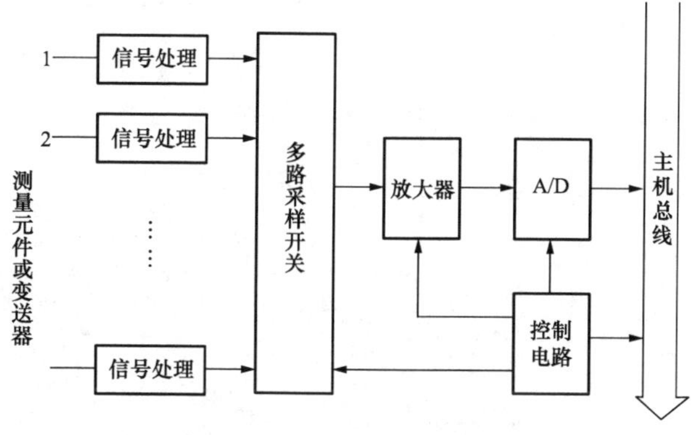

图 E-16 AI 通道原理框图

AI 通道是指模拟量输入通道，它的作用是：

（1）对每点模拟量输入信号进行简单处理，如滤波等。

（2）顺序采集该通道板上全部模拟量输入信号。

（3）对采集该通道板上全部模拟量输入信号。

（4）将模拟量信号转换成二进制形式的数字信号，即 A/D 转换。

Lb2E3017 绘出切换母管制主蒸汽管路系统示意图。

答： 如图 E-17 所示。

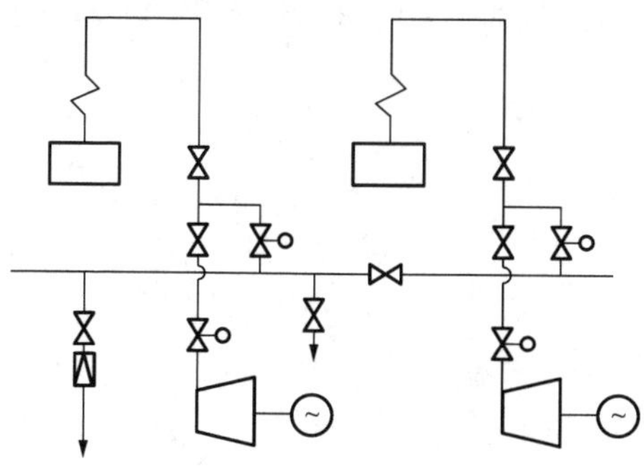

图 E-17 切换母管制主蒸汽管路系统示意

Lb2E4018 背画国产 300MW 机组两级并联旁路系统图，并标出设备名称。

答：如图 E-18 所示。

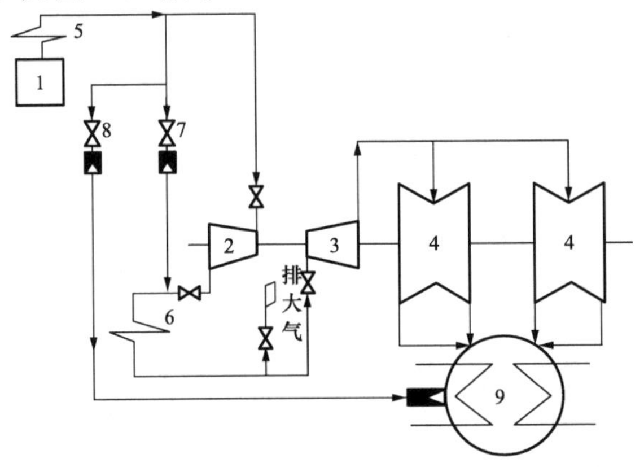

图 E-18 国产 300MW 机组上采用的两级并联旁路系统

1—锅炉；2—高压缸；3—中压缸；4—低压缸；5—过热器；6—再热器；7—Ⅰ级旁路；8—Ⅱ级旁路；9—凝汽器

Lb2E5019 背画三用阀旁路系统图。

答：如图 E-19 所示。

Lb1E3020 试画出计算机监视系统的框图，并简述其主要构成。

答：计算机监视系统如图 E-20 所示，它基本上由硬件和软件两大系统组成。

硬件有主机（以中央处理器 CPU 为主体，包括内存、外存及选件）、外部设备（包括打印机、程序员站、CRT 显示器和功能键盘等）、过程通道（包括模拟量的输入、模拟量输出、开关量输入、开关量输出及脉冲量输入等）、预制电缆和中间端子箱、电源装置等，它是组成计算机监视系统的基础。

软件系统是指各种程序和有关信息的总集合，分为系统软件（包括程序设计系统、诊断系统和操作系统等）、支撑软件（包

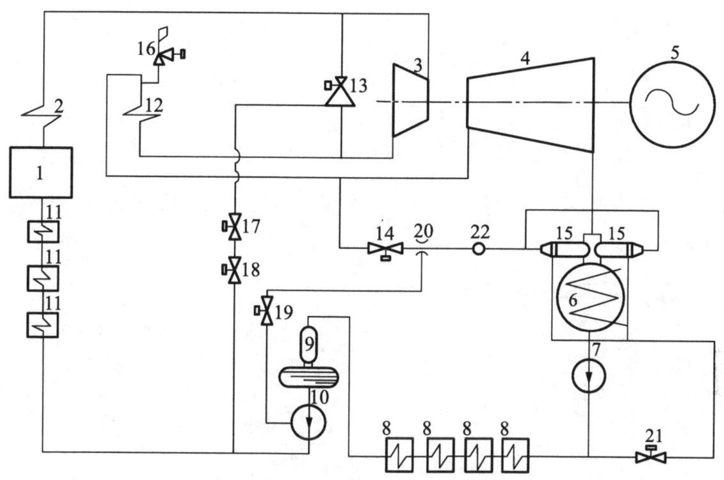

图 E-19 三用阀旁路系统

1—锅炉；2—过热器；3—高压缸；4—中、低压缸；5—发电机；6—凝汽器；7—凝结水泵；8—低压加热器；9—除氧器；10—给水泵；11—高压加热器；12—再热器；13—高压旁路阀；14—低压旁路阀；15—扩容式减温减压装置；16—再热器安全阀；17—高压旁路喷水温度调节阀；18—高压旁路喷水压力调节阀；19—低压旁路喷水阀；20—减温器；21—低压喷水阀；22—四通

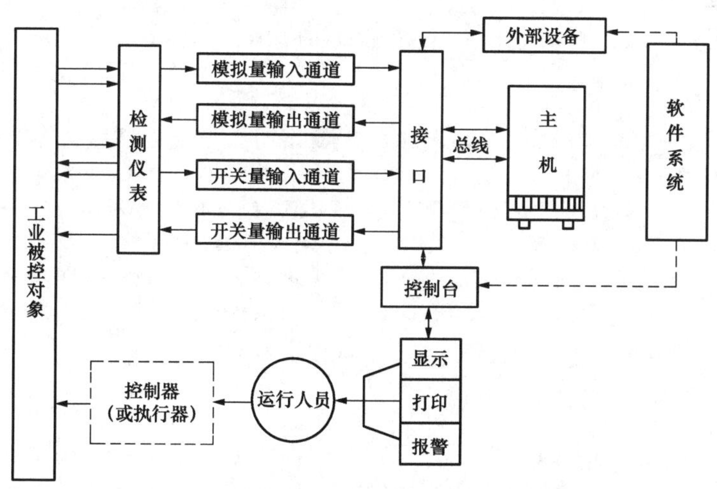

图 E-20 计算机监视系统框图

括服务程序等）和应用软件（包括过程监视程序、过程控制计算程序和公共应用程序等）。软件在设计和调试完成后，存入主机的内存和外存中，以供系统使用。

Lb1E4021 背画 N125–135/550/550 型汽轮机原则性热力系统图。

答：如图 E-21 所示。

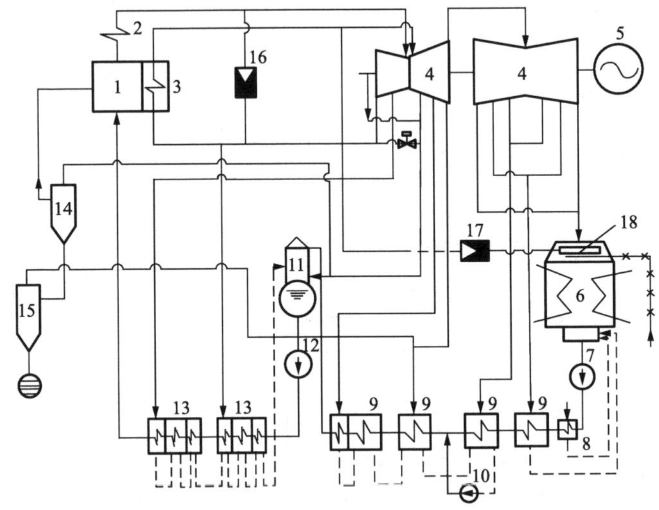

图 E-21 N125–135/550/550 型汽轮机原则性热力系统

1—锅炉；2—过热器；3—再热器；4—汽轮机；5—发电机；6—凝汽器；7—凝结水泵；8—轴封加热器；9—低压加热器；10—疏水泵；11—除氧器；12—给水泵；13—高压加热器；14—Ⅰ级排污扩容器；15—Ⅱ级排污扩容器；16—Ⅰ级旁路减温减压器；17—Ⅱ级旁路减温减压器；18—Ⅲ级减压减温器

Lb1E5022 背画带三用阀的苏尔寿旁路系统图。

答：如图 E-22 所示。

Lb1E5023 画出单元机组协调控制系统框图。

答：如图 E-23 所示。

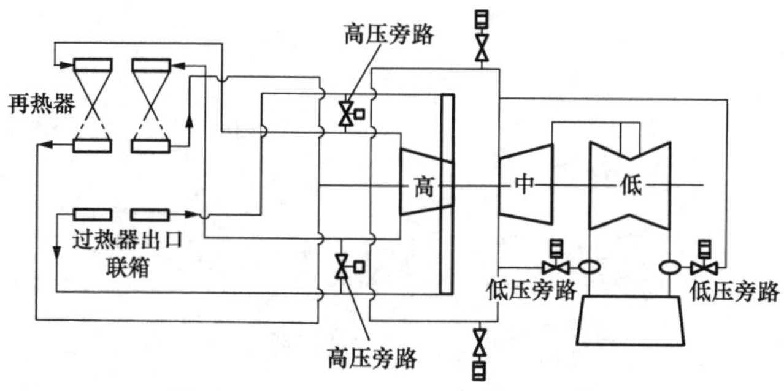

图 E-22　带三用阀苏尔寿旁路系统

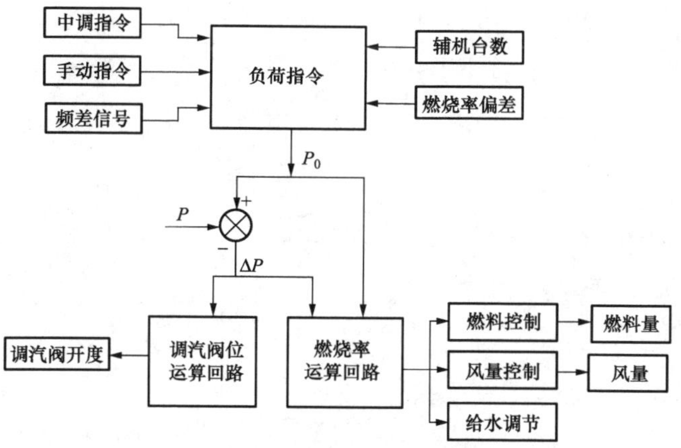

图 E-23　单元机组协调控制系统框图

Lc5E1024　画出火力发电厂汽水系统流程图。

答：如图 E-24 所示。

Lc4E1025　标出背压式汽轮机原则性调节系统图中各部件名称。

答：如图 E-25 所示。

Jd5E1026　画出图 E-26 的三视图，并标注尺寸。

答：如图 E-26′所示。

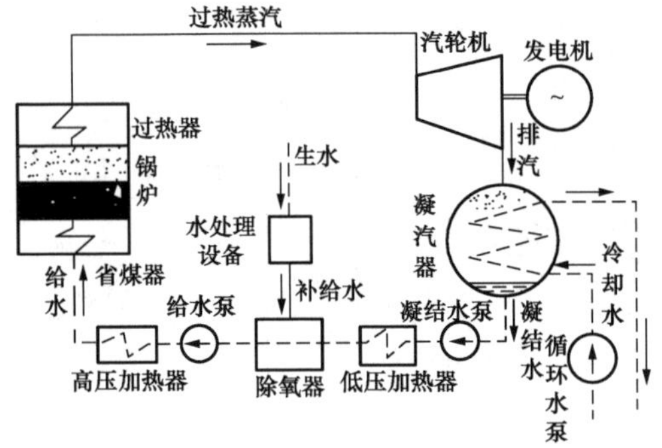

图 E-24 汽水系统流程

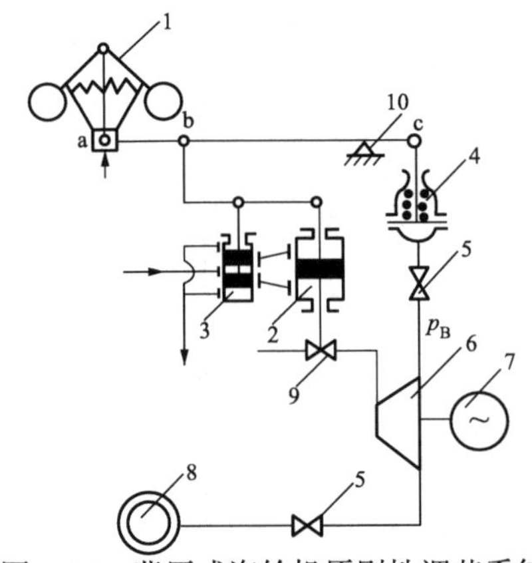

图 E-25 背压式汽轮机原则性调节系统

1—调速器；2—油动机滑阀；3—油动机；4—调压器；5—脉冲门；6—汽轮机；7—发电机；8—供热装置；9—调节阀；10—限位块

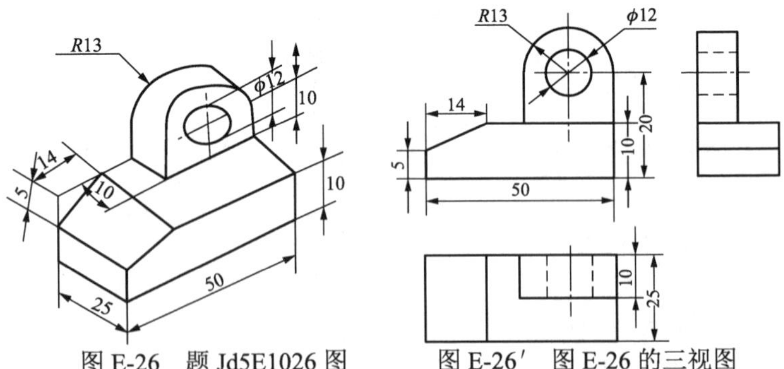

图 E-26 题 Jd5E1026 图　　图 E-26′ 图 E-26 的三视图

Jd5E2027 看懂机件形状图（见图 E-27），补画出 *A A* 剖面图，并标注尺寸。

答：如图 E-27′所示。

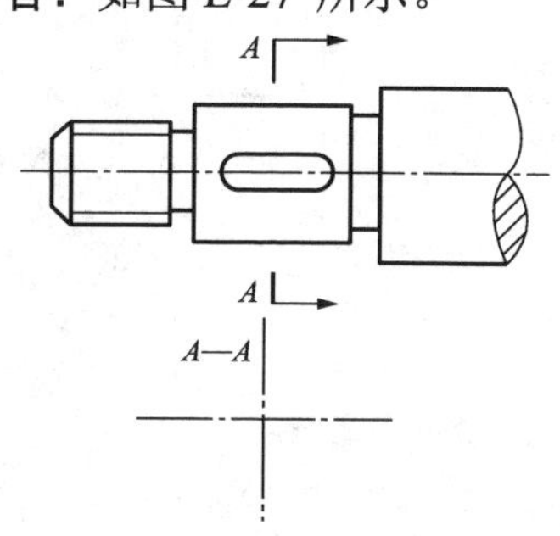

图 E-27 机件形状图

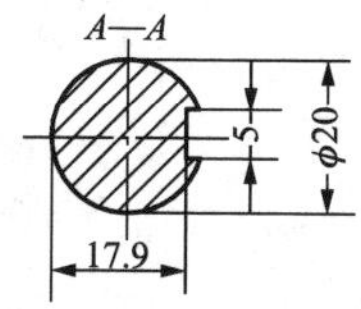

图 E-27′ 图 E-27 的 *A A* 剖面图

Jd4E1028 画出两台性能相同的离心泵并联工作时的性能曲线，并指出并联工作时每台泵的工作点。

答：两台性能相同的离心泵并联工作时的性能曲线如图 E-28 所示。图中 *B* 点为并联工作时每台泵的工作点，*A* 点为总的工作点。

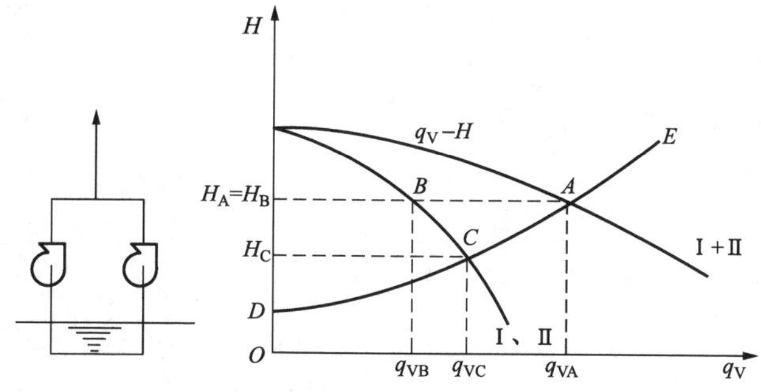

图 E-28 两台相同性能泵并联工作

Jd3E3029 标出如图 E-29 所示的 8NB–12 型凝结水泵结构图中各部件名称。

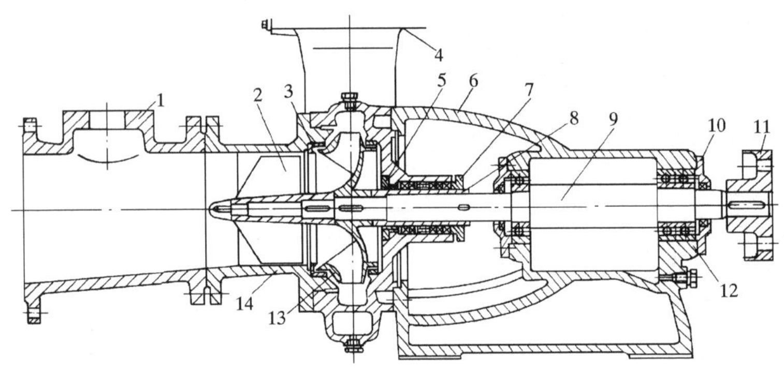

图 E-29　8NB–12 型凝结水泵结构

1—进口短管；2—诱导轮；3—泵盖密封环；4—泵体；5—辅助轴承；6—托架；7—填料压盖；8—轴套；9—轴；10—轴承端盖；11—挠性联轴器；12—轴承；13—叶轮；14—泵盖

Je5E1030　已知凝结水泵正常运行时的工况点 1 如图 E-30 所示，对应凝结水量为 Q_1 采用低水位运行。如果汽轮机负荷下降，使凝结水量下降到 Q_2、Q_3，且 $Q_3<Q_2$，画出对应的工况点，并比较热井水位的变化。

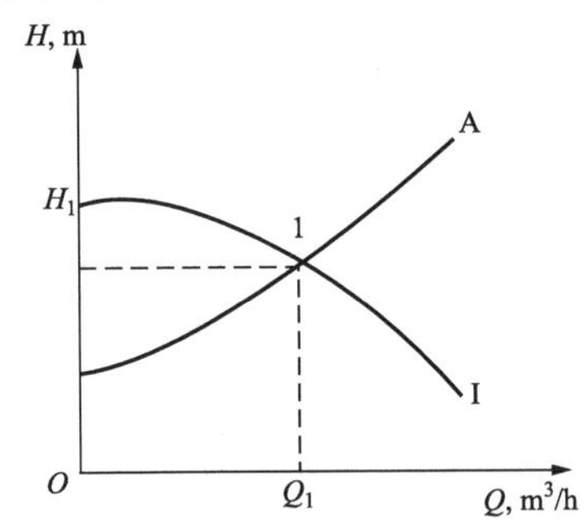

图 E-30　凝结水泵运行工况特性曲线

A—管道特性曲线；I—凝结水泵正常工况特性曲线

答：如图 E-30′所示。根据低水位汽蚀调节原理得：当凝结水流量 $Q<Q_1$ 后，由于利用汽蚀调节，则 Q 小，热井中水位下降，故 $H_1>H_2>H_3$。

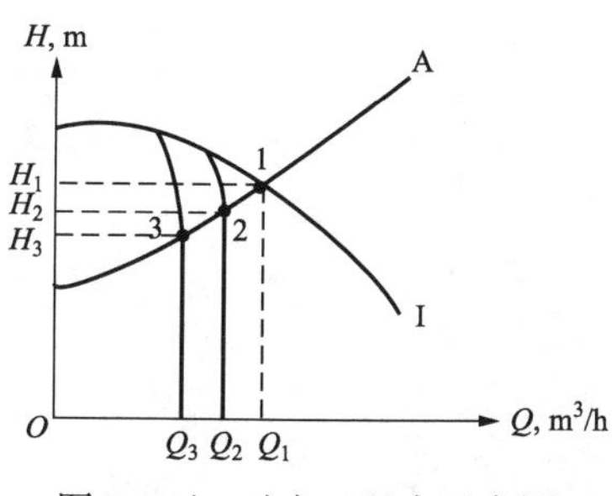

图 E-30′ 对应工况点示意图

Je5E2031 两台性能不同的水泵串联运行，工况如图 E-31 所示。求串联后的总扬程和各泵的工作点，并与串联前各泵单独工作时的情况相对照。

答：根据泵串联的工作特性，在流量相等情况下，扬程 H 为两台水泵的扬程相加，$H=H_1+H_2$；作出Ⅰ+Ⅱ的特性曲线如图 E-31′所示。

A_1、A_2为两台泵单独工作时各自的工作点；

B_1、B_2为串联工作后两台泵各自的工作点；

串联工作后的总扬程 $H_A=H_{B1}+H_{B2}$。

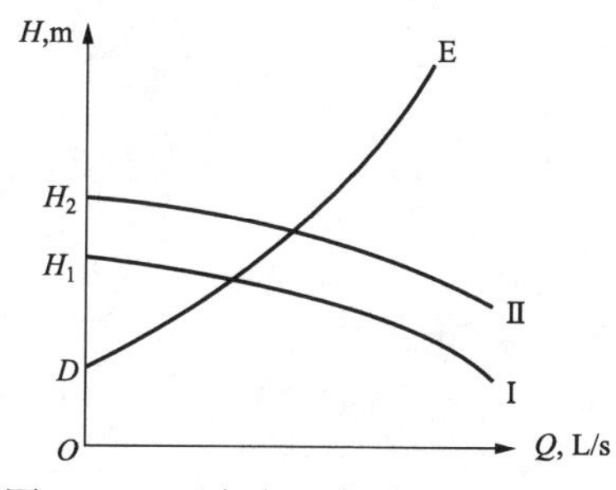

图 E-31 两台水泵串联运行工况

Ⅰ—第一台水泵工况特性曲线；

Ⅱ—第二台水泵工况特性曲线

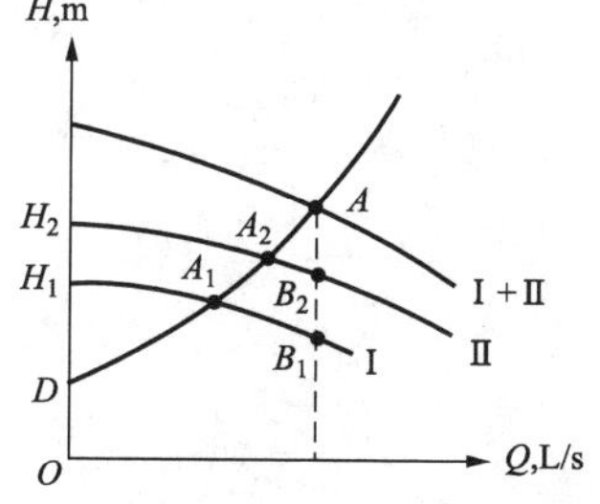

图 E-31′ Ⅰ+Ⅱ特性曲线示意图

Je5E3032 某离心泵转速为 n_1=950r/min 时的性能曲线 Q_1–H_1 如图 E-32 所示，求当 n_2=1450r/min 时的性能曲线。

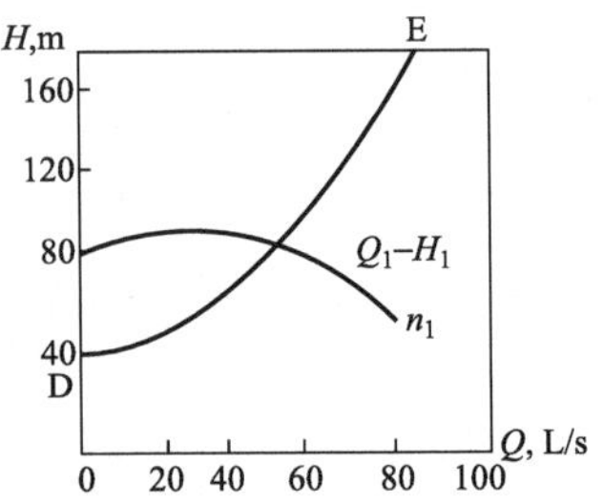

图 E-32　某 950r/min 离心泵性能曲线

答： 图解过程见图 E-32′。

在 Q_1–H_1 曲线上任意找1′、1″、1‴，相对应 Q_1'=20L/s，Q_1''=50L/s，Q_1'''=60L/s，H_1'=90m，H_1''=85m，H_1'''=80m。

根据比例定律：$\frac{Q'}{Q_1}=\frac{n_1}{n_2}$，$\frac{H_1'}{H_2}=\left(\frac{n_1}{n_2}\right)^2$ 得

Q_2'=30.5L/s，Q_2''=76.5L/s，Q_2'''=91.8L/s，H_2'=210.7m，H_2''=198.1m，H_2'''=187.3m。

找到2′、2″、2‴后，用光滑曲线连接得 Q_2–H_2 曲线。

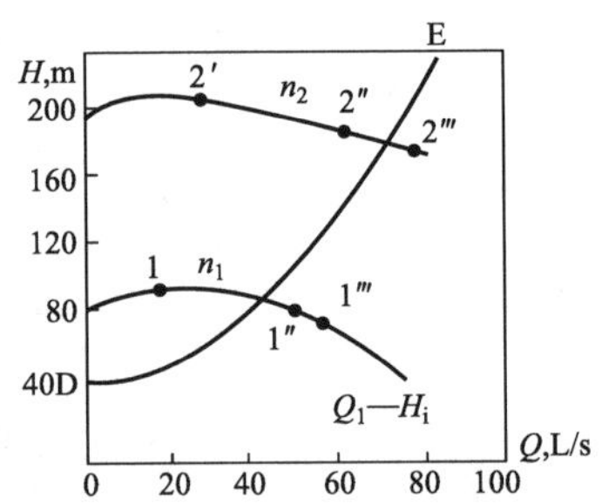

图 E-32′　n=1450r/min 的性能曲线

Je5E3033　如图 E-33 中所示泵的特性曲线 Q–H 和管路性能曲线 I，此时工作点为 M，若使流量减小到 Q_A，将泵出口端管路上的调节阀关小，试绘出此时的管路曲线，并标示出多消耗的能量ΔH。

答： 如图 E-33′所示。ΔH=H_A–H_B。

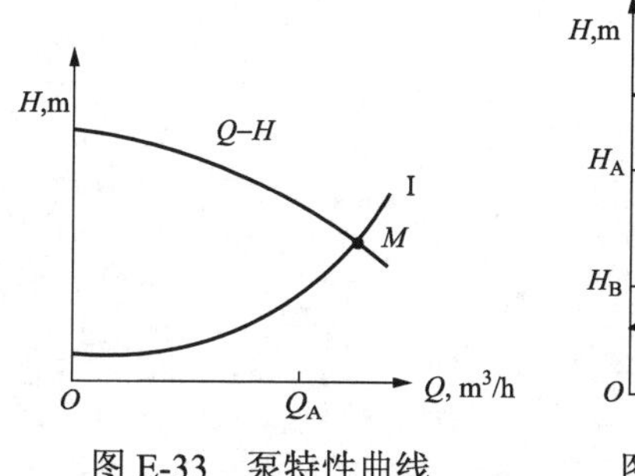

图 E-33　泵特性曲线

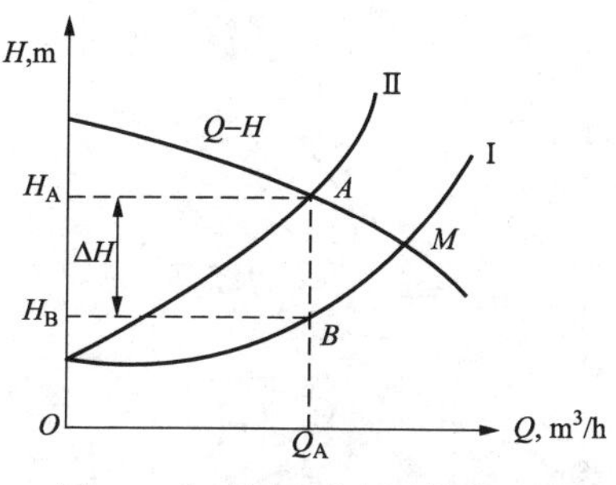

图 E-33′　流量减小后的管路曲线

Je4E2034　画出汽轮机级的热力过程示意图。

答：级的热力过程示意如图 E-34 所示。

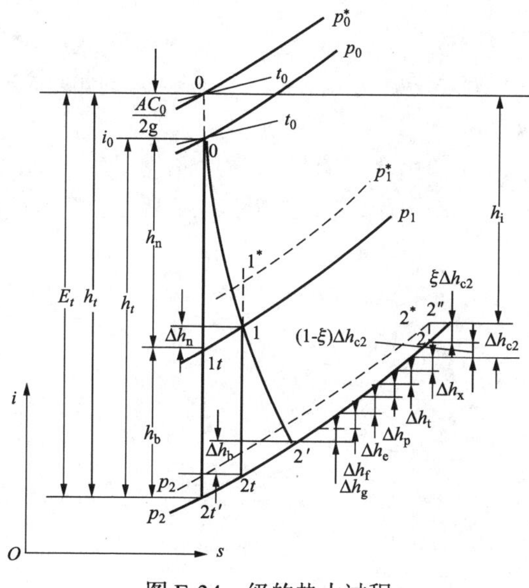

图 E-34　级的热力过程

Je4E2035　绘出汽轮机汽温不变、汽压升高的焓降图。

答：焓降图如图 E-35 所示。

Je4E3036 画出汽轮机汽压不变、汽温变化的焓熵图。

答： 焓熵图如图 E-36 所示。

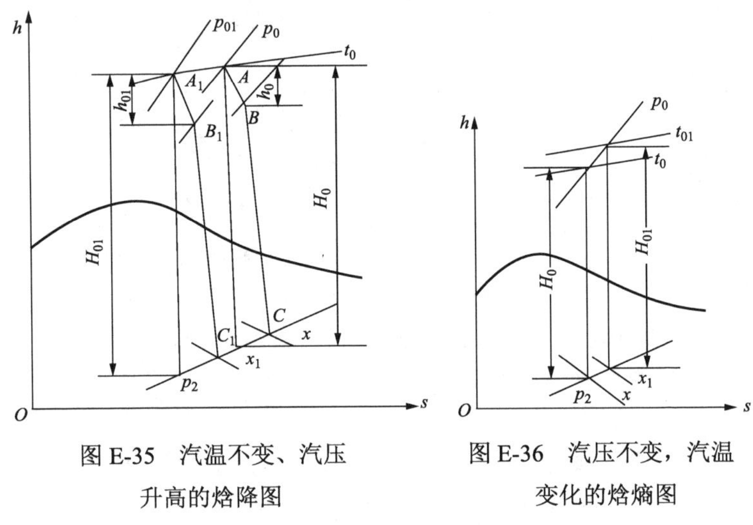

图 E-35 汽温不变、汽压升高的焓降图

图 E-36 汽压不变，汽温变化的焓熵图

Je4E3037 画出汽轮机转子惰走曲线，并加以说明。

答： 汽轮机转子惰走曲线如图 E-37 所示。惰走曲线大致分三个阶段：

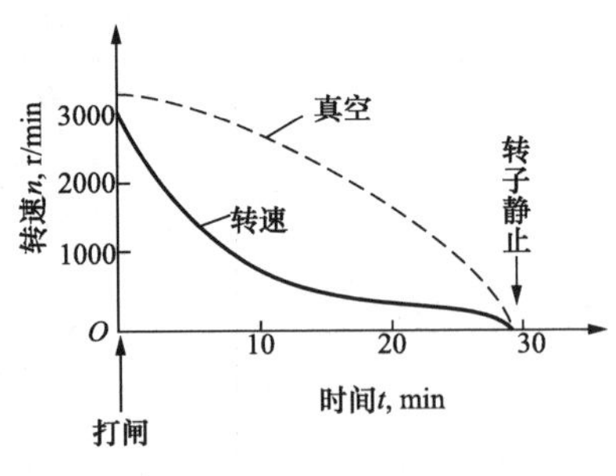

图 E-37 转子惰走曲线

第一阶段是刚打闸后的阶段，转数下降很快，因为刚打闸时汽轮发电机转子惯性转动速度仍很高，送风摩擦损失很大，与转

速的三次方成正比，因此转速从3000r/min下降到1500r/min只需很短时间。

第二阶段转子的能量损失主要消耗在克服调速器、主油泵、轴承等的摩擦阻力上，这比摩擦鼓风损失小得多，并且此项摩擦阻力随转速的降低而减小，故这段时间转速降低较慢，时间较长。

第三阶段是转子即将静止的阶段，由于此阶段中油膜已破坏，轴承处阻力迅速增大，故转子转速很快下降并静止。

如果转子惰走时间不正常地减小，可能是轴瓦磨损或机组动静部分摩擦；如果惰走时间不正常地增大，则有可能汽轮机主、再热蒸汽管道或抽汽管道截门不严，使有压力的蒸汽漏入汽缸所致。

Je3E3038 绘出125MW 汽轮机汽缸转子膨胀示意图。

答：如图E-38所示。

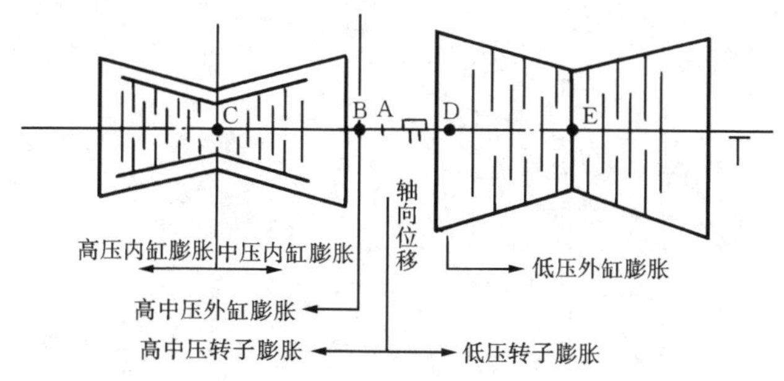

图E-38 125MW汽轮机汽缸转子膨胀原理

Je3E3039 绘出功—频电液调节原理框图。

答：如图E-39所示。

Je3E3040 绘出大容量机组电动给水泵管路系统图。

答：如图E-40所示。

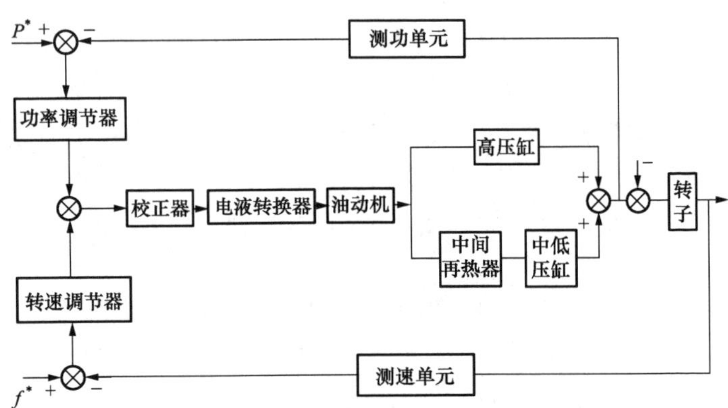

图 E-39　功—频电液调节原理框图

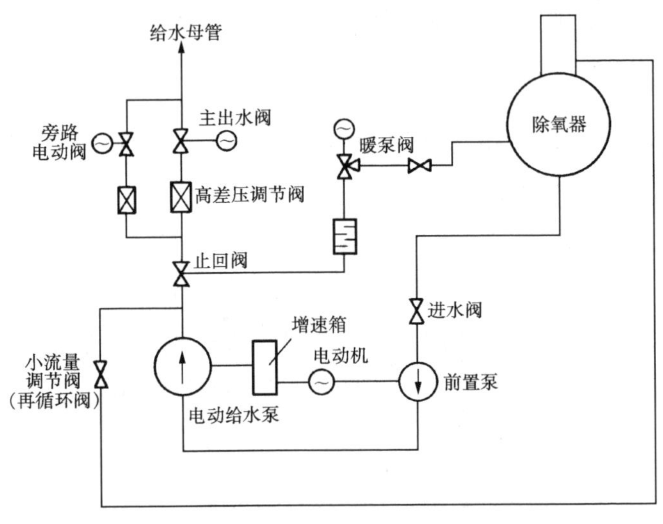

图 E-40　电动给水泵管路系统

Je3E4041　绘出单元机组主控系统框图。

答：如图 E-41 所示。

Je3E4042　绘出 125MW 机组高、低压旁路系统示意图。

答：如图 E-42 所示。

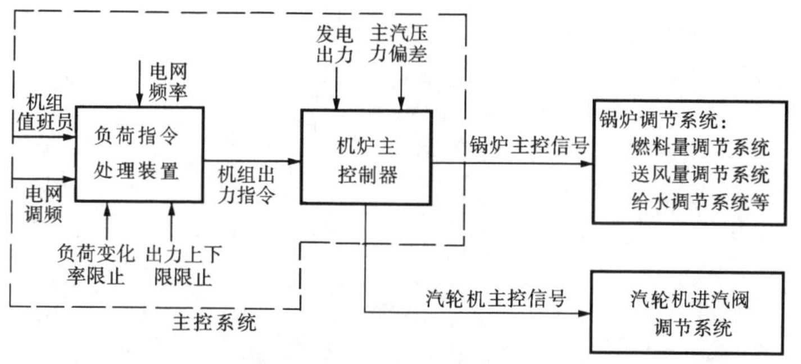

图 E-41 单元机组主控系统框图

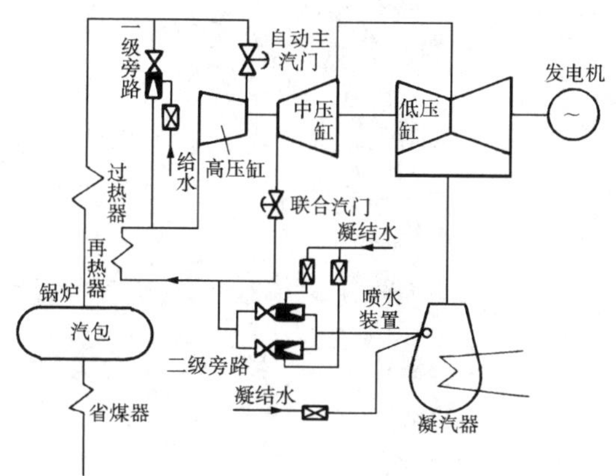

图 E-42 125MW 机组高、低压旁路系统示意

Je3E4043 绘出中间再热循环装置示意图。

答：如图 E-43 所示。

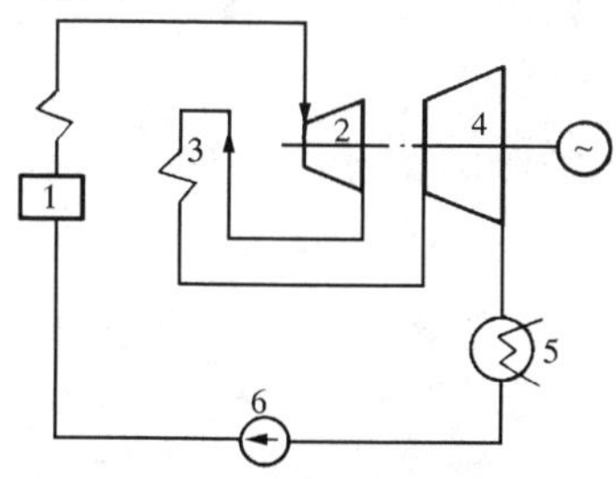

图 E-43 中间再热循环装置示意

1—锅炉；2—高压缸；3—再热器；4—中低压缸；5—凝汽器；6—给水泵

Je3E5044 标出图E-44所示的上海汽轮机厂制造的300MW汽轮机剖面图上低压部分各部件名称。

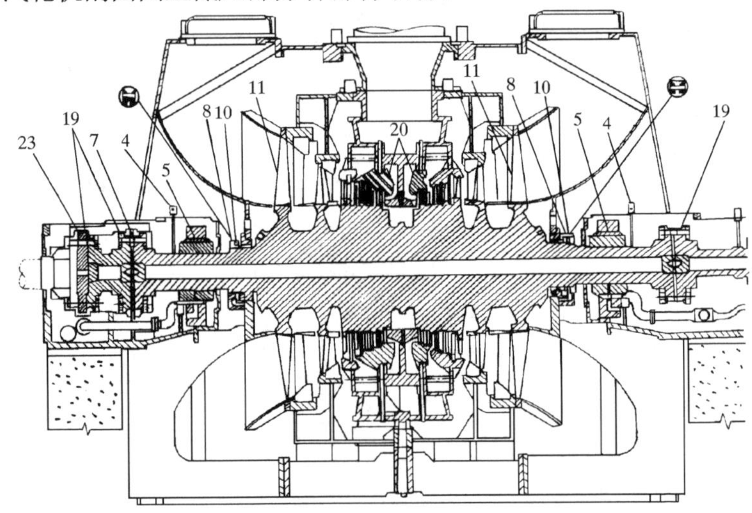

图E-44 上海汽轮机厂制造的300MW汽轮机剖面

答：4—振动检测器；5—轴承；7—胀差检测器；8—外轴封；10—汽封；11—叶片；19—联轴器；20—低压持环；23—测速装置（危急脱扣系统）。

Je3E5045 绘出二次调节抽汽式汽轮机示意图，并注明设备名称。

答：如图E-45所示。

Je3E5046 注明如图E-46所示的上海汽轮机厂300MW汽轮机纵剖面图（高中压部分）编号设备的名称。

答：1—超速脱扣装置；2—主油泵；3—转速传感器+零转速检测器；4—振动检测器；5—轴承；6—偏心+鉴相器；8—外轴封；9—内轴封；10—汽封；11—叶片；12—中压1号持环；13—中压2号持环；14—高压1号持环；15—低压平衡持环；

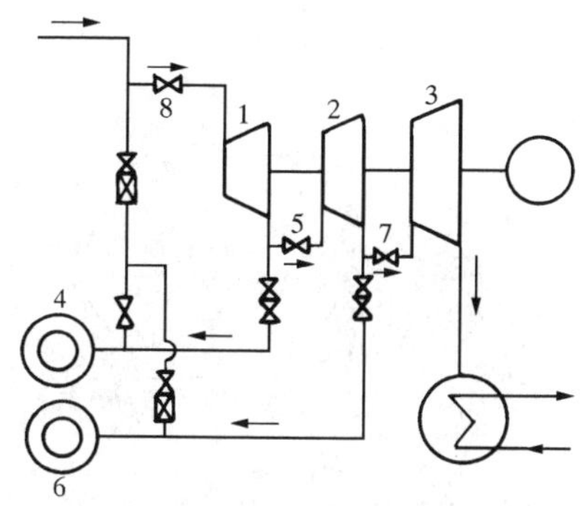

图 E-45　二次调节抽汽式汽轮机示意

1—高压缸；2—中压缸；3—低压缸；4、6—热用户；5、7、8—调节汽阀

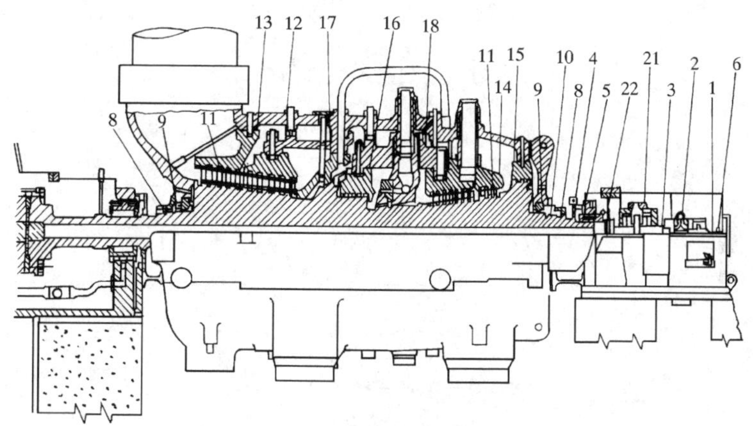

图 E-46　上海汽轮机厂 300MW 汽轮机纵剖面

16—高压平衡环；17—中压平衡持环；18—内上缸；21—推力轴承；22—轴向位置+推力轴承脱扣检测器。

Je3E5047　标明如图 E-47 所示的汽轮机主油泵及旋转阻尼结构图上编号设备的名称。

答：1—阻尼管；2—阻尼环；3—泵壳；4—叶轮；5—轴承；6—轴；7—密封环。

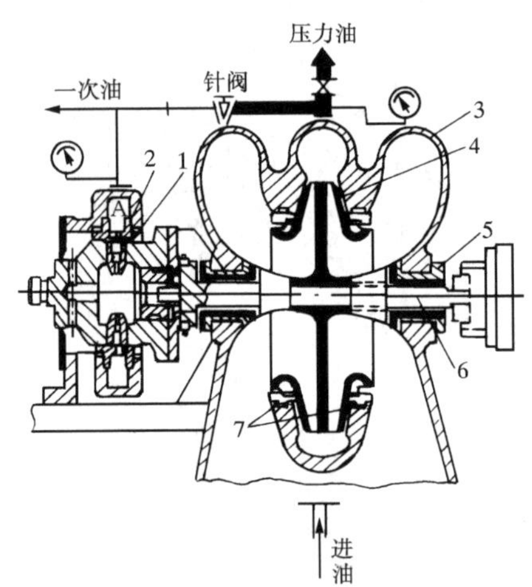

图 E-47 主油泵及旋转阻尼结构

Je2E3048 绘出 600MW 机组汽轮机滑销系统。

答：如图 E-48 所示。

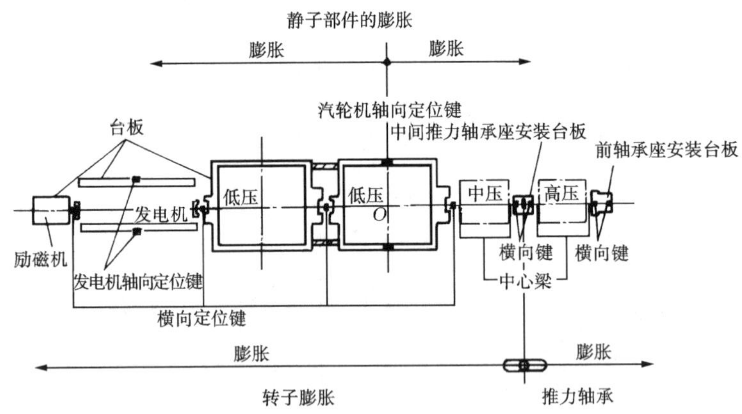

图 E-48 600MW 机组滑销系统

Je2E4049 绘出核电站系统图。

答：如图 E-49 所示。

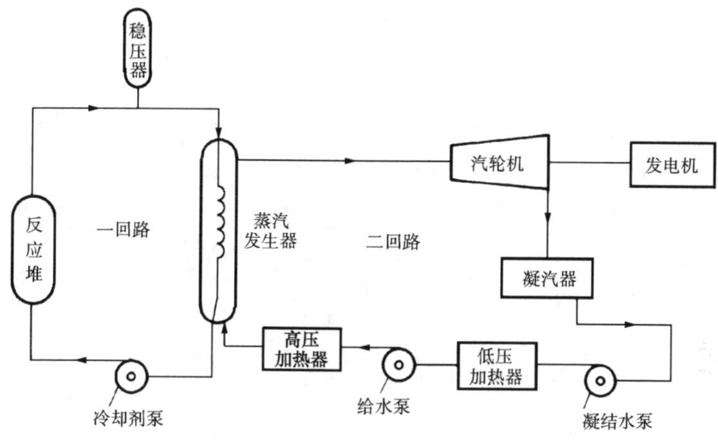

图 E-49 核电站系统示意

Je2E4050 绘出 200MW 机组汽缸与转子膨胀示意图。

答：如图 E-50 所示。

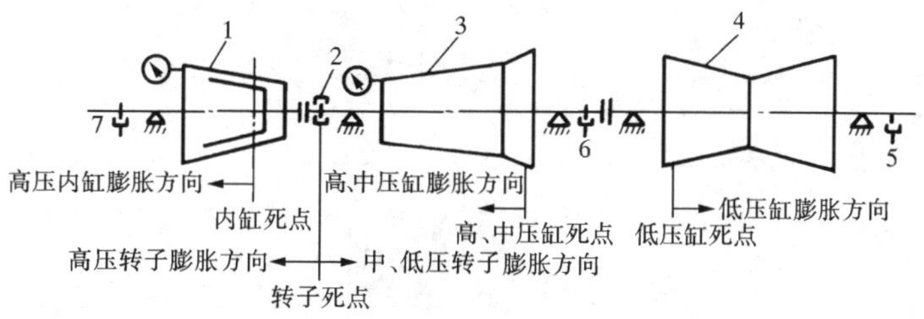

图 E-50 汽缸与转子膨胀示意图

1—高压缸；2—推力轴承；3—中压缸；4—低压缸；
5—低压胀差表；6—中压胀差表；7—高压胀差表

Je2E5051 绘出采用喷嘴调节的汽轮机热力过程线。

答：如图 E-51 所示。

Je2E5052 绘出 N200–12.75/535/535 型汽轮机冷态滑参数启动曲线。

答：如图 E-52 所示。

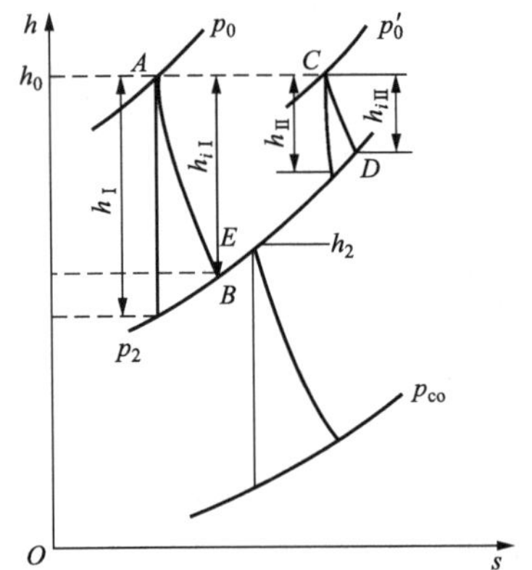

图 E-51　喷嘴调节的汽轮机热力过程线

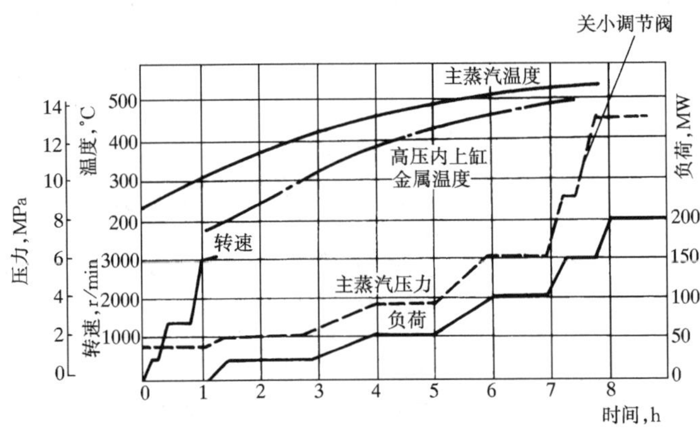

图 E-52　N200–12.75/535/535 型汽轮机冷态滑参数启动曲线

Je2E5053　绘出 N200–12.75/535/535 型汽轮机冷态滑参数停机曲线。

答： 如图 E-53 所示。

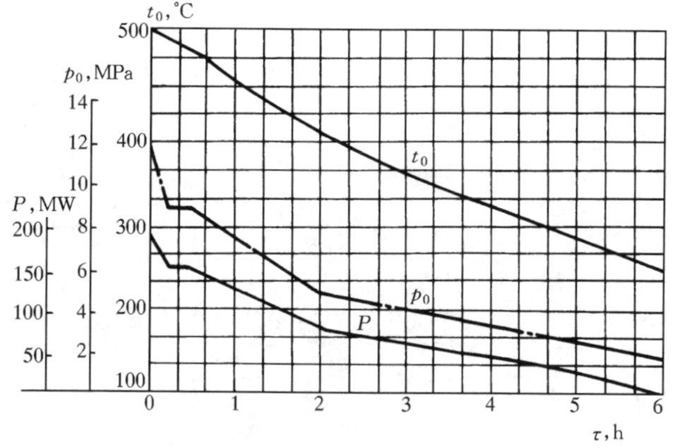

图 E-53　N200–12.75/535/535 型汽轮机冷态滑参数停机曲线

Je1E1054　绘出 600MW 机组开式水系统图。

答：如图 E-54 所示。

Je1E2055　绘出 600MW 机组循环水系统图。

答：如图 E-55 所示。

Je1E2056　绘出进口 600MW 机组汽轮机惰走曲线图。

答：如图 E-56 所示。

Je1E3057　画出汽轮机调速系统静态特性曲线并说明其特性。

答：如图 E-57 所示。为保证汽轮机在任何功率下都能稳定运行，不发生转速或负荷摆动，调节系统静特性线应是连续、平滑及沿负荷增加方向逐渐向下倾斜的曲线，中间没有任何水平段或垂直段。

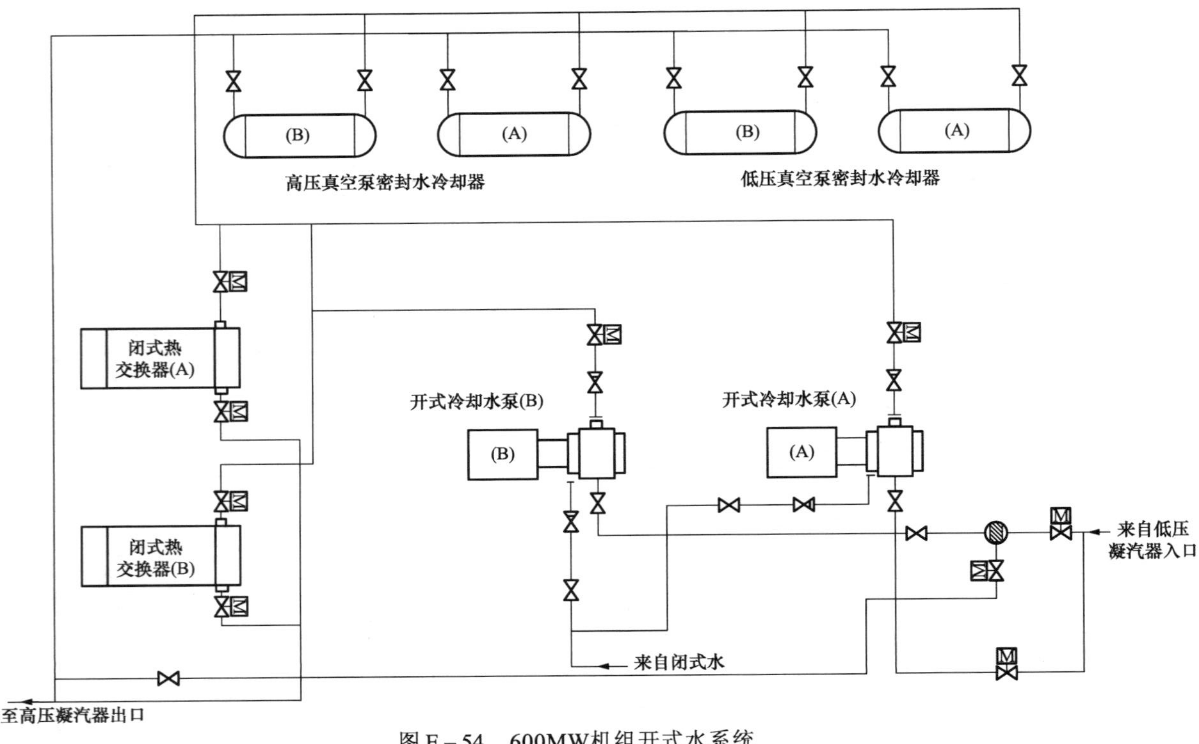

图 E－54　600MW机组开式水系统

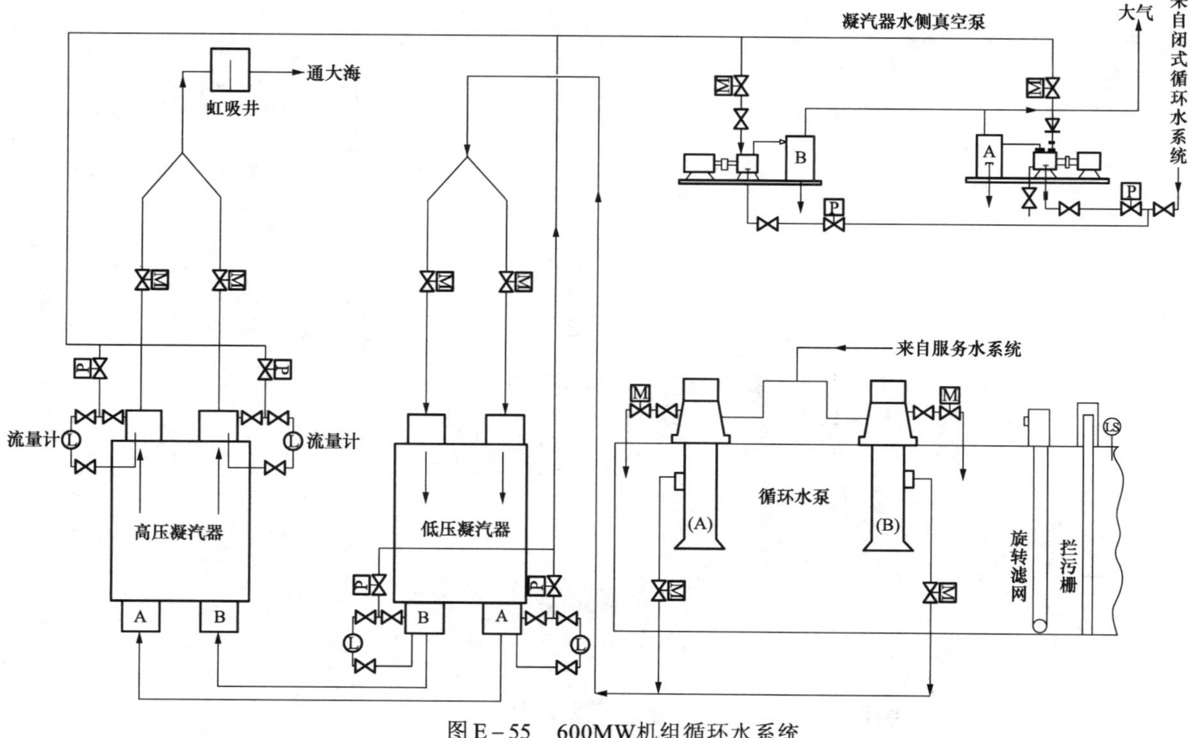

图 E-55　600MW机组循环水系统

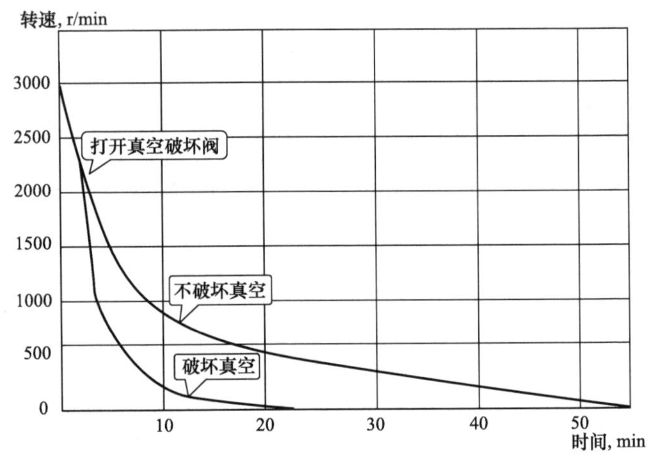

图 E-56　进口 600MW 机组汽轮机惰走曲线

曲线在空负荷附近要陡一些，有利于机组并网和低负荷暖机。

曲线在满负荷附近也要陡一些，防止在电网频率降低时机组超负荷过多，保证机组安全。

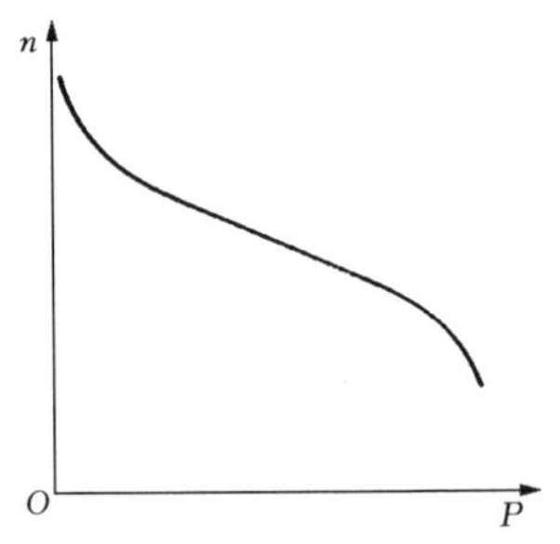

图 E-57　静态特性曲线合理形状

Je1E4058　绘出复合变压运行方式滑压—喷嘴混合调节示意图，并说明。

答：如图 E-58 所示。复合变压运行方式，在极低负荷及高负荷区采用喷嘴调节，在中低负荷区为滑压运行。如图所示，当机组并网后，汽压维持在 P_1，升负荷时靠开大调速汽阀来实现，功率增加到 P_1 时，3 个调速汽阀全开，第四只调速汽阀仍然关闭。随后功率从 P_1 增加到 P_2，是靠提高进汽压力来实现的，功率增加到 P_2 时，主蒸汽压力达到额定值 P_0。由 P_2 继续增加功率，就需要打开第四只调速汽阀，直到额定功率。

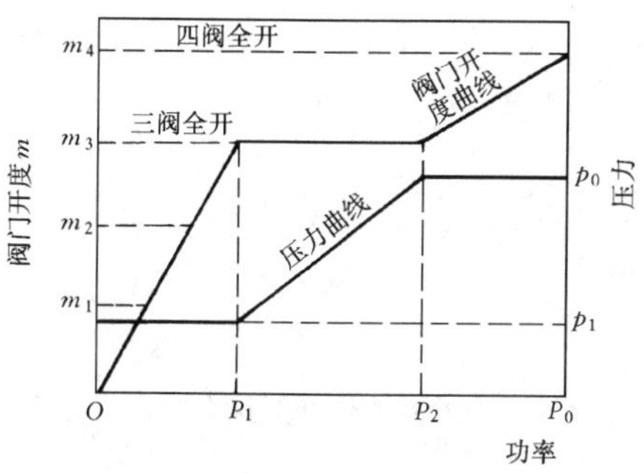

图 E-58 滑压—喷嘴混合调节

Je1E4059 绘出燃气轮机配余热锅炉联合循环示意图及其理想循环温熵图。

答：如图 E-59 所示。

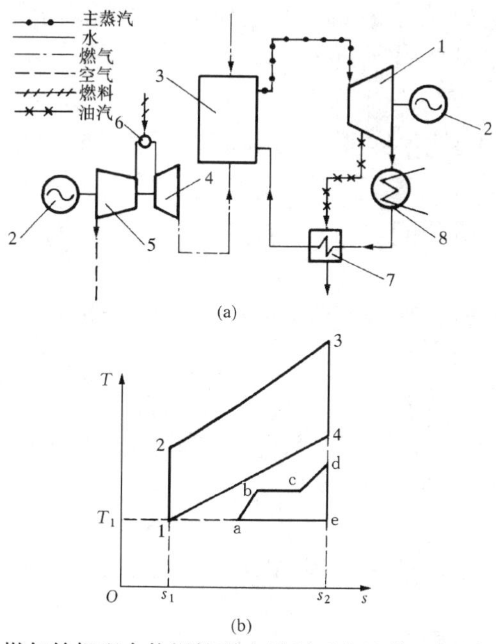

图 E-59 燃气轮机配余热锅炉联合循环示意及其理想循环温熵图

（a）联合循环示意；（b）理想循环温熵图

1—汽轮机；2—发电机；3—余热锅炉；4—燃气轮机；

5—压气机；6—燃烧室；7—加热器；8—冷凝器

Je1E4060 绘出进口 600MW 机组主机轴封系统图。

答：如图 E-60 所示。

Je1E4061 绘出进口 600MW 机组加热器疏水放气系统图。

答：如图 E-61 所示。

Je1E4062 绘出 600MW 机组凝结水系统图。

答：如图 E-62 所示。

Je1E4063 绘出 600MW 机组凝汽器抽真空系统图。

答：如图 E-63 所示。

Je1E4064 绘出进口 600MW 机组主机润滑油系统图。

答：如图 E-64 所示。

Je1E4065 绘出进口 600MW 机组主蒸汽、再热蒸汽及旁路系统图。

答：如图 E-65 所示。

Je1E4066 绘出 600MW 机组给水系统图。

答：如图 E-66 所示。

Je1E5067 绘出单元机组主机连锁保护框图。

答：如图 E-67 所示。

Je1E5068 绘出法国 300MW 机组发电厂原则性热力系统图。

答：如图 E-68 所示。

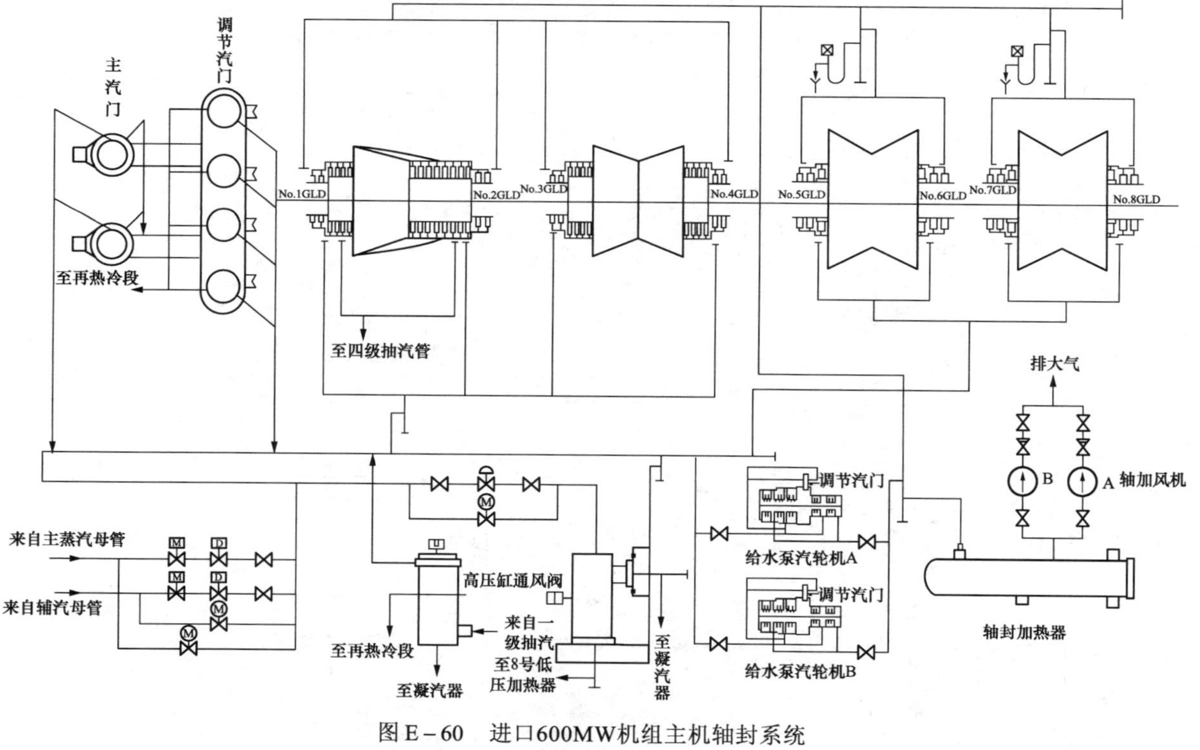

图E－60 进口600MW机组主机轴封系统

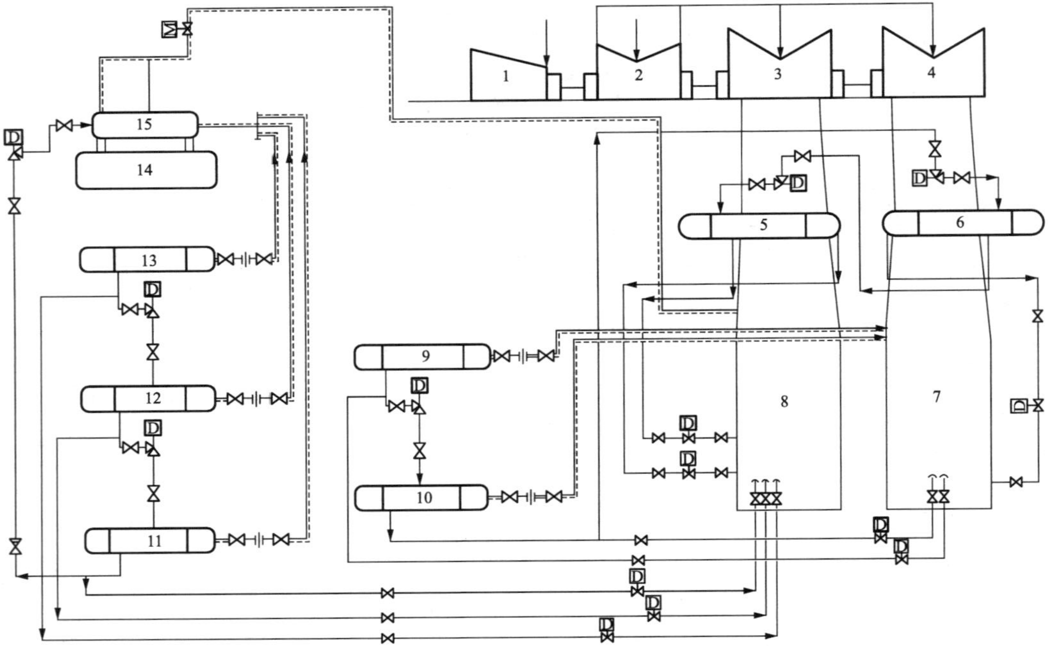

图E－61　进口600MW机组加热器疏水放气系统

1—高压缸；2—中压缸；3—低压缸A；4—低压缸B；5—8号低压加热器；6—7号低压加热器；7—高压凝汽器；8—低压凝汽器；9—5号低压加热器；10—6号低压加热器；11—3号高压加热器；12—2号高压加热器；13—1号高压加热器；14—除氧器水箱；15—除氧器

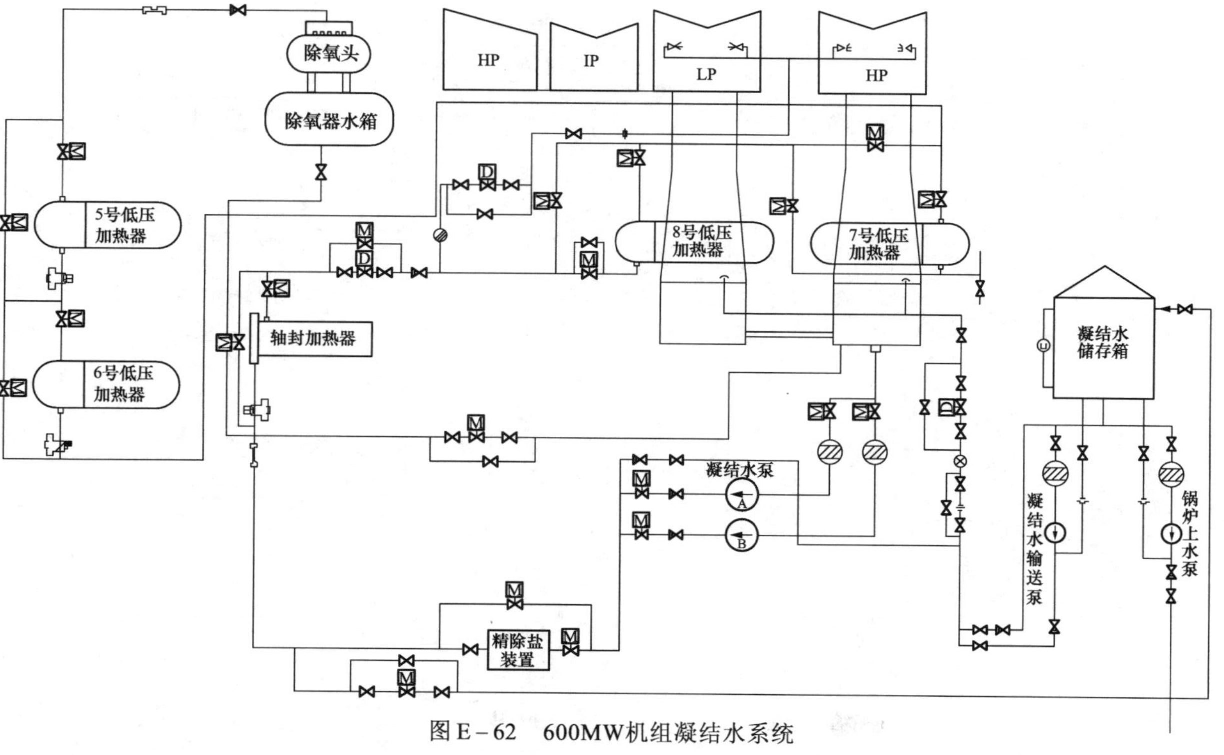

图 E－62　600MW机组凝结水系统

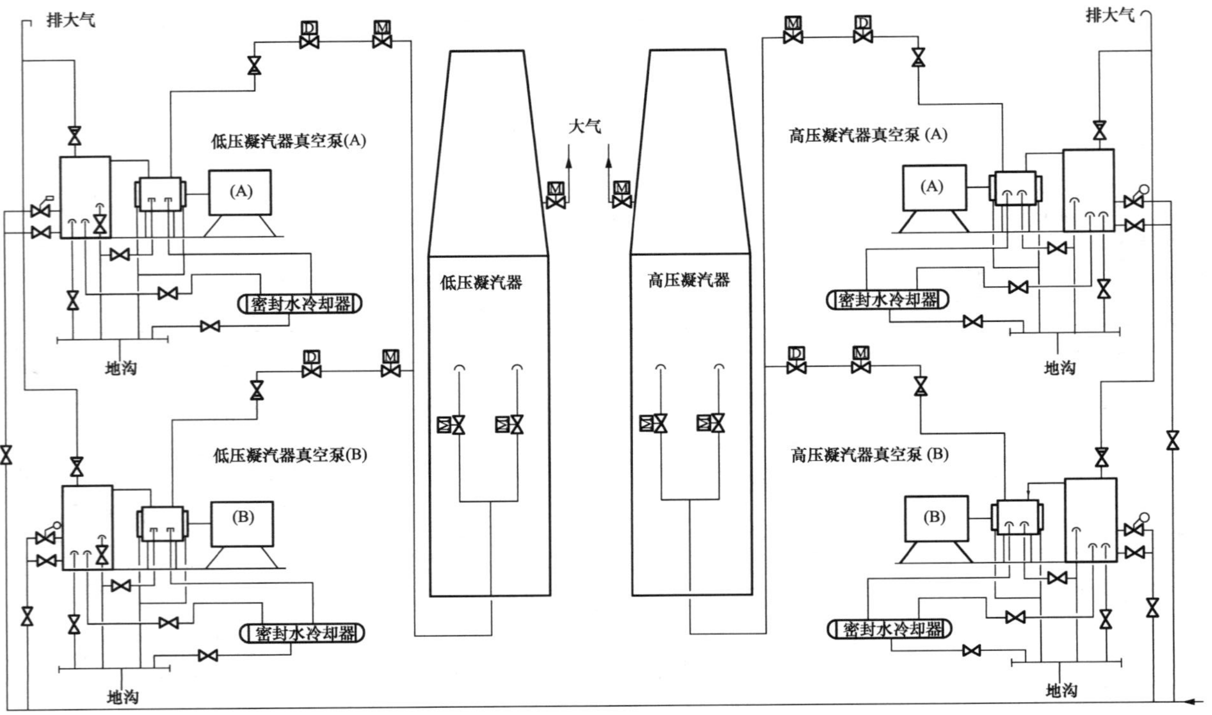

图E-63 600MW机组凝汽器抽真空系统

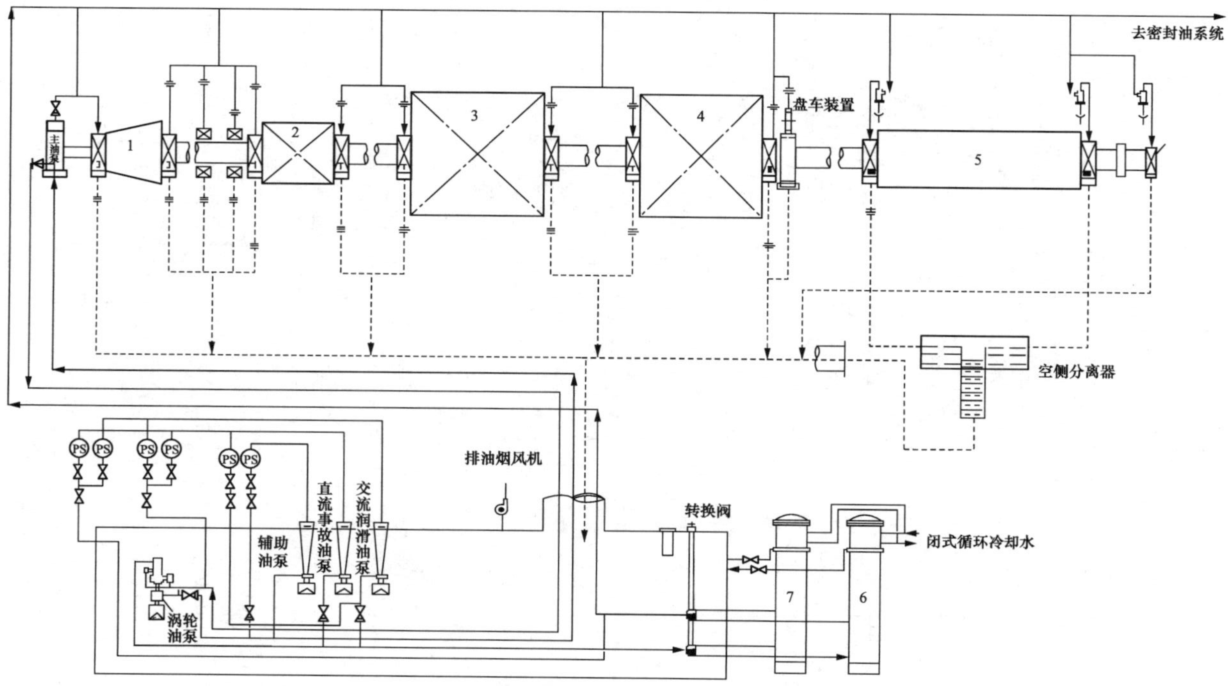

图E－64　进口600MW机组主机润滑油系统

1—高压缸；2—中压缸；3—低压缸A；4—低压缸B；5—发电机；6—冷油器A；7—冷油器B

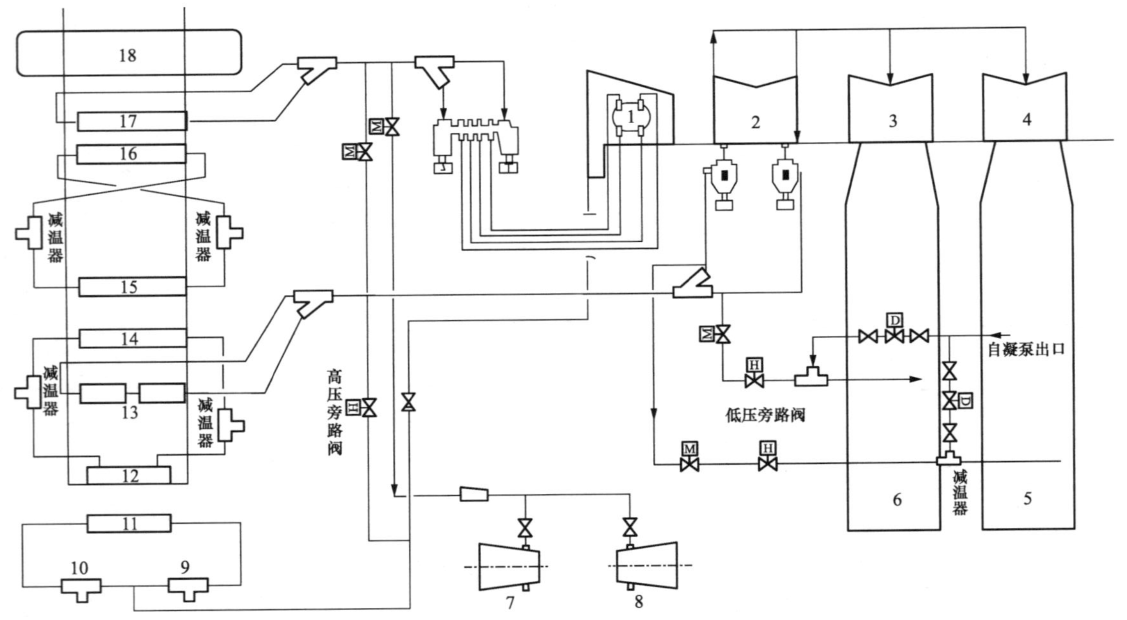

图E－65 进口600MW机组主蒸汽、再热蒸汽及旁路系统

1—高压缸；2—中压缸；3—低压缸A；4—低压缸B；5—高压凝汽器；6—低压凝汽器；7—给水泵汽轮机A；8—给水泵汽轮机B；9、10—减温器；11—再热器进口联箱；12—低温过热器出口联箱；13—再热器出口联箱；14—屏式过热器进口联箱；15—屏式过热器出口联箱；16—末级过热器进口联箱；17—末级过热器出口联箱；18—汽包

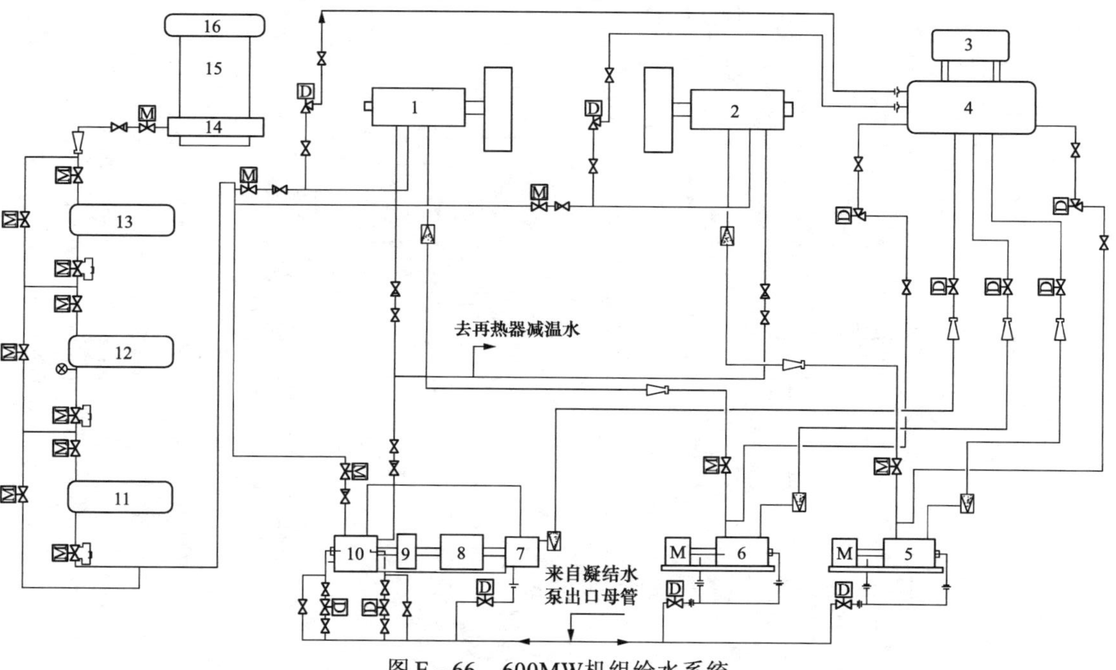

图E－66　600MW机组给水系统

1—汽动给水泵B；2—汽动给水泵A；3—除氧器；4—除氧器水箱；5—给水泵前置泵A；6—给水泵前置泵B；7—电动给水泵前置泵；8—电动给水泵电动机；9—液力耦合器；10—电动给水泵；11—3号高压加热器；12—2号高压加热器；13—1号高压加热器；14—省煤器进口联箱；15—锅炉；16—汽包

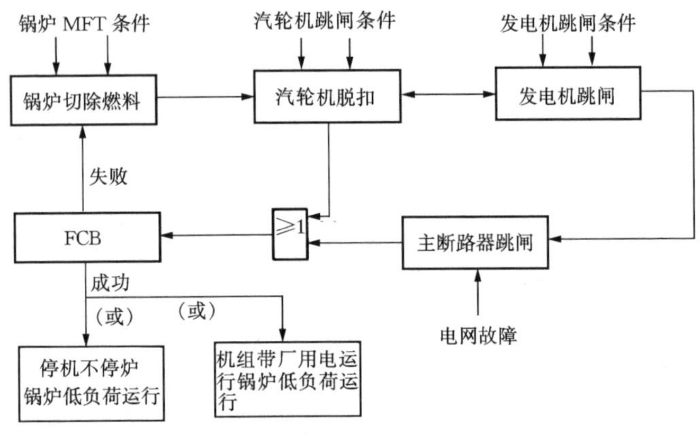

图 E-67　主机连锁保护框图

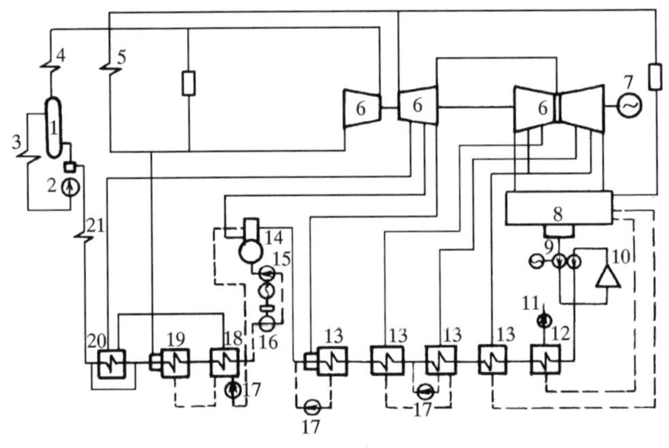

图 E-68　法国 300MW 机组发电厂原则性热力系统

1—汽包；2—循环泵；3—水冷壁；4—过热器；5—再热器；6—汽轮机；7—发电机；8—凝汽器；9—凝结水泵；10—除盐装置；11—轴封抽汽；12—轴封加热器；13—低压加热器；14—除氧器；15—前置泵；16—主给水泵；17—疏水泵；18—一号高压加热器；19—二号高压加热器；20—外置蒸汽冷却器；21—省煤器

Je1E5069　绘出开式磁流体—蒸汽动力联合循环系统简图。

答：如图 E-69 所示。

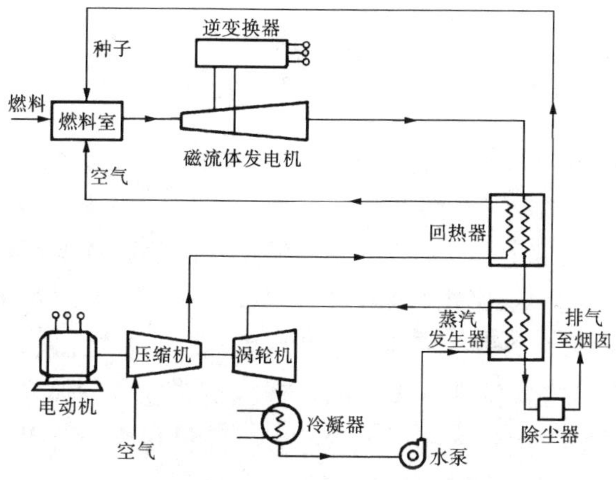

图 E-69　开式磁流体—蒸汽动力联合循环系统简图

Jf4E1070　什么叫接触电压？画图说明接触电压的大小与人体站立点的位置的关系。

答： 接触电压是指人站在发生接地短路故障设备的旁边，触及漏电设备的外壳时，其手、脚之间承受的电压。

人体距离接地体越远，接触电压越大；当人体站在距接地体 20m 以外处，与带电设备外壳接触时，接触电压 U_{j3} 达到最大值，等于带电设备外壳的对地电压 U_d；当人体站在接地体附近与带电设备外壳接触时，接触电压近于零，如图 E-70 所示。

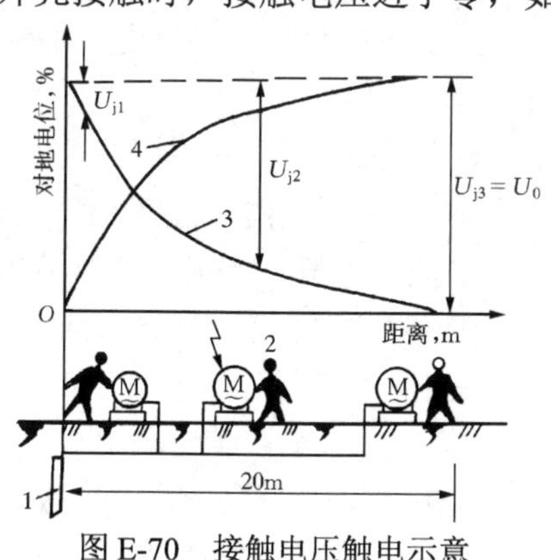

图 E-70　接触电压触电示意

4.1.6 论述题

La5F2001 在火力发电厂中汽轮机为什么采用多级回热抽汽？怎样确定回热级数？

答：火力发电厂中都采用多级抽汽回热，这样凝结水可以通过各级加热器逐渐提高温度。用抽汽加热凝结水和给水，可减少过大的温差传热所造成的蒸汽做功能量损失。从理论上讲，回热抽汽越多，则热效率越高，但也不能过多，因为随着抽汽级数的增多，热效率的增加量趋缓，而设备投资费用增加，系统复杂，安装、维修、运行都困难。目前，中、低压电厂采用3～5级抽汽，高压电厂采用7～8级回热抽汽。

La4F1002 什么是凝汽器最有利真空？影响凝气器最有利真空的主要因素有哪些？

答：对于结构已确定的凝汽器，在极限真空内，当蒸汽参数和流量不变时，提高真空使蒸汽在汽轮机中的可用焓降增大，就会相应增加发电机的输出功率。但是在提高真空的同时，需要向凝汽器多供冷却水，从而增加循环水泵的功耗。凝汽器真空提高，使汽轮机功率增加，增加的功率与循环水泵多消耗功率的差数达到最大时的真空值称为凝汽器的最有利真空（即最经济真空）。

影响凝汽器最有利真空的主要因素是：进入凝汽器的蒸汽流量、汽轮机排汽压力、冷却水的进口温度、循环水量（或是循环水泵的运行台数）、汽轮机的出力变化及循环水泵的耗电量变化等。实际运行中则根据凝汽量及冷却水进口温度来选用最有利真空下的冷却水量，也就是合理调度使用循环水泵的容量和台数。

La4F1003 什么是循环水温升？温升大小的原因是什么？

答：循环水温升是指凝汽器冷却水出口温度与进口水温的

差值。温升是凝汽器经济运行的一个重要指标，可用来监视凝汽器冷却水量是否满足汽轮机排汽冷却之用，因为在一定的蒸汽流量下有一定的温升值。另外，温升还可供分析凝汽器铜管是否堵塞、是否清洁等。

温升大的原因有：① 蒸汽流量增加；② 冷却水量减少；③ 铜管清洗后较干净。

温升小的原因有：① 蒸汽流量减少；② 冷却水量增加；③ 凝器铜管结垢污脏；④ 真空系统漏空气严重。

La4F1004　什么叫凝结水的过冷却度？过冷却度大有哪些原因？

答：在凝汽器压力下的饱和温度减去凝结水温度称为过冷却度。从理论上讲，凝结水温度应和凝汽器的排汽压力下的饱和温度相等，但实际上各种因素的影响使凝结水温度低于排汽压力下的饱和温度。

出现凝结水过冷的原因有：

（1）凝汽器构造上存在缺陷，管束之间的蒸汽没有充分地通往凝汽器下部的通道，使凝结水自上部管子流下，落到下部管子的上面再度冷却，而遇不到汽流加热，当凝结水流至热水井中时造成过冷却度大。

（2）凝汽器水位高，致使部分铜管被凝结水淹没而产生过冷却。

（3）凝汽器汽侧漏空气或抽气设备运行不良，造成凝汽器内蒸汽分压力下降而引起过冷却。

（4）凝汽器铜管破裂，凝结水内漏入循环水（此时凝结水质量恶化，如硬度超标等）。

（5）凝汽器冷却水量过多或水温过低。

La4F1005　什么是凝汽器端差？端差增大有哪些原因？

答：凝汽器压力下的饱和温度与凝汽器冷却水出口温度之

差称为端差。

对一定的凝汽器，端差的大小与凝汽器冷却水入口温度、凝汽器单位面积蒸汽负荷、凝汽器铜管的表面洁净度、凝汽器内的漏入空气量以及冷却水在管内的流速有关。一个清洁的凝汽器，在一定的循环水温度、循环水量及单位蒸汽负荷下就有一定的端差值指标。一般而言，循环水量愈大，冷却水出口温度愈低，端差愈大；反之亦然。单位蒸汽负荷愈大，端差愈大；反之亦然。实际运行中，若端差值比端差指标值高得太多，则表明凝汽器冷却表面铜管污脏，致使导热条件恶化。

端差增大的原因有：① 凝汽器铜管水侧或汽侧结垢；② 凝汽器汽侧漏入空气；③ 冷却水管堵塞；④ 冷却水量减少等。

La4F2006　影响辐射换热的因素有哪些？

答：影响辐射换热的因素有：

（1）黑度大小影响辐射能力及吸收率。

（2）温度高、低影响辐射能力及传热量的大小。

（3）角系数取决于形状及位置，主要影响有效辐射面积。

（4）物质不同，辐射传热不同。如气体与固体相比，气体辐射受到有效辐射层厚度的影响。

La4F3007　什么是汽蚀余量？

答：泵进口处液体所具有的能量与液体发生汽蚀时具有的能量之差，称为汽蚀余量。汽蚀余量越大，则泵运行时，抗汽蚀性能就越好。

装置安装后使泵在运转时所具有的汽蚀余量，称为有效汽蚀余量。

液体从泵的吸入口到叶道进口压力最低处的压力降低值，称为必需汽蚀余量。

显然，装置的有效汽蚀余量必须大于泵的必需汽蚀余量。

La4F4008 汽轮机为什么必须有保护装置？

答：为了保证汽轮机设备的安全，防止设备损坏事故的发生，除了要求调节系统动作可靠以外，还应该具有必要的保护装置，以便汽轮机遇到调节系统失灵或其他事故时，能及时动作、迅速停机，避免造成设备损坏等事故。

保护装置本身应特别可靠，并且汽轮机容量越大，造成事故的危害就越严重，因此对保护装置的可靠性要求就越高。

La3F2009 除氧器再沸腾管的作用是什么？

答：除氧器加热蒸汽有一路引入水箱的底部或下部（正常水面以下），作为给水再沸腾用。装设再沸腾管有两点作用：

（1）有利于机组启动前对水箱中给水的加温及维持备用水箱水温。因为这时水并未循环流动，如加热蒸汽只在水面上加热，压力升高较快，但水不易得到加热。

（2）正常运行中使用再沸腾管对提高除氧器效果是有益的。开启再沸腾阀，使水箱内的水经常处于沸腾状态，同是水箱液面上的汽化蒸汽还可以把除氧水与水中分离出来的气体隔绝，从而保证了除氧效果。

使用再沸腾管的缺点是汽水加热沸腾时噪声较大，且该路蒸汽一般不经过自动加汽调节阀，操作调整不方便。

La3F3010 为什么氢冷发电机密封油设空气、氢气两侧？

答：在密封瓦上通有两股密封油，一个是氢气侧，另一个是空气侧，两侧油流在瓦中央狭窄处，形成两个环形油密封，并各自成为一个独立的油压循环系统。从理论上讲，若两侧油压完全相同，则在两个回路的液面接触处没有油交换。氢气侧的油独自循环，不含有空气。空气侧油流不和发电机内氢气接触，因此空气不会侵入发电机内。这样不但保证了发电机内氢气的纯度，而且也可使氢气几乎没有消耗，但实际上要始终维持空气和氢气侧油压绝对相等是有困难的，因而运行中一般要求空气侧和氢气侧油压差要小于 0.01MPa，而且尽可能使空气侧油压略高于氢气侧。

另外，这种双流环式密封瓦结构简单，密封性能好，安全可靠，瞬间断油也不会烧瓦，但由于瓦与轴间间隙大（0.1～0.15mm），故用油量大。为了不使大量回油把氢气带走，故空气、氢气侧各有自己的单独循环。

La3F3011　蒸汽带水为什么会使转子的轴向推力增加？

答：蒸汽对动叶片所作用的力，实际上可以分解成两个力，一个是沿圆周方向的作用力 F_u，一个是沿轴向的作用力 F_z。F_u 是真正推动转子转动的作用力，而轴向力 F_z 作用在动叶上只产生轴向推力。这两个力的大小比例取决于蒸汽进入动叶片的进汽角 ω_1，ω_1 越小，则分解到圆周方向的力就越大，分解到轴向上的作用力就越小；ω_1 越大，则分解到圆周方向上的力就越小，分布到轴向上的作用力就越大。湿蒸汽进入动叶片的角度比过热蒸汽进入动叶片的角度大得多。所以说蒸汽带水会使转子的轴向推力增大。

La2F1012　什么是临界转速？汽轮机转子为什么会有临界转速？

答：在机组启、停中，当转速升高或降低到一定数值时，机组振动突然增大，当转速继续升高或降低后，振动又减少，这种使振动突然增大的转速称为临界转速。

汽轮机的转子是一个弹性体，具有一定的自由振动频率。转子在制造过程中，由于轴的中心和转子的重心不可能完全重合，总有一定偏心，当转子转动后就产生离心力，离心力就引起转子的强迫振动，当强迫振动频率和转子固有振动频率相同或成比例时，就会产生共振，使振幅突然增大，这时的转速即为临界转速。

La2F2013 汽轮机为什么会产生轴向推力？运行中轴向推力怎样变化？

答：纯冲动式汽轮机动叶片内蒸汽没有压力降，但由于隔板汽封的漏汽，使叶轮前后产生一定的压差，且一般的汽轮机中，每一级动叶片蒸汽流过时都有大小不等的压降，在动叶叶片前后产生压差。叶轮和叶片前后的压差及轴上凸肩处的压差使汽轮机产生由高压侧向低压侧、与汽流方向一致的轴向推力。

影响轴向推力的因素很多，轴向推力的大小基本上与蒸汽流量的大小成正比，也即负荷增大，轴向推力增大。需指出：当负荷突然减小时，有时会出现与汽流方向相反的轴向推力。

La2F3014 何谓直接空冷凝汽器系统？试述其流程。

答：直接空冷凝汽器系统亦称为机械式通风冷却系统。其流程为：汽轮机的排汽经由大直径排汽管道引出厂房外，垂直上升到一定高度后，分出若干根蒸汽分配管，将乏汽引入空冷凝汽器顶部的配汽联箱。配汽联箱与顺流凝汽器管束相连接。当蒸汽通过联箱流经顺流式凝汽器管束时，由轴流风机鼓入大量冷空气，通过翅片管与管内蒸汽进行换热，使之凝结成水。凝结水由凝结收集联箱汇集至主凝结水箱（或排汽装置）。通过凝结水泵升压，送回系统完成热力循环。

汽轮机排出的乏汽有 70%～80%在顺流式凝汽器中被冷却，形成凝结水，剩余的蒸汽随后在逆流式凝汽器管束中被冷却凝结成水。逆流式凝汽器管束的顶部连接抽真空系统，通过真空抽汽口将系统中不凝结气体抽出。

La2F5015 汽轮机联轴器起什么作用？有哪些种类？各有何优缺点？

答：联轴器又叫靠背轮。汽轮机联轴器是用来连接汽轮发电机组的各个转子，并把汽轮机的功率传给发电机。

汽轮机联轴器有刚性联轴器、半挠性联轴器和挠性联轴器。

几种联轴器的优缺点如下：

（1）刚性联轴器的优点是构造简单、尺寸小、造价低、不需要润滑油。缺点是转子的振动、热膨胀都能相互传递，校中心要求高。

（2）半挠性联轴器的优点是能适当弥补刚性联轴器的缺点，校中心要求稍低。缺点是制造复杂、造价高。

（3）挠性联轴器的优点是转子振动和热膨胀不互相传递，允许两个转子中心线稍有一偏差。缺点是要多装一道推力轴承，并且一定要有润滑油，直径大，成本高，检修工艺要求高。

大机组一般高低压转子之间采用刚性联轴器，低压转子与发电机转子之间采用半挠性联轴器。

La1F2016　汽封的结构类型有哪几种？曲径式汽封的工作原理是什么？

答：汽封的结构类型有曲径式、迷宫式及接触式。曲径式汽封有梳齿形（平齿、高低齿）、J形、枞树形三种。

曲径式汽封的工作原理：一定压力的蒸汽流经曲径式汽封时，必须依次经过汽封齿尖与轴凸肩形成的狭小间隙，当经过第一个间隙时通流面积减小，蒸汽流速增大，压力降低。随后高速汽流进入小室，通流面积突然变大，蒸汽流速降低，汽流转向，发生撞击和产生涡流等现象，速度降到近似为零，蒸汽原具有的动能转变成热能。当蒸汽经过第二个汽封间隙时，又重复上述过程，压力再次降低。蒸汽流经最后一个汽封齿后，蒸汽压力降至与大气压力相差甚小。所以，在一定压差下汽封齿越多，每个齿前后的压差就越小，漏气量也越小。当汽封齿数足够多时，漏气量为零。

Lb5F2017　凝汽器的工作原理是怎样的？

答：凝汽器中形成真空的主要原因是汽轮机的排汽被冷却凝结成水，其比热容急剧减小。如蒸汽在绝对压力4kPa时蒸汽体积比水大3万多倍，当排汽凝结成水，体积大为缩小，就在凝汽器中形成了高度真空。

凝汽器内真空的形成和维持必须具备以下三个条件：

（1）凝汽器铜管必须通过一定水量。

（2）凝结水泵必须不断地把凝结水抽走，避免水位升高，影响蒸汽的凝结。

（3）抽气器必须不断地把漏入的空气和排汽中的其他气体抽走。

Lb5F2018　什么是凝汽器的极限真空？

答：凝汽设备在运行中必须从各方面采取措施以获得良好真空。但是真空的提高并非越高越好，而是有一个极限。这个真空的极限由汽轮机最后一级叶片出口截面的膨胀极限所决定。当通过最后一级叶片的蒸汽已达膨胀极限时，如果继续提高真空不仅不能获得经济效益反而会降低经济效益。当最后一级叶片的蒸汽达膨胀极限的真空就叫极限真空。

Lb5F3019　安全阀有什么用途？它的动作原理是怎样的？

答：安全阀是一种保证设备安全的阀门，用于压力容器及管道上。当流体压力超过规定数值时，安全门自动开启，排掉部分过剩流体，流体压力降到规定数值时又自动关闭。常用的安全阀有重锤式、弹簧式。

重锤式安全阀的动作过程为：当管道或容器内流体压力在最大允许压力以下时，流体压力作用在阀芯上的力小于重锤通过杠杆施加在阀芯上的作用力，安全阀关闭。一旦流体压力超过规定值，流体作用在阀芯上的向上的作用力增加，阀芯被顶开，流体溢出，待流体压力下降后，弹簧又压住阀芯使它关闭。

Lb4F3020　汽轮发电机转子在临界转速下产生共振的原

因是什么？

答：在临界转速下产生共振的原因是：由于材料内部质量不均匀，加之制造和安装的误差使转子的重心和它的旋转中心产生偏差，即转子产生质量偏心，转子旋转时产生离心力，这个离心力使转子作强迫振动。在临界转速下，这个离心力的频率等于或几倍于转子的自振频率，因此发生共振。

Lb4F3021　离心式真空泵有哪些特点？

答：近年来引进的大型机组，其抽气器一般都采用离心式真空泵。与射水抽气器比较，离心真空泵有功耗低、耗水量少的优点，并且噪声也小。国产射水抽气器比耗功（即抽1kg空气在1h内所耗的功）高达3.2kW·h/kg，而较先进的离心真空泵比耗功一般为1.5～1.7kW·h/kg。

离心真空泵的缺点是：过载能力很差，当抽吸空气量太大时，真空泵的工作状况恶化，真空破坏。这对真空严密性较差的大机组来说是一个威胁。故可考虑采用离心真空泵与射水抽气器共用的办法，当机组启动时用射水抽气器，正常运行时用真空泵来维持凝汽器的真空。

Lb4F4022　试述支持轴承的工作原理。

答：根据建立液体摩擦的理论，两个相对移动的平面间，若要在承受负载的条件下，仍保证有油膜存在，则两平面必须构成楔形。移动的方向从宽口到窄口，润滑液体应充足并具有一定黏度。轴颈放入轴瓦中便形成油楔间隙。轴颈旋转时与轴瓦形成相对运动，轴颈旋转时将具有一定压力、黏度的润滑油从轴承座的进油管引入轴瓦，油便黏附在轴颈上随轴颈旋转，并不断把润滑油带入楔形间隙中。由于自宽口进入楔形间隙的润滑油比自窄口流出楔形间隙的润滑油量多，润滑油便积聚在楔形间隙中并产生油压。当油压超过轴颈的重力时便将轴颈抬起，在轴瓦和轴颈间形成油膜。

Lb3F2023　什么是调节系统的迟缓率？

答：调节系统在动作过程中，必须克服各活动部件内的摩擦阻力，同时由于部件的间隙、重叠度等影响，使静态特性在升速和降速时并不相同，变成两条几乎平行的曲线。换句话说，必须使转速多变化一定数值，将阻力、间隙克服后，调节汽阀反方向动作才刚刚开始。同一负荷下可能的最大转速变动Δ_n和额定转速n_0之比叫做迟缓率（又称为不灵敏度），通常用字母ε表示，即

$$\varepsilon=\frac{\Delta_n}{n_0}\times 100\%$$

Lb3F3024　中间再热机组有何优缺点？

答：（1）中间再热机组的优点：

1）提高了机组效率。如果单纯依靠提高汽轮机进汽压力和温度来提高机组效率是不现实的，因为目前金属温度允许极限已经提高到 560℃。若该温度进一步提高，则材料的价格就昂贵得多。不仅温度的升高是有限的，而且压力的升高也受到材料的限制。

大容量机组均采用中间再热方式，高压缸排汽在进中压缸之前须回到锅炉中再热。再热蒸汽温度与主蒸汽温度相等，均为 540℃。一次中间再热至少能提高机组效率 5%以上。

2）提高了乏汽的干度，低压缸中末级的蒸汽湿度相应减少至允许数值内。否则，若蒸汽中出现微小水滴，会造成末几级叶片的损坏，威胁安全运行。

3）采用中间再热后，可降低汽耗率，同样发电出力下的蒸汽流量相应减少。因此末几级叶片的高度在结构设计时可相应减少，节约叶片金属材料。

（2）中间再热机组的缺点：

1）投资费用增大。因为管道阀门及换热面积增多。

2）运行管理较复杂。在正常运行加、减负荷时，应注意到

中压缸进汽量的变化是存在明显滞后特性的。在甩负荷时，由于再热系统中的余汽，即使主汽阀或调门关闭，但是还有可能因中调门没有关严而严重超速。

3）机组的调速保安系统复杂化。

4）加装旁路系统，机组启停时再热器中须通有一定蒸汽流量以免干烧，并且利于机组事故处理。

Lb3F3025　汽轮机启动时为何排汽缸温度升高？

答：汽轮机在启动过程中，调节汽门开启、全周进汽，操作启动阀逐步增加主汽阀预启阀的开度，经过冲转、升速，历时约 1.5h 的中速暖机（转速 1200r/min）升速至 2800r/min、阀切换等阶段后，逐步操作同步器来增加调节汽门开度，进行全速并网、升负荷。

在汽轮机启动时，蒸汽经节流后通过喷嘴去推动调速级叶轮，节流后蒸汽熵值增加，焓降减小，以致做功后排汽温度较高。在并网发电前的整个启动过程中，所耗汽量很少，这时做功主要依靠调节级，乏汽在流向排汽缸的通路中，流量小、流速低、通流截面大，产生了显著的鼓风作用。因鼓风损失较大而使排汽温度升高。在转子转动时，叶片（尤其末几级叶片比较长）与蒸汽产生摩擦，也是使排汽温度升高的因素之一。汽轮机启动时真空较低，相应的饱和温度也将升高，即意味着排汽温度升高。排汽缸温度升高，会使低压缸轴封热变形增大，易使汽轮机洼窝中心发生偏移，导致振动增大，动、静之间摩擦增大，严重时低压缸轴封损坏。

当并网发电升负荷后，主蒸汽流量随着负荷的增加而增加，汽轮机逐步进入正常工况，摩擦和鼓风损耗所占的功率份额越来越小。在汽轮机排汽缸真空逐步升高的同时，排汽温度即逐步降低。

汽轮机启动时间过长，也可能使排汽缸温度过高。我们应当按照规程要求，根据程序卡来完成启动过程，那么排汽缸的温度升高将在限额内。

当排汽缸的温度达到80℃以上，排汽缸喷水会自动打开进行降温，不允许排汽缸的温度超过120℃。

Lb3F3026　在主蒸汽温度不变时，主蒸汽压力的变化对汽轮机运行有何影响？

答： 主蒸汽温度不变，主蒸汽压力变化对汽轮机运行的影响如下：

（1）压力升高对汽轮机的影响：

1）整机的焓降增大，运行的经济性提高。但当主汽压力超过限额时，会威胁机组的安全。

2）调节级叶片过负荷。

3）机组末几级的蒸汽湿度增大。

4）引起主蒸汽管道、主汽阀及调节汽阀、汽缸、法兰等变压部件的内应力增加，寿命减少，以致损坏。

（2）压力下降对汽轮机的影响：

1）汽轮机可用焓降减少，耗汽量增加，经济性降低，出力不足。

2）对于给水泵汽轮机和除氧器，主汽压力过低引起抽汽压力降低，使给水泵汽轮机和除氧器无法正常运行。

Lb3F3027　什么是调节系统的速度变动率？对速度变动率有什么要求？

答： 由调节系统静态特性曲线可以看出，单机运行从空负荷到额定负荷，汽轮机的转速由 n_2 降低至 n_1，该转速变化值与额定转速 n_0 之比称之为速度变动率，以 δ 表示，即

$$\delta=\frac{n_2-n_1}{n_0}\times100\%$$

δ 较小的调节系统具有负荷变化灵活的优点，适用于担负调频负荷的机组；δ 较大的调节系统负荷稳定性好，适用于担

负基本负荷的机组。δ太大，则甩负荷时机组易超速；δ太小调节系统可能出现晃动，一般取4%～6%。

速度变动率与静态特性曲线有关，曲线越陡，则速度变动率越大，反之则越小。

Lb3F3028　画出离心式水泵的特性曲线，对该曲线有何要求？

答：离心泵的特性曲线就是在泵转速不变的情况下其流量与扬程的关系曲线（Q–H）、功率与流量关系曲线（Q–P）及效率与流量关系曲线（Q–η）如图F-1所示。

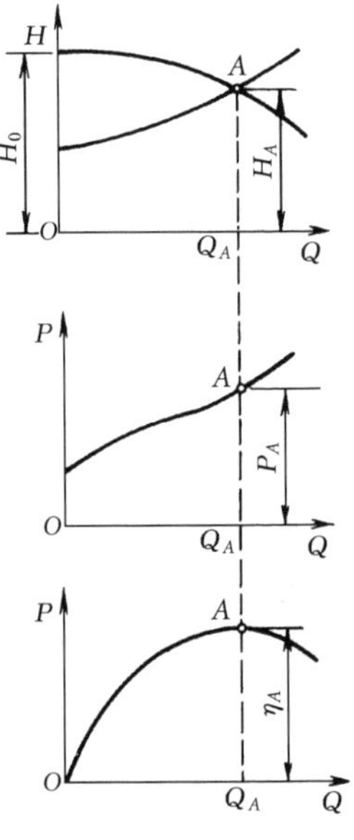

图F-1　离心泵特性曲线

其中最主要的是流量与扬程曲线（即Q–H曲线），该曲线的形状直接影响着泵运行的稳定性，一般要求Q–H曲线为连续下降性质，才能保证泵运行的稳定性。如果Q–H曲线出现驼峰形状，则泵的工作点在曲线上升段时，将出现运行不稳定情况。一般在制造、设计离心泵时就考虑到避免出现驼峰状性能曲线，运行实践中则要避免泵的工作点在性能曲线的上升段。

图F-1中，A点为工作点，相应的扬程为H_A，功率为P_A，效率为η_A。

Lb3F3029　液力耦合器的工作特点是什么？

答：液力耦合器的工作特点主要有以下几点：

（1）可实现无级变速。通过改变勺管位置来改变涡轮的转速，使泵的流量、扬程都得到改变，并使泵组在较高效率下运行。

（2）可满足锅炉点火工况要求。锅炉点火时要求给水流量很小，定速泵用节流降压来满足，调节阀前、后压差可达12MPa

以上。利用液力偶合器，只需降低输出转速即可满足要求，既经济又安全。

（3）可空载启动且离合方便。使电动机不需要有较大的富裕量，也使厂用母线减少启动时的受冲击时间。

（4）隔离振动。偶合器泵轮与轮间扭矩是通过液体传递的，是柔性连接。所以主动轴与从动轴产生的振动不可能相互传递。

（5）过载保护。由于耦合器是柔性传动，工作时存在滑差，当从动轴上的阻力扭矩突然增加时，滑差增大，甚至制动，但此时原动机仍继续运转而不致受损。因此，液力耦合器可保护系统免受动力过载的冲击。

（6）无磨损，坚固耐用，安全可靠，寿命长。

（7）液力耦合器的缺点是运转时有一定的功率损失。除本体外，还增加一套辅助设备，价格较贵。

Lb3F3030　汽轮机发生水冲击的原因有哪些？

答：汽轮机发生水冲击的原因有：

（1）锅炉满水或负荷突增，产生蒸汽带水。

（2）锅炉燃烧不稳定或调整不当。

（3）加热器满水，抽汽止回阀不严。

（4）轴封进水。

（5）旁路减温水误动作。

（6）主蒸汽、再热蒸汽过热度低时，调节汽阀大幅度来回晃动。

Lb3F4031　汽轮机有哪些主要的级内损失？损失的原因是什么？

答：汽轮机级内损失主要有喷嘴损失、动叶损失、余速损失、叶高损失、扇形损失、部分进汽损失、摩擦鼓风损失、漏汽损失、湿汽损失等。

各损失的原因如下：

（1）喷嘴损失和动叶损失是由于蒸汽流过喷嘴和动叶时汽流之间的相互摩擦及汽流与叶片表面之间的摩擦所形成的。

（2）余速损失是指蒸汽在离开动叶时仍具有一定的速度，这部分速度能量在本级未被利用，所以是本级的损失。但是当汽流流入下一级的时候，汽流动能可以部分地被下一级所利用。

（3）叶高损失是指汽流在喷嘴和动叶栅的根部和顶部形成涡流所造成的损失。

（4）扇形损失是指由于叶片沿轮缘成环形布置，使流道截面成扇形，因而，沿叶高方向各处的节距、圆周速度、进汽角是变化的，这样会引起汽流撞击叶片产生能量损失，汽流还将产生半径方向的流动，消耗汽流能量。

（5）部分进汽损失是由于动叶经过不安装喷嘴的弧段时发生“鼓风”损失，以及动叶由非工作弧段进入喷嘴的工作弧段时发生斥汽损失。

（6）摩擦鼓风损失是指高速转动的叶轮与其周围的蒸汽相互摩擦并带动这些蒸汽旋转，要消耗一部分叶轮的有用功。隔板与喷嘴间的汽流在离心力作用下形成涡流也要消耗叶轮的有用功。

（7）漏汽损失是指在汽轮机内由于存在压差，一部分蒸汽会不经过喷嘴和动叶的流道，而经过各种动静间隙漏走，不参与主流做功，从而形成损失。

（8）湿汽损失是指在汽轮机的低压区蒸汽处于湿蒸汽状态，湿蒸汽中的水不仅不能膨胀加速做功，还要消耗汽流动能，还要对叶片的运动产生制动作用消耗有用功，并且冲蚀叶片。

Lb3F4032　同步器的工作界限应当满足哪些要求？

答：同步器的工作界限应满足如下要求：

（1）在额定参数下，机组应当能够在空负荷与满负荷之间任意调节负荷。

（2）当电网频率高于额定频率以及新蒸汽参数和真空降低

时，机组仍能带到满负荷。

（3）当电网频率低于额定频率新蒸汽参数和真空升高时，机组仍然可以并入电网或者减负荷到零，即维持空转。

（4）对调节范围有一定要求。一般同步器调节范围是：上、下限分别为额定转速的–5%～+7%或–5%～+5%。

Lb3F4033　什么叫机组的滑压运行？滑压运行有何特点？

答： 汽轮机开足调节汽阀，锅炉基本维持新蒸汽温度，并且不超过额定压力、额定负荷，用新蒸汽压力的变化来调整负荷，称为机组的滑压运行。

滑压运行的特点如下：

（1）滑压运行的优点：

1）可以增加负荷的可调节范围。

2）使汽轮机允许较快速度变更负荷。

3）由于末级蒸汽湿度的减少，提高了末级叶片的效率，减少了对叶片的冲刷，延长了末级叶片的使用寿命。

4）由于温度变化较小，所以机组热应力也较小，从而减少了汽缸的变形和法兰结合面的漏汽。

5）变压运行时，由于受热面和主蒸汽管道的压力下降，其使用寿命延长了。

6）变压运行调节可提高机组的经济性（减少了调节汽阀的节流损失），且负荷愈低经济性愈高。

7）同样的负荷采用滑压运行，高压缸排汽温度相对提高了。

8）对于调节系统不稳定的机组，采用滑压运行可以把调节汽阀维持在一定位置。

（2）滑压运行的缺点：

1）滑压运行机组，如除氧器定压运行，应备有可靠的汽源。

2）调节汽阀长期在全开位置，为了保持调节汽阀不致卡涩，需定期活动调节汽阀。

Lb3F4034　大型汽轮机为什么要带低负荷运行一段时间后再作超速试验？

答：汽轮机启动过程中，要通过暖机等措施尽快把转子温度提高到脆性转变温度以上，以增加转子承受较大的离心力和热应力的能力。由于大机组转子直径较大，转子中心孔的温度还未达到脆性转变温度以上，作超速试验时，转速增加10%，拉应力增加21%，再与热应力叠加，转子中心孔处承受应力的数值是很大的，这时如作超速试验，较容易引起转子的脆性断裂。所以规定超速试验前先带部分负荷暖机，以提高转子中心孔温度，待该处温度达到脆性转变温度以上时，再作超速试验。

Lb3F5035　什么是胀差？胀差变化与哪些因素有关？

答：汽轮机转子与汽缸的相对膨胀，称为胀差。习惯上规定转子膨胀大于汽缸膨胀时的胀差值为正胀差，汽缸膨胀大于转子膨胀时的胀差值为负胀差。根据汽缸分类又可分为高差、中差、低Ⅰ差、低Ⅱ差。胀差数值是很重要的运行参数，若胀差超限，则热工保护动作使主机脱扣。

胀差向正值增大和向负值增大各有其不同的影响因素。

（1）使胀差向正值增大的主要因素：

1）启动时暖机时间太短，升速太快或升负荷太快。

2）汽缸夹层、法兰加热装置的加热汽温太低或流量较低，引起汽加热的作用较弱。

3）滑销系统或轴承台板的滑动性能差，易卡涩。

4）轴封汽温度过高或轴封供汽量过大，引起轴颈过分伸长。

5）机组启动时，进汽压力、温度、流量等参数过高。

6）推力轴承磨损，轴向位移增大。

7）汽缸保温层的保温效果不佳或保温层脱落。在严寒季节里，汽机房室温太低或有穿堂冷风。

8）双层缸的夹层中流入冷汽（或冷水）。

9）胀差指示器零点不准或触点磨损，引起数字偏差。

10）多转子机组，相邻转子胀差变化带来的互相影响。

11）真空变化的影响。

12）转速变化的影响。

13）各级抽汽量变化的影响，若一级抽汽停用，则影响高差很明显。

14）轴承油温太高。

15）机组停机惰走过程中由于“泊桑效应”的影响。

（2）使胀差向负值增大的主要因素：

1）负荷迅速下降或突然甩负荷。

2）主汽温骤减或启动时的进汽温度低于金属温度。

3）水冲击。

4）汽缸夹层、法兰加热装置加热过度。

5）轴封汽温度太低。

6）轴向位移变化。

7）轴承油温太低。

8）启动时转速突升，由于转子在离心力的作用下轴向尺寸缩小，尤其低差变化明显。

9）汽缸夹层中流入高温蒸汽，可能来自汽加热装置，也可能来自进汽套管的漏汽或者轴封漏汽。

Lb2F2036　汽轮机调节系统有了信号放大装置，为什么还必须采用功率放大装置？

答：随着汽轮机运行蒸汽参数和容量的不断增加，开启调节汽阀所需要的功率也相应增大。转速感受机构输出的信号，其变化幅度和能量均较小。因此，在调节系统中除了信号放大装置以外，还必须有功率放大装置对信号的能量加以放大，才能迅速有力地控制调节汽阀。目前国内生产的功率放大装置，毫无例外地都采用断流式往复油动机。

Lb2F3037　汽轮机通流部分结垢对安全经济运行有什么影响？如何清除结垢？

答：汽轮机通流部分结垢后，由于通流部分面积减小，因而蒸汽流量减少，叶片的效率也因而降低，这些必然导致汽轮机负荷和效率的降低。通流部分结垢会引起级的反动度变化，导致汽轮机的轴向推力增加，机组安全运行受到威胁。由于汽轮机通流部分严重结垢，有的超临界压力机组在运行一年后，汽轮机效率下降达6%。

新蒸汽品质不合格时，有可能在几十小时甚至十几小时的短时间内就会造成通流部分的严重结垢。高压汽轮机的通流面积较小，所以比中低压汽轮机对结垢的影响更为敏感。结垢以后对汽轮机运行的安全性威胁也更大。

如果所结盐垢为可溶性的，则可采用低温蒸汽冲洗。如结有非水溶性盐垢，必须停机用冲洗、喷砂或药物方法清除。

Lb2F3038　汽轮机运行对调速系统有何要求？

答：一个设计良好的汽轮机调速系统必须满足下列要求：

（1）能保证机组在额定参数下，稳定地在满负荷至零负荷范围内运行，而且当频率和参数在允许范围内变动时，也能在满负荷至零负荷范围内运动，并保证机组能顺利解列。

（2）为保证稳定运行，由迟滞等原因引起的自发性负荷变动应在允许范围内，以保证机组安全、经济运行。

（3）当负荷变化时，调速系统应能保证机组平稳地从某一工况过渡到另一工况，而不发生较大和较长期的摆动。

（4）当机组忽然甩去全负荷时，调速系统应能保证不使超速保安器动作。

Lb2F3039　试述液力偶合器的调整原理，调整的基本方法有哪几种？

答：在泵轮转速固定的情况下，工作油量愈多，传递的动转距也愈大。反过来说，如果动转距不变，那么工作油量愈多，涡轮的转速也愈大（因泵轮的转速是固定的），从而可以通过改变工作油油量的多少来调节涡轮的转速去适应泵的转速、流量、扬程及功率。通过充油量的调节，液力耦合器的调速范围可达（0.2～0.975）倍额定转速。

在液力耦合器中，改变循环圆内充油量的方法基本上有：

（1）调节循环圆的进油量。调节工作油的进油量是通过工作油泵和调节阀来进行的。

（2）调节循环圆的出油量。调节工作油的出油量是通过旋转外壳里的勺管位移来实现的。

（3）调节循环圆的进出油量。

采用前两种方法，在发电机组要求迅速增加负荷或迅速减负荷时，均不能满足要求。只有采用第三种方法，在改变工作油进油量的同时，移动勺管位置，调节工作油的出油量，才能使涡轮的转速迅速变化。

Lb2F3040 高、中压缸同时启动和中压缸进汽启动各有什么优缺点？

答：高、中压缸同时启动的优点：蒸汽同时进入高、中压缸冲动转子，这种方法可使高、中压合缸的机组分缸处加热均匀，减少热应力，并能缩短启动时间。缺点：汽缸转子膨胀情况较复杂，胀差较难控制。

中压缸进汽启动的优点：冲转时高压缸不进汽，而是待转速升到 2000～2500r/min 后才逐步向高压缸进汽，这种启动方式对控制胀差有利，可以不考虑高压缸胀差问题，以达到安全启动的目的。缺点：启动时间较长，转速也较难控制。采用中压缸进汽启动，高压缸无蒸汽进入，鼓风作用产生的热量使高压缸内部温度升高，因此还需引进少量冷却蒸汽。

Lb2F3041 为什么要求发电机空气、氢气侧油压差在规定

范围内？

答：理论上最好空气、氢气侧油压完全相等，这样两侧油流不至交换，在实际运行中不可能达到这个要求。为了不使氢气侧油流向空气侧窜引起漏氢，所以就规定空气侧密封油压稍大于氢气侧密封油压（1kPa），如空气侧密封油压高得过多，则空气侧密封油就向氢气侧窜，一则引起氢气纯度下降，二则易使氢气侧密封油箱满油。反之若氢气侧密封油压大于空气侧密封油压，则氢气侧密封油即向空气侧窜，使氢气泄漏量大，还要引起密封油箱缺油，不利于安全运行。

Lb2F3042　滑参数启动有哪些优缺点？

答：滑参数启动有如下优点：

（1）滑参数启动使汽轮机启动与锅炉启动同步进行，因而缩短了启动时间。

（2）滑参数启动过程中，金属加热过程是在低参数下进行的，且冲转、升速是全周进汽，因此加热比较均匀，金属温升速度亦比较容易控制。

（3）滑参数启动还可以减少汽水损失和热能损失。

滑参数启动的缺点是：用主蒸汽参数的变化来控制汽轮机金属部件的加热，在手动控制的情况下，启动程序较难掌握，易导致参数变化率大。

综合比较，滑参数启动利大于弊，所以目前单元制大容量机组广泛采用滑参数启动方式。

Lb2F4043　什么叫弹性变形和塑性变形？汽轮机启动时如何控制汽缸各部分的温差，减少汽缸变形？

答：金属部件在受外力作用后，无论外力多么小，部件均会因内部产生应力而变形。当外力停止作用后，如果部件仍能恢复到原来的几何形状和尺寸，则这种变形称为弹性变形。

当外力增大到一定程度时，外力停止作用后金属部件不能恢复到原来的几何形状和尺寸，这种变形称为塑性变形。对汽轮机来讲，各部件是不允许产生塑性变形的。

汽轮机启动时，应严格控制汽缸内外壁、上下汽缸、法兰内外壁和法兰上下、左右等温差，保证温差在规定范围内，从而避免不应有的应力产生。具体温差应控制在如下范围：

（1）高、中压内、外缸的法兰内外壁温差不大于80℃。

（2）高、中压内外缸温差（内缸内壁与外缸内壁、内缸外壁与外缸外壁）不大于50～80℃。

（3）高、中压内缸上下温差不大于50℃，外缸上下温差不大于80℃。

（4）螺栓与法兰中心温差不大于30℃。

（5）高、中压内外缸法兰左右、上下温差不大于30℃。

机组在启动过程中，应严密监视金属各测点温度变化情况，适当调整加热蒸汽量，并注意主蒸汽温度和再热蒸汽温度不应过高或过低，做好以上各项工作，机组启动方可得到安全保证，延长机组使用寿命。

Lb2F4044　造成大轴弯曲的原因是什么？

答：造成大轴弯曲的原因是多方面的，主要有：

（1）动静部分摩擦，装配间隙不当，启动时上下缸温差大，汽缸热变形，以及热态启动大轴存在热弯曲等，引起转子局部过热而弯曲。

（2）处于热状态的机组，汽缸进冷汽、冷水，使转子上下部分出现过大温差，转子热应力超过材料的屈服极限，造成大轴弯曲。

（3）转子原材料存在过大的内应力，在高温下工作一段时间后，内应力逐渐释放而造成大轴弯曲。

（4）套装转子上套装件偏斜、卡涩和产生相对位移。有时叶片断落、转子产生过大的弯矩以及强烈振动也会使套装件和大轴产生位移，造成大轴弯曲。

（5）运行管理不严格，如不具备启动条件而启动，出现振动及异常时处理不当，停机后汽缸进水等，造成大轴弯曲。

Lb2F4045　一般在哪些情况下禁止运行或启动汽轮机？

答：一般在下列情况下禁止运行或启动汽轮机：

（1）危急保安器动作不正常，自动主汽阀、调节汽阀、抽汽止回阀卡涩不能严密关闭，自动主汽阀、调节汽阀严密性试验不合格。

（2）调速系统不能维持汽轮机空负荷运行（或机组甩负荷后不能维持转速在危急保安器动作转速之内）。

（3）汽轮机转子弯曲值超过规定。

（4）高压汽缸调速级（中压缸进汽区）处上下缸温差大于35～50℃。

（5）盘车时发现机组内部有明显的摩擦声时。

（6）任何一台油泵或盘车装置失灵时。

（7）油压不合格或油温低于规定值，油系统充油后油箱油位低于规定值时。

（8）汽轮机各系统中有严重泄漏，保温设备不合格或不完整时。

（9）保护装置（低油压、低真空、轴向位移保护等）失灵和主要电动门（如电动主汽阀、高加进汽门、进水门等）失灵时。

（10）主要仪表失灵，包括转速表、挠度表、振动表、热膨胀表、胀差表、轴向位移表、调速和润滑油压表、密封油压表、推力瓦块和密封瓦块温度表、氢油压差表、氢压表、冷却水压力表、主蒸汽或再热汽压力表和温度表、汽缸金属温度、真空表等。

Lb2F5046　哪些情况易造成汽轮机热冲击？

答：在以下情况时易造成汽轮机热冲击：

（1）启动时，为了保持汽缸、转子等金属部件有一定的温升速度，要求蒸汽温度高于金属温度，且两者应当匹配，相差太大就会对金属部件产生热冲击。

（2）极热态启动造成的热冲击。汽轮机调速级处汽缸和转子的温度在400～500℃时的启动称为极热态启动，对于单元制大机组在极热态时不可能把蒸汽参数提到额定参数再冲动转子，往往是在蒸汽参数较低的情况下冲转。在这种情况下，蒸汽温度比金属温度低得多，因而在汽缸、转子上产生较大的热应力。

（3）甩负荷造成的热冲击。汽轮机在额定工况下运行时，如果负荷发生大幅度变化（50%以上的额定负荷），则通过汽轮机的蒸汽温度将发生急剧变化，使汽缸、转子产生很大的热应力。

（4）汽轮机进汽温度突变造成的热冲击。正常运行中，因控制或操作不当致使进入汽轮机的蒸汽温度骤变（包括水冲击），使汽缸、转子产生很大的热应力。

Lb1F3047　试述在主蒸汽温度不变时，压力升高和降低对汽轮机工作的影响？

答：在主蒸汽温度不变时，主蒸汽压力升高，整个机组的焓降就增大，运行的经济性就高。当主蒸汽压力超过规定变化范围的限度，将会直接威胁机组的安全，主要有以下几点：

（1）调速级叶片过负荷。

（2）机组末几级的蒸汽湿度增大。

（3）高压部件会造成变形，缩短寿命。

主蒸汽压力降低时，汽轮机可用焓降减小，汽耗量要增加，机组的经济性降低，汽压降低过多则带不到满负荷。

Lb1F3048　什么是热能品位贬值？它有什么特点？

答：热力设备和系统在传递、转换热能的过程中，由于操作维护不当，可能出现热能品位贬值，引起做功能力损失。如加热器的抽空气管道，是为了将空气由高到低逐级自流排入凝汽器而设置。但如果节流孔板未装或孔径过大，在排入空气的同时，将不可避免的有高能位蒸汽逐级流向低能位，这就是热能品位的贬值。同样，加热器疏水侧串汽，除氧器汽源切换阀关闭不严，疏水冷却器无水位或低水位运行，即疏水冷却器没有浸没在疏水中，疏水得不到冷却或冷却不够就排往下一级，都是热能品位贬值的现象。

热能品位贬值的特点是：热能由一个场所转移到另一个场所，虽然热能的数量没有变化，但是做功能力降低了。

Lb1F3049　汽轮机热态启动、甩负荷、停机时，胀差的变化有什么规律？

答：当汽轮机热态启动时，转子、汽缸的金属温度水平较高，若冲转时蒸汽温度偏低，则蒸汽进入汽轮机后对转子和汽缸起冷却作用也会出现负胀差，尤其对极热态启动，几乎不可避免地会出现负胀差。

汽轮机甩负荷或停机时，流过汽轮机通流部分的蒸汽温度会低于金属温度。由于转子质量小，与蒸汽接触面积相对大，所以转子比汽缸冷却快，即转子比汽缸收缩得多，因而出现负胀差。

Lb1F4050　排汽压力过高对汽轮机设备有哪些危害？

答：排汽压力过高对汽轮机设备的危害有：

（1）汽轮机可用焓降减小，出力降低。

（2）排汽缸及轴承等部件膨胀过度，引起汽轮机组中心改变，产生振动。

（3）排汽温度升高，引起凝汽器管束胀口松弛，影响凝汽器的严密性，造成凝结水硬度增大。

（4）排汽的比体积减小，流速降低，末级就产生脱流及旋涡。同时还会在叶片的某一部位产生较大的激振力，频率低，振幅大，极易损坏叶片，造成事故。

Lb1F4051　采用电液调节系统有哪些优点？

答：采用电液调节系统有以下优点：

（1）采用电气元件增加了调节系统的精度，减少了迟缓率，在甩负荷时能迅速地将功率输出返零，改善了动态超速。

（2）实现转速的全程调节，控制汽轮机平稳升速。

（3）可按选定的静态特性（可方便地改善静态特性的斜率及调频的最大幅值）参与电网一次调频，以满足机、炉、电网等多方面的要求。

（4）采用功率系统，具有抗内扰及改善调频动态特性的作用，可提高机组对负荷的适应性。

（5）能方便地与机、炉、主控设备匹配，实现机、电、炉自动控制。

Lb1F4052　试述汽轮发电机组转子临界转速与轴系临界转速的关系。

答：汽轮发电机组的轴瓦、轴承座以及轴瓦与大轴之间的油膜都是具有弹性的物体，所以运行规程给出的一般都是单个转子接近弹性支承的临界转速的计算数值。

汽轮机各转子与发电机转子联成轴系之后，由于各转子的转动惯量会相互影响，相互制约，加上轴承支承刚度和联轴器刚度的影响，临界转速高的会降下来一些，低的会升高一些，产生几个新的临界转速。

一般来说，组成轴系的各转子的临界转速都是轴系的临界转速，新产生的临界转速也是轴系的临界转速，习惯上按转速的高、低依次出现的次序，将轴系临界转速分别称之为一阶临界转速、二阶临界转速、三阶临界转速……，轴承油膜振动与一阶临界转速有关。

大型机组的调试表明，由几个转子组成的轴系，在启动和停机过程中，会出现临界转速，依次交替、频繁出现振动较大的转速区域，虽然分辨不出哪个转子主振，但决不允许机组在此转速范围内停留。

Lb1F4053 疏水逐级自流的连接系统有什么特点？

答： 表面式加热器的疏水利用相邻加热器间的压力差，将疏水逐级自流至较低压力的加热器中，称为疏水逐级自流系统。

疏水逐级自流系统中，高一级压力加热器的疏水流入低一级压力加热器的蒸汽空间时放出热量，而排挤了一部分较低压力的回热抽汽量，在保持汽轮机输出功率一定的条件下势必造成抽汽做功减少，凝汽循环的发电量增加，这样就增加了附加的冷源损失。排挤的抽汽压力愈低，导致的附加冷源损失也愈大。疏水最后进入凝汽器中，也直接增加了冷源损失。所以，疏水逐级自流系统的热经济性较差，约比混合式加热器回热系统低 3.7%。但它的优点是系统简单、安全性高、不需要疏水泵，因而投资省，也不耗厂用电，便于运行维护，是应用较普遍的一种疏水方式。

Lb1F4054 油膜振荡是怎样产生的？

答： 油膜振荡是轴颈带动润滑油高速流动时，高速油流反过来激励轴劲，使其发生强烈振动的一种自激振动现象。

轴颈在轴承内旋转时，随着转速的升高，在某一转速下油膜力的变化产生一失稳分力，使轴颈不仅绕轴颈中心高速旋转，而且轴颈中心本身还将绕平衡点甩转或涡动，其涡动频率为当时转速的一半，称为半速涡动。随着转速增加，涡动频率也不断增加，当转子的转速约等于或大于转子第一阶临界转速的两倍时，转子的涡动频率正好等于转子的第一阶临界转速。由于此时半速涡动这一干扰力的频率正好等于轴颈的固有频率，便产生了油膜振荡，即轴颈的振幅急剧放大，此时即发生了油膜振荡。

Lb1F5055 蒸汽初压的改变对中间再热循环热效率及排

汽干度有什么影响？

答： 从蒸汽在 i–s 图上的热力膨胀过程线可以看出，在其他条件不变的情况下，初压的变化将使蒸汽在高压缸中的焓降随之变化。当初压升高时，焓降增加；反之，焓降下降。而在排汽压力一定的情况下，中低压缸蒸汽的焓降以及排汽干度仅取决于再热蒸汽的压力和温度。当再热蒸汽的压力和温度不变时，中低压缸的焓降将保持不变。由此可见，初压升高将使中间再热循环效率提高。初压降低将使效率降低。但是无论初压升高或降低，都不会使排汽干度发生变化。

Lb1F5056　为什么汽轮机采用变压运行方式能够取得经济效益？

答： 汽轮机变压运行（滑压运行）能够取得经济效益的原因主要有以下几点：

（1）通常低负荷下定压运行，大型锅炉难以维持主蒸汽及再热蒸汽温度不降低，而变压运行时，锅炉较易保持额定的主蒸汽和再热蒸汽温度。当变压运行主蒸汽压力下降，温度保持一定时，虽然蒸汽的过热焓随压力的降低而降低，但由于饱和蒸汽焓上升较多，总焓明显升高，这一点是变压运行取得经济效益的重要原因。

（2）变压运行汽压降低，汽温不变时，汽轮机各级容积流量、流速近似不变，能在低负荷时保持汽轮机内效率不下降。

（3）变压运行，高压缸各级，包括高压缸排汽温度将有所升高，这就保证了再热蒸汽温度，有助于改善热循环效率。

（4）变压运行时，允许给水压力相应降低，在采用变速给水泵时可显著地减少给水泵的用电。此外，给水泵降速运行，对减轻水流对设备的侵蚀，延长给水泵使用寿命有利。

Lb1F5057　汽轮机流量变化与各级反动度的关系如何？

答： 对于凝汽式汽轮机，当流量变化时，除调节级和末级外，各压力级的级前压力与流量成正比变化，故各级焓降基本不变，反动度也基本不变。对于调节级，当流量增加时，在第一调节汽阀全开以前焓降随流量增加而增加，反动度随流量增加而减小；第二调节汽阀开启直到达到额定流量调节级的焓降是随流量增加而减小，故反动度随流量增加而增加。末级焓降是随流量增加而增加，故反动度是随流量增加而减小。反之，当流量减小时，其变化方向相反。当流量变化较大时，焓降的变化越向低压级，变化值越大，反动度变化亦越大。

级反动度的变化还与级设计工况的反动度有关，设计工况的反动度越大，变工况下反动度的变化越小，反动级的反动度基本不变。

Lc4F2058　多级水封疏水的原理是什么？

答：多级水封是目前被广泛采用的用来代替疏水器的装置，其原理是疏水采用逐级溢流，而加热器内的蒸汽被多级水封内的水柱封住不能外泄。

水封的水柱高度取决于加热器内的压力与外界压力之差（p_1-p_2）。如果水封管数目为 n，则水封的压力为 $nh\rho g$，因此当每级水封母管高度 h 确定后，则多级水封的级数 n 可按下列公式确定。

$$n=\frac{p_1-p_2}{nh\rho h}$$

式中　p_1——加热器内的压力，kPa；

p_2——外界压力，kPa；

h——每级水封管高度，m；

ρ——水的密度，kg/m^3。

Lc3F2059　试述燃气轮机联合循环发电过程。

答：燃气轮机发电机组的主机由压气机、燃烧室和燃气轮机组成。压气机从大气中吸入新鲜空气并压缩至一定压力，其中一部分送入燃烧室燃烧，燃烧生成的高温烟气同压气机出口未经燃烧的另外一部分与空气混合后，降温到1000℃左右送入燃气轮机膨胀做功。燃气轮机的排气仍有 500℃以上的高温，将其送入余热锅炉加热蒸汽，可带动蒸汽轮机发电。联合循环电厂的全厂效率可达40%～45%甚至更高。

Lc3F3060　电动机两相运行的象征及危害是什么？

答：在正常运行中，电动机处于三相运行状态，当三相中有一相熔断器熔断或电源线内部断线时，电动机就处于两相运行状态，仍在旋转。

（1）电动机两相运行的象征：

1）电动机声音异常，发出较响的“嗡嗡”声。

2）断相的那只电流表指针降至“0”，另外两相的电流升高。

3）转速明显有所降低，辅机出力明显降低。

4）电动机温度升高。

5）振动加剧。

6）若辅机是泵，则出口压力波动或下降。

（2）电动机两相运行的危害：

1）电动机绕组可能烧坏。

2）辅机正常运行变为不可能，将严重影响系统的正常运行。

Lc3F4061　在液力耦合器中工作油是如何传递动力的？

答：在泵轮与涡轮间的腔室中充有工作油，形成一个循环流道；在泵轮带动的转动外壳与涡轮间又形成一个油室。若主轴以一定转速旋转，循环圆（泵轮与涡轮在轴面上构成的两个碗状结构组成的腔室）中的工作液体由于泵轮叶片在旋转离心力的作用下，将工作油从靠近轴心处沿着径向流道向泵轮外周处外甩升压，在出口处以径向相对速度与泵轮出口圆周速度组成合速，冲入涡轮外圆处的进口径向流道，并沿着涡轮径向叶片组成的径向流道流向涡轮，靠近从动轴心处，由于工作油动量距的改变去推动涡轮旋转。在涡轮出口处又以径向相对速度与涡轮出口圆周速度组成合速，冲入泵轮的进口径向流道，重新在泵轮中获取能量，泵轮转向与涡轮相同。如此周而复始，构成了工作油在泵轮和涡轮二者间的自然环流，从而传递了动力。

Lc2F2062　核电站是怎样发电的？核反应堆有哪些类型？

答：利用核能发电的电站称为核电站。核燃料在反应堆内进行核裂变的链式反应，产生大量热量，由冷却剂（水或气体）带出，在蒸汽发生器中冷却剂把热量传给水（工质），将水加热成蒸汽来转动汽轮发电机发电。冷却剂把热量传给水后，再用泵把它打回反应堆里去吸热，循环应用，不断把反应堆中释放的原子核能引导出来。目前常用的核电站反应堆可分为轻水反应堆、重水反应堆、石墨气冷堆和不用慢化剂的快中子增殖堆四大类。

Lc2F2063　给水泵中间抽头门的开、关对运行有何影响？

答：根据泵的特性，如总流量（出口流量和中间抽头流量之和）不变化，而抽头流量增加，则对于泵的前两级工作不产生影响，而后几级流量减小，泵的总扬程增大；反之抽头门关闭（流量减小），则其后几级流量增加，泵的总扬程下降，如出口管道特性不变（出口门及炉侧不操作），则开抽头门时，前二级流量增加，扬程减小，后几级流量减少，扬程增加，水泵的总扬程略有下降，反之亦然。但实际运行时抽头流量变化不大，总扬程变化很小，此外中间抽头开启时，水泵试转，由于抽头前几级和抽头后几级不可能同时在设计工况下运转，因此整台泵的效率比设计工况下的效率低。试验表明，泵在具有中间抽头（抽头门开启）的情况下效率下降1.0%～1.5%。

Lc2F3064　除目前的常规能源外，利用的新能源主要有哪些？

答：除目前常规能源外，利用的新能源主要有：

（1）核能。核能是目前比较理想的能源。由于核能利用设备结构紧凑，建设周期短，原料又较为廉价，经济性能好，在工业上可以进行大规模的推广，所以核能利用是我国今后能源利用发展的趋势。

（2）太阳能。太阳能既是一次能源，又是可再生能源。其资源丰富、无需运输，是一种取之不尽，用之不竭且无污染的新能源。

（3）磁流体发电。磁流体发电是利用高温导电流体高速通过磁场，在电磁感应的作用下将热能转换成电能。

（4）氢能。氢能是一种新的无污染的二次能源，是一种理想的代替石油的燃料，是理想的新的含能体能源。

（5）地热能。地热能起源于地球的熔融岩浆和放射性物质的衰变，是来自地球深处的可再生热能。地热能的利用可分为地热发电和直接利用两大类。

（6）海洋能。通常海洋能是指依附在海水中的可再生能源，包括潮汐能、波浪能、海洋温差能、海洋盐差能和海流能等，更广义的海洋能源还包括海洋上空的风能、海洋表面的太阳能以及海洋生物质能等。

（7）风能。风是一种自然现象，由于地球表面各处受热不同，产生温差，从而引起大气的对流运动形成风。据估计到达地球的太阳能中虽然只有大约 2%转化为风能，但其总量仍是十分可观的。风能作为一种无污染的和可再生的新能源有着巨大的发展潜力，作为一种高效清洁的新能源也日益受到重视。

（8）生物质能。生物质能是太阳能以化学能形式贮存在生物中的一种以生物质为载体的能量，它直接或间接地来源于植物光合作用。在各种可再生能源中，生物质能可转化成常规的固态、液态和气态燃料，生物质能是第四大能源。中国生物质资源主要有农业废弃物及农林产品加工业的废弃物、薪柴、人畜粪便、城镇生活垃圾等。

Lc2F3065 什么是调节系统的动态特性试验？

答：调节系统的动态特性是指从一个稳定工况过渡到另一个稳定工况的过渡过程的特性，即过程中汽轮机组的功率、转速、调节汽阀开度等参数随时间的变化规律。汽轮机满负荷运行时，突然甩去全负荷是最大的工况变化，这时汽轮机的功率、转速、调节汽阀开度变化最大。只要这一工况变动时，调节系统的动态性能指标满足要求，其他工况变动也就能满足要求，所以动态特性试验是以汽轮机甩全负荷为试验工况，即甩全负荷试验就是动态特性试验。

Lc2F3066 低压加热器疏水泵的出水接在系统什么位置经济性最好？

答：低压加热器采用疏水泵汇集疏水系统时，疏水泵的出水有直接打入除氧器、打入本级加热器入口、打入本级加热器出口三种方式。

疏水直接打入除氧器，增加了除氧器的较高能级抽汽用量，减少了各低压加热器的低品位抽汽，冷源损失增大，热经济性降低。

疏水打入本级加热器出口和入口比较，前者经济性高，是因为前者的疏水热量用于较高能级的加热，使冷源损失减小。

因此，疏水泵出水与主凝结水的汇合地点最佳位置应在本级加热器的出口。

Lc2F4067 转子找平衡有几种类型？含意是什么？

答：转子找平衡通常有两种类型，即动平衡和静平衡。用静力来解决转子找静不平衡的方法称为静平衡。静平衡仅解决力不平衡问题，静平衡是用于安装在转动轴上的盘状零件，平衡后要求轮盘在水平导轨上的任何位置都能维持平衡状态。

动平衡，由于转子实际上不是一个平面盘状的零件和几个有一定厚度的圆盘所组成的圆柱，因此转子往往除了存在静不平衡外还存在动不平衡，即力偶不平衡。解决动不平衡的方法，只能用动平衡方法来解决，即转子在旋转的状态下，在专门的动平衡机上，使转子上各部分不平衡力产生的离心力平衡。除了静力平衡外，相对于转轴轴线的合力矩等于零，即力偶平衡。

动平衡既可解决动不平衡，又可解决静不平衡。一般是采取加平衡块或平衡螺塞的方法来校正平衡的。

Lc2F4068　液力耦合器调速给水泵主要从哪些方面获得经济性？

答：液力耦合器调速给水泵可从如下方面获得经济性：

（1）使用液力耦合器后，给水泵可在较小的转速比下启动，启动转矩较小，电动机的装置容量就不必过于富裕，避免大马拉小车的现象。

（2）正常运行中使用耦合器调节给水，与传统的节流调节相比，无节流损失。

（3）虽然低转速比时，耦合器有一定的功率损耗，但其最大损耗在转速比为 2/3 工况时，且功率损耗值不超过其传递功率的 15%，故在低负荷运行时，其泵组经济性更为明显。

（4）减少给水对管路、阀门的冲刷，延长使用寿命。

Lc1F2069　试述电压互感器的工作原理。

答：电压互感器的工作原理和变压器的工作原理一样。电压互感器的一次电压 U_1、二次电压 U_2 与一次绕组的匝数 N_1、二次绕组的匝数 N_2 之间的关系为

$$U_1/U_2=N_1/N_2=K_\mu$$

式中　K_μ——电压互感器的电压比（变比）。

由上式可以看出，只要一次绕组的匝数比二次绕组的匝数

多，利用电流互感器可将一次高电压变为低电压，然后用电压表测出二次电压，再乘上变比就可得出被测量的一次侧电压的数值。

Lc1F3070　锅炉运行技术经济指标有哪些？

答：锅炉运行技术经济指标主要有：热效率（%）、标准煤耗率[kg/（kW·h）]、厂用电率[kW·h/（kW·h）]、蒸汽成本。标准煤耗率、厂用电率、蒸汽成本越低，说明锅炉运行经济性越好。通常把这些指标分成许多小指标来考核。这些小指标有：汽温、汽压、产汽量、排污率、锅炉排烟含氧量、排烟温度、燃料消耗量、飞灰可燃物、煤粉细度、制粉电耗、风机耗电率、除灰耗电率等。

Lc1F3071　什么是波得图（Bode）？有什么作用？

答：所谓波得图（Bode），实际是绘制在直角坐标上的两个独立曲线，即将振幅与转速的关系曲线和振动相位滞后角与转速的关系曲线，绘在直角坐标图上，它表示转速与振幅各振动相位之间的关系。

波得图有下列作用：

（1）确定转子临界转速及其范围。

（2）了解升（降）速过程中，除转子临界转速外是否还有其他部件（例如基础、定子等）发生共振。

（3）作为评定柔性转子平衡位置和质量的依据。

（4）可以正确地求得机械滞后角α，为加准试重量提供正确的依据。

（5）前后对比，可以判断机组启动中，转轴是否存在动、静摩擦和冲动转子前，转子是否存在热弯曲等故障。

（6）将机组启、停所得波得图进行比较，可以确定运行中转子是否发生热弯曲。

Lc1F3072　通常用什么指标评价汽轮发电机组的经济性？

答：汽轮发电机组经济性的评价指标一是机组的各种相对效率，如汽轮机的相对内效率，汽轮机的相对有效效率，汽轮发电机组的相对电效率等，二是汽轮发电机组的汽耗率和热耗率。各种相对效率表示汽轮发电机组本身的完善程度，而热耗率则标志整个发电设备的经济性，它除受汽轮机的效率影响外，还包括蒸汽参数、背压、管道损耗和回热系统的影响。

热耗率定义为每发出 1kW 的功率需要在锅炉中加入的热量，即

$$热耗率=\frac{锅炉中加入的热量}{发出的功率}\quad kJ/(kW\cdot h)$$

汽轮发电机组的热耗越小，其经济性越高。

锅炉中加入的热量从燃烧的煤或油中得到，因此从热耗率可求得电厂的煤耗率和油耗率，煤耗率或油耗率还包括对锅炉效率和厂用电的影响。

对于给水泵用汽轮机驱动的机组，如 300MW 机组，其热耗率是净热耗率（即热耗率中包括给水泵汽轮机所消耗的热量在内）。对给水泵用电动机驱动的，其热耗率则为毛热耗率（即热耗率中不计给水泵电动机的耗功），同一台机组的毛热耗率总是小于净热耗率。

必须指出汽轮机抽汽供厂用汽时，通常此厂用汽的热量假设为完全被利用，从加入锅炉的热量中扣除，这样求得的热耗率必然比不抽汽（厂用）的机组要小。所以比较汽轮发电机组的经济性，应以不抽汽的厂用汽轮机组热耗率作基准。

Lc1F4073　什么是偏差分析法？

答：偏差是机组主要运行参数的实际值与基准值相比较的偏差，偏差分析是通过微机计算得出对机组的热耗率、煤耗率的影响程度，从而使运行人员根据这些数量概念，能动地、分

主次地去努力减少机组可控热损失，也可用此法来分析运行日报或月报的热经济指标的变化趋势和能耗情况，以提高计划工作的科学性和热经济指标的技术管理水平。任何时候只要有了实际的运行参数，就可以通过编制的微机计算程序计算出偏离基准值的能耗损失量，可随时指导运行操作人员进行科学的调整，从而获得更高的运行经济效益。

Lc1F4074　耦合器产生轴向推力的原因是什么？为什么要设置双向推力轴承？

答：轴向推力产生的原因是：

（1）由于工作轮受力面积不均衡，在此压力作用下必然会引起轴向作用力。

（2）液力在工作腔中流动时，要产生动压力，动压力的大小与旋转速度有关。

（3）由于泵轮和涡轮间存在滑差，因此在循环圆和转动外壳的腔内液体动压力值是有差异的，也会引起轴向作用力。

（4）工作腔内充液量的改变，也会引起推力的变化。而耦合器在额定工作下工作时轴向力很小。

在耦合器稳定运行时，两个工作轮承受的推力大小相等、方向相反。工作过程中随负荷的变化，推力的大小和方向都可能发生变化，因此要设置双向推力轴承。

Lc1F4075　什么是汽轮机的寿命？正常运行中影响汽轮机寿命的因素有哪些？

答：汽轮机寿命是指从初次投入运行至转子出现第一条宏观裂纹（长度为0.2～0.5mm）期间的总工作时间。

汽轮机正常运行时，主要受到高温和工作应力的作用，材料因蠕变要消耗一部分寿命。在启、停和工况变化时，汽缸、转子等金属部件受到交变热应力的作用，材料因疲劳也要消耗一部分寿命。在这两个因素共同作用下，金属材料内部就会出现宏观裂纹。通常，蠕变寿命占总寿命的 20%～30%，考虑到安全裕度，低频疲劳损伤应小于 70%。以上分析的是在正常运行条件下的寿命，实际工作中影响汽轮机寿命的因素很多，如运行方式、制造工艺、材料质量等。例如不合理的启动、停机所产生的热冲击，运行中的水冲击事故，蒸汽品质不良等都会加速设备的损坏。

Lc1F5076　对运行中的三油楔轴承有什么要求？

答：运行中轴承回油温度升高的程度是衡量轴瓦工作是否正常的主要标志。一般规定进油压力为 0.08MPa，不低于 0.06MPa 时可以正常工作；进油温度为 40～45℃，温度升高不超过 10℃，运行中各轴瓦回油温度不超过最高允许值。如果各轴瓦回油温升偏差过大，则表明轴承的进油量分配不当，需要进行适当调整，调整时要把温度高的轴承进油节流孔适当扩大以增进测量。

Jd5F2077　试述冲动式汽轮机的工作原理。

答：具有一定压力和温度的蒸汽进入喷嘴后，由于喷嘴截面形状沿汽流方向变化，蒸汽的压力温度降低，比体积增大，流速增加。即蒸汽在喷嘴中膨胀加速，热能转变为动能。具有较高速度的蒸汽由喷嘴流出，进入动叶片流道，在弯曲的动叶片流道内改变汽流方向，蒸汽给动叶片以冲动力，产生了使叶片旋转的力矩，带动主轴的旋转，输出机械功，将动能转化为机械能。

Jd4F2078　汽轮机启动时为什么要限制上、下缸的温差？

答：汽轮机汽缸上、下存在温差，将引起汽缸的变形。上、下缸温度通常是上缸高于下缸，因而上缸变形大于下缸，引起汽缸向上拱起，发生热翘曲变形，俗称猫拱背。汽缸的这种变形使下缸底部径向动静间隙减小甚至消失，造成动静部分摩擦，尤其当转子存在热弯曲时，动静部分摩擦的危险更大。

上、下缸温差是监视和控制汽缸热翘曲变形的指标。大型汽轮机高压转子一般是整煅的，轴封部分在轴体上车旋加工而成，一旦发生摩擦就会引起大轴弯曲发生振动，如不及时处理，可能引起永久变形。汽缸上下温差过大常是造成大轴弯曲的初始原因，因此汽轮机启动时一定要限制上、下缸的温差。

Jd3F2079　除氧器标高对给水泵运行有何影响？

答：除氧器水箱的水温相当于除氧器压力下的饱和温度，如果除氧器安装高度和给水泵相同，给水泵进口处压力稍有降低，水就会汽化，在给水泵进口处产生汽蚀，造成给水泵损坏的严重事故。为了防止汽蚀产生，必须不让给水泵进口压力降低至除氧器压力，因此就将除氧器安装在一定高度处，利用水柱的高度来克服进口管的阻力和给水泵进口可能产生的负压，使给水泵进口压力大于除氧器的工作压力，防止给水的汽化。一般还要考虑除氧器压力突然下降时，给水泵运行的可靠性，所以，除氧器安装标高还留有安全余量，一般大气式除氧器的标高为6m左右，0.6MPa的除氧器安装高度为14～18m，滑压运行的高压除氧器安装标高达35m以上。

Jd3F3080　机组发生故障时，运行人员应怎样进行工作？

答：机组发生故障时，运行人员应进行如下工作：

（1）根据仪表指示和设备外部象征，判断事故发生的原因。

（2）迅速消除对人身和设备有危险的问题，必要时立即解列发生故障的设备，防止故障扩大。

（3）迅速查清故障的地点、性质和损伤范围。

（4）保证所有未受损害的设备正常运行。

（5）消除故障的每一个阶段，尽可能迅速地报告值长、车间主任，以便及时采取进一步对策，防止事故蔓延。

（6）事故处理中不得进行交接班，接班人员应协助当班人员进行事故处理，只有在事故处理完毕或告一段落后，经交接班班长同意方可进行交接班。

（7）故障消除后，运行人员应将观察到的现象、故障发展的过程和时间，采取消除故障的措施正确地记录在记录本上。

（8）应及时写出书面报告，上报有关部门。

Jd3F3081　破坏真空紧急停机的条件是什么？

答： 破坏真空紧急停机的条件是：

（1）汽轮机转速升至3360r/min，危急保安器不动作或调节保安系统故障，无法维持运行或继续运行危及设备安全时。

（2）机组发生强烈振动或设备内部有明显的金属摩擦声，轴封冒火花，叶片断裂。

（3）汽轮机水冲击。

（4）主蒸汽管、再热蒸汽管、高压缸排汽管，给水的主要管道或阀门爆破。

（5）轴向位移达极限值，推力瓦块温度急剧上升到95℃时。

（6）轴承润滑油压降至极限值，启动辅助油泵无效。

（7）任一轴承回油温度上升至75℃或突升到70℃（包括密封瓦，100MW机组密封瓦块温度超过105℃）。

（8）任一轴承断油、冒烟。

（9）油系统大量漏油、油箱油位降到停机值时。

（10）油系统失火不能很快扑灭时。

（11）发电机、励磁机冒烟起火或内部氢气爆炸时。

（12）主蒸汽、再热蒸汽温度10min内突然下降50℃（视情况可不破坏真空）。

（13）高压缸胀差达到极限值时。

Jd3F3082　轴向位移增大应如何处理？

答： 轴向位移增大应做如下处理：

（1）发现轴向位移增大，应立即核对推力瓦块温度并参考差胀表。检查负荷、汽温、汽压、真空、振动等仪表的指示，联系热工检查轴向位移指示是否正确。如确认轴向位移增大，应及时减负荷，并汇报班长、值长，维持轴向位移不超过规定值。

（2）检查监视段压力、一级抽汽压力、高压缸排汽压力不应高于规定值，超过时应及时减负荷，汇报领导。

（3）如轴向位移增大至规定值以上而采取措施无效，并且机组有不正常的噪声和振动，应迅速破坏真空紧急停机。

（4）若是发生水冲击引起轴向位移增大或推动轴承损坏，应立即破坏真空紧急停机。

（5）若是主蒸汽参数不合格引起轴向位移增大，应立即要求锅炉调整，恢复正常参数。

（6）轴向位移达停机极限值。轴向位移保护装置应动作，若不动作，应立即手动脱扣停机。

Jd3F3083　液力耦合器的泵轮和涡轮的作用是什么？

答：耦合器泵轮是和电动机轴连接的主动轴上的工作轮，其功用是将输入的机械功转换为工作液体的动能，即相当于离心泵叶轮，故称为泵轮。涡轮的作用相当于水轮机的工作轮，它将工作液体的动能还原为机械功，并通过被动轴驱动负载。泵轮与涡轮具有相同的形状、相同的有效直径（循环圆的最大直径），只是轮内径向辐射叶片数不相同，一般泵轮与涡轮的径向叶片数差 1～4 片，以避免引起共振。

Jd3F3084　给水泵运行中发生振动的原因有哪些？

答：给水泵发生振动的原因有：

（1）流量过大超负荷运行。

（2）流量小时，管路中流体出现周期性湍流现象，使泵运行不稳定。

（3）给水汽化。

（4）轴承松动或损坏。

（5）叶轮松动。

（6）轴弯曲。

（7）转动部分不平衡。

（8）联轴器中心不正。

（9）泵体基础螺丝松动。

（10）平衡盘严重磨损。

（11）异物进入叶轮。

Jd3F4085　调速给水泵润滑油压降低的原因有哪些？

答：引起调速给水泵润滑油压降低的原因主要有：

（1）润滑油泵故障，齿轮碎裂，油泵打不出油。

（2）辅助油泵出口止回阀漏油，油系统溢油阀工作失常。

（3）油系统存在泄漏现象。

（4）油滤网严重阻塞，引起滤网前后压差过大。

（5）油箱油位过低。

（6）辅助油泵故障。主要有吸油部分漏空气，齿轮咬死，出口管段止回阀前空气排不尽等，从而引起油泵不出油。

Jd3F2086　主机油箱油位变化一般由哪些原因造成？

答：主机油箱油位有升高和降低两种变化。

（1）主机油箱油位升高的原因如下：

1）均压箱压力过高或端部轴封汽量过大。

2）轴加抽气器工作失常，使轴封出汽不畅而油中带水。

3）冷油器铜管漏，并且水压大于油压。

4）油位计卡死，出现假油位。

5）启动时高压油泵和润滑油泵的轴冷水漏入油中。

6）当冷油器出口油温升高、黏度小，油位也会有所提高。

7）净油器过滤油泵到油位低限不能自停，继续打入油箱。

（2）主机油箱油位降低的原因如下：

1）油箱事故放油门及油系统其他部套泄漏或误开。

2）净油器的自动抽水器跑油。

3）净油器过滤油泵到油位高限不能自启动将油打入主油箱。

4）在油压大于水压，冷油器铜管漏。

5）冷油器出口油温低，油位也会有所降低。

6）轴承油挡漏油。

7）油箱刚放过水。

8）油位计卡涩。

Jd2F3087　除氧器滑压运行有哪些优点？

答：除氧器滑压运行最主要的优点是提高了运行的经济性。这是因为避免了抽汽的节流损失，低负荷时不必切换压力高一级的抽汽，节省投资；同时可使汽轮机抽汽点得到合理分配，使除氧器真正作为一级加热器用，起到加热和除氧两个作用，提高机组的热经济性。另外，还可避免出现除氧器超压的问题。

Jd2F3088　汽轮机热态启动的操作注意事项主要有哪些？

答：汽轮机热态启动的操作注意事项主要有：

（1）热态启动需严格控制上下缸温差不得超过 50℃，双层内缸上下缸温不超过 35℃。

（2）转子弯曲不超过规定值。

（3）主蒸汽温度应高于汽缸最高温度 50℃以上，并有 50℃以上的过热度。冲转前应先送轴封汽后抽真空。轴封供汽温度应尽量与金属温度相匹配。

（4）热态启动应加强疏水，防止冷汽/冷水进入汽缸。真空应适当保持高一些。

（5）热态启动要特别注意机组振动，及时处理好出现的振动，防止动静部分发生摩擦而造成转子弯曲。

（6）热态启动应根据汽缸温度，在启动工况图上查出相应的工况点。冲转后应以较快的速度升速、并网，并带负荷到工况点。

Jd2F3089　启动、停机过程中汽轮机各部分温差过大有何危害？应怎样控制汽轮机各部温差？

答：高参数大容量机组在启动或停机过程中，因金属各部件传热条件不同，各金属部件产生温差是不可避免的，但温差过大，使金属各部件产生过大热应力热变形，加速机组寿命损耗及引起动静摩擦事故，这是不允许的。因此，应按汽轮机制造厂规定，控制好蒸汽的升温或降温速度，金属的温升、温降速度、上下缸温差、汽缸内外壁、法兰内外壁、法兰与螺栓温差及汽缸与转子的胀差。控制好金属温度的变化率和各部分的温差，就是为了保证金属部件不产生过大的热应力、热变形，其中对蒸汽温度变化率的严格监视是关键，不允许蒸汽温度变化率超过规定值，更不允许有大幅度的突增或突降。

Jd2F3090　滑参数停机有哪些注意事项？

答：滑参数停机时应注意如下事项：

（1）滑参数停机，对新蒸汽的滑降有一定的规定，一般高压机组新蒸汽的平均降压速度为 0.02～0.03MPa/min，平均降温速度为 1.2～1.5℃/min。较高参数时，降温、降压速度可以较快一些；在较低参数时，降温、降压速度可以慢一些。

（2）滑参数停机过程中，新蒸汽温度应始终保持 50℃的过热度，以保证蒸汽不带水。

（3）新蒸汽温度低于法兰内壁温度时，可以投入法兰加热装置，应使混温箱温度低于法兰温度 80～100℃，以冷却法兰。

（4）滑参数停机过程中不得进行汽轮机超速试验。

（5）高、低压加热器在滑参数停机时应随机滑停。

Jd2F4091　汽轮机启动前油系统为什么要保持一定的油温?

答: 机组启动前应先投入油系统，油温控制在35～45℃之间。若温度低时，可用加强油循环的办法或使用暖油装置来提高油温。

保持适当的油温，主要是为了在轴瓦中建立正常的油膜。如果油温过低，油的黏度增大会使油膜过厚，使油膜不但承载能力下降，而且工作不稳定。油温也不能过高，否则油的黏度过低，难以建立油膜，失去润滑作用。

Jd2F4092　除氧器滑压运行应注意什么? 针对存在问题应采取什么措施?

答: 除氧器滑压运行应注意两方面问题：① 除氧效果；② 给水泵入口汽化问题。

根据除氧器加热除氧的工作原理，滑压运行升负荷时，除氧塔的凝结水和水箱中的存水水温滞后于压力的升高，致使含氧量增大。这种情况要一直持续到除氧器在新的压力下接近平衡时为止，对升负荷过程中除氧效果的恶化可以通过投入加装在给水箱内的再沸腾管来解决。

减负荷时，滑压运行的除氧效果要比定压运行好。除氧器滑压运行，机组负荷突降，进入给水泵的水温不能及时降低，此时给水泵入口的压力由于除氧器内压力下降已降低，于是就出现了给水泵入口压力低于泵入口温度所对应的饱和压力，易导致给水泵入口汽化。

可以采取的措施：将除氧器布置位置加高、预备充分的静压头。另外，在突然甩负荷时，为避免压力降低较快，应紧急开启备用汽源。

Jd1F3093　如何保持汽轮机油系统清洁、油中无水、油质正常?

答: 为了保持油系统清洁、油中无水、油质正常，应做好以下各方面工作：

（1）机组大修后，油箱、油管路必须清洁干净，机组启动前需进行油循环冲洗油系统，油质合格后方可进入调节系统。

（2）每次大修应更换轴封梳齿片，梳齿间隙应符合要求。

（3）油箱排烟风机必须运行正常。

（4）根据负荷变化及时调整轴封供汽量，避免轴封汽压过高漏至油系统中。

（5）保证冷油器运行正常，冷却水压力必须低于油压。停机后，特别要禁止水压大于油压。

（6）加强对汽轮机油的化学监督工作，定期检查汽轮机油质量，定期做好放水工作。

Jd1F3094　甩负荷试验前应具备哪些条件？

答：甩负荷试验前应具备如下条件：

（1）汽轮机发电机组经72h试运行各部分性能良好。

（2）调节系统经空负荷及带满负荷运行，工作正常，速度变动率、迟缓率符合要求。

（3）自动汽门、调节汽阀关闭时间符合要求。严密性试验合格，抽汽止回阀连锁装置动作良好，关闭迅速，严密。

（4）经超速试验，危急保安器动作正常，手动危急保安器动作良好。

（5）电气及锅炉方面各设备检查情况良好，锅炉主蒸汽和再热蒸汽安全门经调试动作可靠。

（6）检查与甩负荷有关的连锁保护装置已投入，切除一切不必要的连锁装置。

（7）各种转速表经检验合格。

（8）取得电网调度的同意。

Jd1F4095　汽轮机启动与停机时为什么要加强汽轮机本体及主、再热蒸汽管道的疏水？

答：汽轮机在启动过程中，汽缸金属温度较低，进入汽轮机的主蒸汽温度及再热蒸汽温度虽然选择得较低，但均超过汽缸内壁温度较多。蒸汽与汽缸温度相差超过 200℃。暖机的最初阶段，蒸汽对汽缸进行凝结放热，产生大量的凝结水，直到汽缸和蒸汽管道内壁温度达到该压力下的饱和温度，凝结放热过程结束，凝结疏水量才大大减少。

在停机过程中，蒸汽参数逐渐降低，特别是滑参数停机，蒸汽在前几级做功后，蒸汽内含有湿蒸汽，在离心力的作用下甩向汽缸四围。负荷越低，蒸汽含水量越大。

另外汽轮机打闸停机后，汽缸及蒸汽管道内仍有较多的余汽凝结成水。疏水的存在会造成汽轮机叶片水蚀、机组振动，上、下缸产生温差及腐蚀汽缸内部，因此汽轮机启动或停机时，必须加强汽轮机本体及蒸汽管道的疏水。

Je5F2096　电动机启动前为什么测量绝缘？为什么要互为联动正常？

答：电动机停用或备用时间较长时，绕组中有大量积灰或绕组受潮，影响电动机的绝缘；长期使用的电动机，绝缘有可能老化，端线松弛，故在启动前测量绝缘，以尽可能暴露这些问题，便于采取措施，不影响运行中的使用。

一切电动辅机应在发电机组启动前联动试验正常，防止备用设备失去备用作用，造成发电厂停电事故，因此作为运行人员来讲，不能轻视这一工作，并在正常运行中应定期对备用设备进行试验，以保证主设备故障时，备用设备及时投运。

Je4F2097　汽轮机轴向位移增大的主要原因是什么？

答：汽轮机轴向位移增大的主要原因有：

（1）汽温汽压下降，通流部分过负荷及回热加热器停用。

（2）隔板轴封间隙因磨损而漏汽增大。

（3）蒸汽品质不良，引起通流部分结垢。

（4）发生水冲击。

（5）负荷变化，一般来讲凝汽式汽轮机的轴向推力随负荷的增加而增大；对抽汽式或背压式汽轮机来讲，最大的轴向推力可能在某一中间负荷时。

（6）推力瓦损坏。

Je4F3098　在什么情况下禁止启动汽轮机？

答：在下列情况下禁止启动汽轮机：

（1）调节系统无法维持空负荷运行或在机组甩负荷后，不能将汽轮机转速控制在危急保安器的动作转速之内。

（2）危急保安器动作不正常，自动主汽阀、调节汽阀、抽汽止回阀卡涩或关闭不严。

（3）汽轮机保护装置，如低油压保护、串轴保护、背压保护等保护装置不能正常投入，背压排汽安全阀动作不正常。

（4）主要表计，如主蒸汽压力表、温度表、排汽压力表、转速表、调速油压表、润滑油压表、汽缸的主要被测点的金属温度表等不齐备或指示不正常。

（5）交、直流油泵不能正常投入运行。

（6）盘车装置不能正常投入运行。

（7）润滑油质不合格或主油箱油位低于允许值。

Je4F3099　给水泵的推力盘的作用如何？在正常运行中如何平衡轴向推力？

答：给水泵的推力盘的作用是平衡泵在运行中产生的部分轴向推力。

给水泵的轴向推力由带平衡盘的平衡鼓与双向推力轴承共同来平衡，限制转轴的轴向位移。正常运行时，平衡盘基本上能平衡大部分轴向推力，而双向推力轴承一般只承担轴向推力的 5%左右。在正常运行时，泵的轴向推力是从高压侧推向低压侧的，同时也带动了平衡盘向低压侧移动。当平衡盘向低压侧移动后，固定于转子轴上的平衡盘与固定于定子泵壳上的平衡圈之间的间隙就变小，从末级叶轮出口通过间隙、流到给水泵入口的泄漏量就减少，因此平衡盘前的压力随之升高，而平衡盘后的压力基本不变，因为平衡盘后的腔室有管道与给水泵入口相通。平衡盘前后的压力差正好抵消叶轮轴向推力的变化。

随着给水泵负荷的增加，叶轮上的轴向推力随之增加，而平衡盘抵消轴向推力的作用也随之增加。在给水泵启、停或工况突变时，平衡盘能抵抗轴向推力的变化和冲击。

Je4F3100　防止汽轮机超速事故的措施有哪些？

答：防止汽轮机超速事故的措施为：

（1）坚持调速系统静态试验，保证速度变动率和迟缓率符合规定。

（2）对新安装机组及对调速系统进行技术改造后的机组均应进行调速系统动态特性试验，并保证甩负荷后飞升转速不超过规定值，能保持空负荷运行。

（3）机组大修后，甩负荷试验前，危急保安器解体检查后，运行 2000h 后都应做超速试验。

（4）合理整定同步器的调整范围。一般其上限比额定转速 n_e 高，为+7%n_e，其下限比额定转速 n_e 低，为−5%n_e。

（5）各项附加保护符合要求并投入运行。

（6）各主汽阀、调节汽阀开关灵活，严密性合格，发现缺陷及时消除。

（7）定期活动自动主汽阀、调节汽阀，定期试验抽汽止回阀。

（8）定期进行油质分析化验。

（9）加强蒸汽品质监督，防止门杆结垢。

（10）发现机组超速立即停机破坏真空。

（11）机组长期停用做好保养工作，防止调节部套锈蚀。

（12）采用滑压运行的机组，在滑参数启动过程中，调节汽阀开度要留有富余度。

Je3F2101 主蒸汽温度下降对机组运行有哪些影响？

答：主蒸汽温度下降对机组运行有以下影响：

（1）主蒸汽温度下降，将使汽轮机做功的焓降减少，故要保持原有出力，则蒸汽流量必须增加，因此汽轮机的汽耗增加，即经济性下降。每降低 10℃，汽耗将增加 13%～15%。

（2）主蒸汽温度急剧下降，使汽轮机末几级的蒸汽湿度增加，加剧了末几级叶片的汽蚀，缩短了叶片使用寿命。

（3）主蒸汽温度急剧下降，会引起汽轮机各金属部件温差增大，热应力和热变形也随着增加，且差胀会向负值变化，因此机组振动加剧，严重时会发生动、静摩擦。

（4）主蒸汽温度急剧下降，往往是发生水冲击事故的预兆，会引起转子轴向推力的增加。一旦导致水冲击，则机组就要受到损害。若汽温骤降，使主蒸汽带水，引起水冲击，后果极其严重。

Je3F3102 电网频率异常变化时，机组运行中应注意哪些问题？

答：电网频率异常变化时，应注意如下问题：

（1）应加强对机组运行状况特别是机组振动、声音、轴向位移、推力瓦块温度的监视。

（2）应加强监视辅机的运行情况。如因频率下降引起出力不足，电动机发热等情况，视需要可启动备用辅机。

（3）电网频率异常下降时，应注意一次油压及调速油压下降的情况，必要时启动高压油泵，注意机组不过负荷。

（4）电网频率异常下降时，应加强检查发电机静子和转子的冷却水压力、温度以及进、出风温度等运行情况，偏离正常值时应进行调节。

（5）电网频率异常上升时，应注意汽轮机转速上升情况、调节汽阀是否关闭。

Je3F3103　运行中如何对监视段压力进行分析？

答： 在安装或大修后，应在正常运行工况下对汽轮机通流部分进行实测，求得机组负荷、主蒸汽流量与监视段压力之间的关系，以作为平时运行监督的标准。

除了汽轮机最后一、二级外，调节级压力和各段抽汽压力均与主蒸汽流量成正比。根据这个关系，在运行中通过监视调节级压力和各段抽汽压力，可以有效地监督通流部分工作是否正常。

在同一负荷（主蒸汽流量）下，监视段压力增高，则说明该监视段后通流面积减少，或者高压加热器停运、抽汽减少。多数情况是因叶片结垢而引起通流面积减少，有时也可能因叶片断裂、机械杂物堵塞造成监视段压力升高。

如果调节级和高压缸Ⅰ段、Ⅱ段抽汽压力同时升高，则可能是中压调节汽门开度受阻或者中压缸某级抽汽停运。监视段压力不但要看其绝对值增高是否超过规定值，还要监视各段之间压差是否超过规定值。若某个级段的压差过大，则可能导致叶片等设备损坏事故。

Je3F3104　甩负荷试验一般应符合哪些规定？

答： 甩负荷试验一般应符合如下规定：

（1）试验时，汽轮机的蒸汽参数、真空值为额定值，回热系统应正常投入。

（2）根据情况决定甩负荷的次数和等级，一般甩 50%额定负荷和 100%额定负荷各一次。

（3）系统周波保持在（50±0.1）Hz 以内，电网具有一定的备用容量。

（4）甩负荷后，调节系统动作尚未终止前，不应操作同步器降低转速，如转速升高到危急保安器动作转速时，而危急保安器尚未动作，应手动危急保安器停机。

（5）将抽汽作为除氧器汽源或汽动给水泵汽源的机组，应注意甩负荷时备用汽动给水泵能自动投入。

（6）甩负荷过程中，对有关数据要有专人记录。

Je3F3105　对离心泵的并联运行有何要求？为什么特性曲线差别较大的泵不宜并联运行？

答： 关联运行的离心泵应具有相似而且稳定的特性曲线，并且在泵出口阀关闭的情况下，具有接近的出口压力。

特性曲线差别较大的泵并联，若两台并联泵的关死扬程相同，而特性曲线陡峭程度差别较大时，两台泵的负荷分配差别较大，易使一台泵过负荷。若两台并联泵的特性曲线相似，而关死扬程差别较大，可能出现一台泵带负荷运行，另一台泵空负荷运行，白白消耗电能，并易使空负荷运行泵汽蚀损坏。

Je3F4106　汽轮机热力试验大致包括哪些内容？试验前应做哪些工作？

答： 汽轮机热力试验主要内容包括：

（1）试验项目和试验目的。

（2）试验时的热力系统和运行方式。

（3）测点布置、测量方法和所用的测试设备。

（4）试验负荷点的选择和保持负荷稳定的措施。

（5）试验时要求设备具有的条件，达到这些条件需要采取的措施。

（6）根据试验要求，确定计算方法。

（7）试验中的组织与分工。

试验前应做如下工作：

（1）全面了解熟悉主、辅设备和热力系统。

（2）对机组热力系统全面检查，消除各种泄漏和设备缺陷。

（3）安装好试验所需的测点和仪表并校验。

（4）拟订试验大纲。

Je3F4107　如何对真空系统进行灌水试验？

答： 汽轮机大小修后，必须对凝汽器的汽测、低压缸的排汽部分以及空负荷运行处于真空状态的辅助设备及管道作灌水试验，检查严密性。

灌水高度一般应在汽封洼窝处，水质为化学车间来的软化水，检查时可采用加压法。检修人员将汽轮机端部轴封封住，低压缸大气排出门门盖固定好后便可开始加压，压力一般不超过 50kPa，灌水后运行人员配合检修人员共同检查所有处于真空状态下的管道、阀门、法兰结合面、焊缝、堵头、凝汽器冷却水管胀口等处，观察是否有泄漏。凡有不严之处，应采取措施解决。

Je3F4108　油膜振荡的象征特点有哪些？

答： 典型的油膜振荡现象发生在汽轮发电机组启动升速过程中，转子的第一阶段临界转速越低，其支持轴承在工作转速范围内发生油膜振荡的可能性就愈大，油膜振荡的振幅比半速涡动要大得多，转子跳动非常剧烈，而且往往不是一个轴承和相邻轴承，而是整个机组的所有轴承都出现强烈振动，在机组附近还可以听到“咚咚”的撞击声，油膜振荡一旦发生，转子始终保持着等于临界转速的涡动速度，而不再随转速的升高而升高，这一现象称为油膜振荡的惯性效应，所以遇到油膜振荡发生时，不能像过临界转速那样，借提高转速冲过去的办法来消除。

Je3F5109　汽轮机大修后，带负荷试验的目的是什么？有哪些项目？在什么情况下进行？

答： 带负荷试验的目的是进一步检查调节系统的工作特性及其稳定性，以及真空系统的严密性。

在带负荷试运行过程中，应作下列试验：超速试验、真空严密性试验、调节系统带负荷试验，必要时还需要进行甩负荷试验。

要进行以上试验必须要在空负荷试运行正常，调节系统空负荷试验合格，各项保护及连锁装置动作正常，发电机空载试验完毕及投氢气工作完成后方可进行。

Je3F5110 防止轴瓦损坏的主要技术措施是什么？

答：防止轴瓦损坏的主要技术措施有：

（1）油系统各截止门应有标示牌，油系统切换工作按规程进行。

（2）润滑油系统截止门采用明杆门或有标尺。

（3）高低压供油设备定期试验，润滑油应以汽轮机中心线距冷油器最远的轴瓦为准。直流油泵熔断器宜选较高的等级。

（4）汽轮机达到额定转速后，停高压油泵，应慢关出口油门，注意油压变化。

（5）加强对轴瓦的运行监督，轴承应装有防止轴电流的装置，油温测点，轴瓦乌金温度测点应齐全可靠。

（6）油箱油位应符合规定。

（7）润滑油压应符合设计值。

（8）停机前应试验润滑油泵正常后方可停机。

（9）严格控制油温。

（10）发现下列情况应立即打闸停机。① 任一瓦回油温度超过75℃或突然连续升高至70℃；② 主轴瓦乌金温度超过85℃；③ 回油温度升高且轴承冒烟；④ 润滑油泵启动后，油压低于运行规定允许值。

Je2F3111 简述汽轮发电机组振动故障诊断的一般步骤。

答：汽轮发电机组振动故障诊断步骤如下：

（1）测定振动频率，确定振动性质。若振动频率与转子转速不符合，说明发生了自激振动，进而可寻找具体的自激振动根源。若振动频率与转速相符，说明发生了强迫振动。

（2）查明发生过大振动的轴承座的稳定性是否良好，如不够良好应加固。如果轴承座稳定性不是主要原因，则可认定振动过大是由于激振力过大所致。

（3）确定激振力的性质。

（4）寻找激振力的根源，即振动缺陷所发生的具体部件和内容。在进行振动故障诊断时，通常振动最大表现处即为缺陷所在处。但有时，特别是多根转子（尤其柔性转子）连在一起的轴系，某个转子轴承上缺陷造成的振动，能在其他转子轴承处造成更大的振动。这既有轴承刚度的问题，又涉及多根轴连在一起的振型问题，具体分析时必须考虑这一因素。

Je2F3112　汽轮机大修后的分部验收大体可分为哪些方面？

答：汽轮机大修后的分部验收有以下方面：

（1）真空系统灌水严密性检查。

（2）有关设备及系统的冲洗和试运行。

（3）油系统的冲洗循环。

（4）转动机械的分部试运行。

（5）调速系统和保护装置试验。

Je2F3113　为什么说启动是汽轮机设备运行中最重要的阶段？

答：汽轮机启动过程中，各部件间的温差、热应力、热变形大，汽轮机多数事故是发生在启动时刻。由于不正确的暖机工况、值班人员的误操作以及设备本身某些结构存在缺陷都可能造成事故，即使在当时没有形成直接事故，但由此产生的后果还将在以后的生产中造成不良影响。现代汽轮机的运行实践表明，汽缸、阀门外壳和管道出现裂纹、汽轮机转子和汽缸的弯曲、汽缸法兰水平结合面的翘曲、紧力装配元件的松弛、金属结构状态的变化、轴承磨损的增大以及在投入运行初始阶段所暴露出来的其他异常情况，都是启动质量不高的直接后果。

Je2F3114　滑参数启动主要应注意什么问题？

答：滑参数启动应注意如下问题：

（1）滑参数启动中，金属加热比较剧烈的时间一般在低负荷时的加热过程中，此时要严格控制新蒸汽升压和升温速度。

（2）滑参数启动时，金属温差可按额定参数启动时的指标加以控制。启动中有可能出现胀差过大的情况，这时应通知锅炉停止新蒸汽升温、升压，使机组在稳定转速下或稳定负荷下停留暖机，还可以调整凝汽器的真空或用增大汽缸法兰加热进汽量的方法来调整金属温差。

Je2F3115　汽轮机升速和加负荷过程中，为什么要监视机组振动情况？

答：大型机组启动时，发生振动多在中速暖机及其前后升速阶段，特别是通过临界转速的过程中，机组振动将大幅度增加。在此阶段中，如果振动较大，最易导致动静部分摩擦，汽封磨损，转子弯曲。转子一旦弯曲，振动越来越大，振动越大摩擦就越厉害。这样恶性循环，易使转子产生永久性变形弯曲，使设备严重损坏。因此要求暖机或升速过程中，如果发生较大的振动，应该立即打闸停机，进行盘车直轴，消除引起振动的原因，再重新启动机组。

机组全速并网后，每增加一定负荷，蒸汽流量变化较大，金属内部温升速度较快，主蒸汽温度再配合不好，金属内外壁最易造成较大温差，使机组产生振动。因此每增加一定负荷时需要暖机一段时间，使机组逐步均匀加热。

综上所述，机组升速与带负荷过程中，必须经常监视汽轮机的振动情况。

Je2F3116 汽轮机发生水冲击的象征有哪些？

答：汽轮机发生水冲击的象征包括：

（1）主、再热蒸汽温度10min内下降50℃及以上。

（2）主汽阀法兰处、汽缸结合面，调节汽阀门杆，轴封处冒白汽或溅出水珠。

（3）蒸汽管道有水击声和强烈振动。

（4）负荷下降，汽轮机声音变沉，机组振动增大。

（5）轴向位移增大，推力瓦温度升高，胀差减小或出现负胀差。

Je2F3117 作超速试验时，应注意哪些问题？

答：作超速试验时，应注意如下问题：

（1）若转速升到3360r/min，超速保护不动作，应立即打闸停机，进行调整。

（2）超速试验时，高压调速油泵应运行。

（3）超速试验前，不准作喷油试验，以免影响动作转数的准确性。

（4）如需要在启动汽轮机时作超速试验，则应在机组带10%～20%负荷暖机一定时间结束，使转子得到充分加热以后再进行试验。

（5）超速试验时，旁路系统要投入。锅炉要有一定的热负荷、热容量，锅炉的汽包水位应在+30～−50mm之间。

Je2F4118 汽轮机叶片断落时一般有哪些征象？

答：汽轮机叶片断落时一般都有以下较明显的征象：

（1）汽轮机内部或凝汽器内部产生突然的声响。

（2）机组振动，包括振幅和相位均产生明显的变化，有时还会产生瞬间强烈的抖动。这是由于叶片断裂，转子失去平衡或摩擦撞击造成的。但有时叶片的断落发生在转子的中部，并未引起严重的动静摩擦，在额定转速下也未表现出振动的显著变化。但这种断叶片事故，在启停过程中的临界转速附近，振动将会有明显的增加。

（3）当叶片损坏较多时，将使通流面积改变，在同一个负荷下蒸汽流量，调节汽阀开度、监视段压力等都会发生变化，反动式机组尤其表现突出。

（4）若有叶片落入凝汽器时，通常会将凝汽器铜管打坏，使循环水漏入凝结水中，从而表现为凝结水硬度和导电度突然增大很多，凝汽器水位增高，凝汽器水泵电动机电流增大。

（5）若抽汽口部位的叶片断落，则叶片可能进入抽汽管道，造成抽汽止回阀卡涩，或进入加热器使加热器管子破坏，加热器水位升高。

（6）在停机惰走过程或盘车状态下，听到金属摩擦声，惰走时间减少。

（7）转子失落叶片后，其平衡情况及轴向推力要发生变化，有时会引起推力瓦温度和轴承回油温度升高。

Je2F4119　为防止动静摩擦，运行操作时应注意哪些问题？

答：在运行方面，主要是防止动静摩擦，运行人员除了要采取防止动静摩擦的有关措施以外，还应特别注意以下几点：

（1）每次启动前必须认真检查大轴挠度，确认挠度在允许的范围以内才可进行启动。大轴挠度超过规定范围，说明转子存在一定程度的弯曲。若在这种情况下冲转，很容易造成动静摩擦，这种低速下的摩擦会引起热膨胀，产生恶性循环，最终引起大轴弯曲。

（2）上、下汽缸温差一定要在规定范围以内。若上、下缸温差过大，汽缸将发生很大的热挠曲。实践表明，上、下汽缸温差过大，往往是造成大轴弯曲的初始原因。

（3）机组热态启动时，状态变化比较复杂，运行人员应特别注意进汽温度、轴封供汽等问题的控制与掌握，大轴弯曲事故大多发生在热态启动过程中。

（4）加强对机组振动的监视。大机组启动过程复杂，往往很难避免动静部分的局部摩擦，监视动静摩擦的主要手段还是监督机组振动情况。在第一临界转速以下发生动静摩擦时，引起大轴弯曲的威胁最大，因此中速以下汽轮机的轴承振动达到0.04mm 时，必须打闸停机，切忌在振动增大时降速暖机。在遇到异常情况打闸停机时，要注意检查转子的惰走时间，如发现比正常情况有明显的变化，则应注意查明原因。

（5）在汽轮机停机后，注意切断与公用系统相连的各种水源，严防汽缸进水。为了加强停机后对设备的监视，应继续坚持正常的巡回检查制度，发现异常情况，立即进行分析处理。

Je2F4120　比较各种调峰运行方式的优劣。

答：各种调峰方式的比较如下：

（1）调峰幅度。两班制和少汽运行方式最大（100%），低负荷运行方式在 50%～80%。

（2）安全性。控制负荷变化率在一定范围的负荷跟踪方式最好，少汽方式次之，两班制最差。

（3）经济性。低负荷运行效率很低，机组频繁启停损失也很可观，所以应根据负荷低谷持续时间和试验数据比较确定。

（4）机动性。负荷跟踪方式最好，少汽运行次之，两班制最差；无再热机组好，中间再热机组差。

（5）操作量。负荷跟踪运行方式最好，少汽运行次之，两班制最差。

Je2F4121　机组启动过程中防止转子弯曲的措施有哪些？

答：机组启动中防止转子弯曲的措施如下：

（1）重点检查以下阀门，使其处于正确位置：① 高压旁路减温水隔离门、调整门应关闭严密；② 所有汽轮机蒸汽管道、本体疏水门应全部开启；③ 通向锅炉的减温水门，给水泵的中间抽头门应关闭严密，等锅炉需要后再开启；④ 各水封袋注完水后应关闭注水门，防止水从轴封加热器倒至汽封。

（2）启动机组前一定要连续盘车 2h 以上，不得间断，并测量转子弯曲值不大于原始值 0.02mm。

（3）冲转过程中应严格监视机组各轴承振动情况。转速在 1300r/min 以下，轴承三个方向振动均不得超过 0.03mm，通过临界转速时轴承三个方向振动均不得超过 0.01mm，否则立即打闸停机，停机后测量大轴弯曲，并连续盘车 4h 以上，正常后才能开机。若有中断，必须加上 10 倍于中断盘车时间来盘车。

（4）转速达 3000r/min 后应关小电动主汽阀后疏水门，防止疏水量太大影响本体疏水畅通。

（5）冲转前应对主蒸汽管道、再热蒸汽管道和各联箱充分暖管暖箱。

（6）投蒸汽加热装置后要精心调整，不允许汽缸法兰上下、左右温差交叉变化，各项温差应在允许范围内。

（7）当锅炉燃烧不稳定时，应严格监视主蒸汽、再热蒸汽温度的变化，10min 内主蒸汽或再热蒸汽温度上升或下降 50℃，应打闸停机。

（8）开机过程中应加强各水箱、加热器水位的监视，防止水或冷汽倒流至汽缸。

（9）低负荷时应调整好凝结水泵的出口压力，不得超过规定值，防止低压加热器钢管破裂。

（10）投高压加热器前一定要作好各项保护试验，使高压加热器保护正常投入运行，否则不得投入高压加热器。

（11）热态启动不得使用减温水，若中、低压缸胀差大，热态启动冲转前低压汽封可不送或少送汽。

Je2F4122　同步器上、下限过小会对机组并列运行有什么影响？

答：同步器上限过小会造成电网频率升高时机组并网困难，尤其是对大型机组采用滑参数启动时。并网后因电网频率升高，使机组不能带满负荷；另外，由于运行中蒸汽参数（如汽温、汽压、真空等）恶化，也不能用同步器增至满负荷，影响机组出力。同步器下限过小造成电网频率降低时，同步器不能使机组减负荷至零，从而影响机组的解列。需要指出的是，同步器上限不能过大，上限过大，在汽轮机突然失去负荷时，将造成汽轮机的严重超速。

Je2F4123　除氧器发生“自生沸腾”现象有什么不良后果？

答：除氧器发生“自生沸腾”现象有如下不良后果：

（1）使除氧器内压力超过正常工作压力，严重时发生除氧器超压事故。

（2）原设计的除氧器内部汽水逆向流动受到破坏，除氧塔底部形成蒸汽层，使分离出来的气体难以逸出，因而使除氧器效果恶化。

Je2F4124　新蒸汽的压力和温度同时下降时，为什么按汽温下降进行处理？

答：新蒸汽压力降低将使汽耗增加，经济性降低，末级叶片易过负荷，应联系锅炉处理。单元制机组锅炉的处理方法包括负荷。

汽温下降时，汽耗增加，经济性降低。除末级叶片易过负荷外，其他压力级也可能过负荷，机组轴向推力增加，且末级湿度增大易发生水滴冲蚀，汽温突降是水冲击的预兆，所以汽温降低比汽压降低危险。汽温、汽压同时降低时，如负荷降低，则对设备安全不构成严重威胁，汽温降低规程明确规定了要减负荷，所以汽温、汽压同时降低，按汽温降低处理比较合理；若不减负荷，末级叶片过负荷的危险较大。汽温降低处理中规定，负荷下降到一定的程度是以蒸汽过热度为处理依据的，这时的主要危险是水冲击，汽压降低对设备安全已不构成威胁，当然以汽温降低处理要求进行处理更为合理。

中小型母管制蒸汽系统的机组，汽温、汽压同时降低时，一般规定以汽压下降的规定进行处理。大容量单元制机组的处理则按汽温下降的规定进行处理，这一点在概念上不要混淆。

Je2F4125　汽轮机启动时或过临界转速时对油温有什么要求？

答：汽轮机油的黏度受温度影响很大，温度过低，油膜厚且不稳定，对轴有黏拉作用，容易引起振动甚至油膜振荡。但油温过高，其黏度降低过多，使油膜过薄，过薄的油膜也不稳定且易被破坏，所以对油温的上、下限都有一定要求。启动初期轴颈表面线速度低，比压力大，汽轮机油的黏度小了就不能建立稳定的油膜，所以要求油温较低。过临界转速时，转速很快提高，汽轮机油的黏度应该比低速时小些，即要求的油温要高些，汽轮机启动及过临界转速时，对油温的要求如下：启动时油温在30℃以上，过临界转速时油温在38～45℃。

Je2F4126　调节系统的速度变动率和迟缓率对机组稳定运行的影响是怎样的？

答：速度变动率和迟缓率对机组的正常运行有着很大的影响。

（1）在空转或单机带负荷时迟缓率会引起转速的摆动（不稳定），它与速度变动率无关。其最大转速摆动值为εn_0，如迟缓率为0.5%，则转速最大摆动值为：$\frac{0.5}{100}\times 3000=15(\mathrm{r/min})$。

（2）并列运行时，机组转速与电网频率同步，可认为恒定不变，由于迟缓率的存在，引起负荷摆动。迟缓率愈大，则负荷摆动也就愈大。又因速度变动率反映了由空负荷到满负荷的转速变化值，只要我们看看迟缓率引起的转速变化相当于速度变动率的多少即可知负荷摆动多少了。故平常运行时，二者同时影响机组负荷的摆动。

最大负荷变化值为

$$\Delta P = \frac{\varepsilon}{\delta} P_0$$

式中　P_0——机组的额定负荷。

迟缓率的变化是随速度变动率而变化的，速度变动率愈小，迟缓率的影响愈大。因此我们既要注意减小ε，又要注意δ与ε的关系，当速度变动率大时，允许迟缓率稍大些。

最大负荷摆动值计算公式是以调节系统静态特性为前提的，未考虑动态相遇抵消。所以实际负荷摆动值ΔP要小得多，一般不超过额定负荷的 1.5%～2%，通常认为负荷摆动值小1%～2%额定负荷是正常的。

Je2F4127　说明摩擦自激振动的产生和特点。

答：由动静部分摩擦所产生的振动有两种形式：一是摩擦涡动，另一是摩擦抖动。动静部分发生接触后，产生了接触摩擦力，使动静部分再次接触，增大了转子的涡动，形成了自激振动。

与其他自激振动相比，摩擦自激振动主要的特点就是涡动的方向和转动方向相反。即振动的相位是沿着转动方向的反向移动的，振动的波形和频率与其他自激振动相同。

Je2F5128　热态启动时，防止转子弯曲应特别注意哪些方面工作？

答：热态启动除做好开机前有关防止转子弯曲的措施之外，还应做好以下工作：

（1）热态启动前，负责启动的班组应了解上次停机的情况，有无异常，对每个操作人员讲明应注意的问题，做到人人心中有数。

（2）一定要先送轴封汽后抽真空，轴封汽用备用汽源；不得投入减温水，送轴封汽前，关闭汽封 4、5、6 段抽气门。

（3）各管道、联箱应更充分地暖管、暖箱。

（4）严格要求冲转参数和旁路的开度（旁路要等凝汽器有一定的真空才能开启），主蒸汽温度一定要比高压内上缸温度高 50℃以上，并有 80～100℃的过热度。冲转和带负荷过程中也应加强主、再热蒸汽温度的监视，汽温不得反复升降。

（5）加强振动的监视。热态启动过程中，由于各部件温差的原因，容易发生振动，这时更应严格监视。振动超过规定值应立即打闸停机，测量转子挠度不大于原始值 0.02mm。

（6）开机过程中，应加强各部分疏水。

（7）应尽量避开极热态启动（缸温 400℃以上）。

（8）热态启动前应对调节系统赶空气，因为调节系统内存有空气，有可能造成冲转过程中调节汽阀大幅度移动，引起锅炉参数不稳定，造成蒸汽带水。

（9）极热态启动时最好不要做超速试验。

（10）热态启动时，只要操作跟得上，就应尽快带负荷至汽缸温度相对应的负荷水平。

Je2F5129　防止汽轮机严重超速的措施有哪些？

答： 防止汽轮机严重超速事故的措施有：

（1）坚持机组按规定作汽轮机超速试验及喷油试验。

（2）机组充油装置正常，动作灵活无误，每次停机前，在低负荷或解列后，用充油试验方法活动危急保安器。

（3）机组大修后，或危急保安器解体检修后，以及停机一个月后，应用提升转速的方法做超速试验。

（4）机组冷态启动需作危急保安器超速试验时，应先并网，在 25%左右额定负荷暖机 2～4h，以提高转子温度。

（5）做危急保安器超速试验时，力求升速平稳，特别是对于大型机组，超速滑阀操作时不易控制，往往造成调节汽阀突开，且开度变化大，转速飞升幅度较大或轴向推力突增，一般用同步器升速，若同步器升不到动作转速，也必须先用同步器升至 3150r/min 后，再用超速滑阀提升转速。

（6）超速限制滑阀试验周期应与超速试验周期相同，以鉴定该保护装置动作正确，确保机组甩负荷后，高、中压油动机瞬间关闭，使机组维持空转运行。

（7）热工的超速保护信号每次小修、大修后均要试验一次，可静态试验也可动态试验，确保热工超速保护信号的动作定值正确。

（8）高、中压自动主汽阀、调节汽阀的动作是否正常，对防止机组严重超速密切相关，发现卡涩立即向领导汇报，及时消除并按规定作活动试验。

（9）每次停机或作危急保安器试验时，应派专人观察抽汽止回阀关闭动作情况，发现异常应检修处理后方可启动。

（10）每次开机或甩负荷后，应观察自动主汽阀和调节汽阀严密程度，发现不严密，应汇报领导，消除缺陷后开机。

（11）应定期化验蒸汽品质及汽轮机油质，并出检验报告，品质不合格应采取相应措施。

（12）合理调整每台机组的轴封供汽压力，防止油中进水，设备有缺陷造成油中进水，应尽快消除。

（13）作超速试验时，调节汽阀应平稳地逐步开大，转速相应逐步升高至危急保安器动作转速；若调节汽阀突然开至最大，应立即打闸停机，防止严重超速事故。

（14）作超速试验时应选择适当参数，压力、温度应控制在规定范围；投入旁路系统，待参数稳定后，方可作超速试验。

Je1F2130　进行压力法滑参数启动冲转，蒸汽参数选择的原则是什么？

答：冷态滑参数启动冲转后，进入汽缸的蒸汽流量能满足汽轮机顺利通过临界转速达到全速。为使金属各部件加热均匀，增大蒸汽的容积流量，进汽压力应适当选择低一些。温度应有足够的过热度，并有金属温度相匹配，以防止热冲击。

热态滑参数启动时，应根据高压缸调节级和中压缸进汽室的金属温度，选择适当的与之匹配的主蒸汽温度和再热蒸汽温度，即两者的温差符合汽轮机热应力、热变形和胀差的要求。一般要求蒸汽温度高于调节级上缸内壁金属温度 50～100℃，但最高不得高于额定温度值。为了防止凝结放热，要求蒸汽过热度不低于 50℃，保证新蒸汽经过调节汽阀节流和喷嘴膨胀后，蒸汽温度仍不低于调节级的金属温度。

Je1F3131　可采取哪些措施防止油膜振荡？

答：为防止机组发生油膜振荡，可采取的措施如下：

（1）增加轴承的比压。可以增加轴承载荷，缩短轴瓦长度，以及调整轴瓦中心来实现。

（2）控制好润滑油温，降低润滑油的黏度。

（3）将轴瓦顶部间隙减小到等于或略小于两侧间隙之和。

（4）各顶轴油支管上加装止回阀。

Je1F3132　为什么调节系统要做动态、静态特性试验？

答：调节系统静态特性试验的目的是测定调节系统的静态特性曲线、速度变动率、迟缓率，全面了解调节系统的工作性能是否正确、可靠、灵活；分析调节系统产生缺陷的原因，以正确地消除缺陷。

调节系统动态特性试验的目的是测取甩负荷时转速飞升曲线，以便准确地评价过渡过程的品质，改善调节系统的动态调节品质。

Je1F3133　什么是机组的可用率？它有什么用处？

答：可用率经常出现在大容量机组的经济指标中，反映该机组的可靠程度。

设备可用率（可用系数）=可用时间（h）/统计期间的时间（h）
=（运行时间（h）+备用时间（h））/统计期间的时间（h）

可以看出，式中分子与分母的差别是设备的停用时间，其中包括事故检修、计划检修、临时检修、设备改进和超计划停运等多方面。

显然，要使大容量机组真正发挥其经济效益，就必须尽可能地提高其可用率。每一台机组在不同的运行时间有不同的可用率，刚开始投运时，可用率低，以后逐步提高，最后趋于稳定；同一类型的机组由于生产日期的前后不同，其可用率也会不同。仔细分析各种机组的不同可用率就可以为发电厂机组选型、搞好全面生产管理、不断获取最佳经济效益，提供技术经济分析及决策的依据，也是向设计、制造和基建安装等有关单位反馈其成果质量信息的数据库，又可作为上级领导机关对各发电厂实行考核、评比和奖励的参考，还可为电网的经济调度、运行管理提供某些信息。

Je1F4134　高中压缸同时启动和中压缸进汽启动各有什么优缺点？

答：高、中压缸同时启动和中压缸进汽启动的特点如下：

（1）高、中压缸同时启动的特点。优点：蒸汽同时进入高、中压缸冲动转子，可使高、中压缸的级组分缸处加热均匀，减少热应力，并能缩短启动时间。缺点：汽缸转子膨胀情况较复杂，胀差较难控制。

（2）中压缸进汽启动的特点。优点：冲转时高压缸不进汽，而是待转数升到 2000～2500r/min 后才逐步向高压缸进汽，这种启动方式对控制差胀有利，可以不考虑高压缸差胀问题，以达到安全启动的目的。缺点：启动时间较长，转速也较难控制。

采用中压缸进汽启动，高压缸无蒸汽进入，鼓风作用产生的热量使高压缸内部温度升高，因此还需引进少量冷却蒸汽。

Je1F4135　试述个别轴承温度升高和轴承温度普遍升高的原因。

答：个别轴承温度升高的原因：

（1）负荷增加、轴承受力分配不均、个别轴承负荷重。

（2）进油不畅或回油不畅。

（3）轴承内进入杂物、乌金脱壳。

（4）靠轴承侧的轴封汽过大或漏汽大。

（5）轴承中有气体存在、油流不畅。

（6）振动引起油膜破坏、润滑不良。

轴承温度普遍升高的原因：

（1）由于某些原因引起冷油器出油温度升高。

（2）油质恶化。

Je1F4136　什么是合理的启动方式？

答：汽轮机的启动受热应力、热变形和相对差胀以及振动等因素的限制。所谓合理的启动方式就是寻求合理的加热方式，根据启动前机组的汽缸温度、设备状况，在启动过程中能达到各部分加热均匀，热应力、热变形、相对差胀及振动均维持在较好水平。各项指标不超过厂家规定，尽快把金属温度均匀升高到工作温度。在保证安全的情况下，还要尽快地使机组带上额定负荷，减少启动消耗，增加机组的机动性。

Je1F4137　启动前采用盘车预热暖机有什么好处？

答：盘车预热暖机就是冷态启动前盘车状态下通入蒸汽，对转子、汽缸在冲转前就进行加热，使转子温度达到其材料脆性转变温度150℃以上。采用这种方法有下列好处：

（1）盘车状态下用阀门控制少量蒸汽加热，蒸汽凝结放热时可避免金属温升率太大，高压缸加热至 150℃时再冲转，减少了蒸汽与金属壁的温差，温升率容易控制，热应力较小。

（2）盘车状态加热到转子材料脆性转变温度以上，使材料脆性断裂现象也得到缓和。

（3）可以缩短或取消低速暖机，经过盘车预热后转子和汽缸温度都比较高（相当于热态启动时的缸温），故根据具体情况可以缩短或取消低速暖机。

（4）盘车暖机可以在锅炉点火前用辅助汽源进行，缩短了启动时间，降低了启动费用。

事实证明，只要汽缸保温良好、疏水畅通，采用上述方法暖机不会产生显著的上下缸温差。

Je1F4138　汽轮机大修后启动，空负荷时要进行哪些试验？具体要求是什么？

答：空负荷时要进行的试验：危急保安器充油跳闸试验、自动主汽阀及调节汽阀严密性试验、同步器整定及调节系统静态特性的测定试验。

试验时应满足下列要求：同步器的工作范围，在额定参数下，一般应保证机组转速在额定转速（–5%～+7%）的范围内变化，机组的迟缓率≤0.3%。阀门的严密性，在主汽阀（或调节汽阀）单独关闭而调节汽阀（或主汽阀）全开的情况下，汽轮机的稳定转速在 1000r/min 以下，但其中一种阀门的稳定转速要低于 400～600r/min。当主汽阀全开时调速系统应能维持空转。充油试验时，危急保安器动作合格。

Je1F5139　汽轮机的调速油压和润滑油压是根据什么来确定的？

答：汽轮机调节系统是用油压来传递信号及推动各错油门、油动机，开关调节汽阀和主汽阀。它应保证调节迅速、灵敏，因此要保证一定的调速油压。汽轮机常用的调速油压有 0.39～

0.49、1.18～1.37、1.77～1.96MPa 几种。一般来说，油压高能使动作灵活，伺服电动机和错油门结构尺寸缩小，但油压过高，易漏油着火。

汽轮机的润滑油是用来润滑轴承、冷却轴瓦及各滑动部分。根据转子的重量、转速、轴瓦的构造及润滑油的黏度等，在设计时采用一定的润滑油压，以保证在运行中轴瓦能形成良好的油膜，并有足够的油量冷却。若油压过高，可能造成油挡漏油、轴承振动；油压过低会使油膜建立不良，易发生断油而损坏轴瓦。

Je1F5140　调节系统发生卡涩现象时，为防止甩负荷，应采取哪些措施？

答：调节系统发生卡涩现象时，为防止甩负荷，应采取如下措施：

（1）加强滤油，油净化装置应正常投入。

（2）减负荷操作应由汽轮机运行人员在就地进行。

（3）每次减负荷到要求数值时，再将同步器向增负荷方向倒回接近该负荷下应有的同步器位置附近。

（4）请求调度将负荷大幅度交替增减若干次，以活动调节部套。

（5）必要时可将调节汽阀全开，改为变压运行方式，并应定期活动调节汽阀。

Je1F5141　部分厂用电中断应如何处理？

答：部分厂用电中断应做如下处理：

（1）若备用设备自动投入成功，复置各开关，调整运行参数至正常。

（2）若备用设备未自动投入，应手动启动（无备用设备，可将已跳闸设备强制合闸一次），若手动启动仍无效，减负荷或减负荷至零停机，同时应联系电气，尽快恢复厂用电，然后再进行启动。

（3）若厂用电不能尽快恢复，超过 1min 后，解除跳闸泵连锁，复置停用开关，注意机组情况，各监视参数达停机极限值时，按相应规定进行处理。

（4）若需打闸停机，应启动直流润滑油泵及直流密封油泵。

Jf4F2142　触电急救的基本原则是什么？

答：对触电人员实施急救的原则是：

（1）迅速使触电者脱离电源。

（2）触电者脱离电源后，准确按照规定动作施行人工呼吸、胸外心脏按压等救护措施。

（3）一定要在现场或附近就地进行，不可长途护送延误救治。

（4）救治要坚持不懈，不可因为一时不见效而放弃救治。

（5）施救者要切记注意保护自己，防止发生救护人触电事故。

（6）若触电者在高处，要有安全措施，以防断电后触电者从高处摔下。

（7）夜间发生触电事故要准备事故照明、应急灯等临时照明以利救护并防不测。

Jf3F2143　机组大修后电动门校验的主要内容有哪些？

答：机组大修后电动门校验的主要内容有：

（1）电动阀门手动全开到全关的总行程圈数。

（2）电动时，全行程的圈数与时间。

（3）开启方向的空圈数和关闭方向预留的空圈数。

（4）阀杆旋转方向和信号指示方向正确。

（5）阀门保护动作良好，电动机温升正常。

Jf3F3144　汽轮机热力试验对回热系统有哪些要求？热力

特性试验一般需装设哪些测点？

答：（1）汽轮机热力试验对回热系统有以下要求：

1)加热器的管束清洁，管束本身或管板胀口处应没有泄漏。

2）抽汽管道上的截门严密。

3）加热器的旁路门严密。

4）疏水器能保持正常疏水水位。

（2）汽轮机热力特性试验一般需装设以下测点：

1）主汽阀前主蒸汽压力、温度。

2）主蒸汽、凝结水和给水的流量。

3）各调节汽阀后压力。

4）调节级后的压力和温度。

5）各抽汽室压力和温度。

6）各加热器进口、出口给水温度。

7）各加热器的进汽压力和温度。

8）各段轴封漏汽压力和温度。

9）各加热器的疏水温度。

10）排汽压力（背压或真空）。

11）热段再热蒸汽压力和温度。

12）冷段再热蒸汽压力和温度。

13）再热器减温水流量、补充水流量、门杆漏汽流量。

Jf2F2145　提高机组运行经济性要注意哪些方面？

答：提高机组运行经济性应注意以下方面：

（1）维持额定蒸汽初参数。

（2）维持额定再热蒸汽参数。

（3）保持最有利真空。

（4）保持最小的凝结水过冷度。

（5）充分利用加热设备，提高给水温度。

（6）注意降低厂用电率。

（7）降低新蒸汽的压力损失。

（8）保持汽轮机最佳效率。

（9）确定合理的运行方式。

（10）注意汽轮机负荷的经济分配。

Jf2F3146　试述防止电力生产重大事故 25 项反事故措施？其中哪些与汽轮机运行有关？

答：（1）防止电力生产重大事故 25 项反事故措施是：

1）防止火灾事故。

2）防止电气误操作事故。

3）防止大容量锅炉承压部件爆漏事故。

4）防止压力容器爆破事故。

5）防止锅炉尾部再次燃烧事故。

6）防止锅炉炉膛爆炸事故。

7）防止制粉系统爆炸和煤尘爆炸事故。

8）防止锅炉汽包满水和缺水事故。

9）防止汽轮机超速和轴系断裂事故。

10）防止汽轮机大轴弯曲、轴瓦烧损事故。

11）防止发电机损坏事故。

12）防止分散控制系统失灵、热工保护拒动事故。

13）防止继电保护事故。

14）防止系统稳定破坏事故。

15）防止大型变压器损坏和互感器爆炸事故。

16）防止开关设备事故。

17）防止接地网事故。

18）防止污闪事故。

19）防止倒杆塔和断线事故。

20）防止枢纽变电站全停事故。

21）防止垮坝、水淹厂房及厂房坍塌事故。

22）防止人身伤亡事故。

23）防止全厂停电事故。

24）防止交通事故。

25）防止重大环境污染事故。

（2）与汽轮机运行有关的有六种：

1）防止火灾事故。

2）防止汽轮机大轴弯曲、通流部分损坏和烧轴瓦事故。

3）防止汽轮机超速损坏事故。

4）防止发电机、厂用电动机损坏事故。

5）防止人身伤亡事故。

6）防止全厂停电事故。

Jf2F3147 为什么说汽轮机调节系统的迟缓率不能等于零？

答：汽轮机调节系统迟缓率不能为零的原因如下：

（1）实际的调节系统迟缓率不可能做到等于零。因调节系统各机构在运行中总存在摩擦等阻力，油动机滑阀总要有过封度，使系统感受到转速变化到调节汽阀开度变化存在迟缓。

（2）从理论上分析，迟缓率等于零的调节系统是不稳定的，因为这将造成调节过分灵敏，使调节汽阀处在不停地动作之中。尤其对于液压式调节系统，保持一些微小的迟缓率，对改善调节性能是有益的。液压式调节系统的调节油压不可避免地存在着油压波动，它将使调节汽阀晃动。这也就是错油门必须有一定的过封度，使其抵消油压波动的影响，避免调节汽阀窜动的道理。

最好的迟缓率是ε=0.3%～0.4%。

Jf2F4148 简述液力耦合器的系统情况？

答：在典型液力耦合器中，工作油泵和润滑油泵同轴而装，它们由原动机轴驱动伞形齿轮而拖动。工作油泵为离心式，供油经过控制阀后进入泵轮。耦合器循环圆内的工作油，由勺管排出进入工作油冷油器。冷油器出口的油分两路流动，一路直接回油箱，另一路经过控制阀再回到泵轮，因为勺管内的油流有较高的压力，使它通过冷油后再回到泵轮，可以减少工作油泵的供油量，节约油泵的能耗。

润滑油泵与辅助油泵为齿轮式。润滑油泵的供油经过润滑油冷油器、双向可逆过滤器，然后分别送往各轴承和齿轮处进行润滑，润滑油的另外一路油经过控制油滤网，进入勺管控制滑阀和勺管的液压缸。

辅助油泵在耦合器启动前工作，进行轴承的润滑，待各轴承得到充分润滑后，才能启动耦合器。

Jf1F3149　电力系统的主要技术经济指标是什么？

答：电力系统的主要技术经济指标是：

（1）发电量、供电量、售电量和供热量。

（2）电力系统供电（热）成本。

（3）发电厂供电（热）的成本。

（4）火电厂的供电（热）的标准煤耗。

（5）火电厂的供电水耗。

（6）厂用电率。

（7）网损率（电网损失电量占发电厂送至网络电量的百分数）。

Jf1F3150　为什么滑参数停机过程中不允许做汽轮机超速试验？

答：在蒸汽参数很低的情况下做超速试验是十分危险的。一般滑参数停机到发电机解列时，主汽阀前蒸汽参数已经很低，要进行超速试验就必须通过关小调节汽阀来提高调节汽阀前压力。当压力升高后蒸汽的过热度更低，有可能使新蒸汽温度低于对应压力下的饱和温度，致使蒸汽带水，造成汽轮机水冲击事故，所以规定大机组滑参数停机过程中不得进行超速试验。

Jf1F3151　发电机甩负荷到零，汽轮机将有哪几种现象？

答：发电机甩负荷到零，汽轮机将有如下现象：

（1）汽轮机主汽阀关闭，发电机未与电网解列，转速不变。

（2）发电机与电网解列，汽轮机调节系统正常，能维持空负荷运行，转速上升又下降到一定值。

（3）发电机与电网解列，汽轮机调节系统不能维持空负荷运行，危急保安器动作，转速上升后又下降。

（4）发电机与电网解列，汽轮机调节系统不能维持空负荷运行，危急保安器拒绝动作，造成汽轮机严重超速。

Jf1F5152　汽轮机运行方式优化的目的是什么？具体可分为哪几方面？

答：汽轮机运行方式优化的目的是为了保证机组的安全、经济运行。具体可分为以下三个方面：

（1）确保汽轮机设计寿命，或使其使用寿命延长。

（2）机组启、停灵活性及负荷相应能力。

（3）最佳的运行经济性。

4.2 技能操作试题

4.2.1 单项操作

行业：电力工程　　工种：汽轮机运行值班员　　等级：初

<table>
<tr><td colspan="2">编　　号</td><td>C05A001</td><td>行为领域</td><td>e</td><td>鉴定范围</td><td>1</td></tr>
<tr><td colspan="2">考核时限</td><td>10min</td><td>题　　型</td><td>A</td><td>题　　分</td><td>20</td></tr>
<tr><td colspan="2">试题正文</td><td colspan="5">备用凝结水泵启动前检查及启动操作</td></tr>
<tr><td colspan="2">其他需要说明的问题和要求</td><td colspan="5">一、现场就地操作演示，不得触动运行设备
二、现场就地实际操作，必须遵守下列原则
1. 必须请示有关领导同意，并在认真监视下进行
2. 万一遇到生产事故，立即中止考核，退出现场
3. 若操作引起异常情况，则立即中止操作，恢复原状</td></tr>
<tr><td colspan="2">工具、材料、设备、场地</td><td colspan="5">现场设备</td></tr>
<tr><td rowspan="15">评分标准</td><td>序号</td><td colspan="2">项 目 名 称</td><td>质量要求</td><td>满分</td><td>扣　　分</td></tr>
<tr><td>1</td><td colspan="2">启动前检查</td><td rowspan="8">检查项目不能有遗漏，操作要规范</td><td rowspan="8">10</td><td rowspan="8">差一项扣2分，直至扣完为止</td></tr>
<tr><td>1.1</td><td colspan="2">检查电动机上轴承油位正常</td></tr>
<tr><td>1.2</td><td colspan="2">凝结水泵进、出口门开足</td></tr>
<tr><td>1.3</td><td colspan="2">凝结水泵轴封水门开足</td></tr>
<tr><td>1.4</td><td colspan="2">凝结水泵轴承冷却水进、出口门开足</td></tr>
<tr><td>1.5</td><td colspan="2">凝结水泵空气门开足</td></tr>
<tr><td>1.6</td><td colspan="2">轴封水流量或压力正常</td></tr>
<tr><td>1.7</td><td colspan="2">电动机轴承冷却水进、出口门开足</td></tr>
<tr><td>2</td><td colspan="2">凝结水泵启动及检查</td><td rowspan="6">按规程操作，且操作规范，顺序正确，不能有漏项</td><td rowspan="6">10</td><td rowspan="6">差一项扣2分，直至扣完为止</td></tr>
<tr><td>2.1</td><td colspan="2">按启动按钮，检查电流正常</td></tr>
<tr><td>2.2</td><td colspan="2">凝结水泵出口压力指示正常</td></tr>
<tr><td>2.3</td><td colspan="2">凝结水泵推力轴承温度指示正常</td></tr>
<tr><td>2.4</td><td colspan="2">电动机及泵运行正常（平稳、不振动）</td></tr>
<tr><td>2.5</td><td colspan="2">轴封泄漏正常</td></tr>
</table>

<table>
<tr><td>编　号</td><td>C05A002</td><td>行为领域</td><td>e</td><td>鉴定范围</td><td colspan="2">2</td></tr>
<tr><td>考核时限</td><td>10min</td><td>题　型</td><td>A</td><td>题　分</td><td colspan="2">20</td></tr>
<tr><td>试题正文</td><td colspan="6">凝结水泵停运隔离操作</td></tr>
<tr><td>其他需要说明的问题和要求</td><td colspan="6">一、现场就地操作演示，不得触动运行设备
二、现场就地实际操作，必须遵守下列原则
1. 必须请示有关领导同意，并在认真监视下进行
2. 万一遇到生产事故，立即中止考核，退出现场
3. 若操作引起异常情况，则立即中止操作，恢复原状</td></tr>
<tr><td>工具、材料、设备、场地</td><td colspan="6">现场设备</td></tr>
<tr><td rowspan="8">评分标准</td><td>序号</td><td colspan="2">项 目 名 称</td><td>质量要求</td><td>满分</td><td>扣　分</td></tr>
<tr><td>1</td><td colspan="2">确认所需停止、隔离的凝结水泵在停用状态</td><td rowspan="7">按规程正确操作，且操作规范，顺序正确，不能有漏项</td><td rowspan="7">20</td><td rowspan="7">操作顺序颠倒扣 4 分，漏一项扣 3 分，误操作扣 20 分</td></tr>
<tr><td>2</td><td colspan="2">关闭凝结水泵出口门及密封水门</td></tr>
<tr><td>3</td><td colspan="2">关闭空气门</td></tr>
<tr><td>4</td><td colspan="2">关闭轴承冷却水，进、出口门</td></tr>
<tr><td>5</td><td colspan="2">关闭凝结水泵轴封水阀门</td></tr>
<tr><td>6</td><td colspan="2">电动阀门拉电</td></tr>
<tr><td>7</td><td colspan="2">隔离凝结水泵，电动机拉电</td></tr>
</table>

行业：电力工程　　工种：汽轮机运行值班员　　　　等级：初

<table>
<tr><td>编　　号</td><td>C05A003</td><td>行为领域</td><td colspan="2">e</td><td>鉴定范围</td><td>1</td></tr>
<tr><td>考核时限</td><td>10min</td><td>题　　型</td><td colspan="2">A</td><td>题　　分</td><td>20</td></tr>
<tr><td>试题正文</td><td colspan="6">真空泵启动前检查操作</td></tr>
<tr><td>其他需要说明的问题和要求</td><td colspan="6">一、现场就地操作演示，不得触动运行设备
二、现场就地实际操作，必须遵守下列原则
1. 必须请示有关领导同意，并在认真监视下进行
2. 万一遇到生产事故，立即中止考核，退出现场
3. 若操作引起异常情况，则立即中止操作，恢复原状</td></tr>
<tr><td>工具、材料、设备、场地</td><td colspan="6">现场设备</td></tr>
<tr><td rowspan="7">评分标准</td><td>序号</td><td colspan="2">项 目 名 称</td><td>质量要求</td><td>满分</td><td>扣　　分</td></tr>
<tr><td>1</td><td colspan="2">开足真空泵冷却器的冷却水进、出水门</td><td rowspan="6">按规程正确操作，且操作规范，顺序正确，不能有漏项</td><td rowspan="6">20</td><td rowspan="6">操作顺序颠倒扣4分，漏一项扣4分，误操作扣20分</td></tr>
<tr><td>2</td><td colspan="2">关闭真空泵泵体真空破坏门</td></tr>
<tr><td>3</td><td colspan="2">关闭气水分离器放水门</td></tr>
<tr><td>4</td><td colspan="2">确认气水分离器自动升水门在开启状态，开足前、后隔离门，确认气水分离器自动补水至正常水位</td></tr>
<tr><td>5</td><td colspan="2">开足真空泵进口空气隔离门</td></tr>
<tr><td>6</td><td colspan="2">检查真空泵各抽气蝶阀位置，指示正确</td></tr>
</table>

行业：电力工程　　工种：汽轮机运行值班员　　　　等级：初

<table>
<tr><td>编　　号</td><td>C05A004</td><td>行为领域</td><td>e</td><td>鉴定范围</td><td colspan="2">1、2</td></tr>
<tr><td>考核时限</td><td>10min</td><td>题　　型</td><td>A</td><td>题　　分</td><td colspan="2">20</td></tr>
<tr><td>试题正文</td><td colspan="6">切换发电机定子冷却水泵操作</td></tr>
<tr><td>其他需要说明的问题和要求</td><td colspan="6">一、现场就地操作演示，不得触动运行设备
二、现场就地实际操作，必须遵守下列原则
1. 必须请示有关领导同意，并在认真监视下进行
2. 万一遇到生产事故，立即中止考核，退出现场
3. 若操作引起异常情况，则立即中止操作，恢复原状</td></tr>
<tr><td>工具、材料、设备、场地</td><td colspan="6">现场设备</td></tr>
<tr><td rowspan="6">评分标准</td><td>序号</td><td colspan="2">项 目 名 称</td><td>质量要求</td><td>满分</td><td>扣　　分</td></tr>
<tr><td>1</td><td colspan="2">备用泵轴承油位正常</td><td rowspan="5">按规程正确操作，且操作规范，顺序正确，不能有漏项</td><td rowspan="5">20</td><td rowspan="5">操作顺序颠倒扣5分，漏一项扣4分，误操作扣20分</td></tr>
<tr><td>2</td><td colspan="2">开足备用泵进口门</td></tr>
<tr><td>3</td><td colspan="2">启动备用泵，确认电流、出口压力正常，泵及电动机运行平稳，轴承、轴封电动机不发热</td></tr>
<tr><td>4</td><td colspan="2">停用原运行泵。检查水泵不倒转，定子水压力和流量符合规程规定，否则，应作调整</td></tr>
<tr><td>5</td><td colspan="2">将停用水泵投入联动备用</td></tr>
</table>

行业：电力工程　　工种：汽轮机运行值班员　　　　等级：初

<table>
<tr><td>编　　号</td><td colspan="2">C05A005</td><td>行为领域</td><td>e</td><td>鉴定范围</td><td>3</td></tr>
<tr><td>考核时限</td><td colspan="2">10min</td><td>题　　型</td><td>A</td><td>题　　分</td><td>20</td></tr>
<tr><td>试题正文</td><td colspan="6">发电机一次冷却水（内冷水）滤器清洗操作</td></tr>
<tr><td>其他需要说明的问题和要求</td><td colspan="6">一、现场就地操作演示，不得触动运行设备
二、现场就地实际操作，必须遵守下列原则
1. 必须请示有关领导同意，并在认真监视下进行
2. 万一遇到生产事故，立即中止考核，退出现场
3. 若操作引起异常情况，则立即中止操作，恢复原状</td></tr>
<tr><td>工具、材料、设备、场地</td><td colspan="6">现场设备</td></tr>
<tr><td rowspan="9">评分标准</td><td>序号</td><td colspan="2">项 目 名 称</td><td>质量要求</td><td>满分</td><td>扣　　分</td></tr>
<tr><td>1</td><td colspan="2">清洗前必须与司机联系</td><td rowspan="8">按规程正确操作，且操作规范，顺序正确，不能有漏项</td><td rowspan="8">20</td><td rowspan="8">操作顺序颠倒扣5分，漏一项扣3分，误操作扣20分</td></tr>
<tr><td>2</td><td colspan="2">确定不清洗的一组冷却水滤器运行正常</td></tr>
<tr><td>3</td><td colspan="2">关闭清洗一组冷却水滤器进、出水门，检查冷却水系统运行正常</td></tr>
<tr><td>4</td><td colspan="2">开启空气门和放水门</td></tr>
<tr><td>5</td><td colspan="2">取出滤网，用合格的凝结水清洗，检查滤网完好</td></tr>
<tr><td>6</td><td colspan="2">放置滤网正常，关闭放水门</td></tr>
<tr><td>7</td><td colspan="2">缓慢开启进水门，将空气放尽后，关闭空气门</td></tr>
<tr><td>8</td><td colspan="2">缓慢开启出水门，汇报司机，清洗结束</td></tr>
</table>

行业：电力工程　　工种：汽轮机运行值班员　　等级：初

<table>
<tr><td>编　　号</td><td colspan="2">C05A006</td><td>行为领域</td><td>e</td><td>鉴定范围</td><td>1</td></tr>
<tr><td>考核时限</td><td colspan="2">20min</td><td>题　　型</td><td>A</td><td>题　　分</td><td>20</td></tr>
<tr><td>试题正文</td><td colspan="6">汽轮机组运行中单只冷油器投入操作</td></tr>
<tr><td>其他需要说明的问题和要求</td><td colspan="6">一、现场就地操作演示，不得触动运行设备
二、现场就地实际操作，必须遵守下列原则
1. 必须请示有关领导同意，并在认真监视下进行
2. 万一遇到生产事故，立即中止考核，退出现场
3. 若操作引起异常情况，则立即中止操作，恢复原状</td></tr>
<tr><td>工具、材料、设备、场地</td><td colspan="6">现场设备</td></tr>
<tr><td rowspan="11">评分标准</td><td>序号</td><td colspan="2">项 目 名 称</td><td>质量要求</td><td>满分</td><td>扣　　分</td></tr>
<tr><td>1</td><td colspan="2">检查冷油器放油门关闭</td><td rowspan="10">按规程正确操作，且操作规范，顺序正确，不能有漏项</td><td rowspan="10">20</td><td rowspan="10">操作顺序颠倒扣5分，漏一项扣2分，误操作扣20分</td></tr>
<tr><td>2</td><td colspan="2">微开冷油器进油门</td></tr>
<tr><td>3</td><td colspan="2">开启油侧空气门，确定空气放尽后关闭</td></tr>
<tr><td>4</td><td colspan="2">开启进油门</td></tr>
<tr><td>5</td><td colspan="2">缓慢开启冷油器出油门，注意油压正常</td></tr>
<tr><td>6</td><td colspan="2">微开冷油器冷却水进水门</td></tr>
<tr><td>7</td><td colspan="2">开启水侧空气门，放尽空气后关闭</td></tr>
<tr><td>8</td><td colspan="2">全开冷油器冷却水进水门</td></tr>
<tr><td>9</td><td colspan="2">调节出水门</td></tr>
<tr><td>10</td><td colspan="2">检查冷油器出口油温正常。冷油器温度调节至规定范围</td></tr>
</table>

行业：电力工程　　工种：汽轮机运行值班员　　　等级：初

<table>
<tr><td>编　　号</td><td>C05A007</td><td>行为领域</td><td>e</td><td>鉴定范围</td><td colspan="2">2</td></tr>
<tr><td>考核时限</td><td>20min</td><td>题　　型</td><td>A</td><td>题　　分</td><td colspan="2">20</td></tr>
<tr><td>试题正文</td><td colspan="6">汽轮机组运行中单只冷油器退出操作</td></tr>
<tr><td>其他需要说明的问题和要求</td><td colspan="6">一、在仿真机上操作时，必须按仿真机的有关规定和要求进行操作
二、现场就地操作演示，不得触动运行设备
三、现场就地实际操作，必须遵守下列原则
1. 必须请示有关领导同意，并在认真监视下进行
2. 万一遇到生产事故，立即中止考核，退出现场
3. 若操作引起异常情况，则立即中止操作，恢复原状</td></tr>
<tr><td>工具、材料、设备、场地</td><td colspan="6">1. 仿真机
2. 现场设备</td></tr>
<tr><td rowspan="9">评分标准</td><td>序号</td><td colspan="2">项 目 名 称</td><td>质量要求</td><td>满分</td><td>扣　　分</td></tr>
<tr><td>1</td><td colspan="2">确定要退出以外的冷油器运行正常</td><td rowspan="8">按规程正确操作，且操作规范，顺序正确，不能有漏项</td><td rowspan="8">20</td><td rowspan="8">操作顺序颠倒扣 5 分，漏一项扣 3 分，误操作扣 20 分</td></tr>
<tr><td>2</td><td colspan="2">在操作中严格监视油压、油温正常</td></tr>
<tr><td>3</td><td colspan="2">缓慢关闭冷油器出油门，注意油压</td></tr>
<tr><td>4</td><td colspan="2">关闭冷油器进油门</td></tr>
<tr><td>5</td><td colspan="2">关闭冷油器空气门</td></tr>
<tr><td>6</td><td colspan="2">关闭冷油器冷却水进水门</td></tr>
<tr><td>7</td><td colspan="2">关闭冷油器冷却水出水门</td></tr>
<tr><td>8</td><td colspan="2">检查油压、油温正常</td></tr>
</table>

行业：电力工程　　工种：汽轮机运行值班员　　　　等级：初

<table>
<tr><td colspan="2">编　　号</td><td>C05A008</td><td>行为领域</td><td>e</td><td>鉴定范围</td><td>3</td></tr>
<tr><td colspan="2">考核时限</td><td>10min</td><td>题　　型</td><td>A</td><td>题　　分</td><td>20</td></tr>
<tr><td colspan="2">试题正文</td><td colspan="5">发电机水箱换水操作</td></tr>
<tr><td colspan="2">其他需要说明的问题和要求</td><td colspan="5">一、在仿真机上操作时，必须按仿真机的有关规定和要求进行操作
二、现场就地操作演示，不得触动运行设备
三、现场就地实际操作，必须遵守下列原则
1. 必须请示有关领导同意，并在认真监视下进行
2. 万一遇到生产事故，立即中止考核，退出现场
3. 若操作引起异常情况，则立即中止操作，恢复原状</td></tr>
<tr><td colspan="2">工具、材料、设备、场地</td><td colspan="5">1. 仿真机
2. 现场设备</td></tr>
<tr><td rowspan="7">评分标准</td><td>序号</td><td colspan="2">项 目 名 称</td><td>质量要求</td><td>满分</td><td>扣　　分</td></tr>
<tr><td>1</td><td colspan="2">按化学要求进行发电机水箱换水</td><td rowspan="6">按规程正确操作，且操作规范，顺序正确，不能有漏项</td><td rowspan="6">20</td><td rowspan="6">操作顺序颠倒扣5分，漏一项扣4分，误操作扣20分</td></tr>
<tr><td>2</td><td colspan="2">发电机水箱换水必须与监盘值班员联系</td></tr>
<tr><td>3</td><td colspan="2">关闭发电机水箱补水门</td></tr>
<tr><td>4</td><td colspan="2">缓慢开启发电机水箱放水门，待水位至规定值（按电厂规程），关闭放水门</td></tr>
<tr><td>5</td><td colspan="2">开启发电机水箱补水门至正常水位</td></tr>
<tr><td>6</td><td colspan="2">汇报监盘值班员发电机水箱换水工作结束</td></tr>
</table>

行业：电力工程　　工种：汽轮机运行值班员　　　　等级：初

编　　号	C05A009	行为领域	e	鉴定范围	3
考核时限	20min	题　　型	A	题　　分	20
试题正文	运行中凝汽器半面隔离查漏或清洗操作				
其他需要说明的问题和要求	一、现场就地操作演示，不得触动运行设备 二、现场就地实际操作，必须遵守下列原则 1. 必须请示有关领导同意，并在认真监视下进行 2. 万一遇到生产事故，立即中止考核，退出现场 3. 若操作引起异常情况，则立即中止操作，恢复原状				
工具、材料、设备、场地	现场设备				

评分标准	序号	项 目 名 称	质量要求	满分	扣　　分
	1	降低负荷	按规程正确操作，且操作规范，顺序正确，不能有漏项	20	操作顺序颠倒扣5分，漏一项扣3分，误操作扣20分
	2	关闭停用一侧汽侧空气门			
	3	增加运行一侧冷却水量（母管制机组）			
	4	关闭停用一侧的凝汽器的进、出水门			
	5	打开清洗侧进水门及放水门			
	6	放完水，真空稳定后，打开人孔门进行查漏或清洗			
	7	查漏或清洗结束后关闭入孔口，进行恢复操作			

行业：电力工程　　工种：汽轮机运行值班员　　　等级：初

<table>
<tr><td>编　　号</td><td>C05A010</td><td>行为领域</td><td>e</td><td>鉴定范围</td><td>2</td></tr>
<tr><td>考核时限</td><td>15min</td><td>题　　型</td><td>A</td><td>题　　分</td><td>20</td></tr>
<tr><td>试题正文</td><td colspan="5">单只发电机水冷却器退出操作</td></tr>
<tr><td>其他需要说明的问题和要求</td><td colspan="5">一、在仿真机上操作时，必须按仿真机的有关规定和要求进行操作
二、现场就地操作演示，不得触动运行设备
三、现场就地实际操作，必须遵守下列原则
1. 必须请示有关领导同意，并在认真监视下进行
2. 万一遇到生产事故，立即中止考核，退出现场
3. 若操作引起异常情况，则立即中止操作，恢复原状</td></tr>
<tr><td>工具、材料、设备、场地</td><td colspan="5">1. 仿真机
2. 现场设备</td></tr>
<tr><td rowspan="7">评分标准</td><td>序号</td><td>项 目 名 称</td><td>质量要求</td><td>满分</td><td>扣　　分</td></tr>
<tr><td>1</td><td>确定除要退出之外的其他发电机水冷却器运行正常</td><td rowspan="6">按规程正确操作，且操作规范，顺序正确，不能有漏项</td><td rowspan="6">20</td><td rowspan="6">操作顺序颠倒扣 5 分，漏一项扣 4 分，误操作扣 20 分</td></tr>
<tr><td>2</td><td>操作中严格监视水压、水温正常</td></tr>
<tr><td>3</td><td>缓慢关闭发电机水冷却器出水门，注意水压</td></tr>
<tr><td>4</td><td>关闭发电机水冷却器进水门</td></tr>
<tr><td>5</td><td>关闭发电机水冷却器二次水（冷却水）进水门</td></tr>
<tr><td>6</td><td>关闭发电机水冷器二次水（冷却水）出水门</td></tr>
</table>

行业：电力工程　　工种：汽轮机运行值班员　　　等级：初

<table>
<tr><td>编　　号</td><td>C05A011</td><td>行为领域</td><td>e</td><td>鉴定范围</td><td colspan="2">1</td></tr>
<tr><td>考核时限</td><td>15min</td><td>题　　型</td><td>A</td><td>题　　分</td><td colspan="2">20</td></tr>
<tr><td>试题正文</td><td colspan="6">单只发电机水冷却器投用操作</td></tr>
<tr><td>其他需要说明的问题和要求</td><td colspan="6">一、在仿真机上操作时，必须按仿真机的有关规定和要求进行操作
二、现场就地操作演示，不得触动运行设备
三、现场就地实际操作，必须遵守下列原则
1. 必须请示有关领导同意，并在认真监视下进行
2. 万一遇到生产事故，立即中止考核，退出现场
3. 若操作引起异常情况，则立即中止操作，恢复原状</td></tr>
<tr><td>工具、材料、设备、场地</td><td colspan="6">1. 仿真机
2. 现场设备</td></tr>
<tr><td rowspan="9">评分标准</td><td>序号</td><td colspan="2">项 目 名 称</td><td>质量要求</td><td>满分</td><td>扣　　分</td></tr>
<tr><td>1</td><td colspan="2">检查发电机水冷却器放水门关闭</td><td rowspan="8">按规程正确操作，且操作规范，顺序正确，不能有漏项</td><td rowspan="8">20</td><td rowspan="8">操作顺序颠倒扣 5 分，漏一项扣 3 分，误操作扣 20 分</td></tr>
<tr><td>2</td><td colspan="2">微开发电机水冷却器进水门</td></tr>
<tr><td>3</td><td colspan="2">开启发电机水冷却器空气门，放尽空气，关闭空气门</td></tr>
<tr><td>4</td><td colspan="2">开启发电机水冷却器进水门</td></tr>
<tr><td>5</td><td colspan="2">缓慢开启发电机水冷却器出水门，注意水温、水压正常</td></tr>
<tr><td>6</td><td colspan="2">开启发电机水冷却器二次水（冷却水）进水门</td></tr>
<tr><td>7</td><td colspan="2">调节发电机水冷却器二次水（冷却水）出水门</td></tr>
<tr><td>8</td><td colspan="2">检查发电机冷却水水温、水压正常</td></tr>
</table>

行业：电力工程　　工种：汽轮机运行值班员　　等级：初/中

<table>
<tr><td>编　　号</td><td>C54A012</td><td>行为领域</td><td>e</td><td>鉴定范围</td><td>3</td></tr>
<tr><td>考核时限</td><td>20min</td><td>题　　型</td><td>A</td><td>题　　分</td><td>20</td></tr>
<tr><td>试题正文</td><td colspan="5">凝汽器胶球清洗投用操作</td></tr>
<tr><td>其他需要说明的问题和要求</td><td colspan="5">一、在仿真机上操作时，必须按仿真机的有关规定和要求进行操作
二、现场就地操作演示，不得触动运行设备
三、现场就地实际操作，必须遵守下列原则
1. 必须请示有关领导同意，并在认真监视下进行
2. 万一遇到生产事故，立即中止考核，退出现场
3. 若操作引起异常情况，则立即中止操作，恢复原状</td></tr>
<tr><td>工具、材料、设备、场地</td><td colspan="5">1. 仿真机
2. 现场设备</td></tr>
</table>

<table>
<tr><td rowspan="7">评分标准</td><td>序号</td><td>项目名称</td><td>质量要求</td><td>满分</td><td>扣　　分</td></tr>
<tr><td>1</td><td>清洗前应与司机联系</td><td rowspan="6">按规程正确操作，且操作规范，顺序正确，不能有漏项</td><td rowspan="6">20</td><td rowspan="6">操作顺序颠倒扣5分，漏一项扣4分，误操作扣20分</td></tr>
<tr><td>2</td><td>检查胶球大滤网、小滤网在收球位置</td></tr>
<tr><td>3</td><td>检查胶球清洗装置系统阀门位置正常</td></tr>
<tr><td>4</td><td>按电厂规程规定在胶球室内加入一定数量的胶球</td></tr>
<tr><td>5</td><td>将胶球室切换手柄切至清洗位置，启动胶球泵，检查监视室内胶球流动正常</td></tr>
<tr><td>6</td><td>胶球清洗时间按电厂规程</td></tr>
</table>

行业：电力工程　　工种：汽轮机运行值班员　　等级：初/中

<table>
<tr><td>编　　号</td><td>C54A013</td><td>行为领域</td><td>e</td><td>鉴定范围</td><td>3</td></tr>
<tr><td>考核时限</td><td>10min</td><td>题　　型</td><td>A</td><td>题　　分</td><td>20</td></tr>
<tr><td>试题正文</td><td colspan="5">凝汽器胶球装置收球操作</td></tr>
<tr><td>其他需要说明的问题和要求</td><td colspan="5">一、在仿真机上操作时，必须按仿真机的有关规定和要求进行操作
二、现场就地操作演示，不得触动运行设备
三、现场就地实际操作，必须遵守下列原则
1. 必须请示有关领导同意，并在认真监视下进行
2. 万一遇到生产事故，立即中止考核，退出现场
3. 若操作引起异常情况，则立即中止操作，恢复原状</td></tr>
<tr><td>工具、材料、设备、场地</td><td colspan="5">1. 仿真机
2. 现场设备</td></tr>
</table>

<table>
<tr><td rowspan="6">评分标准</td><td>序号</td><td>项 目 名 称</td><td>质量要求</td><td>满分</td><td>扣　　分</td></tr>
<tr><td>1</td><td>将胶球室手柄切换至收球位置，检查胶球陆续进入胶球室</td><td rowspan="5">按规程正确操作，且操作规范，顺序正确，不能有漏项</td><td rowspan="5">20</td><td rowspan="5">操作顺序颠倒扣5分，漏一项扣4分，误操作扣20分</td></tr>
<tr><td>2</td><td>收球时间按电厂规程确定</td></tr>
<tr><td>3</td><td>关闭胶球泵出水门，停用胶球泵</td></tr>
<tr><td>4</td><td>关闭胶球室出水门，开启空气门及放水门</td></tr>
<tr><td>5</td><td>清点胶球，计算胶球回收率，作好记录</td></tr>
</table>

行业：电力工程　　工种：汽轮机运行值班员　　等级：初/中

<table>
<tr><td>编　　号</td><td>C54A014</td><td>行为领域</td><td>e</td><td>鉴定范围</td><td colspan="2">2</td></tr>
<tr><td>考核时限</td><td>15min</td><td>题　　型</td><td>A</td><td>题　　分</td><td colspan="2">20</td></tr>
<tr><td>试题正文</td><td colspan="6">汽轮机转子停转后的操作</td></tr>
<tr><td>其他需要说明的问题和要求</td><td colspan="6">一、在仿真机上操作时，必须按仿真机的有关规定和要求进行操作
二、现场就地操作演示，不得触动运行设备
三、现场就地实际操作，必须遵守下列原则
1. 必须请示有关领导同意，并在认真监视下进行
2. 万一遇到生产事故，立即中止考核，退出现场
3. 若操作引起异常情况，则立即中止操作，恢复原状</td></tr>
<tr><td>工具、材料、设备、场地</td><td colspan="6">1. 仿真机
2. 现场设备</td></tr>
<tr><td rowspan="6">评分标准</td><td>序号</td><td colspan="2">项 目 名 称</td><td>质量要求</td><td>满分</td><td>扣　　分</td></tr>
<tr><td>1</td><td colspan="2">投入连续盘车</td><td rowspan="5">按规程正确操作，且操作规范，顺序正确，不能有漏项</td><td rowspan="5">20</td><td rowspan="5">操作顺序颠倒扣5分，漏一项扣4分，误操作扣20分</td></tr>
<tr><td>2</td><td colspan="2">测量大轴弯曲</td></tr>
<tr><td>3</td><td colspan="2">低压缸排汽温度低于 50℃时，关闭凝汽器进水门</td></tr>
<tr><td>4</td><td colspan="2">根据需要，清扫凝汽器管板</td></tr>
<tr><td>5</td><td colspan="2">根据规程要求停用有关辅机、辅助设备</td></tr>
</table>

行业：电力工程　　工种：汽轮机运行值班员　　等级：初/中

<table>
<tr><td colspan="2">编　号</td><td>C54A015</td><td>行为领域</td><td>e</td><td>鉴定范围</td><td>2</td></tr>
<tr><td colspan="2">考核时限</td><td>10min</td><td>题　型</td><td>A</td><td>题　分</td><td>20</td></tr>
<tr><td colspan="2">试题正文</td><td colspan="5">单只高压加热器汽侧解列操作</td></tr>
<tr><td colspan="2">其他需要说明的问题和要求</td><td colspan="5">一、在仿真机上操作时，必须按仿真机的有关规定和要求进行操作
二、现场就地操作演示，不得触动运行设备
三、现场就地实际操作，必须遵守下列原则
1. 必须请示有关领导同意，并在认真监视下进行
2. 万一遇到生产事故，立即中止考核，退出现场
3. 若操作引起异常情况，则立即中止操作，恢复原状</td></tr>
<tr><td colspan="2">工具、材料、设备、场地</td><td colspan="5">1. 仿真机
2. 现场设备</td></tr>
<tr><td rowspan="4">评分标准</td><td>序号</td><td colspan="2">项目名称</td><td>质量要求</td><td>满分</td><td>扣　分</td></tr>
<tr><td>1</td><td colspan="2">关闭高压加热器至除氧器连续排汽门</td><td rowspan="3">按规程正确操作，且操作规范，顺序正确，不能有漏项</td><td rowspan="3">20</td><td rowspan="3">操作顺序颠倒扣10分，漏一项扣7分，误操作扣20分</td></tr>
<tr><td>2</td><td colspan="2">缓慢关闭高压加热器进汽门</td></tr>
<tr><td>3</td><td colspan="2">高压加热器放水</td></tr>
</table>

行业：电力工程　　工种：汽轮机运行值班员　　等级：初/中

<table>
<tr><td>编　　号</td><td>C54A016</td><td>行为领域</td><td>e</td><td>鉴定范围</td><td>3</td></tr>
<tr><td>考核时限</td><td>10min</td><td>题　　型</td><td>A</td><td>题　　分</td><td>20</td></tr>
<tr><td>试题正文</td><td colspan="5">300MW 汽轮机抗燃油系统蓄能器测氮气压力操作</td></tr>
<tr><td>其他需要说明的问题和要求</td><td colspan="5">一、现场就地操作演示，不得触动运行设备
二、现场就地实际操作，必须遵守下列原则
1. 必须请示有关领导同意，并在认真监视下进行
2. 万一遇到生产事故，立即中止考核，退出现场
3. 若操作引起异常情况，则立即中止操作，恢复原状</td></tr>
<tr><td>工具、材料、设备、场地</td><td colspan="5">现场设备</td></tr>
<tr><td rowspan="6">评
分
标
准</td><td>序号</td><td>项 目 名 称</td><td>质量要求</td><td>满分</td><td>扣　　分</td></tr>
<tr><td>1</td><td>缓慢关闭所需检测蓄能器的进油门</td><td rowspan="5">按规程正确操作，且操作规范，顺序正确，不能有漏项</td><td rowspan="5">20</td><td rowspan="5">操作顺序颠倒扣 5 分，漏一项扣 4 分，误操作扣 20 分</td></tr>
<tr><td>2</td><td>缓慢开足蓄能器放油门。注意 EH 油系统压力不下跌</td></tr>
<tr><td>3</td><td>观察所隔绝蓄能器压力表指示。待压力表指示稳定后，记录读数</td></tr>
<tr><td>4</td><td>关闭放油门，缓慢开启蓄能器进油门，当蓄能器内部压力与系统压力一致后开足进油门</td></tr>
<tr><td>5</td><td>如果蓄能器内部氮气压力低于 8MPa，严禁投入此蓄能器，应对蓄能器冲氮至规定值</td></tr>
</table>

行业：电力工程　　工种：汽轮机运行值班员　　等级：初/中

<table>
<tr><td>编　　号</td><td>C54A017</td><td>行为领域</td><td>e</td><td>鉴定范围</td><td colspan="2">2</td></tr>
<tr><td>考核时限</td><td>10min</td><td>题　　型</td><td>A</td><td>题　　分</td><td colspan="2">20</td></tr>
<tr><td>试题正文</td><td colspan="6">发电机空侧密封油滤网隔离操作</td></tr>
<tr><td>其他需要说明的问题和要求</td><td colspan="6">一、现场就地操作演示，不得触动运行设备
二、现场就地实际操作，必须遵守下列原则
1. 必须请示有关领导同意，并在认真监视下进行
2. 万一遇到生产事故，立即中止考核，退出现场
3. 若操作引起异常情况，则立即中止操作，恢复原状</td></tr>
<tr><td>工具、材料、设备、场地</td><td colspan="6">现场设备</td></tr>
<tr><td rowspan="5">评
分
标
准</td><td>序号</td><td colspan="2">项 目 名 称</td><td>质量要求</td><td>满分</td><td>扣　　分</td></tr>
<tr><td>1</td><td colspan="2">确认另一组密封油滤网投入运行，缓慢关闭所需隔绝滤网进油门</td><td rowspan="4">按规程正确操作，且操作规范，顺序正确，不能有漏项</td><td rowspan="4">20</td><td rowspan="4">操作顺序颠倒扣10分，漏一项扣5分，误操作扣20分</td></tr>
<tr><td>2</td><td colspan="2">密切注意空气侧密封油压力，如下降，则仍应开启</td></tr>
<tr><td>3</td><td colspan="2">关闭所隔离滤网的出油门</td></tr>
<tr><td>4</td><td colspan="2">根据需要开启滤网放油门</td></tr>
</table>

行业：电力工程　　工种：汽轮机运行值班员　　等级：初/中

<table>
<tr><td>编　　号</td><td>C54A018</td><td>行为领域</td><td>e</td><td>鉴定范围</td><td>6</td></tr>
<tr><td>考核时限</td><td>10min</td><td>题　　型</td><td>A</td><td>题　　分</td><td>20</td></tr>
<tr><td>试题正文</td><td colspan="5">汽动给水泵润滑油泵低油压联动试验</td></tr>
<tr><td>其他需要说明的问题和要求</td><td colspan="5">一、在仿真机上操作时，必须按仿真机的有关规定和要求进行操作
二、现场就地操作演示，不得触动运行设备
三、现场就地实际操作，必须遵守下列原则
1. 必须请示有关领导同意，并在认真监视下进行
2. 万一遇到生产事故，立即中止考核，退出现场
3. 若操作引起异常情况，则立即中止操作，恢复原状</td></tr>
<tr><td>工具、材料、设备、场地</td><td colspan="5">1. 仿真机
2. 现场设备</td></tr>
</table>

<table>
<tr><td rowspan="7">评分标准</td><td>序号</td><td>项目名称</td><td>质量要求</td><td>满分</td><td>扣　　分</td></tr>
<tr><td>1</td><td>确认运行油泵及备用泵运行正常，备用泵连锁投入</td><td rowspan="6">按规程正确操作，且操作规范，顺序正确，不能有漏项</td><td rowspan="6">20</td><td rowspan="6">操作顺序颠倒扣5分，漏一项扣4分，误操作扣20分</td></tr>
<tr><td>2</td><td>关闭试验进油门</td></tr>
<tr><td>3</td><td>缓慢开启试验放油门，当油压缓慢下降至联动值时，备用油泵联动、运转及油压正常</td></tr>
<tr><td>4</td><td>关闭试验放油门</td></tr>
<tr><td>5</td><td>开足试验进油门，油压试验模块上压力表指示正常</td></tr>
<tr><td>6</td><td>停用联动油泵，注意运行油泵正常</td></tr>
</table>

行业：电力工程　　工种：汽轮机运行值班员　　等级：初/中

<table>
<tr><td>编　号</td><td>C54A019</td><td>行为领域</td><td>e</td><td>鉴定范围</td><td>6</td></tr>
<tr><td>考核时限</td><td>15min</td><td>题　型</td><td>A</td><td>题　分</td><td>20</td></tr>
<tr><td>试题正文</td><td colspan="5">低水压启动备用给水泵校验</td></tr>
<tr><td>其他需要说明的问题和要求</td><td colspan="5">一、在仿真机上操作时，必须按仿真机的有关规定和要求进行操作
二、现场就地操作演示，不得触动运行设备
三、现场就地实际操作，必须遵守下列原则
1. 必须请示有关领导同意，并在认真监视下进行
2. 万一遇到生产事故，立即中止考核，退出现场
3. 若操作引起异常情况，则立即中止操作，恢复原状</td></tr>
<tr><td>工具、材料、设备、场地</td><td colspan="5">1. 仿真机
2. 现场设备</td></tr>
</table>

<table>
<tr><td rowspan="6">评分标准</td><td>序号</td><td>项目名称</td><td>质量要求</td><td>满分</td><td>扣　分</td></tr>
<tr><td>1</td><td>联系电气将给水泵 6kV 动力电源切除，控制电源送上</td><td rowspan="5">按规程正确操作，且操作规范，顺序正确，不能有漏项</td><td rowspan="5">20</td><td rowspan="5">操作顺序颠倒扣 5 分，漏一项扣 4 分，误操作扣 20 分</td></tr>
<tr><td>2</td><td>低水压启动备用给水泵，定值按电厂规程</td></tr>
<tr><td>3</td><td>启动备用给水泵的给油泵，检查正常</td></tr>
<tr><td>4</td><td>短接低水压指针，检查备用给水泵自启动正常，复置开关</td></tr>
<tr><td>5</td><td>将给水泵连锁开关放“退出”位置，停用给水泵和给油泵</td></tr>
</table>

行业：电力工程　　工种：汽轮机运行值班员　　等级：初/中

<table>
<tr><td colspan="2">编　号</td><td>C54A020</td><td colspan="2">行为领域</td><td>e</td><td>鉴定范围</td><td>6</td></tr>
<tr><td colspan="2">考核时限</td><td>15min</td><td colspan="2">题　型</td><td>A</td><td>题　分</td><td>20</td></tr>
<tr><td colspan="2">试题正文</td><td colspan="6">给油泵低油压联动校验</td></tr>
<tr><td colspan="2">其他需要说明的问题和要求</td><td colspan="6">一、在仿真机上操作时，必须按仿真机的有关规定和要求进行操作
二、现场就地操作演示，不得触动运行设备
三、现场就地实际操作，必须遵守下列原则
1. 必须请示有关领导同意，并在认真监视下进行
2. 万一遇到生产事故，立即中止考核，退出现场
3. 若操作引起异常情况，则立即中止操作，恢复原状</td></tr>
<tr><td colspan="2">工具、材料、设备、场地</td><td colspan="6">1. 仿真机
2. 现场设备</td></tr>
<tr><td rowspan="6">评分标准</td><td>序号</td><td colspan="2">项 目 名 称</td><td>质量要求</td><td>满分</td><td colspan="2">扣　分</td></tr>
<tr><td>1</td><td colspan="2">给油泵自启动定值按电厂规程执行</td><td rowspan="5">按规程正确操作，且操作规范，顺序正确，不能有漏项</td><td rowspan="5">20</td><td colspan="2" rowspan="5">操作顺序颠倒扣5分，漏一项扣4分，误操作扣20分</td></tr>
<tr><td>2</td><td colspan="2">启动给油泵，将给油泵保护定值按规程要求放好</td></tr>
<tr><td>3</td><td colspan="2">将给油泵联动开关放置“投入”位置</td></tr>
<tr><td>4</td><td colspan="2">停给油泵，检查自启动正常</td></tr>
<tr><td>5</td><td colspan="2">将给油泵联动开关放置“退出”位置，停用给油泵</td></tr>
</table>

<table>
<tr><td>编　　号</td><td colspan="2">C54A021</td><td>行为领域</td><td>e</td><td>鉴定范围</td><td>2</td></tr>
<tr><td>考核时限</td><td colspan="2">10min</td><td>题　　型</td><td>A</td><td>题　　分</td><td>20</td></tr>
<tr><td>试题正文</td><td colspan="6">调速给水泵停用操作</td></tr>
<tr><td>其他需要说明的问题和要求</td><td colspan="6">一、在仿真机上操作时，必须按仿真机的有关规定和要求进行操作
二、现场就地操作演示，不得触动运行设备
三、现场就地实际操作，必须遵守下列原则
1. 必须请示有关领导同意，并在认真监视下进行
2. 万一遇到生产事故，立即中止考核，退出现场
3. 若操作引起异常情况，则立即中止操作，恢复原状</td></tr>
<tr><td>工具、材料、设备、场地</td><td colspan="6">1. 仿真机
2. 现场设备</td></tr>
<tr><td rowspan="8">评分标准</td><td>序号</td><td colspan="2">项 目 名 称</td><td>质量要求</td><td>满分</td><td>扣　　分</td></tr>
<tr><td>1</td><td colspan="2">联系锅炉班长准备停用给水泵</td><td rowspan="7">按规程正确操作，且操作规范，顺序正确，不能有漏项</td><td rowspan="7">20</td><td rowspan="7">操作顺序颠倒扣5分，漏一项扣3分，误操作扣20分</td></tr>
<tr><td>2</td><td colspan="2">启动给油泵，检查正常</td></tr>
<tr><td>3</td><td colspan="2">逐渐降低给水泵转速、给水流量，当流量小于电厂运行规程定值时，给水泵再循环门自动打开（如不能自动开启，应手动打开）关闭给水泵出水门</td></tr>
<tr><td>4</td><td colspan="2">关闭锅炉再热器减温水门</td></tr>
<tr><td>5</td><td colspan="2">退出给水泵连锁开关，停用给水泵</td></tr>
<tr><td>6</td><td colspan="2">记录惰走时间</td></tr>
<tr><td>7</td><td colspan="2">给水泵停转后，按电厂规程，调整冷却水</td></tr>
</table>

行业：电力工程　　工种：汽轮机运行值班员　　等级：初/中

<table>
<tr><td>编　　号</td><td>C54A022</td><td>行为领域</td><td>e</td><td>鉴定范围</td><td>1</td></tr>
<tr><td>考核时限</td><td>10min</td><td>题　　型</td><td>A</td><td>题　　分</td><td>20</td></tr>
<tr><td>试题正文</td><td colspan="5">调速给水泵启动操作</td></tr>
<tr><td>其他需要说明的问题和要求</td><td colspan="5">一、在仿真机上操作时，必须按仿真机的有关规定和要求进行操作
二、现场就地操作演示，不得触动运行设备
三、现场就地实际操作，必须遵守下列原则
1. 必须请示有关领导同意，并在认真监视下进行
2. 万一遇到生产事故，立即中止考核，退出现场
3. 若操作引起异常情况，则立即中止操作，恢复原状</td></tr>
<tr><td>工具、材料、设备、场地</td><td colspan="5">1. 仿真机
2. 现场设备</td></tr>
</table>

<table>
<tr><td rowspan="7">评分标准</td><td>序号</td><td>项 目 名 称</td><td>质量要求</td><td>满分</td><td>扣　　分</td></tr>
<tr><td>1</td><td>按电厂运行规程，对给水系统、冷却水系统、油系统、给水泵相关仪表等进行检查</td><td rowspan="6">按规程正确操作，且操作规范，顺序正确，不能有漏项</td><td rowspan="6">20</td><td rowspan="6">操作顺序颠倒扣5分，漏一项扣4分，误操作扣20分</td></tr>
<tr><td>2</td><td>启动给油泵，检查油系统正常</td></tr>
<tr><td>3</td><td>检查给水泵密封水正常</td></tr>
<tr><td>4</td><td>关闭暖泵门（暖泵时间按电厂运行规程），勺管放至零位</td></tr>
<tr><td>5</td><td>联系值长、锅炉班长，启动给水泵，检查电流转速出口动流量等正常</td></tr>
<tr><td>6</td><td>全面检查正常后，按电厂运行规程，进行给水调节</td></tr>
</table>

行业：电力工程　　工种：汽轮机运行值班员　　等级：初/中

<table>
<tr><td>编　号</td><td>C54A023</td><td>行为领域</td><td>e</td><td colspan="2">鉴定范围</td><td>1</td></tr>
<tr><td>考核时限</td><td>15min</td><td>题　型</td><td>A</td><td colspan="2">题　分</td><td>20</td></tr>
<tr><td>试题正文</td><td colspan="6">凝汽器投用操作</td></tr>
<tr><td>其他需要说明的问题和要求</td><td colspan="6">一、在仿真机上操作时，必须按仿真机的有关规定和要求进行操作
二、现场就地操作演示，不得触动运行设备
三、现场就地实际操作，必须遵守下列原则
1. 必须请示有关领导同意，并在认真监视下进行
2. 万一遇到生产事故，立即中止考核，退出现场
3. 若操作引起异常情况，则立即中止操作，恢复原状</td></tr>
<tr><td>工具、材料、设备、场地</td><td colspan="6">1. 仿真机
2. 现场设备</td></tr>
<tr><td rowspan="3">评分标准</td><td>序号</td><td colspan="2">项目名称</td><td>质量要求</td><td>满分</td><td>扣　分</td></tr>
<tr><td>1</td><td colspan="2">全面检查凝汽器系统，循环水进、出口电动门送上电源、开关良好，各放水门关闭，顶部空气门开启（开式循环投入虹吸装置）</td><td>检查项目要完整，不能有漏项</td><td>5</td><td>漏一项扣1分</td></tr>
<tr><td>2</td><td colspan="2">全开出水门，缓慢开启进水门或开启进水旁路门赶空气，待顶部空气门有水流出后关闭（开式循环调节虹吸装置保持真空正常），全开进水门，全面检查并监视温升情况（对开式循环系统无凝汽器出口门时，视循环水母管压力，开凝汽器进水门，投凝汽器出口虹吸装置，保持真空正常，检查温升正常）</td><td>操作规范，顺序正确，不能有漏项</td><td>15</td><td>操作顺序颠倒扣5分，漏一项扣3分，误操作扣20分</td></tr>
</table>

行业：电力工程　　工种：汽轮机运行值班员　　等级：初/中

<table>
<tr><td>编　　号</td><td>C54A024</td><td>行为领域</td><td>e</td><td>鉴定范围</td><td>2</td></tr>
<tr><td>考核时限</td><td>10min</td><td>题　　型</td><td>A</td><td>题　　分</td><td>20</td></tr>
<tr><td>试题正文</td><td colspan="5">定速给水泵的停用操作</td></tr>
<tr><td>其他需要说明的问题和要求</td><td colspan="5">一、在仿真机上操作时，必须按仿真机的有关规定和要求进行操作
二、现场就地操作演示，不得触动运行设备
三、现场就地实际操作，必须遵守下列原则
1. 必须请示有关领导同意，并在认真监视下进行
2. 万一遇到生产事故，立即中止考核，退出现场
3. 若操作引起异常情况，则立即中止操作，恢复原状</td></tr>
<tr><td>工具、材料、设备、场地</td><td colspan="5">1. 仿真机
2. 现场设备</td></tr>
<tr><td rowspan="7">评分标准</td><td>序号</td><td>项 目 名 称</td><td>质量要求</td><td>满分</td><td>扣　　分</td></tr>
<tr><td>1</td><td>联系锅炉班长，准备停用给水泵</td><td rowspan="6">按规程正确操作，且操作规范，顺序正确，不能有漏项</td><td rowspan="6">20</td><td rowspan="6">操作顺序颠倒扣 5 分，漏一项扣 4 分，误操作扣 20 分</td></tr>
<tr><td>2</td><td>启动给油泵检查正常</td></tr>
<tr><td>3</td><td>逐渐开启给水泵再循环门，关闭出水门</td></tr>
<tr><td>4</td><td>退出给水泵连锁开关，停用给水泵</td></tr>
<tr><td>5</td><td>注意给水泵惰走时间</td></tr>
<tr><td>6</td><td>给水泵停转后，按电厂规程，调整冷却水</td></tr>
</table>

行业：电力工程　　工种：汽轮机运行值班员　　等级：初/中

<table>
<tr><td>编　　号</td><td>C54A025</td><td>行为领域</td><td>e</td><td>鉴定范围</td><td>1</td></tr>
<tr><td>考核时限</td><td>10min</td><td>题　　型</td><td>A</td><td>题　　分</td><td>20</td></tr>
<tr><td>试题正文</td><td colspan="5">定速给水泵的启动操作</td></tr>
<tr><td>其他需要说明的问题和要求</td><td colspan="5">一、在仿真机上操作时，必须按仿真机的有关规定和要求进行操作
二、现场就地操作演示，不得触动运行设备
三、现场就地实际操作，必须遵守下列原则
1. 必须请示有关领导同意，并在认真监视下进行
2. 万一遇到生产事故，立即中止考核，退出现场
3. 若操作引起异常情况，则立即中止操作，恢复原状</td></tr>
<tr><td>工具、材料、设备、场地</td><td colspan="5">1. 仿真机
2. 现场设备</td></tr>
<tr><td rowspan="7">评分标准</td><td>序号</td><td>项 目 名 称</td><td>质量要求</td><td>满分</td><td>扣　　分</td></tr>
<tr><td>1</td><td>按电厂运行规程对给水、冷却水、油系统进行检查，同时对给水泵相关仪表等进行检查，结果正常</td><td rowspan="6">按规程正确操作，且操作规范，顺序正确，不能有漏项</td><td rowspan="6">20</td><td rowspan="6">操作顺序颠倒扣5分，漏一项扣4分，误操作扣20分</td></tr>
<tr><td>2</td><td>启动给油泵检查油系统正常</td></tr>
<tr><td>3</td><td>关闭暖泵门（按电厂运行规程确定暖泵时间）</td></tr>
<tr><td>4</td><td>联系值长、锅炉班长，启动给水泵，检查给水泵电流、出口压力、流量等正常</td></tr>
<tr><td>5</td><td>停止给油泵</td></tr>
<tr><td>6</td><td>全面检查正常后，按运行规程进行给水系统调节</td></tr>
</table>

行业：电力工程　　工种：汽轮机运行值班员　　等级：初/中

<table>
<tr><td>编　　号</td><td>C54A026</td><td>行为领域</td><td>e</td><td>鉴定范围</td><td>2</td></tr>
<tr><td>考核时限</td><td>15min</td><td>题　　型</td><td>A</td><td>题　　分</td><td>20</td></tr>
<tr><td>试题正文</td><td colspan="5">除氧器停用操作</td></tr>
<tr><td>其他需要说明的问题和要求</td><td colspan="5">一、在仿真机上操作时，必须按仿真机的有关规定和要求进行操作
二、现场就地操作演示，不得触动运行设备
三、现场就地实际操作，必须遵守下列原则
1. 必须请示有关领导同意，并在认真监视下进行
2. 万一遇到生产事故，立即中止考核，退出现场
3. 若操作引起异常情况，则立即中止操作，恢复原状</td></tr>
<tr><td>工具、材料、设备、场地</td><td colspan="5">1. 仿真机
2. 现场设备</td></tr>
</table>

<table>
<tr><td rowspan="5">评分标准</td><td>序号</td><td>项 目 名 称</td><td>质量要求</td><td>满分</td><td>扣　　分</td></tr>
<tr><td>1</td><td>当机组给水泵停用后，关闭除氧器进水门、进汽调整门及备用汽门</td><td rowspan="4">按规程正确操作，且操作规范，顺序正确，不能有漏项</td><td rowspan="4">20</td><td rowspan="4">操作顺序颠倒扣5分，漏一项扣5分，误操作扣20分</td></tr>
<tr><td>2</td><td>联系锅炉，投用相应排污门</td></tr>
<tr><td>3</td><td>关闭疏水调整门</td></tr>
<tr><td>4</td><td>必要时放尽存水、存汽</td></tr>
</table>

行业：电力工程　　工种：汽轮机运行值班员　　等级：初/中

<table>
<tr><td>编　号</td><td colspan="2">C54A027</td><td>行为领域</td><td>e</td><td>鉴定范围</td><td>1</td></tr>
<tr><td>考核时限</td><td colspan="2">15min</td><td>题　型</td><td>A</td><td>题　分</td><td>20</td></tr>
<tr><td>试题正文</td><td colspan="6">除氧器投入操作</td></tr>
<tr><td>其他需要说明的问题和要求</td><td colspan="6">一、在仿真机上操作时，必须按仿真机的有关规定和要求进行操作
二、现场就地操作演示，不得触动运行设备
三、现场就地实际操作，必须遵守下列原则
1. 必须请示有关领导同意，并在认真监视下进行
2. 万一遇到生产事故，立即中止考核，退出现场
3. 若操作引起异常情况，则立即中止操作，恢复原状</td></tr>
<tr><td>工具、材料、设备、场地</td><td colspan="6">1. 仿真机
2. 现场设备</td></tr>
<tr><td rowspan="6">评分标准</td><td>序号</td><td colspan="2">项目名称</td><td>质量要求</td><td>满分</td><td>扣　分</td></tr>
<tr><td>1</td><td colspan="2">按电厂运行规程进行除氧器投用前检查，准备工作完毕</td><td rowspan="5">按规程正确操作，且操作规范，顺序正确，不能有漏项</td><td rowspan="5">20</td><td rowspan="5">操作顺序颠倒扣5分，漏一项扣4分，误操作扣20分</td></tr>
<tr><td>2</td><td colspan="2">联系班长（或有关岗位）调整除氧器备用汽源</td></tr>
<tr><td>3</td><td colspan="2">按运行规程进行除氧器的暖管、上水</td></tr>
<tr><td>4</td><td colspan="2">按电厂规程对除氧器水质化验，合格</td></tr>
<tr><td>5</td><td colspan="2">保持除氧器水位、压力、温度正常</td></tr>
</table>

行业：电力工程　　工种：汽轮机运行值班员　　等级：中/高

<table>
<tr><td>编　　号</td><td colspan="2">C43A028</td><td>行为领域</td><td>e</td><td>鉴定范围</td><td>2</td></tr>
<tr><td>考核时限</td><td colspan="2">20min</td><td>题　　型</td><td>A</td><td>题　　分</td><td>20</td></tr>
<tr><td>试题正文</td><td colspan="6">单只高压加热器汽侧停运隔离操作</td></tr>
<tr><td>其他需要说明的问题和要求</td><td colspan="6">一、在仿真机上操作时，必须按仿真机的有关规定和要求进行操作
二、现场就地操作演示，不得触动运行设备
三、现场就地实际操作，必须遵守下列原则
1. 必须请示有关领导同意，并在认真监视下进行
2. 万一遇到生产事故，立即中止考核，退出现场
3. 若操作引起异常情况，则立即中止操作，恢复原状</td></tr>
<tr><td>工具、材料、设备、场地</td><td colspan="6">1. 仿真机
2. 现场设备</td></tr>
<tr><td rowspan="12">评分标准</td><td>序号</td><td colspan="2">项 目 名 称</td><td>质量要求</td><td>满分</td><td>扣　　分</td></tr>
<tr><td>1</td><td colspan="2">关闭高压加热器进汽门，注意汽侧压力下降</td><td rowspan="11">按规程正确操作，且操作规范，顺序正确，不能有漏项</td><td rowspan="11">20</td><td rowspan="11">操作顺序颠倒扣 5 分，漏一项扣 2 分，误操作扣 20 分</td></tr>
<tr><td>2</td><td colspan="2">关闭连续排汽门</td></tr>
<tr><td>3</td><td colspan="2">关闭上级高压加热器至隔绝高压加热器疏水隔绝门</td></tr>
<tr><td>4</td><td colspan="2">关闭隔绝高压加热器至下级高压加热器疏水隔绝门</td></tr>
<tr><td>5</td><td colspan="2">开足高压加热器给水旁路门，关闭高压加热器进、出水门</td></tr>
<tr><td>6</td><td colspan="2">关闭高压加热器危急疏水隔绝门，注意高压加热器汽侧水位不上升</td></tr>
<tr><td>7</td><td colspan="2">关闭高压加热器汽侧有关通向凝汽器的疏水门</td></tr>
<tr><td>8</td><td colspan="2">开启高压加热器汽侧向大气的放水门</td></tr>
<tr><td>8.1</td><td colspan="2">视高压加热器汽侧压力的高低进行调节</td></tr>
<tr><td>8.2</td><td colspan="2">注意凝汽器真空</td></tr>
<tr><td>8.3</td><td colspan="2">隔离后检查汽侧、水侧压力到零，可检修</td></tr>
</table>

行业：电力工程　　工种：汽轮机运行值班员　　等级：中/高

<table>
<tr><td>编　号</td><td colspan="2">C43A029</td><td>行为领域</td><td>e</td><td>鉴定范围</td><td>6</td></tr>
<tr><td>考核时限</td><td colspan="2">20min</td><td>题　型</td><td>A</td><td>题　分</td><td>20</td></tr>
<tr><td>试题正文</td><td colspan="6">润滑油泵联动及低油压保护试验</td></tr>
<tr><td>其他需要说明的问题和要求</td><td colspan="6">一、在仿真机上操作时，必须按仿真机的有关规定和要求进行操作
二、现场就地操作演示，不得触动运行设备
三、现场就地实际操作，必须遵守下列原则
1. 必须请示有关领导同意，并在认真监视下进行
2. 万一遇到生产事故，立即中止考核，退出现场
3. 若操作引起异常情况，则立即中止操作，恢复原状</td></tr>
<tr><td>工具、材料、设备、场地</td><td colspan="6">1. 仿真机
2. 现场设备</td></tr>
<tr><td rowspan="10">评分标准</td><td>序号</td><td colspan="2">项 目 名 称</td><td>质量要求</td><td>满分</td><td>扣　分</td></tr>
<tr><td>1</td><td colspan="2">联系电气测量电动机绝缘良好，送上电源，各油泵符合启动条件</td><td rowspan="9">按规程正确操作，且操作规范，顺序正确，不能有漏项</td><td rowspan="9">20</td><td rowspan="9">操作顺序颠倒扣5分，漏一项扣2分，误操作扣20分</td></tr>
<tr><td>2</td><td colspan="2">联系热工及电气继电保护人员共同试验</td></tr>
<tr><td>3</td><td colspan="2">开启高压调速油泵，开启高中压自动主汽门、调速汽门</td></tr>
<tr><td>4</td><td colspan="2">投入顶轴油泵及盘车装置，投入盘车连锁及顶轴油泵连锁</td></tr>
<tr><td>5</td><td colspan="2">投入交直流润滑油泵连锁，拨交流润滑油压表计设定指针与指示指针相碰，交流润滑油泵自启动，停用交流润滑油泵</td></tr>
<tr><td>6</td><td colspan="2">拨直流润滑油压表计设定指针与指示指针相碰，直流泵自启动，停用直流油泵</td></tr>
<tr><td>7</td><td colspan="2">投入低油压保护开关，拨低油压跳机表计设定值与表计指针相碰，直流润滑油泵自启动，交流润滑油泵跳闸，高中压自动主汽门、调速汽门关闭</td></tr>
<tr><td>8</td><td colspan="2">拨低油压跳盘车表计设定值与表计指针相碰，盘车脱扣、电动机停转、顶轴油泵跳闸</td></tr>
<tr><td>9</td><td colspan="2">将表计设定值调回规定位置。停用高压调速油泵，退出油泵联动保护、低油压跳机保护开关</td></tr>
</table>

行业：电力工程　　工种：汽轮机运行值班员　　等级：中/高

<table>
<tr><td colspan="2">编　　号</td><td>C43A030</td><td>行为领域</td><td>e</td><td>鉴定范围</td><td>5</td></tr>
<tr><td colspan="2">考核时限</td><td>15min</td><td>题　　型</td><td>A</td><td>题　　分</td><td>20</td></tr>
<tr><td colspan="2">试题正文</td><td colspan="5">辅机失去电源处理</td></tr>
<tr><td colspan="2">其他需要说明的问题和要求</td><td colspan="5">一、在仿真机上操作时，必须按仿真机的有关规定和要求进行操作
二、现场就地操作演示，不得触动运行设备
三、现场就地实际操作，必须遵守下列原则
1. 必须请示有关领导同意，并在认真监视下进行
2. 万一遇到生产事故，立即中止考核，退出现场
3. 若操作引起异常情况，则立即中止操作，恢复原状</td></tr>
<tr><td colspan="2">工具、材料、设备、场地</td><td colspan="5">1. 仿真机
2. 现场设备</td></tr>
<tr><td rowspan="6">评分标准</td><td>序号</td><td colspan="2">项 目 名 称</td><td>质量要求</td><td>满分</td><td>扣　　分</td></tr>
<tr><td>1</td><td colspan="2">部分6kV或400V厂用电中断，备用泵自投入，凝汽器真空下降、负荷下降</td><td rowspan="5">按规程正确操作，且操作规范，顺序正确，不能有漏项</td><td rowspan="5">20</td><td rowspan="5">操作顺序颠倒扣5分，漏一项扣4分，误操作扣20分</td></tr>
<tr><td>2</td><td colspan="2">若备用辅机自动投入成功，复置各开关，调整运行参数至正常</td></tr>
<tr><td>3</td><td colspan="2">若备用辅机未自动投入，应手动启动（无备用辅机可将已跳闸设备强制合闸一次，无效降负荷或降负荷至停机，联系电气恢复厂用电，然后再启动）</td></tr>
<tr><td>4</td><td colspan="2">若厂用电不能尽快恢复，超过1min后，解除跳闸辅机连锁，复置停用开关，各参数达停机极限时按相应规定处理</td></tr>
<tr><td>5</td><td colspan="2">若打闸停机，启动直流润滑油泵及直流密封油泵</td></tr>
</table>

行业：电力工程　　工种：汽轮机运行值班员　　　等级：中/高

<table>
<tr><td>编　　号</td><td>C43A031</td><td colspan="2">行为领域</td><td>e</td><td>鉴定范围</td><td>6</td></tr>
<tr><td>考核时限</td><td>15min</td><td colspan="2">题　　型</td><td>A</td><td>题　　分</td><td>20</td></tr>
<tr><td>试题正文</td><td colspan="6">主机危急保安器充油试验操作（引进型 300MW）</td></tr>
<tr><td>其他需要说明的问题和要求</td><td colspan="6">一、在仿真机上操作时，必须按仿真机的有关规定和要求进行操作
二、现场就地操作演示，不得触动运行设备
三、现场就地实际操作，必须遵守下列原则
1. 必须请示有关领导同意，并在认真监视下进行
2. 万一遇到生产事故，立即中止考核，退出现场
3. 若操作引起异常情况，则立即中止操作，恢复原状</td></tr>
<tr><td>工具、材料、设备、场地</td><td colspan="6">1. 仿真机
2. 现场设备</td></tr>
<tr><td rowspan="5">评
分
标
准</td><td>序号</td><td>项 目 名 称</td><td colspan="2">质量要求</td><td>满分</td><td>扣　　分</td></tr>
<tr><td>1</td><td>确认主机转速在 3000r/min</td><td colspan="2" rowspan="4">按规程正确操作，且操作规范，顺序正确，不能有漏项</td><td rowspan="4">20</td><td rowspan="4">操作顺序颠倒扣5分，漏一项扣 5 分，误操作扣 20 分</td></tr>
<tr><td>2</td><td>就地将试验手柄放至试验位置，并在试验期间不得松开</td></tr>
<tr><td>3</td><td>缓慢开启危急保安器/充油门直至手动跳闸复置手柄由正常跳至脱扣位置，记录动作油压后关闭危急保安器/充油门</td></tr>
<tr><td>4</td><td>将手动复置手柄放到复置位置后放开，确认手动跳闸手柄回复到正常位置后，缓慢放开试验手柄</td></tr>
</table>

行业：电力工程　　工种：汽轮机运行值班员　　等级：中/高

<table>
<tr><td>编　　号</td><td>C43A032</td><td>行为领域</td><td>e</td><td>鉴定范围</td><td>6</td></tr>
<tr><td>考核时限</td><td>20min</td><td>题　　型</td><td>A</td><td>题　　分</td><td>20</td></tr>
<tr><td>试题正文</td><td colspan="5">主机 ETS 通道试验操作（引进型 300MW）</td></tr>
<tr><td>其他需要说明的问题和要求</td><td colspan="5">一、在仿真机上操作时，必须按仿真机的有关规定和要求进行操作
二、现场就地操作演示，不得触动运行设备
三、现场就地实际操作，必须遵守下列原则
1. 必须请示有关领导同意，并在认真监视下进行
2. 万一遇到生产事故，立即中止考核，退出现场
3. 若操作引起异常情况，则立即中止操作，恢复原状</td></tr>
<tr><td>工具、材料、设备、场地</td><td colspan="5">1. 仿真机
2. 现场设备</td></tr>
</table>

<table>
<tr><td rowspan="9">评分标准</td><td>序号</td><td>项目名称</td><td>质量要求</td><td>满分</td><td>扣　分</td></tr>
<tr><td>1</td><td>ETS 通道试验共有七项：润滑油压低、EH 油压低、真空低、电超速、轴向位移（GEN）、轴向位移（GOV）、遥控脱扣</td><td>试验项目要完整</td><td>7</td><td>每漏一项扣 1 分</td></tr>
<tr><td>2</td><td>润滑油压低 ETS 通道试验</td><td rowspan="7">操作规范，顺序正确，不能有漏项</td><td rowspan="7">13</td><td rowspan="7">操作顺序颠倒扣 5 分，漏一项扣 3 分，误操作扣 20 分</td></tr>
<tr><td>2.1</td><td>在主机 ETS 面板上将选择开关 TEST1 放 LBO 位置，确认 TEST AS 1 号指示灯亮</td></tr>
<tr><td>2.2</td><td>按 TEST TRIP 并保持，确认 LB01、LB03 及 TRIP AS 1 号指示灯亮</td></tr>
<tr><td>2.3</td><td>放开 TEST TRIP 钮，确认 LB01、LB03 指示灯灭</td></tr>
<tr><td>2.4</td><td>按 RESET TEST TRIP 钮，确认 TEST AS 1 号指示灯灭</td></tr>
<tr><td>2.5</td><td>在主机 ETS 面板上将选择开关 TEST1 放置于 OFF 位置</td></tr>
<tr><td>3</td><td>其余通道试验方法同上</td></tr>
</table>

行业：电力工程　　工种：汽轮机运行值班员　　等级：中/高

<table>
<tr><td>编　　号</td><td>C43A033</td><td>行为领域</td><td>e</td><td>鉴定范围</td><td>6</td></tr>
<tr><td>考核时限</td><td>10min</td><td>题　　型</td><td>A</td><td>题　　分</td><td>20</td></tr>
<tr><td>试题正文</td><td colspan="5">自动主汽门活动试验</td></tr>
<tr><td>其他需要说明的问题和要求</td><td colspan="5">一、在仿真机上操作时，必须按仿真机的有关规定和要求进行操作
二、现场就地操作演示，不得触动运行设备
三、现场就地实际操作，必须遵守下列原则
1. 必须请示有关领导同意，并在认真监视下进行
2. 万一遇到生产事故，立即中止考核，退出现场
3. 若操作引起异常情况，则立即中止操作，恢复原状</td></tr>
<tr><td>工具、材料、设备、场地</td><td colspan="5">1. 仿真机
2. 现场设备</td></tr>
</table>

<table>
<tr><td rowspan="5">评分标准</td><td>序号</td><td>项 目 名 称</td><td>质量要求</td><td>满分</td><td>扣　　分</td></tr>
<tr><td>1</td><td>联系值长、锅炉进行自动主汽门活动试验</td><td rowspan="4">按规程正确操作，且操作规范，顺序正确，不能有漏项</td><td rowspan="4">20</td><td rowspan="4">操作顺序颠倒扣5分，漏一项扣5分，误操作扣20分</td></tr>
<tr><td>2</td><td>自动主汽门活动试验逐只进行</td></tr>
<tr><td>3</td><td>微开自动主汽门活动油门，检查自动主汽门门杆平稳向下移动10～20mm</td></tr>
<tr><td>4</td><td>关闭试验油门，检查自动主汽门门杆恢复至原来位置</td></tr>
</table>

行业：电力工程　　工种：汽轮机运行值班员　　等级：中/高

<table>
<tr><td>编　　号</td><td>C43A034</td><td>行为领域</td><td>e</td><td>鉴定范围</td><td>6</td></tr>
<tr><td>考核时限</td><td>20min</td><td>题　　型</td><td>A</td><td>题　　分</td><td>20</td></tr>
<tr><td>试题正文</td><td colspan="5">危急保安器充油试验</td></tr>
<tr><td>其他需要说明的问题和要求</td><td colspan="5">一、在仿真机上操作时，必须按仿真机的有关规定和要求进行操作
二、现场就地操作演示，不得触动运行设备
三、现场就地实际操作，必须遵守下列原则
1. 必须请示有关领导同意，并在认真监视下进行
2. 万一遇到生产事故，立即中止考核，退出现场
3. 若操作引起异常情况，则立即中止操作，恢复原状</td></tr>
<tr><td>工具、材料、设备、场地</td><td colspan="5">1. 仿真机
2. 现场设备</td></tr>
<tr><td rowspan="7">评分标准</td><td>序号</td><td>项 目 名 称</td><td>质量要求</td><td>满分</td><td>扣　　分</td></tr>
<tr><td>1</td><td>联系值长、锅炉班长（或有关岗位），进行危急保安器充油试验</td><td rowspan="6">按规程正确操作，且操作规范，顺序正确，不能有漏项</td><td rowspan="6">20</td><td rowspan="6">操作顺序颠倒扣5分，漏一项扣4分，误操作扣20分</td></tr>
<tr><td>2</td><td>撤下切换油门销钉，将切换油门手轮转至被校验的危急保安器</td></tr>
<tr><td>3</td><td>将被校验的危急保安器喷油阀向外拉足，向油囊充油，当该危急保安器显示牌出现时松手</td></tr>
<tr><td>4</td><td>将喷油阀向里推足，检查该危急保安器显示牌复位</td></tr>
<tr><td>5</td><td>撤下试验油门销钉，将切换手轮转至正常位置</td></tr>
<tr><td>6</td><td>用同样方法校验另一只危急保安器</td></tr>
</table>

行业：电力工程　　工种：汽轮机运行值班员　　等级：中/高

<table>
<tr><td>编　　号</td><td>C43A035</td><td>行为领域</td><td>e</td><td>鉴定范围</td><td>6</td></tr>
<tr><td>考核时限</td><td>15min</td><td>题　　型</td><td>A</td><td>题　　分</td><td>20</td></tr>
<tr><td>试题正文</td><td colspan="5">调节汽门活动试验</td></tr>
<tr><td>其他需要说明的问题和要求</td><td colspan="5">一、在仿真机上操作时，必须按仿真机的有关规定和要求进行操作
二、现场就地操作演示，不得触动运行设备
三、现场就地实际操作，必须遵守下列原则
1. 必须请示有关领导同意，并在认真监视下进行
2. 万一遇到生产事故，立即中止考核，退出现场
3. 若操作引起异常情况，则立即中止操作，恢复原状</td></tr>
<tr><td>工具、材料、设备、场地</td><td colspan="5">1. 仿真机
2. 现场设备</td></tr>
</table>

<table>
<tr><td rowspan="10">评分标准</td><td>序号</td><td>项 目 名 称</td><td>质量要求</td><td>满分</td><td>扣　　分</td></tr>
<tr><td>1</td><td>联系值长进行调节系统活动试验</td><td></td><td>2</td><td>未联系扣2分</td></tr>
<tr><td>2</td><td>调节汽门活动试验逐只进行</td><td>应逐只进行</td><td>3</td><td>不按规定扣3分</td></tr>
<tr><td>3</td><td>高压调节汽门活动试验</td><td rowspan="4">操作规范，顺序正确，不能有漏项</td><td rowspan="4">8</td><td rowspan="4">漏一项扣3分</td></tr>
<tr><td>3.1</td><td>联系锅炉，适当降低汽压</td></tr>
<tr><td>3.2</td><td>缓慢打小同步器，使高压油动机行程向下移动5～10mm</td></tr>
<tr><td>3.3</td><td>检查高压油动机无卡涩、突跳负荷变化平稳，然后恢复原状</td></tr>
<tr><td>4</td><td>中压调节汽门活动试验</td><td rowspan="4">操作规范，顺序正确，不能有漏项</td><td rowspan="4">7</td><td rowspan="4">漏一项扣3分</td></tr>
<tr><td>4.1</td><td>微开中压油动机试验油门，使中压油动机行程向下移动10～20mm</td></tr>
<tr><td>4.2</td><td>检查中压油动机无卡涩、突跳</td></tr>
<tr><td></td><td>4.3</td><td>关闭试验油门，检查中压油动机恢复原状</td><td></td><td></td><td></td></tr>
</table>

行业：电力工程　　工种：汽轮机运行值班员　　等级：中/高

<table>
<tr><td>编　　号</td><td>C43A036</td><td>行为领域</td><td>e</td><td>鉴定范围</td><td>6</td></tr>
<tr><td>考核时限</td><td>20min</td><td>题　　型</td><td>A</td><td>题　　分</td><td>20</td></tr>
<tr><td>试题正文</td><td colspan="5">抽汽止回阀活动试验</td></tr>
<tr><td>其他需要说明的问题和要求</td><td colspan="5">一、在仿真机上操作时，必须按仿真机的有关规定和要求进行操作
二、现场就地操作演示，不得触动运行设备
三、现场就地实际操作，必须遵守下列原则
1. 必须请示有关领导同意，并在认真监视下进行
2. 万一遇到生产事故，立即中止考核，退出现场
3. 若操作引起异常情况，则立即中止操作，恢复原状</td></tr>
<tr><td>工具、材料、设备、场地</td><td colspan="5">1. 仿真机
2. 现场设备</td></tr>
<tr><td rowspan="4">评分标准</td><td>序号</td><td>项 目 名 称</td><td>质量要求</td><td>满分</td><td>扣　　分</td></tr>
<tr><td>1</td><td>与值长、锅炉班长（或有关岗位）联系进行抽汽止回阀活动试验</td><td rowspan="3">按规程正确操作，且操作规范，顺序正确，不能有漏项</td><td rowspan="3">20</td><td rowspan="3">操作顺序颠倒扣5分，漏一项扣7分，误操作扣20分</td></tr>
<tr><td>2</td><td>按某级抽汽止回阀试验按钮，检查该级止回阀关闭，放开试验按钮，检查抽汽逆止门开启无卡涩</td></tr>
<tr><td>3</td><td>用同样方法试验其他几级抽汽止回阀</td></tr>
</table>

行业：电力工程　　工种：汽轮机运行值班员　　等级：中/高

<table>
<tr><td>编　　号</td><td>C43A037</td><td>行为领域</td><td>e</td><td>鉴定范围</td><td colspan="2">6</td></tr>
<tr><td>考核时限</td><td>25min</td><td>题　　型</td><td>A</td><td>题　　分</td><td colspan="2">20</td></tr>
<tr><td>试题正文</td><td colspan="6">汽轮机真空系统严密性试验</td></tr>
<tr><td>其他需要说明的问题和要求</td><td colspan="6">一、在仿真机上操作时，必须按仿真机的有关规定和要求进行操作
二、现场就地操作演示，不得触动运行设备
三、现场就地实际操作，必须遵守下列原则
1. 必须请示有关领导同意，并在认真监视下进行
2. 万一遇到生产事故，立即中止考核，退出现场
3. 若操作引起异常情况，则立即中止操作，恢复原状</td></tr>
<tr><td>工具、材料、设备、场地</td><td colspan="6">1. 仿真机
2. 现场设备</td></tr>
<tr><td rowspan="5">评分标准</td><td>序号</td><td colspan="2">项 目 名 称</td><td>质量要求</td><td>满分</td><td>扣　　分</td></tr>
<tr><td>1</td><td colspan="2">联系值长（或有关岗位进行真空系统严密性试验）</td><td rowspan="4">按规程正确操作，且操作规范，顺序正确，不能有漏项</td><td rowspan="4">20</td><td rowspan="4">操作顺序颠倒扣5分，漏一项扣5分，误操作扣20分</td></tr>
<tr><td>2</td><td colspan="2">机组负荷在额定负荷的80%以上进行</td></tr>
<tr><td>3</td><td colspan="2">关闭抽气器空气门，每分钟记录真空表读数，记录5min结束。计算真空每分钟平均下降值</td></tr>
<tr><td>4</td><td colspan="2">试验过程中，凝汽器真空下降至85kPa时，试验立即停止，恢复原状</td></tr>
</table>

行业：电力工程　　工种：汽轮机运行值班员　　等级：中/高

<table>
<tr><td>编　　号</td><td>C43A038</td><td>行为领域</td><td>e</td><td>鉴定范围</td><td colspan="2">1</td></tr>
<tr><td>考核时限</td><td>20min</td><td>题　　型</td><td>A</td><td>题　　分</td><td colspan="2">20</td></tr>
<tr><td>试题正文</td><td colspan="6">汽轮机冷态启动暖管操作</td></tr>
<tr><td>其他需要说明的问题和要求</td><td colspan="6">一、在仿真机上操作时，必须按仿真机的有关规定和要求进行操作
二、现场就地操作演示，不得触动运行设备
三、现场就地实际操作，必须遵守下列原则
1. 必须请示有关领导同意，并在认真监视下进行
2. 万一遇到生产事故，立即中止考核，退出现场
3. 若操作引起异常情况，则立即中止操作，恢复原状</td></tr>
<tr><td>工具、材料、设备、场地</td><td colspan="6">1. 仿真机
2. 现场设备</td></tr>
<tr><td rowspan="7">评分标准</td><td>序号</td><td>项 目 名 称</td><td>质量要求</td><td>满分</td><td colspan="2">扣　　分</td></tr>
<tr><td>1</td><td>按本厂规程规定，严格控制蒸汽参数，保证有足够的过热度</td><td rowspan="6">按规程正确操作，且操作规范，顺序正确，不能有漏项</td><td rowspan="6">20</td><td colspan="2" rowspan="6">操作顺序颠倒扣5分，漏一项扣4分，误操作扣20分</td></tr>
<tr><td>2</td><td>主蒸汽、再热蒸汽管道的温升率按本厂规程规定</td></tr>
<tr><td>3</td><td>主汽门、调速汽门的温升率按本厂规程规定</td></tr>
<tr><td>4</td><td>要求锅炉点火升压和汽轮机暖管疏水同时进行，主蒸汽、再热蒸汽管道疏水全部开启（按电厂规程）</td></tr>
<tr><td>5</td><td>暖管时疏水已排入凝汽器，旁路系统的排汽也已排入凝汽器，要求循环水系统、凝结水系统、抽汽系统可靠工作（按电厂规程）</td></tr>
<tr><td>6</td><td>旁路系统投入后，排汽温度上升，要求开启排汽缸减温水门，调整排汽温度在本厂规程规定范围内</td></tr>
</table>

行业：电力工程　　工种：汽轮机运行值班员　　　等级：中/高

<table>
<tr><td>编　　号</td><td>C43A039</td><td>行为领域</td><td>e</td><td>鉴定范围</td><td colspan="2">2</td></tr>
<tr><td>考核时限</td><td>10min</td><td>题　　型</td><td>A</td><td>题　　分</td><td colspan="2">20</td></tr>
<tr><td>试题正文</td><td colspan="6">单只高压加热器水侧停用操作</td></tr>
<tr><td>其他需要说明的问题和要求</td><td colspan="6">一、在仿真机上操作时，必须按仿真机的有关规定和要求进行操作
二、现场就地操作演示，不得触动运行设备
三、现场就地实际操作，必须遵守下列原则
1. 必须请示有关领导同意，并在认真监视下进行
2. 万一遇到生产事故，立即中止考核，退出现场
3. 若操作引起异常情况，则立即中止操作，恢复原状</td></tr>
<tr><td>工具、材料、设备、场地</td><td colspan="6">1. 仿真机
2. 现场设备</td></tr>
<tr><td rowspan="4">评分标准</td><td>序号</td><td colspan="2">项 目 名 称</td><td>质量要求</td><td>满分</td><td>扣　　分</td></tr>
<tr><td>1</td><td colspan="2">高压加热器汽侧确认已停用</td><td rowspan="3">按规程正确操作，且操作规范，顺序正确，不能有漏项</td><td rowspan="3">20</td><td rowspan="3">操作顺序颠倒扣10分，漏一项扣6分，误操作扣20分</td></tr>
<tr><td>2</td><td colspan="2">高压加热器旁路水门开足（注意给水压力及温度变化）</td></tr>
<tr><td>3</td><td colspan="2">高压加热器进、出水门关闭</td></tr>
</table>

行业：电力工程　　工种：汽轮机运行值班员　　等级：中/高

<table>
<tr><td>编　　号</td><td>C43A040</td><td>行为领域</td><td>e</td><td>鉴定范围</td><td colspan="2">1</td></tr>
<tr><td>考核时限</td><td>10min</td><td>题　　型</td><td>A</td><td>题　　分</td><td colspan="2">20</td></tr>
<tr><td>试题正文</td><td colspan="6">单只高压加热器水侧投用操作</td></tr>
<tr><td>其他需要说明的问题和要求</td><td colspan="6">一、在仿真机上操作时，必须按仿真机的有关规定和要求进行操作
二、现场就地操作演示，不得触动运行设备
三、现场就地实际操作，必须遵守下列原则
1. 必须请示有关领导同意，并在认真监视下进行
2. 万一遇到生产事故，立即中止考核，退出现场
3. 若操作引起异常情况，则立即中止操作，恢复原状</td></tr>
<tr><td>工具、材料、设备、场地</td><td colspan="6">1. 仿真机
2. 现场设备</td></tr>
<tr><td rowspan="5">评分标准</td><td>序号</td><td colspan="2">项 目 名 称</td><td>质量要求</td><td>满分</td><td>扣　　分</td></tr>
<tr><td>1</td><td colspan="2">高压加热器进水旁路门微开，并开启水侧空气门，待水侧空气放尽后关闭空气门</td><td rowspan="4">按规程正确操作，且操作规范，顺序正确，不能有漏项</td><td rowspan="4">20</td><td rowspan="4">操作顺序颠倒扣5分，漏一项扣5分，误操作扣20分</td></tr>
<tr><td>2</td><td colspan="2">高压加热器水侧压力达全压后，关闭进水旁路门，检查内部压力不下降</td></tr>
<tr><td>3</td><td colspan="2">高压加热器进水门、出水门开足</td></tr>
<tr><td>4</td><td colspan="2">高压加热器旁路水门关闭</td></tr>
</table>

行业：电力工程　　工种：汽轮机运行值班员　　　等级：中/高

<table>
<tr><td>编　　号</td><td>C43A041</td><td>行为领域</td><td>e</td><td>鉴定范围</td><td colspan="2">1</td></tr>
<tr><td>考核时限</td><td>15min</td><td>题　　型</td><td>A</td><td>题　　分</td><td colspan="2">20</td></tr>
<tr><td>试题正文</td><td colspan="6">单只高压加热器汽侧投用操作</td></tr>
<tr><td>其他需要说明的问题和要求</td><td colspan="6">一、在仿真机上操作时，必须按仿真机的有关规定和要求进行操作
二、现场就地操作演示，不得触动运行设备
三、现场就地实际操作，必须遵守下列原则
1. 必须请示有关领导同意，并在认真监视下进行
2. 万一遇到生产事故，立即中止考核，退出现场
3. 若操作引起异常情况，则立即中止操作，恢复原状</td></tr>
<tr><td>工具、材料、设备、场地</td><td colspan="6">1. 仿真机
2. 现场设备</td></tr>
<tr><td rowspan="8">评
分
标
准</td><td>序号</td><td colspan="2">项 目 名 称</td><td>质量要求</td><td>满分</td><td>扣　　分</td></tr>
<tr><td>1</td><td colspan="2">所投高压加热器水侧确认已投用</td><td rowspan="7">按规程正确操作，且操作规范，顺序正确，不能有漏项</td><td rowspan="7">20</td><td rowspan="7">操作顺序颠倒扣5分，漏一项扣3分，误操作扣20分</td></tr>
<tr><td>2</td><td colspan="2">高压加热器汽侧隔绝门微开，进行暖管</td></tr>
<tr><td>3</td><td colspan="2">待高压加热器汽侧起压后，开足高压加热器至除氧器连续排汽门</td></tr>
<tr><td>4</td><td colspan="2">逐渐开大高压加热器汽侧隔离门直至开足</td></tr>
<tr><td>5</td><td colspan="2">关闭高压加热器有关疏水门</td></tr>
<tr><td>6</td><td colspan="2">确认高压加热器水侧水位正常</td></tr>
<tr><td>7</td><td colspan="2">确认高压加热器汽侧疏水门动作良好</td></tr>
</table>

行业：电力工程　　工种：汽轮机运行值班员　　等级：中/高

<table>
<tr><td>编　　号</td><td>C43A042</td><td>行为领域</td><td>e</td><td>鉴定范围</td><td>1</td></tr>
<tr><td>考核时限</td><td>10min</td><td>题　　型</td><td>A</td><td>题　　分</td><td>20</td></tr>
<tr><td>试题正文</td><td colspan="5">单只高压加热器汽侧投用操作</td></tr>
<tr><td>其他需要说明的问题和要求</td><td colspan="5">一、在仿真机上操作时，必须按仿真机的有关规定和要求进行操作
二、现场就地操作演示，不得触动运行设备
三、现场就地实际操作，必须遵守下列原则
1. 必须请示有关领导同意，并在认真监视下进行
2. 万一遇到生产事故，立即中止考核，退出现场
3. 若操作引起异常情况，则立即中止操作，恢复原状</td></tr>
<tr><td>工具、材料、设备、场地</td><td colspan="5">1. 仿真机
2. 现场设备</td></tr>
<tr><td rowspan="6">评分标准</td><td>序号</td><td>项 目 名 称</td><td>质量要求</td><td>满分</td><td>扣　　分</td></tr>
<tr><td>1</td><td>确认汽轮机盘车投入，轴封汽暖管结束</td><td rowspan="5">按规程正确操作，且操作规范，顺序正确，不能有漏项</td><td rowspan="5">20</td><td rowspan="5">操作顺序颠倒扣5分，漏一项扣4分，误操作扣20分</td></tr>
<tr><td>2</td><td>启动轴封加热器风机，风机运行平稳</td></tr>
<tr><td>3</td><td>开足轴封汽调整门的前、后隔离门</td></tr>
<tr><td>4</td><td>调节调整门，注意轴封汽压力在规定范围</td></tr>
<tr><td>5</td><td>注意汽轮机盘车运行正常</td></tr>
</table>

行业：电力工程　　工种：汽轮机运行值班员　　等级：中/高

<table>
<tr><td colspan="2">编　　号</td><td>C43A043</td><td>行为领域</td><td>e</td><td>鉴定范围</td><td colspan="2">2</td></tr>
<tr><td colspan="2">考核时限</td><td>10min</td><td>题　　型</td><td>A</td><td>题　　分</td><td colspan="2">20</td></tr>
<tr><td colspan="2">试题正文</td><td colspan="6">发电机密封油系统停用操作</td></tr>
<tr><td colspan="2">其他需要说明的问题和要求</td><td colspan="6">一、在仿真机上操作时，必须按仿真机的有关规定和要求进行操作
二、现场就地操作演示，不得触动运行设备
三、现场就地实际操作，必须遵守下列原则
1. 必须请示有关领导同意，并在认真监视下进行
2. 万一遇到生产事故，立即中止考核，退出现场
3. 若操作引起异常情况，则立即中止操作，恢复原状</td></tr>
<tr><td colspan="2">工具、材料、设备、场地</td><td colspan="6">1. 仿真机
2. 现场设备</td></tr>
<tr><td rowspan="5">评分标准</td><td>序号</td><td colspan="3">项 目 名 称</td><td>质量要求</td><td>满分</td><td>扣　　分</td></tr>
<tr><td>1</td><td colspan="3">分别解除空、氢侧油泵连锁，停用空、氢侧密封油泵</td><td rowspan="4">按规程正确操作，且操作规范，顺序正确，不能有漏项</td><td rowspan="4">20</td><td rowspan="4">操作顺序颠倒扣5分，漏一项扣5分，误操作扣20分</td></tr>
<tr><td>2</td><td colspan="3">关闭补、排油电磁阀前、后隔离门</td></tr>
<tr><td>3</td><td colspan="3">关闭差压阀及平衡阀前、后隔离门及旁路阀</td></tr>
<tr><td>4</td><td colspan="3">停用防爆风机</td></tr>
</table>

行业：电力工程　　工种：汽轮机运行值班员　　等级：中/高

<table>
<tr><td>编　　号</td><td>C43A044</td><td>行为领域</td><td>e</td><td>鉴定范围</td><td colspan="2">2</td></tr>
<tr><td>考核时限</td><td>10min</td><td>题　　型</td><td>A</td><td>题　　分</td><td colspan="2">20</td></tr>
<tr><td>试题正文</td><td colspan="6">发电机冷却水系统停用操作</td></tr>
<tr><td>其他需要说明的问题和要求</td><td colspan="6">一、在仿真机上操作时，必须按仿真机的有关规定和要求进行操作
二、现场就地操作演示，不得触动运行设备
三、现场就地实际操作，必须遵守下列原则
1. 必须请示有关领导同意，并在认真监视下进行
2. 万一遇到生产事故，立即中止考核，退出现场
3. 若操作引起异常情况，则立即中止操作，恢复原状</td></tr>
<tr><td>工具、材料、设备、场地</td><td colspan="6">1. 仿真机
2. 现场设备</td></tr>
<tr><td rowspan="4">评分标准</td><td>序号</td><td colspan="2">项 目 名 称</td><td>质量要求</td><td>满分</td><td>扣　　分</td></tr>
<tr><td>1</td><td colspan="2">机组停用，投入盘车</td><td rowspan="3">按规程正确操作，且操作规范，顺序正确，不能有漏项</td><td rowspan="3">20</td><td rowspan="3">操作顺序颠倒扣5分，漏一项扣10分，误操作扣20分</td></tr>
<tr><td>2</td><td colspan="2">将发电机转子轴颈冷却水调用软化水后，停用水冷泵</td></tr>
<tr><td>3</td><td colspan="2">关闭各部分进水门，开启旁路门</td></tr>
</table>

行业：电力工程　　工种：汽轮机运行值班员　　　等级：中/高

<table>
<tr><td>编　　号</td><td>C43A045</td><td>行为领域</td><td>e</td><td>鉴定范围</td><td>6</td></tr>
<tr><td>考核时限</td><td>20min</td><td>题　　型</td><td>A</td><td>题　　分</td><td>20</td></tr>
<tr><td>试题正文</td><td colspan="5">打闸及抽汽止回阀保护试验</td></tr>
<tr><td>其他需要说明的问题和要求</td><td colspan="5">一、在仿真机上操作时，必须按仿真机的有关规定和要求进行操作
二、现场就地操作演示，不得触动运行设备
三、现场就地实际操作，必须遵守下列原则
1. 必须请示有关领导同意，并在认真监视下进行
2. 万一遇到生产事故，立即中止考核，退出现场
3. 若操作引起异常情况，则立即中止操作，恢复原状</td></tr>
<tr><td>工具、材料、设备、场地</td><td colspan="5">1. 仿真机
2. 现场设备</td></tr>
<tr><td rowspan="12">评分标准</td><td>序号</td><td>项目名称</td><td>质量要求</td><td>满分</td><td>扣　　分</td></tr>
<tr><td>1</td><td>与热工、电气配合试验</td><td rowspan="11">按规程正确操作，且操作规范，顺序正确，不能有漏项</td><td rowspan="11">20</td><td rowspan="11">操作顺序颠倒扣3分，漏一项扣2分，误操作扣20分</td></tr>
<tr><td>2</td><td>启动凝结水泵运行</td></tr>
<tr><td>3</td><td>调速油泵运行，开启自动主汽门、调速汽门</td></tr>
<tr><td>4</td><td>联系电气，合上发电机油开关</td></tr>
<tr><td>5</td><td>投入汽轮机保护开关、抽汽止回阀分开关</td></tr>
<tr><td>6</td><td>手动开启抽汽止回阀电磁阀，抽汽止回阀应关闭良好，关闭抽汽止回阀电磁阀，各段抽汽止回阀应开启，关闭信号应消失</td></tr>
<tr><td>7</td><td>操作盘和就地手打危急保安器，自动主汽门、调速汽门、抽汽止回阀应关闭</td></tr>
<tr><td>8</td><td>挂闸，开启自动主汽门、调速汽门，关闭抽汽止回阀电磁阀</td></tr>
<tr><td>9</td><td>联系电气断开发电机油开关，发电机跳闸，抽汽止回阀关闭</td></tr>
<tr><td>10</td><td>联系电气，合上发电机油开关，投入发电机保护分开关，开抽汽止回阀</td></tr>
<tr><td>11</td><td>手按盘上发电机跳闸按钮，发电机跳闸，抽汽止回阀关闭或发电机主保护动作，发电机跳闸，自动主汽门、调速汽门、抽汽止回阀关闭试验结束，断开抽汽止回阀连锁分开关，恢复抽汽止回阀电磁阀，停用凝结水泵运行</td></tr>
</table>

行业：电力工程　　工种：汽轮机运行值班员　　等级：中/高

<table>
<tr><td>编　号</td><td>C43A046</td><td>行为领域</td><td>e</td><td>鉴定范围</td><td>6</td></tr>
<tr><td>考核时限</td><td>20min</td><td>题　型</td><td>A</td><td>题　分</td><td>20</td></tr>
<tr><td>试题正文</td><td colspan="5">发电机主保护动作联关主汽门试验</td></tr>
<tr><td>其他需要说明的问题和要求</td><td colspan="5">一、在仿真机上操作时，必须按仿真机的有关规定和要求进行操作
二、现场就地操作演示，不得触动运行设备
三、现场就地实际操作，必须遵守下列原则
1. 必须请示有关领导同意，并在认真监视下进行
2. 万一遇到生产事故，立即中止考核，退出现场
3. 若操作引起异常情况，则立即中止操作，恢复原状</td></tr>
<tr><td>工具、材料、设备、场地</td><td colspan="5">1. 仿真机
2. 现场设备</td></tr>
</table>

<table>
<tr><td rowspan="9">评分标准</td><td>序号</td><td>项 目 名 称</td><td>质量要求</td><td>满分</td><td>扣　分</td></tr>
<tr><td>1</td><td>与电气配合试验</td><td rowspan="8">按规程正确操作，且操作规范，顺序正确，不能有漏项</td><td rowspan="8">20</td><td rowspan="8">操作顺序颠倒扣5分，漏一项扣3分，误操作扣20分</td></tr>
<tr><td>2</td><td>调速油泵运行</td></tr>
<tr><td>3</td><td>开启自动主汽门、调速汽门</td></tr>
<tr><td>4</td><td>联系电气合上发电机主保护开关</td></tr>
<tr><td>5</td><td>投入汽轮机保护开关和发电机主保护分开关</td></tr>
<tr><td>6</td><td>联系电气短接发电机主保护</td></tr>
<tr><td>7</td><td>发电机主保护动作，自动主汽门、调速汽门关闭</td></tr>
<tr><td>8</td><td>试验结束，断开发电机保护分开关、汽轮机保护开关</td></tr>
</table>

行业：电力工程　　工种：汽轮机运行值班员　　等级：中/高

<table>
<tr><td>编　　号</td><td>C43A047</td><td>行为领域</td><td>e</td><td>鉴定范围</td><td colspan="2">6</td></tr>
<tr><td>考核时限</td><td>20min</td><td>题　　型</td><td>A</td><td>题　　分</td><td colspan="2">20</td></tr>
<tr><td>试题正文</td><td colspan="6">发电机断水保护试验</td></tr>
<tr><td>其他需要说明的问题和要求</td><td colspan="6">一、在仿真机上操作时，必须按仿真机的有关规定和要求进行操作
二、现场就地操作演示，不得触动运行设备
三、现场就地实际操作，必须遵守下列原则
1. 必须请示有关领导同意，并在认真监视下进行
2. 万一遇到生产事故，立即中止考核，退出现场
3. 若操作引起异常情况，则立即中止操作，恢复原状</td></tr>
<tr><td>工具、材料、设备、场地</td><td colspan="6">1. 仿真机
2. 现场设备</td></tr>
<tr><td rowspan="8">评分标准</td><td>序号</td><td colspan="2">项 目 名 称</td><td>质量要求</td><td>满分</td><td>扣　　分</td></tr>
<tr><td>1</td><td colspan="2">与热工人员、电气人员配合试验</td><td rowspan="7">按规程正确操作，且操作规范，顺序正确，不能有漏项</td><td rowspan="7">20</td><td rowspan="7">操作顺序颠倒扣5分，漏一项扣3分，误操作扣20分</td></tr>
<tr><td>2</td><td colspan="2">调速油泵、水冷泵运行</td></tr>
<tr><td>3</td><td colspan="2">开启自动主汽门、调速汽门</td></tr>
<tr><td>4</td><td colspan="2">联系电气、合上发电机油开关、断水保护开关</td></tr>
<tr><td>5</td><td colspan="2">投入主机保护开关、发电机断水保护分开关、发电机主保护分开关</td></tr>
<tr><td>6</td><td colspan="2">由热工人员拨动静子（转子）流量表电触点接通，20s后发电机主保护动作，发电机跳闸，自动主汽门、调速汽门关闭</td></tr>
<tr><td>7</td><td colspan="2">试验结束，断开发电机断水保护分开关，恢复定值</td></tr>
</table>

行业：电力工程　　工种：汽轮机运行值班员　　等级：中/高

<table>
<tr><td>编　号</td><td>C43A048</td><td>行为领域</td><td>e</td><td>鉴定范围</td><td colspan="2">6</td></tr>
<tr><td>考核时限</td><td>15min</td><td>题　型</td><td>A</td><td>题　分</td><td colspan="2">20</td></tr>
<tr><td>试题正文</td><td colspan="6">低真空保护试验</td></tr>
<tr><td>其他需要说明的问题和要求</td><td colspan="6">一、在仿真机上操作时，必须按仿真机的有关规定和要求进行操作
二、现场就地操作演示，不得触动运行设备
三、现场就地实际操作，必须遵守下列原则
1. 必须请示有关领导同意，并在认真监视下进行
2. 万一遇到生产事故，立即中止考核，退出现场
3. 若操作引起异常情况，则立即中止操作，恢复原状</td></tr>
<tr><td>工具、材料、设备、场地</td><td colspan="6">1. 仿真机
2. 现场设备</td></tr>
<tr><td rowspan="7">评分标准</td><td>序号</td><td>项 目 名 称</td><td>质量要求</td><td>满分</td><td colspan="2">扣　分</td></tr>
<tr><td>1</td><td>与热工人员配合试验</td><td rowspan="6">按规程正确操作，且操作规范，顺序正确，不能有漏项</td><td rowspan="6">20</td><td colspan="2" rowspan="6">操作顺序颠倒扣5分，漏一项扣4分，误操作扣20分</td></tr>
<tr><td>2</td><td>投入主机保护开关</td></tr>
<tr><td>3</td><td>调速油泵运行，检查运行正常</td></tr>
<tr><td>4</td><td>开启自动主汽门、调速汽门。自动主汽门开度达30%或按规定</td></tr>
<tr><td>5</td><td>由热工人员投入低真空保护分开关，自动主汽门、调速汽门关闭</td></tr>
<tr><td>6</td><td>试验完毕，断开低真空保护分开关</td></tr>
</table>

行业：电力工程　　工种：汽轮机运行值班员　　　等级：中/高

<table>
<tr><td>编　　号</td><td>C43A049</td><td>行为领域</td><td>e</td><td>鉴定范围</td><td colspan="2">6</td></tr>
<tr><td>考核时限</td><td>15min</td><td>题　　型</td><td>A</td><td>题　　分</td><td colspan="2">20</td></tr>
<tr><td>试题正文</td><td colspan="6">电接点超速保护试验</td></tr>
<tr><td>其他需要说明的问题和要求</td><td colspan="6">一、在仿真机上操作时，必须按仿真机的有关规定和要求进行操作
二、现场就地操作演示，不得触动运行设备
三、现场就地实际操作，必须遵守下列原则
1. 必须请示有关领导同意，并在认真监视下进行
2. 万一遇到生产事故，立即中止考核，退出现场
3. 若操作引起异常情况，则立即中止操作，恢复原状</td></tr>
<tr><td>工具、材料、设备、场地</td><td colspan="6">1. 仿真机
2. 现场设备</td></tr>
<tr><td rowspan="6">评分标准</td><td>序号</td><td colspan="2">项 目 名 称</td><td>质量要求</td><td>满分</td><td>扣　　分</td></tr>
<tr><td>1</td><td colspan="2">与热工人员配合试验</td><td rowspan="5">按规程正确操作，且操作规范，顺序正确，不能有漏项</td><td rowspan="5">20</td><td rowspan="5">操作顺序颠倒扣5分，漏一项扣4分，误操作扣20分</td></tr>
<tr><td>2</td><td colspan="2">调速油泵运行</td></tr>
<tr><td>3</td><td colspan="2">开启自动主汽门、调速汽门</td></tr>
<tr><td>4</td><td colspan="2">投入主机保护开关和汽轮机超速保护分开关</td></tr>
<tr><td>5</td><td colspan="2">由热工人员短接超速保护电触点，自动主汽门、调速汽门关闭</td></tr>
</table>

行业：电力工程　　工种：汽轮机运行值班员　　等级：中/高

<table>
<tr><td colspan="2">编　　号</td><td colspan="2">C43A050</td><td>行为领域</td><td>e</td><td>鉴定范围</td><td>6</td></tr>
<tr><td colspan="2">考核时限</td><td colspan="2">15min</td><td>题　　型</td><td>A</td><td>题　　分</td><td>20</td></tr>
<tr><td colspan="2">试题正文</td><td colspan="6">轴向位移保护试验</td></tr>
<tr><td colspan="2">其他需要说明的问题和要求</td><td colspan="6">一、在仿真机上操作时，必须按仿真机的有关规定和要求进行操作
二、现场就地操作演示，不得触动运行设备
三、现场就地实际操作，必须遵守下列原则
1. 必须请示有关领导同意，并在认真监视下进行
2. 万一遇到生产事故，立即中止考核，退出现场
3. 若操作引起异常情况，则立即中止操作，恢复原状</td></tr>
<tr><td colspan="2">工具、材料、设备、场地</td><td colspan="6">1. 仿真机
2. 现场设备</td></tr>
<tr><td rowspan="7">评分标准</td><td>序号</td><td colspan="3">项 目 名 称</td><td>质量要求</td><td>满分</td><td>扣　　分</td></tr>
<tr><td>1</td><td colspan="3">与热工人员配合试验</td><td rowspan="6">按规程正确操作，且操作规范，顺序正确，不能有漏项</td><td rowspan="6">20</td><td rowspan="6">操作顺序颠倒扣5分，漏一项扣4分，误操作扣20分</td></tr>
<tr><td>2</td><td colspan="3">调速油泵运行，检查运行正常</td></tr>
<tr><td>3</td><td colspan="3">开启自动主汽门、调速汽门，自动主汽门开度达 30%或按规程规定</td></tr>
<tr><td>4</td><td colspan="3">投入主机保护开关、轴向位移保护分开关，记录轴向位移指示值</td></tr>
<tr><td>5</td><td colspan="3">由热工人员旋转轴向位移指示器，指示值达报警定值时，发轴向位移大声光信号；指示值达停机规定值时，发轴向位移大停机信号，自动主汽门、调速汽门关闭</td></tr>
<tr><td>6</td><td colspan="3">由热工人员将轴向位移指示器旋至原位</td></tr>
</table>

行业：电力工程　　工种：汽轮机运行值班员　　等级：中/高

<table>
<tr><td>编　号</td><td>C43A051</td><td>行为领域</td><td>e</td><td>鉴定范围</td><td>6</td></tr>
<tr><td>考核时限</td><td>20min</td><td>题　型</td><td>A</td><td>题　分</td><td>20</td></tr>
<tr><td>试题正文</td><td colspan="5">高压加热器保护试验（静态）</td></tr>
<tr><td>其他需要说明的问题和要求</td><td colspan="5">一、在仿真机上操作时，必须按仿真机的有关规定和要求进行操作
二、现场就地操作演示，不得触动运行设备
三、现场就地实际操作，必须遵守下列原则
1. 必须请示有关领导同意，并在认真监视下进行
2. 万一遇到生产事故，立即中止考核，退出现场
3. 若操作引起异常情况，则立即中止操作，恢复原状</td></tr>
<tr><td>工具、材料、设备、场地</td><td colspan="5">1. 仿真机
2. 现场设备</td></tr>
<tr><td rowspan="9">评分标准</td><td>序号</td><td>项目名称</td><td>质量要求</td><td>满分</td><td>扣　分</td></tr>
<tr><td>1</td><td>联系热工、电气人员</td><td rowspan="8">按规程正确操作，且操作规范，顺序正确，不能有漏项</td><td rowspan="8">20</td><td rowspan="8">操作顺序颠倒扣5分，漏一项扣2分，误操作扣20分</td></tr>
<tr><td>2</td><td>开启抽汽电动门、高压加热器进出口水门，关闭高压加热器旁路水门</td></tr>
<tr><td>3</td><td>手操高压加热器强操开关，抽汽电动门关闭，高压加热器旁路水门、危急放水电动门开启，20s后高压加热器进出水门关闭</td></tr>
<tr><td>4</td><td>恢复高压加热器强操开关，关闭危急放水电动门</td></tr>
<tr><td>5</td><td>开启抽汽电动门、进出水门，关闭旁路水门</td></tr>
<tr><td>6</td><td>凝结水泵运行，手操高压加热器保护开关，高压加热器保护电磁阀开启后，抽汽止回阀关闭</td></tr>
<tr><td>7</td><td>关闭高压加热器保护电磁阀，投入高压加热器保护开关、高压加热器电动门连锁开关，接通高压加热器水位过高触点，高压加热器保护动作，高压加热器保护电磁阀开启，抽汽止回阀关闭。高压加热器危急放水电动门开启，旁路水门开启，表盘发出声光信号。20s后，高压加热器进出水门关闭</td></tr>
<tr><td>8</td><td>试验结束，关闭高压加热器危急放水电动门，恢复高压加热器保护电磁阀</td></tr>
</table>

行业：电力工程　　工种：汽轮机运行值班员　　等级：中/高

<table>
<tr><td colspan="2">编　　号</td><td>C43A052</td><td>行为领域</td><td>e</td><td>鉴定范围</td><td>6</td></tr>
<tr><td colspan="2">考核时限</td><td>15min</td><td>题　　型</td><td>A</td><td>题　　分</td><td>20</td></tr>
<tr><td colspan="2">试题正文</td><td colspan="5">除氧器汽源保护试验</td></tr>
<tr><td colspan="2">其他需要说明的问题和要求</td><td colspan="5">一、在仿真机上操作时，必须按仿真机的有关规定和要求进行操作
二、现场就地操作演示，不得触动运行设备
三、现场就地实际操作，必须遵守下列原则
1. 必须请示有关领导同意，并在认真监视下进行
2. 万一遇到生产事故，立即中止考核，退出现场
3. 若操作引起异常情况，则立即中止操作，恢复原状</td></tr>
<tr><td colspan="2">工具、材料、设备、场地</td><td colspan="5">1. 仿真机
2. 现场设备</td></tr>
<tr><td rowspan="6">评分标准</td><td>序号</td><td colspan="2">项 目 名 称</td><td>质量要求</td><td>满分</td><td>扣　　分</td></tr>
<tr><td>1</td><td colspan="2">联系热工人员，投入除氧器汽源保护小开关</td><td rowspan="5">按规程正确操作，且操作规范，顺序正确，不能有漏项</td><td rowspan="5">20</td><td rowspan="5">操作顺序颠倒扣5分，漏一项扣4分，误操作扣20分</td></tr>
<tr><td>2</td><td colspan="2">检查除氧器进汽门、抽汽至母管门关闭，开启抽汽电动门，关闭抽汽联通门</td></tr>
<tr><td>3</td><td colspan="2">由热工人员拨动抽汽压力表电触点，使抽汽压力电触点接通，上段抽汽联络门开启，抽汽联动门关闭，发出声光信号</td></tr>
<tr><td>4</td><td colspan="2">由热工人员拨动抽汽压力表电触点，使抽汽压力电触点接通，抽汽电动门开启，上段联络门关闭，发出声光信号</td></tr>
<tr><td>5</td><td colspan="2">试验结束，断开除氧器汽源保护开关，由热工人员调好定位</td></tr>
</table>

4.2.2 多项操作

行业：电力工程　　工种：汽轮机运行值班员　　等级：初/中

<table>
<tr><td>编　　号</td><td>C54B053</td><td>行为领域</td><td>e</td><td>鉴定范围</td><td>1</td></tr>
<tr><td>考核时限</td><td>20min</td><td>题　　型</td><td>B</td><td>题　　分</td><td>20</td></tr>
<tr><td>试题正文</td><td colspan="5">油净化装置的投用操作</td></tr>
<tr><td>其他需要说明的问题和要求</td><td colspan="5">一、在仿真机上操作时，必须按仿真机的有关规定和要求进行操作
二、现场就地操作演示，不得触动运行设备
三、现场就地实际操作，必须遵守下列原则
1. 必须请示有关领导同意，并在认真监视下进行
2. 万一遇到生产事故，立即中止考核，退出现场
3. 若操作引起异常情况，则立即中止操作，恢复原状</td></tr>
<tr><td>工具、材料、设备、场地</td><td colspan="5">1. 仿真机
2. 现场设备</td></tr>
<tr><td rowspan="9">评分标准</td><td>序号</td><td>项 目 名 称</td><td>质量要求</td><td>满分</td><td>扣　　分</td></tr>
<tr><td>1</td><td>按电厂运行规程检查净油箱油位、系统阀门正常</td><td rowspan="8">按规程正确操作，且操作规范，顺序正确，不能有漏项</td><td rowspan="8">20</td><td rowspan="8">操作顺序颠倒扣5分，漏一项扣3分，误操作扣20分</td></tr>
<tr><td>2</td><td>确定净油箱高、低油位报警及净油泵高油位自启动及低油位自行停正常</td></tr>
<tr><td>3</td><td>确定净油箱流量控制器已调整好</td></tr>
<tr><td>4</td><td>缓慢开启净油箱进油门，检查主油箱油位下降及净油箱油位上升正常</td></tr>
<tr><td>5</td><td>启动净油箱排烟机</td></tr>
<tr><td>6</td><td>启动净油泵，检查净油泵工作正常</td></tr>
<tr><td>7</td><td>检查净油箱油位正常</td></tr>
<tr><td>8</td><td>将净油泵连锁开关投用</td></tr>
</table>

行业：电力工程　　工种：汽轮机运行值班员　　等级：初/中

<table>
<tr><td colspan="2">编　　号</td><td>C54B054</td><td>行为领域</td><td>e</td><td>鉴定范围</td><td>2</td></tr>
<tr><td colspan="2">考核时限</td><td>15min</td><td>题　　型</td><td>B</td><td>题　　分</td><td>20</td></tr>
<tr><td colspan="2">试题正文</td><td colspan="5">油净化装置停用操作</td></tr>
<tr><td colspan="2">其他需要说明的问题和要求</td><td colspan="5">一、在仿真机上操作时，必须按仿真机的有关规定和要求进行操作
二、现场就地操作演示，不得触动运行设备
三、现场就地实际操作，必须遵守下列原则
1. 必须请示有关领导同意，并在认真监视下进行
2. 万一遇到生产事故，立即中止考核，退出现场
3. 若操作引起异常情况，则立即中止操作，恢复原状</td></tr>
<tr><td colspan="2">工具、材料、设备、场地</td><td colspan="5">1. 仿真机
2. 现场设备</td></tr>
<tr><td rowspan="6">评分标准</td><td>序号</td><td colspan="2">项 目 名 称</td><td>质量要求</td><td>满分</td><td>扣　　分</td></tr>
<tr><td>1</td><td colspan="2">将净油泵连锁开关解列</td><td rowspan="5">按规程正确操作，且操作规范，顺序正确，不能有漏项</td><td rowspan="5">20</td><td rowspan="5">操作顺序颠倒扣5分，漏一项扣4分，误操作扣20分</td></tr>
<tr><td>2</td><td colspan="2">关闭净油箱进油门□</td></tr>
<tr><td>3</td><td colspan="2">检查主油箱油位上升正常</td></tr>
<tr><td>4</td><td colspan="2">当净油箱油位下降至200mm时（或按电厂规程），停用净油泵</td></tr>
<tr><td>5</td><td colspan="2">停用排烟风机</td></tr>
</table>

行业：电力工程　　工种：汽轮机运行值班员　　等级：初/中

<table>
<tr><td colspan="2">编　号</td><td>C54B055</td><td>行为领域</td><td>e</td><td>鉴定范围</td><td>4</td></tr>
<tr><td colspan="2">考核时限</td><td>25min</td><td>题　型</td><td>B</td><td>题　分</td><td>20</td></tr>
<tr><td colspan="2">试题正文</td><td colspan="5">汽轮机运行中巡视检查工作</td></tr>
<tr><td colspan="2">其他需要说明的问题和要求</td><td colspan="5">一、在仿真机上操作时，必须按仿真机的有关规定和要求进行操作
二、现场就地操作演示，不得触动运行设备
三、现场就地实际操作，必须遵守下列原则
1. 必须请示有关领导同意，并在认真监视下进行
2. 万一遇到生产事故，立即中止考核，退出现场
3. 若操作引起异常情况，则立即中止操作，恢复原状</td></tr>
<tr><td colspan="2">工具、材料、设备、场地</td><td colspan="5">1. 仿真机
2. 现场设备</td></tr>
<tr><td rowspan="6">评分标准</td><td>序号</td><td colspan="2">项 目 名 称</td><td>质量要求</td><td>满分</td><td>扣　分</td></tr>
<tr><td>1</td><td colspan="2">按电厂规程要求对汽轮机主、辅设备进行巡视</td><td rowspan="5">按规程正确操作，且操作规范，顺序正确，不能有漏项</td><td rowspan="5">20</td><td rowspan="5">操作顺序颠倒扣5分，漏一项扣4分，误操作扣20分</td></tr>
<tr><td>2</td><td colspan="2">在巡视时应特别注意汽轮机组推力轴承、主轴承的温度、油流、振动的检查</td></tr>
<tr><td>3</td><td colspan="2">应对汽轮机进行听声检查，特别是在变工况时，更应仔细听声</td></tr>
<tr><td>4</td><td colspan="2">按规程对水泵等转动设备检查电流、压力、轴承声音、冷却水等</td></tr>
<tr><td>5</td><td colspan="2">按规程对辅助设备（如除氧器、加热器、凝汽器、冷油器、冷却器等）检查运行正常</td></tr>
</table>

行业：电力工程　　工种：汽轮机运行值班员　　等级：初/中

<table>
<tr><td>编　　号</td><td>C54B056</td><td>行为领域</td><td>e</td><td colspan="2">鉴定范围</td><td>1</td></tr>
<tr><td>考核时限</td><td>15min</td><td>题　　型</td><td>B</td><td colspan="2">题　　分</td><td>20</td></tr>
<tr><td>试题正文</td><td colspan="6">汽轮机组投入盘车操作</td></tr>
<tr><td>其他需要说明的问题和要求</td><td colspan="6">一、在仿真机上操作时，必须按仿真机的有关规定和要求进行操作
二、现场就地操作演示，不得触动运行设备
三、现场就地实际操作，必须遵守下列原则
1. 必须请示有关领导同意，并在认真监视下进行
2. 万一遇到生产事故，立即中止考核，退出现场
3. 若操作引起异常情况，则立即中止操作，恢复原状</td></tr>
<tr><td>工具、材料、设备、场地</td><td colspan="6">1. 仿真机
2. 现场设备</td></tr>
<tr><td rowspan="9">评分标准</td><td>序号</td><td colspan="2">项 目 名 称</td><td>质量要求</td><td>满分</td><td>扣　　分</td></tr>
<tr><td>1</td><td colspan="2">确定汽轮机转速为 0 □</td><td rowspan="8">按规程正确操作，且操作规范，顺序正确，不能有漏项</td><td rowspan="8">20</td><td rowspan="8">操作顺序颠倒扣 5 分，漏一项扣 3 分，误操作扣 20 分</td></tr>
<tr><td>2</td><td colspan="2">启动润滑油泵，检查油压正常</td></tr>
<tr><td>3</td><td colspan="2">启动顶轴油泵，检查顶轴油压正常</td></tr>
<tr><td>4</td><td colspan="2">开启盘车油</td></tr>
<tr><td>5</td><td colspan="2">盘车装置上荷</td></tr>
<tr><td>6</td><td colspan="2">启动盘车电动机，检查盘车电动机电流正常</td></tr>
<tr><td>7</td><td colspan="2">检查大轴弯曲正常</td></tr>
<tr><td>8</td><td colspan="2">检查动静部分声音正常</td></tr>
</table>

行业：电力工程　　工种：汽轮机运行值班员　　等级：初/中

<table>
<tr><td>编　　号</td><td>C54B057</td><td>行为领域</td><td>e</td><td>鉴定范围</td><td colspan="2">5</td></tr>
<tr><td>考核时限</td><td>15min</td><td>题　　型</td><td>B</td><td>题　　分</td><td colspan="2">20</td></tr>
<tr><td>试题正文</td><td colspan="6">高压加热器水位升高处理</td></tr>
<tr><td>其他需要说明的问题和要求</td><td colspan="6">一、在仿真机上操作时，必须按仿真机的有关规定和要求进行操作
二、现场就地操作演示，不得触动运行设备
三、现场就地实际操作，必须遵守下列原则
1. 必须请示有关领导同意，并在认真监视下进行
2. 万一遇到生产事故，立即中止考核，退出现场
3. 若操作引起异常情况，则立即中止操作，恢复原状</td></tr>
<tr><td>工具、材料、设备、场地</td><td colspan="6">1. 仿真机
2. 现场设备</td></tr>
<tr><td rowspan="8">评分标准</td><td>序号</td><td colspan="2">项 目 名 称</td><td>质量要求</td><td>满分</td><td>扣　　分</td></tr>
<tr><td>1</td><td colspan="2">核对电触点水位计与石英玻璃管水位计</td><td rowspan="7">按规程正确操作，且操作规范，顺序正确，不能有漏项</td><td rowspan="7">20</td><td rowspan="7">操作顺序颠倒扣5分，漏一项扣3分，误操作扣20分</td></tr>
<tr><td>2</td><td colspan="2">开大疏水调整门，查明原因</td></tr>
<tr><td>3</td><td colspan="2">高压加热器水位高至300mm报警时，自动疏水门自动开足</td></tr>
<tr><td>4</td><td colspan="2">高压加热器水位高至 500mm时，关闭高压加热器进汽门</td></tr>
<tr><td>5</td><td colspan="2">高压加热器水位高至 700mm时，高压加热器保护动作，开启高压加热器危急疏水门，给水走液动旁路。关闭至除氧器的疏水门，关闭抽汽止回阀、自动切除高压加热器。如保护失灵，按高压加热器紧急停用处理</td></tr>
<tr><td>6</td><td colspan="2">开启有关抽汽止回阀后的疏水门</td></tr>
<tr><td>7</td><td colspan="2">完成停用高压加热器的其他工作</td></tr>
</table>

行业：电力工程　　工种：汽轮机运行值班员　　等级：初/中

<table>
<tr><td>编　　号</td><td>C54B058</td><td>行为领域</td><td>e</td><td>鉴定范围</td><td>6</td></tr>
<tr><td>考核时限</td><td>30min</td><td>题　　型</td><td>B</td><td>题　　分</td><td>20</td></tr>
<tr><td>试题正文</td><td colspan="5">凝结水泵、水冷泵等辅机连锁校验操作</td></tr>
<tr><td>其他需要说明的问题和要求</td><td colspan="5">一、在仿真机上操作时，必须按仿真机的有关规定和要求进行操作
二、现场就地操作演示，不得触动运行设备
三、现场就地实际操作，必须遵守下列原则
1. 必须请示有关领导同意，并在认真监视下进行
2. 万一遇到生产事故，立即中止考核，退出现场
3. 若操作引起异常情况，则立即中止操作，恢复原状</td></tr>
<tr><td>工具、材料、设备、场地</td><td colspan="5">1. 仿真机
2. 现场设备</td></tr>
<tr><td rowspan="10">评分标准</td><td>序号</td><td>项目名称</td><td>质量要求</td><td>满分</td><td>扣　　分</td></tr>
<tr><td>1</td><td>互为联动试验</td><td rowspan="4">按规程正确操作，且操作规范，顺序正确，不能有漏项</td><td rowspan="4">10</td><td rowspan="4">操作顺序颠倒扣5分，漏一项扣3分，误操作扣20分</td></tr>
<tr><td>1.1</td><td>确定一台泵运行，连锁投入，备用泵处于联动备用状态</td></tr>
<tr><td>1.2</td><td>揿运行泵事故按钮，运行泵应跳闸，备用泵自启动复置开关</td></tr>
<tr><td>1.3</td><td>用同样的方法校验另一台水泵</td></tr>
<tr><td>2</td><td>低水压联动校验</td><td rowspan="5">按规程正确操作，且操作规范，顺序正确，不能有漏项</td><td rowspan="5">10</td><td rowspan="5">操作顺序颠倒扣5分，漏一项扣3分，误操作扣20分</td></tr>
<tr><td>2.1</td><td>确定一台泵运行，连锁投入，备用泵处于联动备用状态</td></tr>
<tr><td>2.2</td><td>由热工人员拨低水压联动压力表设定值与表计指针相碰，备用泵自启动</td></tr>
<tr><td>2.3</td><td>复置开关，拨回设定值至规定值，停原运行泵□</td></tr>
<tr><td>2.4</td><td>用同样方法校验另一台水泵</td></tr>
</table>

行业：电力工程　　工种：汽轮机运行值班员　　　等级：中/高

<table>
<tr><td>编　　号</td><td>C43B059</td><td>行为领域</td><td>e</td><td colspan="2">鉴定范围</td><td>1</td></tr>
<tr><td>考核时限</td><td>20min</td><td>题　　型</td><td>B</td><td colspan="2">题　　分</td><td>20</td></tr>
<tr><td>试题正文</td><td colspan="6">汽动给水泵启动操作</td></tr>
<tr><td>其他需要说明的问题和要求</td><td colspan="6">一、在仿真机上操作时，必须按仿真机的有关规定和要求进行操作
二、现场就地操作演示，不得触动运行设备
三、现场就地实际操作，必须遵守下列原则
1. 必须请示有关领导同意，并在认真监视下进行
2. 万一遇到生产事故，立即中止考核，退出现场
3. 若操作引起异常情况，则立即中止操作，恢复原状</td></tr>
<tr><td>工具、材料、设备、场地</td><td colspan="6">1. 仿真机
2. 现场设备</td></tr>
<tr><td rowspan="18">评
分
标
准</td><td>序号</td><td colspan="2">项 目 名 称</td><td>质量要求</td><td>满分</td><td>扣　　分</td></tr>
<tr><td>1</td><td colspan="2">准备工作</td><td rowspan="7">准备要充分</td><td rowspan="7">6</td><td rowspan="7">漏一项扣1分</td></tr>
<tr><td>1.1</td><td colspan="2">油系统投用，调节汽门EH进出油阀门开足，启动交流油泵，校验互相自启动正常</td></tr>
<tr><td>1.2</td><td colspan="2">给水系统投用，进水阀再循环阀门开足，出口阀关闭</td></tr>
<tr><td>1.3</td><td colspan="2">密封水系统投用，U 形管回水走凝汽器，密封水压差在0.1MPa</td></tr>
<tr><td>1.4</td><td colspan="2">启动前置泵</td></tr>
<tr><td>1.5</td><td colspan="2">投用盘车</td></tr>
<tr><td>1.6</td><td colspan="2">主机负荷在100MW以上（或按本厂规程规定）</td></tr>
<tr><td>2</td><td colspan="2">启动</td><td rowspan="9">操作规范，顺序正确，不能有漏项</td><td rowspan="9">14</td><td rowspan="9">操作顺序颠倒扣5分，漏一项扣2分，误操作扣20分</td></tr>
<tr><td>2.1</td><td colspan="2">向轴封送汽，抽真空，开足排汽阀，主机真空正常</td></tr>
<tr><td>2.2</td><td colspan="2">高低压蒸汽管道暖管</td></tr>
<tr><td>2.3</td><td colspan="2">合闸，检查高低压主汽门开足</td></tr>
<tr><td>2.4</td><td colspan="2">在MEH操作面板上或就地冲转，600r/min拍车摩擦检查后重新冲转。600r/min暖机，升速率为100r/min，暖机25min（或按本厂规程规定）</td></tr>
<tr><td>2.5</td><td colspan="2">1800r/min 暖机。升速率为200r/min，暖机25min</td></tr>
<tr><td>2.6</td><td colspan="2">3000r/min关闭疏水，根据需要打开加药阀及给水泵中间抽头阀。升速率为250r/min</td></tr>
<tr><td>2.7</td><td colspan="2">开足出口阀并入系统，保持压力水位正常</td></tr>
<tr><td>2.8</td><td colspan="2">主机负荷180MW（或按本厂规程规定）投用第二台汽动给水泵，并入系统保持压力水位正常。停用电动给水泵</td></tr>
</table>

行业：电力工程　　工种：汽轮机运行值班员　　等级：中/高

编号	C43B060	行为领域	e	鉴定范围	2
考核时限	20min	题型	B	题分	20
试题正文	汽动给水泵停用操作				
其他需要说明的问题和要求	一、在仿真机上操作时，必须按仿真机的有关规定和要求进行操作 二、现场就地操作演示，不得触动运行设备 三、现场就地实际操作，必须遵守下列原则 1. 必须请示有关领导同意，并在认真监视下进行 2. 万一遇到生产事故，立即中止考核，退出现场 3. 若操作引起异常情况，则立即中止操作，恢复原状				
工具、材料、设备、场地	1. 仿真机 2. 现场设备				

评分标准	序号	项目名称	质量要求	满分	扣分
	1	主机负荷降到 180MW（或按本厂规程规定），停用一台汽动给水泵	按规程正确操作，且操作规范，顺序正确，不能有漏项	20	操作顺序颠倒扣5分，漏一项扣 2 分，误操作扣 20 分
	2	启动电动给水泵，一台汽动给水泵逐渐退出系统。保持给水压力和水位的稳定			
	3	开足再循环阀，关闭出水阀，关闭给水泵中间抽头阀			
	4	转速到 3000r/min 手动遥控或就地跳闸。检查高低压主汽门、调节汽门关闭，疏水阀打开			
	5	转速到 0 投用盘车			
	6	连续盘车 12h 后（或根据本厂规程规定）停用盘车			
	7	主机负荷降到 120MW（或按本厂规程规定），停用另一台汽动给水泵。保持给水压力和水位稳定□			
	8	关闭排汽阀，关闭轴封，真空到零			
	9	停用前置泵和交流油泵			

行业：电力工程　　工种：汽轮机运行值班员　　等级：中/高

<table>
<tr><td>编　　号</td><td>C43B061</td><td>行为领域</td><td>e</td><td colspan="2">鉴定范围</td><td>1</td></tr>
<tr><td>考核时限</td><td>20min</td><td>题　　型</td><td>B</td><td colspan="2">题　　分</td><td>20</td></tr>
<tr><td>试题正文</td><td colspan="6">机组运行中投入高压加热器的操作</td></tr>
<tr><td>其他需要说明的问题和要求</td><td colspan="6">一、在仿真机上操作时，必须按仿真机的有关规定和要求进行操作
二、现场就地操作演示，不得触动运行设备
三、现场就地实际操作，必须遵守下列原则
1. 必须请示有关领导同意，并在认真监视下进行
2. 万一遇到生产事故，立即中止考核，退出现场
3. 若操作引起异常情况，则立即中止操作，恢复原状</td></tr>
<tr><td>工具、材料、设备、场地</td><td colspan="6">1. 仿真机
2. 现场设备</td></tr>
<tr><td rowspan="9">评分标准</td><td>序号</td><td colspan="2">项 目 名 称</td><td>质量要求</td><td>满分</td><td>扣　　分</td></tr>
<tr><td>1</td><td colspan="2">打开高压加热器水侧进出口阀门的强制手轮，开启注水门向高压加热器水侧注水</td><td rowspan="8">按规程正确操作，且操作规范，顺序正确，不能有漏项</td><td rowspan="8">20</td><td rowspan="8">操作顺序颠倒扣5分，漏一项扣3分，误操作扣20分</td></tr>
<tr><td>2</td><td colspan="2">注水到与给水压力相同时，关闭注水门，检查钢管是否漏水</td></tr>
<tr><td>3</td><td colspan="2">暖管后，开启启动门，使自动进水和旁路联成阀升起，给水顶开出口止回阀</td></tr>
<tr><td>4</td><td colspan="2">稍开高压加热器进汽门，开启高压加热器汽侧放水门，使高压加热器预热（预热时间按规程）</td></tr>
<tr><td>5</td><td colspan="2">开启高压加热器汽侧空气门，排尽空气后关闭</td></tr>
<tr><td>6</td><td colspan="2">根据压力和水位情况缓慢开启加热器进汽门（升压、升温按电厂规程）</td></tr>
<tr><td>7</td><td colspan="2">投入疏水调节器，并使疏水向除氧器关闭抽汽管止回阀前、后疏水门</td></tr>
<tr><td>8</td><td colspan="2">投入高压加热器疏水自动和保护</td></tr>
</table>

行业：电力工程　　工种：汽轮机运行值班员　　等级：中/高

<table>
<tr><td>编　号</td><td>C43B062</td><td>行为领域</td><td>e</td><td>鉴定范围</td><td>2</td></tr>
<tr><td>考核时限</td><td>15min</td><td>题　型</td><td>B</td><td>题　分</td><td>20</td></tr>
<tr><td>试题正文</td><td colspan="5">机组运行中高压加热器退出的操作</td></tr>
<tr><td>其他需要说明的问题和要求</td><td colspan="5">一、在仿真机上操作时，必须按仿真机的有关规定和要求进行操作
二、现场就地操作演示，不得触动运行设备
三、现场就地实际操作，必须遵守下列原则
1. 必须请示有关领导同意，并在认真监视下进行
2. 万一遇到生产事故，立即中止考核，退出现场
3. 若操作引起异常情况，则立即中止操作，恢复原状</td></tr>
<tr><td>工具、材料、设备、场地</td><td colspan="5">1. 仿真机
2. 现场设备</td></tr>
<tr><td rowspan="9">评分标准</td><td>序号</td><td>项 目 名 称</td><td>质量要求</td><td>满分</td><td>扣　分</td></tr>
<tr><td>1</td><td>联系值长适当降低机组负荷（负荷按电厂规程）</td><td rowspan="8">按规程正确操作，且操作规范，顺序正确，不能有漏项</td><td rowspan="8">20</td><td rowspan="8">操作顺序颠倒扣5分，漏一项扣3分，误操作扣20分</td></tr>
<tr><td>2</td><td>高压加热器疏水自动、保护解列</td></tr>
<tr><td>3</td><td>逐渐关闭高压加热器进汽门，控制给水温度下降在规定范围内（给水温度下降速率按电厂规程）</td></tr>
<tr><td>4</td><td>关闭高压加热器向除氧器的疏水门</td></tr>
<tr><td>5</td><td>开启高压加热器汽侧放水门</td></tr>
<tr><td>6</td><td>开启抽汽止回阀前后疏水门</td></tr>
<tr><td>7</td><td>关闭高压加热器进水门、出水门（自动旁路打开）</td></tr>
<tr><td>8</td><td>检查高压加热器无水位</td></tr>
</table>

<table>
<tr><td>编　　号</td><td colspan="2">C43B063</td><td>行为领域</td><td>e</td><td>鉴定范围</td><td>1</td></tr>
<tr><td>考核时限</td><td colspan="2">15min</td><td>题　　型</td><td>B</td><td>题　　分</td><td>20</td></tr>
<tr><td>试题正文</td><td colspan="6">凝汽器抽真空操作</td></tr>
<tr><td>其他需要说明的问题和要求</td><td colspan="6">一、在仿真机上操作时，必须按仿真机的有关规定和要求进行操作
二、现场就地操作演示，不得触动运行设备
三、现场就地实际操作，必须遵守下列原则
1. 必须请示有关领导同意，并在认真监视下进行
2. 万一遇到生产事故，立即中止考核，退出现场
3. 若操作引起异常情况，则立即中止操作，恢复原状</td></tr>
<tr><td>工具、材料、设备、场地</td><td colspan="6">1. 仿真机
2. 现场设备</td></tr>
<tr><td rowspan="9">评
分
标
准</td><td>序号</td><td colspan="2">项 目 名 称</td><td>质量要求</td><td>满分</td><td>扣　　分</td></tr>
<tr><td>1</td><td colspan="2">凝汽器空气门开启</td><td rowspan="8">按规程正确操作，且操作规范，顺序正确，不能有漏项</td><td rowspan="8">20</td><td rowspan="8">操作顺序颠倒扣5分，漏一项扣3分，误操作扣20分</td></tr>
<tr><td>2</td><td colspan="2">凝汽器通入循环水</td></tr>
<tr><td>3</td><td colspan="2">凝结水系统运行正常</td></tr>
<tr><td>4</td><td colspan="2">射水箱水位正常</td></tr>
<tr><td>5</td><td colspan="2">启动射水泵，检查电流、压力正常</td></tr>
<tr><td>6</td><td colspan="2">开启抽气器空气门</td></tr>
<tr><td>7</td><td colspan="2">向轴封送汽</td></tr>
<tr><td>8</td><td colspan="2">检查凝汽器真空缓慢上升</td></tr>
</table>

行业：电力工程　　工种：汽轮机运行值班员　　等级：中/高

<table>
<tr><td>编　　号</td><td>C43B064</td><td>行为领域</td><td>e</td><td>鉴定范围</td><td colspan="2">2</td></tr>
<tr><td>考核时限</td><td>15min</td><td>题　　型</td><td>B</td><td>题　　分</td><td colspan="2">20</td></tr>
<tr><td>试题正文</td><td colspan="6">机组运行中低压加热器退出操作</td></tr>
<tr><td>其他需要说明的问题和要求</td><td colspan="6">一、在仿真机上操作时，必须按仿真机的有关规定和要求进行操作
二、现场就地操作演示，不得触动运行设备
三、现场就地实际操作，必须遵守下列原则
1. 必须请示有关领导同意，并在认真监视下进行
2. 万一遇到生产事故，立即中止考核，退出现场
3. 若操作引起异常情况，则立即中止操作，恢复原状</td></tr>
<tr><td>工具、材料、设备、场地</td><td colspan="6">1. 仿真机
2. 现场设备</td></tr>
<tr><td rowspan="7">评分标准</td><td>序号</td><td colspan="2">项目名称</td><td>质量要求</td><td>满分</td><td>扣　分</td></tr>
<tr><td>1</td><td colspan="2">缓慢关闭低压加热器蒸汽进口截门</td><td rowspan="6">按规程正确操作，且操作规范，顺序正确，不能有漏项</td><td rowspan="6">20</td><td rowspan="6">操作顺序颠倒扣5分，漏一项扣4分，误操作扣20分</td></tr>
<tr><td>2</td><td colspan="2">检查汽侧压力到“0”</td></tr>
<tr><td>3</td><td colspan="2">停用疏水泵，检查加热器水位正常，关闭加热器空气门</td></tr>
<tr><td>4</td><td colspan="2">开启加热器汽侧放水门</td></tr>
<tr><td>5</td><td colspan="2">开启加热器抽汽管止回阀前后疏水门</td></tr>
<tr><td>6</td><td colspan="2">开启加热器水侧旁路门，关闭水侧进出口阀门</td></tr>
</table>

行业：电力工程　　工种：汽轮机运行值班员　　　等级：中/高

<table>
<tr><td colspan="2">编　　号</td><td>C43B065</td><td>行为领域</td><td>e</td><td>鉴定范围</td><td>1</td></tr>
<tr><td colspan="2">考核时限</td><td>15min</td><td>题　　型</td><td>B</td><td>题　　分</td><td>20</td></tr>
<tr><td colspan="2">试题正文</td><td colspan="5">机组运行中投入低压加热器的操作</td></tr>
<tr><td colspan="2">其他需要说明的问题和要求</td><td colspan="5">一、在仿真机上操作时，必须按仿真机的有关规定和要求进行操作
二、现场就地操作演示，不得触动运行设备
三、现场就地实际操作，必须遵守下列原则
1. 必须请示有关领导同意，并在认真监视下进行
2. 万一遇到生产事故，立即中止考核，退出现场
3. 若操作引起异常情况，则立即中止操作，恢复原状</td></tr>
<tr><td colspan="2">工具、材料、设备、场地</td><td colspan="5">1. 仿真机
2. 现场设备</td></tr>
<tr><td rowspan="8">评分标准</td><td>序号</td><td colspan="2">项 目 名 称</td><td>质量要求</td><td>满分</td><td>扣　　分</td></tr>
<tr><td>1</td><td colspan="2">开启低压加热器进出口截门，关闭旁路门</td><td rowspan="7">按规程正确操作，且操作规范，顺序正确，不能有漏项</td><td rowspan="7">20</td><td rowspan="7">操作顺序颠倒扣5分，漏一项扣3分，误操作扣20分</td></tr>
<tr><td>2</td><td colspan="2">开启抽汽管道止回阀前后疏水门，使蒸汽管暖管</td></tr>
<tr><td>3</td><td colspan="2">关闭汽侧放水门</td></tr>
<tr><td>4</td><td colspan="2">稍开各级加热器空气门、排空气</td></tr>
<tr><td>5</td><td colspan="2">微慢开启蒸汽截门，向加热器送汽至工作压力</td></tr>
<tr><td>6</td><td colspan="2">当加热器水位至 1/3～1/2 高度时，投入一台疏水泵，调整至正常水位</td></tr>
<tr><td>7</td><td colspan="2">加热器投入后关闭蒸汽管道止回阀前后的疏水门</td></tr>
</table>

行业：电力工程　　工种：汽轮机运行值班员　　等级：中/高

<table>
<tr><td>编　　号</td><td>C43B066</td><td>行为领域</td><td>e</td><td>鉴定范围</td><td>1</td></tr>
<tr><td>考核时限</td><td>20min</td><td>题　　型</td><td>B</td><td>题　　分</td><td>20</td></tr>
<tr><td>试题正文</td><td colspan="5">发电机密封油系统投用操作</td></tr>
<tr><td>其他需要说明的问题和要求</td><td colspan="5">一、在仿真机上操作时，必须按仿真机的有关规定和要求进行操作
二、现场就地操作演示，不得触动运行设备
三、现场就地实际操作，必须遵守下列原则
1. 必须请示有关领导同意，并在认真监视下进行
2. 万一遇到生产事故，立即中止考核，退出现场
3. 若操作引起异常情况，则立即中止操作，恢复原状</td></tr>
<tr><td>工具、材料、设备、场地</td><td colspan="5">1. 仿真机
2. 现场设备</td></tr>
</table>

<table>
<tr><td rowspan="13">评
分
标
准</td><td>序号</td><td>项 目 名 称</td><td>质量要求</td><td>满分</td><td>扣　　分</td></tr>
<tr><td>1</td><td>各密封油泵送电，联轴器盘动灵活</td><td rowspan="12">按规程正确操作，且操作规范，顺序正确，不能有漏项</td><td rowspan="12">20</td><td rowspan="12">操作顺序颠倒扣5分，漏一项扣 2 分，误操作扣20分</td></tr>
<tr><td>2</td><td>试验密封油箱补排油电磁阀动作良好</td></tr>
<tr><td>3</td><td>启动防爆风机（排烟机）</td></tr>
<tr><td>4</td><td>开启主油箱至空气侧密封油泵进油总门及进油门，开启空气侧交直流密封油泵试泵，试验连锁动作正常，停止直流油泵</td></tr>
<tr><td>5</td><td>向密封油箱补油至油位 1/2 处，调整空侧油泵出口压力正常</td></tr>
<tr><td>6</td><td>开空气侧压差阀旁路门，调整好密封油压</td></tr>
<tr><td>7</td><td>开密封油箱至氢气侧油泵进油门，开启氢气侧油泵，试验正常，调整出口压力</td></tr>
<tr><td>8</td><td>开启平衡阀旁路门，保持空气侧油压不超过氢气侧油压 0.001MPa</td></tr>
<tr><td>9</td><td>发电机充氢后，调整油压大于氢气压力为 0.04～0.06MPa</td></tr>
<tr><td>10</td><td>投入密封油系统差压阀和平衡阀，关闭旁路门</td></tr>
<tr><td>11</td><td>投入油泵连锁</td></tr>
<tr><td>12</td><td>当氢气压力大于 0.15MPa 时，开启润滑油至密封油泵进油总门，关主油箱至密封油泵进油总门，开润滑油至氢气侧油泵进油门，关密封油至氢气侧油泵进油门，电磁阀投入自动</td></tr>
</table>

行业：电力工程　　工种：汽轮机运行值班员　　　等级：中/高

<table>
<tr><td>编　号</td><td>C43B067</td><td>行为领域</td><td>e</td><td>鉴定范围</td><td>1</td></tr>
<tr><td>考核时限</td><td>20min</td><td>题　型</td><td>B</td><td>题　分</td><td>20</td></tr>
<tr><td>试题正文</td><td colspan="5">发电机冷却水系统投用操作</td></tr>
<tr><td>其他需要说明的问题和要求</td><td colspan="5">一、在仿真机上操作时，必须按仿真机的有关规定和要求进行操作
二、现场就地操作演示，不得触动运行设备
三、现场就地实际操作，必须遵守下列原则
1. 必须请示有关领导同意，并在认真监视下进行
2. 万一遇到生产事故，立即中止考核，退出现场
3. 若操作引起异常情况，则立即中止操作，恢复原状</td></tr>
<tr><td>工具、材料、设备、场地</td><td colspan="5">1. 仿真机
2. 现场设备</td></tr>
<tr><td rowspan="6">评分标准</td><td>序号</td><td>项 目 名 称</td><td>质量要求</td><td>满分</td><td>扣　分</td></tr>
<tr><td>1</td><td>水质合格，启动水冷泵，维持水冷箱水位 2/3 以上，会同电气全面检查内部水冷系统</td><td rowspan="5">按规程正确操作，且操作规范，顺序正确，不能有漏项</td><td rowspan="5">20</td><td rowspan="5">操作顺序颠倒扣5分，漏一项扣 4 分，误操作扣 20 分</td></tr>
<tr><td>2</td><td>调整发电机各部位进水门，维持进水压力在正常范围</td></tr>
<tr><td>3</td><td>调整转子轴封冷却水门</td></tr>
<tr><td>4</td><td>检查静子、端部流量正常，转子回水正常</td></tr>
<tr><td>5</td><td>投入水冷泵连锁</td></tr>
</table>

行业：电力工程　　工种：汽轮机运行值班员　　　等级：中/高

<table>
<tr><td>编　　号</td><td>C43B068</td><td>行为领域</td><td>e</td><td>鉴定范围</td><td colspan="2">1</td></tr>
<tr><td>考核时限</td><td>15min</td><td>题　　型</td><td>B</td><td>题　　分</td><td colspan="2">20</td></tr>
<tr><td>试题正文</td><td colspan="6">水氢冷却方式发电机的冷却水系统投用操作</td></tr>
<tr><td>其他需要说明的问题和要求</td><td colspan="6">一、在仿真机上操作时，必须按仿真机的有关规定和要求进行操作
二、现场就地操作演示，不得触动运行设备
三、现场就地实际操作，必须遵守下列原则
1. 必须请示有关领导同意，并在认真监视下进行
2. 万一遇到生产事故，立即中止考核，退出现场
3. 若操作引起异常情况，则立即中止操作，恢复原状</td></tr>
<tr><td>工具、材料、设备、场地</td><td colspan="6">1. 仿真机
2. 现场设备</td></tr>
<tr><td rowspan="7">评分标准</td><td>序号</td><td colspan="2">项 目 名 称</td><td>质量要求</td><td>满分</td><td>扣　　分</td></tr>
<tr><td>1</td><td colspan="2">检查冷却水系统设备完整良好，各监视表计齐全，各阀门位置正常，冷却水水位在正常位置，水质合格，开启线圈排汽门</td><td rowspan="6">按规程正确操作，且操作规范，顺序正确，不能有漏项</td><td rowspan="6">20</td><td rowspan="6">操作顺序颠倒扣5分，漏一项扣3分，误操作扣20分</td></tr>
<tr><td>2</td><td colspan="2">启动冷却水泵，向发电机定子线圈充水。排空空气后关闭排汽门，调整水压、流量在规定范围内</td></tr>
<tr><td>3</td><td colspan="2">检查冷却水系统有无漏水</td></tr>
<tr><td>4</td><td colspan="2">开启冷水箱补水电磁阀前后隔离门，关闭补水电磁阀旁路门，投入自动补水</td></tr>
<tr><td>5</td><td colspan="2">开启备用冷却水泵出口门，投入连锁开关</td></tr>
<tr><td>6</td><td colspan="2">随负荷的升高，调整水冷却器出水温度在正常范围内</td></tr>
</table>

行业：电力工程　　工种：汽轮机运行值班员　　　等级：中/高

<table>
<tr><td colspan="2">编　　号</td><td>C43B069</td><td>行为领域</td><td>e</td><td>鉴定范围</td><td>1</td></tr>
<tr><td colspan="2">考核时限</td><td>30min</td><td>题　　型</td><td>B</td><td>题　　分</td><td>30</td></tr>
<tr><td colspan="2">试题正文</td><td colspan="5">汽轮机启动前准备工作</td></tr>
<tr><td colspan="2">其他需要说明的问题和要求</td><td colspan="5">一、在仿真机上操作时，必须按仿真机的有关规定和要求进行操作
二、现场就地操作演示，不得触动运行设备
三、现场就地实际操作，必须遵守下列原则
1. 必须请示有关领导同意，并在认真监视下进行
2. 万一遇到生产事故，立即中止考核，退出现场
3. 若操作引起异常情况，则立即中止操作，恢复原状</td></tr>
<tr><td colspan="2">工具、材料、设备、场地</td><td colspan="5">1. 仿真机
2. 现场设备</td></tr>
<tr><td rowspan="9">评分标准</td><td>序号</td><td colspan="2">项 目 名 称</td><td>质量要求</td><td>满分</td><td>扣　　分</td></tr>
<tr><td>1</td><td colspan="2">确认按电厂规程对所有系统进行检查正常</td><td rowspan="8">按规程正确操作，且操作规范，顺序正确，不能有漏项</td><td rowspan="8">30</td><td rowspan="8">操作顺序颠倒扣10分，漏一项扣4分，误操作扣30分</td></tr>
<tr><td>2</td><td colspan="2">辅助设备连锁试验正常</td></tr>
<tr><td>3</td><td colspan="2">主要仪表必须完备、准确</td></tr>
<tr><td>4</td><td colspan="2">各项保护装置校验正确，并投入运行</td></tr>
<tr><td>5</td><td colspan="2">有关辅机、辅助设备按规程规定投入运行，正常</td></tr>
<tr><td>6</td><td colspan="2">发电机水冷、氢冷、密封油、氢气系统投入运行</td></tr>
<tr><td>7</td><td colspan="2">投入盘车，大轴弯曲正常，检查转动部分声音正常</td></tr>
<tr><td>8</td><td colspan="2">当锅炉具备点火条件时，开始抽真空</td></tr>
</table>

行业：电力工程　　工种：汽轮机运行值班员　　等级：中/高

<table>
<tr><td>编　　号</td><td>C43B070</td><td>行为领域</td><td>e</td><td>鉴定范围</td><td colspan="2">1</td></tr>
<tr><td>考核时限</td><td>20min</td><td>题　　型</td><td>B</td><td>题　　分</td><td colspan="2">30</td></tr>
<tr><td>试题正文</td><td colspan="6">汽轮发电机组机组启动前检查工作</td></tr>
<tr><td>其他需要说明的问题和要求</td><td colspan="6">一、在仿真机上操作时，必须按仿真机的有关规定和要求进行操作
二、现场就地操作演示，不得触动运行设备
三、现场就地实际操作，必须遵守下列原则
1. 必须请示有关领导同意，并在认真监视下进行
2. 万一遇到生产事故，立即中止考核，退出现场
3. 若操作引起异常情况，则立即中止操作，恢复原状</td></tr>
<tr><td>工具、材料、设备、场地</td><td colspan="6">1. 仿真机
2. 现场设备</td></tr>
<tr><td rowspan="15">评分标准</td><td>序号</td><td colspan="2">项 目 名 称</td><td>质量要求</td><td>满分</td><td>扣　　分</td></tr>
<tr><td>1</td><td colspan="2">检修工作结束，工作票终结</td><td rowspan="14">按规程正确操作，且操作规范，顺序正确，不能有漏项</td><td rowspan="14">30</td><td rowspan="14">操作顺序颠倒扣10分，漏一项扣3分，误操作扣30分</td></tr>
<tr><td>2</td><td colspan="2">按电厂运行规程，机组启动前进行全面检查，检查包括以下系统、设备</td></tr>
<tr><td>2.1</td><td colspan="2">蒸汽疏水系统及阀门位置遵照电厂规程</td></tr>
<tr><td>2.2</td><td colspan="2">凝结水系统、设备及阀门位置遵照电厂规程</td></tr>
<tr><td>2.3</td><td colspan="2">循环水、冷却水系统、设备及阀门位置遵照电厂规程</td></tr>
<tr><td>2.4</td><td colspan="2">发电机冷却水（氢冷）系统，设备及阀门位置遵照电厂规程</td></tr>
<tr><td>2.5</td><td colspan="2">油系统、设备及阀门位置遵照电厂规程</td></tr>
<tr><td>2.6</td><td colspan="2">汽加热系统、阀门位置遵照电厂规程</td></tr>
<tr><td>2.7</td><td colspan="2">汽封系统、阀门位置遵照电厂规程</td></tr>
<tr><td>3</td><td colspan="2">高低压加热器、除氧器、给水泵、循泵等遵照电厂辅助设备运行规程检查正常</td></tr>
<tr><td>4</td><td colspan="2">所有压力表一次阀门开足，表计完整良好</td></tr>
<tr><td>5</td><td colspan="2">仪表报警指针、联动定值放好、辅机开关、联动开关、热保护开关均在“解列”位置</td></tr>
<tr><td>6</td><td colspan="2">仪表盘送上交直流电源</td></tr>
<tr><td>7</td><td colspan="2">有关辅机电动门测绝缘后，送上电源</td></tr>
</table>

行业：电力工程　　工种：汽轮机运行值班员　　等级：中/高

<table>
<tr><td>编　　号</td><td>C43B071</td><td>行为领域</td><td>e</td><td>鉴定范围</td><td colspan="2">1</td></tr>
<tr><td>考核时限</td><td>10min</td><td>题　　型</td><td>B</td><td>题　　分</td><td colspan="2">20</td></tr>
<tr><td>试题正文</td><td colspan="6">锅炉水压试验汽轮机配合操作</td></tr>
<tr><td>其他需要说明的问题和要求</td><td colspan="6">一、在仿真机上操作时，必须按仿真机的有关规定和要求进行操作
二、现场就地操作演示，不得触动运行设备
三、现场就地实际操作，必须遵守下列原则
1. 必须请示有关领导同意，并在认真监视下进行
2. 万一遇到生产事故，立即中止考核，退出现场
3. 若操作引起异常情况，则立即中止操作，恢复原状</td></tr>
<tr><td>工具、材料、设备、场地</td><td colspan="6">1. 仿真机
2. 现场设备</td></tr>
<tr><td rowspan="6">评分标准</td><td>序号</td><td>项 目 名 称</td><td>质量要求</td><td>满分</td><td colspan="2">扣　　分</td></tr>
<tr><td>1</td><td>除氧给水系统正常运行，能满足锅炉要求</td><td rowspan="5">按规程正确操作，且操作规范，顺序正确，不能有漏项</td><td rowspan="5">20</td><td colspan="2" rowspan="5">操作顺序颠倒扣5分，漏一项扣4分，误操作扣20分</td></tr>
<tr><td>2</td><td>主蒸汽系统管道上所有阀门(包括电动总汽门、总汽门旁路门、一级旁路隔离门、热工流量压力一次门、总汽门前疏水门、与新蒸汽有关联的阀门)全部处于关闭位置</td></tr>
<tr><td>3</td><td>总汽门后疏水门开启</td></tr>
<tr><td>4</td><td>根据锅炉要求启动给水泵</td></tr>
<tr><td>5</td><td>注意汽缸金属温度变化</td></tr>
</table>

行业：电力工程　　工种：汽轮机运行值班员　　等级：中/高

<table>
<tr><td colspan="2">编　号</td><td>C43B072</td><td>行为领域</td><td>e</td><td>鉴定范围</td><td>1</td></tr>
<tr><td colspan="2">考核时限</td><td>10min</td><td>题　型</td><td>B</td><td>题　分</td><td>20</td></tr>
<tr><td colspan="2">试题正文</td><td colspan="5">汽动给水泵停运隔离操作</td></tr>
<tr><td colspan="2">其他需要说明的问题和要求</td><td colspan="5">一、在仿真机上操作时，必须按仿真机的有关规定和要求进行操作
二、现场就地操作演示，不得触动运行设备
三、现场就地实际操作，必须遵守下列原则
1. 必须请示有关领导同意，并在认真监视下进行
2. 万一遇到生产事故，立即中止考核，退出现场
3. 若操作引起异常情况，则立即中止操作，恢复原状</td></tr>
<tr><td colspan="2">工具、材料、设备、场地</td><td colspan="5">1. 仿真机
2. 现场设备</td></tr>
<tr><td rowspan="11">评分标准</td><td>序号</td><td colspan="2">项 目 名 称</td><td>质量要求</td><td>满分</td><td>扣　分</td></tr>
<tr><td>1</td><td colspan="2">确认所要隔离给水泵及前置泵已停用</td><td rowspan="10">按规程正确操作，且操作规范，顺序正确，不能有漏项</td><td rowspan="10">20</td><td rowspan="10">操作顺序颠倒扣5分，漏一项扣2分，误操作扣20分</td></tr>
<tr><td>2</td><td colspan="2">给水泵出口门关闭</td></tr>
<tr><td>3</td><td colspan="2">给水泵中间抽头关闭</td></tr>
<tr><td>4</td><td colspan="2">加药门关闭</td></tr>
<tr><td>5</td><td colspan="2">暖泵门关闭</td></tr>
<tr><td>6</td><td colspan="2">给水泵及前置泵再循环手动隔离门关闭</td></tr>
<tr><td>7</td><td colspan="2">前置泵进水门关闭，在关闭前应开启泵体放水门或给水泵进、出口管放水门。注意泵内压力应下降，如压力上升，应停止关进水门，检查其他压力水源阀门是否关严，待查明原因并消除后方可关闭进水门</td></tr>
<tr><td>8</td><td colspan="2">有关的放水门逐渐开足</td></tr>
<tr><td>9</td><td colspan="2">有关的电动阀门拉电</td></tr>
<tr><td>10</td><td colspan="2">油系统视工作需要停用，并对油泵拉电</td></tr>
</table>

行业：电力工程　　工种：汽轮机运行值班员　　　等级：中/高

<table>
<tr><td>编　　号</td><td>C43B073</td><td>行为领域</td><td>e</td><td>鉴定范围</td><td colspan="2">6</td></tr>
<tr><td>考核时限</td><td>25min</td><td>题　　型</td><td>B</td><td>题　　分</td><td colspan="2">30</td></tr>
<tr><td>试题正文</td><td colspan="6">压力容器安全门升压试验</td></tr>
<tr><td>其他需要说明的问题和要求</td><td colspan="6">一、在仿真机上操作时，必须按仿真机的有关规定和要求进行操作
二、现场就地操作演示，不得触动运行设备
三、现场就地实际操作，必须遵守下列原则
1. 必须请示有关领导同意，并在认真监视下进行
2. 万一遇到生产事故，立即中止考核，退出现场
3. 若操作引起异常情况，则立即中止操作，恢复原状</td></tr>
<tr><td>工具、材料、设备、场地</td><td colspan="6">1. 仿真机
2. 现场设备</td></tr>
<tr><td rowspan="8">评分标准</td><td>序号</td><td colspan="2">项 目 名 称</td><td>质量要求</td><td>满分</td><td>扣　　分</td></tr>
<tr><td>1</td><td colspan="2">校验时应有检修人员配合</td><td rowspan="7">按规程正确操作，且操作规范，顺序正确，不能有漏项</td><td rowspan="7">30</td><td rowspan="7">操作顺序颠倒扣 10 分，漏一项扣 5 分，误操作扣30分</td></tr>
<tr><td>2</td><td colspan="2">确定压力表准确</td></tr>
<tr><td>3</td><td colspan="2">安全门的隔离门开启</td></tr>
<tr><td>4</td><td colspan="2">安全门升压排放试验前先手动试验正常</td></tr>
<tr><td>5</td><td colspan="2">逐渐开启压力容器进汽门，至规定值时安全门动作，关闭进汽门（如规定值时不动作，由检修人员调整）</td></tr>
<tr><td>6</td><td colspan="2">校验时的压力不得超过安全门动作值</td></tr>
<tr><td>7</td><td colspan="2">校验不合格不准投入运行</td></tr>
</table>

行业：电力工程　　工种：汽轮机运行值班员　　等级：中/高

<table>
<tr><td colspan="2">编　号</td><td>C43B074</td><td>行为领域</td><td>e</td><td>鉴定范围</td><td>5</td></tr>
<tr><td colspan="2">考核时限</td><td>20min</td><td>题　型</td><td>B</td><td>题　分</td><td>30</td></tr>
<tr><td colspan="2">试题正文</td><td colspan="5">机组并网时调节系统晃动的处理</td></tr>
<tr><td colspan="2">其他需要说明的问题和要求</td><td colspan="5">一、在仿真机上操作时，必须按仿真机的有关规定和要求进行操作
二、现场就地操作演示，不得触动运行设备
三、现场就地实际操作，必须遵守下列原则
1. 必须请示有关领导同意，并在认真监视下进行
2. 万一遇到生产事故，立即中止考核，退出现场
3. 若操作引起异常情况，则立即中止操作，恢复原状</td></tr>
<tr><td colspan="2">工具、材料、设备、场地</td><td colspan="5">1. 仿真机
2. 现场设备</td></tr>
<tr><td rowspan="6">评分标准</td><td>序号</td><td colspan="2">项 目 名 称</td><td>质量要求</td><td>满分</td><td>扣　分</td></tr>
<tr><td>1</td><td colspan="2">适当降低凝汽器的真空（此法有一定的危险，使用时应慎重）</td><td rowspan="5">按规程正确操作，且操作规范，顺序正确，不能有漏项</td><td rowspan="5">30</td><td rowspan="5">操作顺序颠倒扣10分，漏一项扣6分，误操作扣30分</td></tr>
<tr><td>2</td><td colspan="2">启动调速油泵稳定油压</td></tr>
<tr><td>3</td><td colspan="2">降低主蒸汽压力</td></tr>
<tr><td>4</td><td colspan="2">启动过程中，当转速达2850r/min时应暂停操作，再用同步器缓慢开至3000r/min</td></tr>
<tr><td>5</td><td colspan="2">调节系统大幅度晃动时，打闸停机后，重新启动</td></tr>
</table>

行业：电力工程　　工种：汽轮机运行值班员　　等级：中/高

<table>
<tr><td>编　　号</td><td>C43B075</td><td>行为领域</td><td>e</td><td>鉴定范围</td><td>5</td></tr>
<tr><td>考核时限</td><td>30min</td><td>题　　型</td><td>B</td><td>题　　分</td><td>30</td></tr>
<tr><td>试题正文</td><td colspan="5">凝汽器真空下降的处理</td></tr>
<tr><td>其他需要说明的问题和要求</td><td colspan="5">一、在仿真机上操作时，必须按仿真机的有关规定和要求进行操作
二、现场就地操作演示，不得触动运行设备
三、现场就地实际操作，必须遵守下列原则
1. 必须请示有关领导同意，并在认真监视下进行
2. 万一遇到生产事故，立即中止考核，退出现场
3. 若操作引起异常情况，则立即中止操作，恢复原状</td></tr>
<tr><td>工具、材料、设备、场地</td><td colspan="5">1. 仿真机
2. 现场设备</td></tr>
<tr><td rowspan="10">评分标准</td><td>序号</td><td>项 目 名 称</td><td>质量要求</td><td>满分</td><td>扣　　分</td></tr>
<tr><td>1</td><td>主要原因</td><td rowspan="6">原因判断正确</td><td rowspan="6">10</td><td rowspan="6">原因判断漏一项扣 2 分</td></tr>
<tr><td>1.1</td><td>凝汽器循环水中断或减少</td></tr>
<tr><td>1.2</td><td>轴封汽压力下降</td></tr>
<tr><td>1.3</td><td>真空泵运行失常</td></tr>
<tr><td>1.4</td><td>凝汽器热井水位过高</td></tr>
<tr><td>1.5</td><td>凝汽器或真空运行管道漏空气</td></tr>
<tr><td>2</td><td>处理</td><td rowspan="3">按规程正确操作，且操作规范，顺序正确，不能有漏项</td><td rowspan="3">20</td><td rowspan="3">操作顺序颠倒扣 10 分，漏一项扣 1 分，误操作扣30分</td></tr>
<tr><td>2.1</td><td>对照就地真空表，低压缸排汽温度及凝结水温度确定凝汽器真空确实下降</td></tr>
<tr><td>2.2</td><td>检查当时有无影响真空下降的操作，如有应立即停止</td></tr>
</table>

续表

	序号	项目名称	质量要求	满分	扣分
评分标准	2.3	检查循环水进水压力、温升	按规程正确操作，且操作规范，顺序正确，不能有漏项	20	操作顺序颠倒扣10分，漏一项扣1分，误操作扣30分
	2.3.1	如循环水中断，应迅速减负荷，并根据真空下降的情况随时准备不破坏真空停机。停机后关闭循环水进水门，一般等到凝汽器温度下降到50℃时，再向凝汽器进循环水，检查低压缸防爆门是否损坏			
	2.3.2	如虹吸破坏，应增加循环水量或启动水室真空泵，抽虹吸			
	2.3.3	如真空逐渐下降，应增加循环水量			
	2.3.4	循环水滤网堵塞，应清洗滤网			
	2.4	轴封压力低，应检查自动压力及温度调整器工作正常			
	2.5	如凝汽器热井水位过高，应开备用泵及分析水位过高的原因，并消除之			
	2.6	如真空泵工作失常，开备用真空泵			
	2.7	凝汽器及真空管道漏空气应设法堵漏			
	2.8	真空下降、减负荷规定及故障停机限额应根据本厂运行规程确定			

行业：电力工程　　工种：汽轮机运行值班员　　　等级：中/高

<table>
<tr><td>编　　号</td><td>C43B076</td><td>行为领域</td><td>e</td><td colspan="2">鉴定范围</td><td>5</td></tr>
<tr><td>考核时限</td><td>20min</td><td>题　　型</td><td>B</td><td colspan="2">题　　分</td><td>30</td></tr>
<tr><td>试题正文</td><td colspan="6">蒸汽参数不符合规定的处理（引进型300MW机组，其他按本厂规程）</td></tr>
<tr><td>其他需要说明的问题和要求</td><td colspan="6">一、在仿真机上操作时，必须按仿真机的有关规定和要求进行操作
二、现场就地操作演示，不得触动运行设备
三、现场就地实际操作，必须遵守下列原则
1. 必须请示有关领导同意，并在认真监视下进行
2. 万一遇到生产事故，立即中止考核，退出现场
3. 若操作引起异常情况，则立即中止操作，恢复原状</td></tr>
<tr><td>工具、材料、设备、场地</td><td colspan="6">1. 仿真机
2. 现场设备</td></tr>
<tr><td rowspan="5">评分标准</td><td>序号</td><td colspan="2">项 目 名 称</td><td>质量要求</td><td>满分</td><td>扣　　分</td></tr>
<tr><td>1</td><td colspan="2">运行中发现蒸汽参数不符合额定规定时，应加强监视机组的振动、声音、轴向位移、推力瓦温度、差涨、汽缸金属温度、高中压转子应力趋势等变化</td><td rowspan="4">按规程正确操作，且操作规范，顺序正确，不能有漏项</td><td rowspan="4">30</td><td rowspan="4">漏一项扣8分，误操作扣30分</td></tr>
<tr><td>2</td><td colspan="2">主再热汽温A/B两边温差事故处理（按本厂规程规定的参数执行）正常运行时，主再热汽温A/B两边温差正常应小于14℃，当温差到达42℃时可运行15min，如温差超过42°时应故障停机并且在4h内不准再次发生</td></tr>
<tr><td>3</td><td colspan="2">主再温差超过最大值应故障停机</td></tr>
<tr><td>4</td><td colspan="2">主再热汽温差应按照温差曲线处理，负荷为0时，允许温差为+83℃；负荷为0～225MW时，允许温差为0～42℃；负荷为300MW时，允许温差为不大于28℃，短时可允许达42℃</td></tr>
</table>

行业：电力工程　　工种：汽轮机运行值班员　　　等级：中/高

<table>
<tr><td colspan="2">编　　号</td><td>C43B077</td><td>行为领域</td><td>e</td><td>鉴定范围</td><td>5</td></tr>
<tr><td colspan="2">考核时限</td><td>20min</td><td>题　　型</td><td>B</td><td>题　　分</td><td>30</td></tr>
<tr><td colspan="2">试题正文</td><td colspan="5">蒸汽参数不符合规定的处理（引进300MW机组，其他按本厂规程）</td></tr>
<tr><td colspan="2">其他需要说明的问题和要求</td><td colspan="5">一、在仿真机上操作时，必须按仿真机的有关规定和要求进行操作
二、现场就地操作演示，不得触动运行设备
三、现场就地实际操作，必须遵守下列原则
1. 必须请示有关领导同意，并在认真监视下进行
2. 万一遇到生产事故，立即中止考核，退出现场
3. 若操作引起异常情况，则立即中止操作，恢复原状</td></tr>
<tr><td colspan="2">工具、材料、设备、场地</td><td colspan="5">1. 仿真机
2. 现场设备</td></tr>
<tr><td rowspan="6">评分标准</td><td>序号</td><td colspan="2">项 目 名 称</td><td>质量要求</td><td>满分</td><td>扣　　分</td></tr>
<tr><td>1</td><td colspan="2">运行中发现蒸汽参数不符合额定规定时，应加强监视机组的振动、声音、轴向位移、推力瓦温度、差涨、汽缸金属温度、高中压转子应力趋势等变化</td><td rowspan="5">按规程正确操作，且操作规范，顺序正确，不能有漏项</td><td rowspan="5">30</td><td rowspan="5">操作顺序颠倒扣10分，漏一项扣6分，误操作扣30分</td></tr>
<tr><td>2</td><td colspan="2">汽温降低（按本厂规程规定的参数处理）</td></tr>
<tr><td>2.1</td><td colspan="2">主再热汽温降低到523℃时，开启主再热蒸汽管疏水，联系锅炉尽快恢复汽温正常值</td></tr>
<tr><td>2.2</td><td colspan="2">主再热汽温降低到509℃时开启高中压内外汽缸疏水，并进行降低主汽压力减负荷处理，使主汽温度的过热度在对应压力的150℃以上。若汽温降到465℃或虽经降压减荷到0，仍无法恢复蒸汽参数至正常范围，则故障停机</td></tr>
<tr><td>2.3</td><td colspan="2">主再汽温降到465℃或在2min下降50℃时，紧急停机</td></tr>
</table>

行业：电力工程　　工种：汽轮机运行值班员　　等级：中/高

<table>
<tr><td colspan="2">编　　号</td><td>C43B078</td><td>行为领域</td><td>e</td><td>鉴定范围</td><td>5</td></tr>
<tr><td colspan="2">考核时限</td><td>20min</td><td>题　　型</td><td>B</td><td>题　　分</td><td>30</td></tr>
<tr><td colspan="2">试题正文</td><td colspan="5">蒸汽参数不符合额定规定的处理（引进300MW机组，其他按本厂规程）</td></tr>
<tr><td colspan="2">其他需要说明的问题和要求</td><td colspan="5">一、在仿真机上操作时，必须按仿真机的有关规定和要求进行操作
二、现场就地操作演示，不得触动运行设备
三、现场就地实际操作，必须遵守下列原则
1. 必须请示有关领导同意，并在认真监视下进行
2. 万一遇到生产事故，立即中止考核，退出现场
3. 若操作引起异常情况，则立即中止操作，恢复原状</td></tr>
<tr><td colspan="2">工具、材料、设备、场地</td><td colspan="5">1. 仿真机
2. 现场设备</td></tr>
<tr><td rowspan="6">评分标准</td><td>序号</td><td colspan="2">项 目 名 称</td><td>质量要求</td><td>满分</td><td>扣　　分</td></tr>
<tr><td>1</td><td colspan="2">运行中发现蒸汽参数不符合额定规定时，应加强监视机组的振动、声音、轴向位移、推力瓦温度、胀差、汽缸金属温度、高中压转子应力趋势等变化</td><td rowspan="5">按规程正确操作，且操作规范，顺序正确，不能有漏项</td><td rowspan="5">30</td><td rowspan="5">操作顺序颠倒扣10分，漏一项扣6分，误操作扣30分</td></tr>
<tr><td>2</td><td colspan="2">汽温升高处理（按本厂规程规定的参数执行）</td></tr>
<tr><td>2.1</td><td colspan="2">主再热汽温升高到545℃时，应对照锅炉汽温，联系锅炉监盘进行调整，汇报单元长</td></tr>
<tr><td>2.2</td><td colspan="2">主再热汽温升高到545～551℃时，汇报单元长联系锅炉监盘尽快调整至正常值</td></tr>
<tr><td>2.3</td><td colspan="2">主再热汽温升高到551～565℃时，运行15min仍不能恢复或超过565.8℃，故障停机，全年累计运行不超过400h</td></tr>
</table>

行业：电力工程　　工种：汽轮机运行值班员　　　等级：中/高

<table>
<tr><td>编　　号</td><td>C43B079</td><td>行为领域</td><td>e</td><td>鉴定范围</td><td>5</td></tr>
<tr><td>考核时限</td><td>25min</td><td>题　　型</td><td>B</td><td>题　　分</td><td>30</td></tr>
<tr><td>试题正文</td><td colspan="5">油系统工作失常故障的处理（油箱油位升高）</td></tr>
<tr><td>其他需要说明的问题和要求</td><td colspan="5">一、在仿真机上操作时，必须按仿真机的有关规定和要求进行操作
二、现场就地操作演示，不得触动运行设备
三、现场就地实际操作，必须遵守下列原则
1. 必须请示有关领导同意，并在认真监视下进行
2. 万一遇到生产事故，立即中止考核，退出现场
3. 若操作引起异常情况，则立即中止操作，恢复原状</td></tr>
<tr><td>工具、材料、设备、场地</td><td colspan="5">1. 仿真机
2. 现场设备</td></tr>
<tr><td rowspan="7">评分标准</td><td>序号</td><td>项 目 名 称</td><td>质量要求</td><td>满分</td><td>扣　　分</td></tr>
<tr><td>1</td><td>主要原因及处理</td><td rowspan="6">按规程正确操作，且操作规范，顺序正确，不能有漏项</td><td rowspan="6">30</td><td rowspan="6">漏一项扣6分，误操作扣30分</td></tr>
<tr><td>1.1</td><td>油箱油位升高</td></tr>
<tr><td>1.2</td><td>如发现油箱油位升高应开油箱放水阀放水</td></tr>
<tr><td>1.3</td><td>检查冷油器是否泄漏或轴封汽压力是否过高</td></tr>
<tr><td>1.4</td><td>如冷油器泄漏应投用备用冷油器并隔离故障冷油器</td></tr>
<tr><td>1.5</td><td>轴封压力高应检查自动装置是否正常并调整</td></tr>
</table>

行业：电力工程　　工种：汽轮机运行值班员　　等级：中/高

<table>
<tr><td>编　　号</td><td>C43B080</td><td>行为领域</td><td>e</td><td>鉴定范围</td><td>5</td></tr>
<tr><td>考核时限</td><td>25min</td><td>题　　型</td><td>B</td><td>题　　分</td><td>30</td></tr>
<tr><td>试题正文</td><td colspan="5">机组甩负荷到零，调速系统不能控制转速的处理</td></tr>
<tr><td>其他需要说明的问题和要求</td><td colspan="5">一、在仿真机上操作时，必须按仿真机的有关规定和要求进行操作
二、现场就地操作演示，不得触动运行设备
三、现场就地实际操作，必须遵守下列原则
1. 必须请示有关领导同意，并在认真监视下进行
2. 万一遇到生产事故，立即中止考核，退出现场
3. 若操作引起异常情况，则立即中止操作，恢复原状</td></tr>
<tr><td>工具、材料、设备、场地</td><td colspan="5">1. 仿真机
2. 现场设备</td></tr>
</table>

<table>
<tr><td rowspan="14">评分标准</td><td>序号</td><td>项 目 名 称</td><td>质量要求</td><td>满分</td><td>扣　　分</td></tr>
<tr><td>1</td><td>现象</td><td rowspan="5">现象判断正确</td><td rowspan="5">12</td><td rowspan="5">漏一项扣3分</td></tr>
<tr><td>1.1</td><td>负荷到0，主蒸汽流量及调节级压力到0</td></tr>
<tr><td>1.2</td><td>汽轮机转速上升后又下降</td></tr>
<tr><td>1.3</td><td>电超速保护（OPC）动作仍不能控制转速</td></tr>
<tr><td>1.4</td><td>危急保安器动作</td></tr>
<tr><td>2</td><td>处理</td><td rowspan="8">按规程正确操作，且操作规范，顺序正确，不能有漏项</td><td rowspan="8">18</td><td rowspan="8">操作顺序颠倒扣5分，漏一项扣3分，误操作扣30分</td></tr>
<tr><td>2.1</td><td>确定汽轮机TV.GV.IV.RSV及各级抽汽阀止回阀均关闭，转速下降</td></tr>
<tr><td>2.2</td><td>检查高低压旁路动作正常</td></tr>
<tr><td>2.3</td><td>启动SOP油泵</td></tr>
<tr><td>2.4</td><td>调节凝汽器，除氧器水位及轴封压力</td></tr>
<tr><td>2.5</td><td>根据锅炉需要启动电动给水泵</td></tr>
<tr><td>2.6</td><td>全面检查机组情况正常，汇报值长领导同意，校验静态特性后或查清引起超速原因处理后，将机组重新复置启动到3000r/min</td></tr>
<tr><td>2.7</td><td>机组并网后按规定加负荷及完成其他操作</td></tr>
</table>

行业：电力工程　　工种：汽轮机运行值班员　　等级：中/高

<table>
<tr><td>编　号</td><td>C43B081</td><td>行为领域</td><td>e</td><td>鉴定范围</td><td>5</td></tr>
<tr><td>考核时限</td><td>30min</td><td>题　型</td><td>B</td><td>题　分</td><td>30</td></tr>
<tr><td>试题正文</td><td colspan="5">汽轮机严重超速事故处理</td></tr>
<tr><td>其他需要说明的问题和要求</td><td colspan="5">一、在仿真机上操作时，必须按仿真机的有关规定和要求进行操作
二、现场就地操作演示，不得触动运行设备
三、现场就地实际操作，必须遵守下列原则
1. 必须请示有关领导同意，并在认真监视下进行
2. 万一遇到生产事故，立即中止考核，退出现场
3. 若操作引起异常情况，则立即中止操作，恢复原状</td></tr>
<tr><td>工具、材料、设备、场地</td><td colspan="5">1. 仿真机
2. 现场设备</td></tr>
</table>

<table>
<tr><td rowspan="12">评分标准</td><td>序号</td><td>项 目 名 称</td><td>质量要求</td><td>满分</td><td>扣　分</td></tr>
<tr><td>1</td><td>现象</td><td rowspan="5">现象判断正确</td><td rowspan="5">12</td><td rowspan="5">漏一项扣3分</td></tr>
<tr><td>1.1</td><td>负荷及调节级压力到0</td></tr>
<tr><td>1.2</td><td>机组转速上升至危急保安器动作值及以上</td></tr>
<tr><td>1.3</td><td>汽轮机发出不正常的异声及振动增大</td></tr>
<tr><td>1.4</td><td>调节油压及一次油压迅速上升</td></tr>
<tr><td>2</td><td>处理</td><td rowspan="6">按规程正确操作，且操作规范，顺序正确，不能有漏项</td><td rowspan="6">18</td><td rowspan="6">操作顺序颠倒扣5分，漏一项扣3分，误操作扣20分</td></tr>
<tr><td>2.1</td><td>立即破坏真空紧急停机，手动脱扣汽轮机，检查TV.GV.IV.RSV及各级抽汽门和止回阀均关闭，转速应下降</td></tr>
<tr><td>2.2</td><td>检查高低压旁路动作正常</td></tr>
<tr><td>2.3</td><td>倾听汽轮机内部声音，记录惰走时间</td></tr>
<tr><td>2.4</td><td>对机组全面检查，并查明原因，待缺陷消除后，方可启动</td></tr>
<tr><td>2.5</td><td>必须进行危急保安器超速试验，合格后才能并网</td></tr>
</table>

<table>
<tr><td>编　号</td><td>C43B082</td><td>行为领域</td><td>e</td><td>鉴定范围</td><td>5</td></tr>
<tr><td>考核时限</td><td>20min</td><td>题　型</td><td>B</td><td>题　分</td><td>30</td></tr>
<tr><td>试题正文</td><td colspan="5">机组甩负荷到零，调速系统可以控制转速的处理</td></tr>
<tr><td>其他需要说明的问题和要求</td><td colspan="5">一、在仿真机上操作时，必须按仿真机的有关规定和要求进行操作
二、现场就地操作演示，不得触动运行设备
三、现场就地实际操作，必须遵守下列原则
1. 必须请示有关领导同意，并在认真监视下进行
2. 万一遇到生产事故，立即中止考核，退出现场
3. 若操作引起异常情况，则立即中止操作，恢复原状</td></tr>
<tr><td>工具、材料、设备、场地</td><td colspan="5">1. 仿真机
2. 现场设备</td></tr>
</table>

<table>
<tr><td rowspan="12">评分标准</td><td>序号</td><td>项 目 名 称</td><td>质量要求</td><td>满分</td><td>扣　分</td></tr>
<tr><td>1</td><td>现象</td><td rowspan="4">现象判断正确</td><td rowspan="4">12</td><td rowspan="4">漏一项扣4分</td></tr>
<tr><td>1.1</td><td>负荷到0，主蒸汽流量及调节级压力接近0</td></tr>
<tr><td>1.2</td><td>汽轮机转速上升后又下降稳定在一定的转速范围内</td></tr>
<tr><td>1.3</td><td>电超速保护（OPC）动作</td></tr>
<tr><td>2</td><td>处理</td><td rowspan="7">按规程正确操作，且操作规范，顺序正确，不能有漏项</td><td rowspan="7">18</td><td rowspan="7">操作顺序颠倒扣5分，漏一项扣3分，误操作扣30分</td></tr>
<tr><td>2.1</td><td>用同步器（DEH）调整转速到3000r/min</td></tr>
<tr><td>2.2</td><td>检查高低压旁路动作正常</td></tr>
<tr><td>2.3</td><td>调节凝汽器，除氧器水位及轴封压力</td></tr>
<tr><td>2.4</td><td>根据需要启动电动给水泵</td></tr>
<tr><td>2.5</td><td>全面检查机组情况正常，汇报值长，发电机可以并网</td></tr>
<tr><td>2.6</td><td>机组并网后按规定加负荷及完成其他操作</td></tr>
</table>

行业：电力工程　　工种：汽轮机运行值班员　　等级：中/高

<table>
<tr><td>编　　号</td><td>C43B083</td><td>行为领域</td><td colspan="2">e</td><td>鉴定范围</td><td>5</td></tr>
<tr><td>考核时限</td><td>20min</td><td>题　　型</td><td colspan="2">B</td><td>题　　分</td><td>20</td></tr>
<tr><td>试题正文</td><td colspan="6">汽轮机启动过程中高压调速油泵故障处理</td></tr>
<tr><td>其他需要说明的问题和要求</td><td colspan="6">一、在仿真机上操作时，必须按仿真机的有关规定和要求进行操作
二、现场就地操作演示，不得触动运行设备
三、现场就地实际操作，必须遵守下列原则
1. 必须请示有关领导同意，并在认真监视下进行
2. 万一遇到生产事故，立即中止考核，退出现场
3. 若操作引起异常情况，则立即中止操作，恢复原状</td></tr>
<tr><td>工具、材料、设备、场地</td><td colspan="6">1. 仿真机
2. 现场设备</td></tr>
<tr><td rowspan="4">评分标准</td><td>序号</td><td colspan="2">项 目 名 称</td><td>质量要求</td><td>满分</td><td>扣　　分</td></tr>
<tr><td>1</td><td colspan="2">汽轮机转速在 2500r/min 以上时，应立即启动润滑油泵并迅速升速至主油泵能维持正常油压为止，检修抢修故障泵</td><td rowspan="3">按规程正确操作，且操作规范，顺序正确，不能有漏项</td><td rowspan="3">20</td><td rowspan="3">操作顺序颠倒扣 10 分，漏一项扣 7 分，误操作扣20分</td></tr>
<tr><td>2</td><td colspan="2">汽轮机转速在 2500r/min 以下时，应立即启动润滑油泵进行停机</td></tr>
<tr><td>3</td><td colspan="2">转速在 2500r/min 以下时，调速油泵发生故障，启动交直流润滑油泵也发生故障，破坏真空紧急停机</td></tr>
</table>

行业：电力工程　　工种：汽轮机运行值班员　　等级：中/高

<table>
<tr><td colspan="2">编　　号</td><td>C43B084</td><td>行为领域</td><td>e</td><td>鉴定范围</td><td>5</td></tr>
<tr><td colspan="2">考核时限</td><td>30min</td><td>题　　型</td><td>B</td><td>题　　分</td><td>30</td></tr>
<tr><td colspan="2">试题正文</td><td colspan="5">机组甩负荷到零，危急保安器误动作或保护误动作处理</td></tr>
<tr><td colspan="2">其他需要说明的问题和要求</td><td colspan="5">一、在仿真机上操作时，必须按仿真机的有关规定和要求进行操作
二、现场就地操作演示，不得触动运行设备
三、现场就地实际操作，必须遵守下列原则
1. 必须请示有关领导同意，并在认真监视下进行
2. 万一遇到生产事故，立即中止考核，退出现场
3. 若操作引起异常情况，则立即中止操作，恢复原状</td></tr>
<tr><td colspan="2">工具、材料、设备、场地</td><td colspan="5">1. 仿真机
2. 现场设备</td></tr>
<tr><td rowspan="13">评分标准</td><td>序号</td><td colspan="2">项 目 名 称</td><td>质量要求</td><td>满分</td><td>扣　　分</td></tr>
<tr><td>1</td><td colspan="2">现象</td><td rowspan="4">现象判断正确</td><td rowspan="4">12</td><td rowspan="4">漏一项扣4分</td></tr>
<tr><td>1.1</td><td colspan="2">负荷到0，主蒸汽流量及调节级压力到0（发电机未解列或主油开关未切开）</td></tr>
<tr><td>1.2</td><td colspan="2">汽轮机转速不变或下降（逆功率保护动作）</td></tr>
<tr><td>1.3</td><td colspan="2">TV.GV.IV.RSV及各抽汽阀止回阀均关闭</td></tr>
<tr><td>2</td><td colspan="2">处理</td><td rowspan="8">按规程正确操作，且操作规范，顺序正确，不能有漏项</td><td rowspan="8">18</td><td rowspan="8">操作顺序颠倒扣5分，漏一项扣3分，误操作扣30分</td></tr>
<tr><td>2.1</td><td colspan="2">若为保持装置正确动作，按故障停机</td></tr>
<tr><td>2.2</td><td colspan="2">如保护装置误动作，应查明原因，消除缺陷</td></tr>
<tr><td>2.3</td><td colspan="2">检查高低压旁路动作正常</td></tr>
<tr><td>2.4</td><td colspan="2">调节凝汽器，除氧器水位及轴封压力</td></tr>
<tr><td>2.5</td><td colspan="2">根据需要启动电动给水泵</td></tr>
<tr><td>2.6</td><td colspan="2">全面检查机组情况正常，汇报值长，机组可以复置重新启动</td></tr>
<tr><td>2.7</td><td colspan="2">机组并网后按规定加负荷及完成其他操作</td></tr>
</table>

行业：电力工程　　工种：汽轮机运行值班员　　等级：中/高

<table>
<tr><td>编　　号</td><td>C43B085</td><td>行为领域</td><td>e</td><td>鉴定范围</td><td>5</td></tr>
<tr><td>考核时限</td><td>25min</td><td>题　　型</td><td>B</td><td>题　　分</td><td>20</td></tr>
<tr><td>试题正文</td><td colspan="5">厂用电母线故障处理</td></tr>
<tr><td>其他需要说明的问题和要求</td><td colspan="5">一、在仿真机上操作时，必须按仿真机的有关规定和要求进行操作
二、现场就地操作演示，不得触动运行设备
三、现场就地实际操作，必须遵守下列原则
1. 必须请示有关领导同意，并在认真监视下进行
2. 万一遇到生产事故，立即中止考核，退出现场
3. 若操作引起异常情况，则立即中止操作，恢复原状</td></tr>
<tr><td>工具、材料、设备、场地</td><td colspan="5">1. 仿真机
2. 现场设备</td></tr>
</table>

<table>
<tr><td rowspan="13">评
分
标
准</td><td>序号</td><td>项 目 名 称</td><td>质量要求</td><td>满分</td><td>扣　　分</td></tr>
<tr><td>1</td><td>现象</td><td rowspan="5">现象判断正确</td><td rowspan="5">8</td><td rowspan="5">漏一项扣2分</td></tr>
<tr><td>1.1</td><td>交流照明灯灭，事故照明等亮</td></tr>
<tr><td>1.2</td><td>事故报警</td></tr>
<tr><td>1.3</td><td>运行设备突然停止，电流表指示到零，备用设备不联动</td></tr>
<tr><td>1.4</td><td>主蒸汽压力、温度、凝汽器真空下降</td></tr>
<tr><td>2</td><td>处理</td><td rowspan="6">按规程正确操作，且操作规范，顺序正确，不能有漏项</td><td rowspan="6">12</td><td rowspan="6">操作顺序颠倒扣5分，漏一项扣2分，误操作扣20分</td></tr>
<tr><td>2.1</td><td>启动直流油泵、直流密封油泵，打闸停机</td></tr>
<tr><td>2.2</td><td>联系电气，恢复厂用电，若厂用电不能尽快恢复，超过1min解除跳闸泵连锁，复置停用开关</td></tr>
<tr><td>2.3</td><td>手动关闭有关调整门、电动门</td></tr>
<tr><td>2.4</td><td>排汽温度小于50℃，投凝汽器冷却水</td></tr>
<tr><td>2.5</td><td>厂用电恢复后，机组重新启动</td></tr>
</table>

行业：电力工程　　工种：汽轮机运行值班员　　等级：中/高

<table>
<tr><td>编　　号</td><td>C43B086</td><td>行为领域</td><td>e</td><td>鉴定范围</td><td colspan="2">5</td></tr>
<tr><td>考核时限</td><td>10min</td><td>题　　型</td><td>B</td><td>题　　分</td><td colspan="2">20</td></tr>
<tr><td>试题正文</td><td colspan="6">发电机、励磁机着火及氢气爆炸事故的处理</td></tr>
<tr><td>其他需要说明的问题和要求</td><td colspan="6">一、在仿真机上操作时，必须按仿真机的有关规定和要求进行操作
二、现场就地操作演示，不得触动运行设备
三、现场就地实际操作，必须遵守下列原则
1. 必须请示有关领导同意，并在认真监视下进行
2. 万一遇到生产事故，立即中止考核，退出现场
3. 若操作引起异常情况，则立即中止操作，恢复原状</td></tr>
<tr><td>工具、材料、设备、场地</td><td colspan="6">1. 仿真机
2. 现场设备</td></tr>
<tr><td rowspan="5">评分标准</td><td>序号</td><td colspan="2">项 目 名 称</td><td>质量要求</td><td>满分</td><td>扣　　分</td></tr>
<tr><td>1</td><td colspan="2">发电机、励磁机内部着火及氢气爆炸时，应立即破坏真空紧急停机</td><td rowspan="4">按规程正确操作，且操作规范，顺序正确，不能有漏项</td><td rowspan="4">20</td><td rowspan="4">操作顺序颠倒扣10分，漏一项扣5分，误操作扣20分</td></tr>
<tr><td>2</td><td colspan="2">关闭补氢阀门，停止补氢气</td></tr>
<tr><td>3</td><td colspan="2">通知电气排氢气，置换二氧化碳</td></tr>
<tr><td>4</td><td colspan="2">调整密封油压至规定值</td></tr>
</table>

行业：电力工程　　工种：汽轮机运行值班员　　等级：高/技师

<table>
<tr><td>编　　号</td><td>C32B087</td><td>行为领域</td><td>e</td><td>鉴定范围</td><td>6</td></tr>
<tr><td>考核时限</td><td>20min</td><td>题　　型</td><td>B</td><td>题　　分</td><td>20</td></tr>
<tr><td>试题正文</td><td colspan="5">主机电超速试验（引进型 300MW）</td></tr>
<tr><td>其他需要说明的问题和要求</td><td colspan="5">一、在仿真机上操作时，必须按仿真机的有关规定和要求进行操作
二、现场就地操作演示，不得触动运行设备
三、现场就地实际操作，必须遵守下列原则
1. 必须请示有关领导同意，并在认真监视下进行
2. 万一遇到生产事故，立即中止考核，退出现场
3. 若操作引起异常情况，则立即中止操作，恢复原状</td></tr>
<tr><td>工具、材料、设备、场地</td><td colspan="5">1. 仿真机
2. 现场设备</td></tr>
</table>

<table>
<tr><td rowspan="9">评分标准</td><td>序号</td><td>项 目 名 称</td><td>质量要求</td><td>满分</td><td>扣　　分</td></tr>
<tr><td>1</td><td>初负荷暖机结束，真空在 89kPa 以上，手动跳闸试验正常</td><td rowspan="8">按规程正确操作，且操作规范，顺序正确，不能有漏项</td><td rowspan="8">20</td><td rowspan="8">操作顺序颠倒扣5分，漏一项扣 3 分，误操作扣 20 分</td></tr>
<tr><td>2</td><td>汽轮机转速在 3000r/min 启动交流润滑油泵及高压备用密封油泵</td></tr>
<tr><td>3</td><td>ETS 操作盘 OPC 钥匙开关放在“OPC DISABLE”位置，ETS 钥匙开关放在“OPC DISABLE”位置，ETS 钥匙开关在“INSERVICE”位置</td></tr>
<tr><td>4</td><td>在机组车头把试验手柄放“试验”位置，并不得松开</td></tr>
<tr><td>5</td><td>设定 TARGET3360r/min、RATE50r/min，按 START 按钮。当转速升到 3330r/min 时，电超速保护动作，检查 TV、GV、RSV、IV 关闭转速下降各连锁保护动作项目正常，若转速超过 3360r/min 电超速不动作，就手动脱扣停机</td></tr>
<tr><td>6</td><td>转速低于 2900r/min 时，重新复置升速到 3000r/min</td></tr>
<tr><td>7</td><td>停用交流润滑油泵及高压备用密封油泵</td></tr>
<tr><td>8</td><td>把 OPC 钥匙开关放 NORMAL 位置</td></tr>
</table>

行业：电力工程　　工种：汽轮机运行值班员　　等级：高/技师

<table>
<tr><td>编　号</td><td>C32B088</td><td>行为领域</td><td>e</td><td>鉴定范围</td><td>6</td></tr>
<tr><td>考核时限</td><td>25min</td><td>题　型</td><td>B</td><td>题　分</td><td>30</td></tr>
<tr><td>试题正文</td><td colspan="5">危急保安器超速试验</td></tr>
<tr><td>其他需要说明的问题和要求</td><td colspan="5">一、在仿真机上操作时，必须按仿真机的有关规定和要求进行操作
二、现场就地操作演示，不得触动运行设备
三、现场就地实际操作，必须遵守下列原则
1. 必须请示有关领导同意，并在认真监视下进行
2. 万一遇到生产事故，立即中止考核，退出现场
3. 若操作引起异常情况，则立即中止操作，恢复原状</td></tr>
<tr><td>工具、材料、设备、场地</td><td colspan="5">1. 仿真机
2. 现场设备</td></tr>
</table>

<table>
<tr><td rowspan="10">评分标准</td><td>序号</td><td>项 目 名 称</td><td>质量要求</td><td>满分</td><td>扣　分</td></tr>
<tr><td>1</td><td>危急保安器超速试验时，汽缸金属温度要求按电厂规程</td><td rowspan="9">按规程正确操作，且操作规范，顺序正确，不能有漏项</td><td rowspan="9">30</td><td rowspan="9">操作顺序颠倒扣10分，漏一项扣3分，误操作扣30分</td></tr>
<tr><td>2</td><td>危急保安器超速试验必须联系值长同意</td></tr>
<tr><td>3</td><td>检验时应用两种不同的转速表</td></tr>
<tr><td>4</td><td>校验前应先试验机组手动脱扣良好，才能进行超速试验</td></tr>
<tr><td>5</td><td>维持汽轮机转速3000r/min全面检查正常</td></tr>
<tr><td>6</td><td>将试验油门切换到要校验的一只危急保安器</td></tr>
<tr><td>7</td><td>操作辅助同步器手轮向增荷方向转动，使汽轮机转速均匀上升，当危急保安器显示牌出现或危急保安器动作机组跳闸时，此转速就是危急保安器动作转速</td></tr>
<tr><td>8</td><td>恢复机组3000r/min，将试验油门切至另一只危急保安器，以同样方法校验该只危急保安器</td></tr>
<tr><td>9</td><td>危急保安器动作数值按电厂规程，但超过最高动作数值时，必须紧急手动脱扣</td></tr>
</table>

行业：电力工程　　工种：汽轮机运行值班员　　等级：高/技师

<table>
<tr><td>编　　号</td><td>C32B089</td><td>行为领域</td><td>e</td><td>鉴定范围</td><td>6</td></tr>
<tr><td>考核时限</td><td>25min</td><td>题　　型</td><td>B</td><td>题　　分</td><td>30</td></tr>
<tr><td>试题正文</td><td colspan="5">主机危急保安器超速试验（引进型 300MW）</td></tr>
<tr><td>其他需要说明的问题和要求</td><td colspan="5">一、在仿真机上操作时，必须按仿真机的有关规定和要求进行操作
二、现场就地操作演示，不得触动运行设备
三、现场就地实际操作，必须遵守下列原则
1. 必须请示有关领导同意，并在认真监视下进行
2. 万一遇到生产事故，立即中止考核，退出现场
3. 若操作引起异常情况，则立即中止操作，恢复原状</td></tr>
<tr><td>工具、材料、设备、场地</td><td colspan="5">1. 仿真机
2. 现场设备</td></tr>
</table>

<table>
<tr><td rowspan="9">评分标准</td><td>序号</td><td>项目名称</td><td>质量要求</td><td>满分</td><td>扣　　分</td></tr>
<tr><td>1</td><td>初负荷暖机结束，真空在 89kPa 以上，手动跳闸试验正常</td><td rowspan="8">按规程正确操作，且操作规范，顺序正确，不能有漏项</td><td rowspan="8">30</td><td rowspan="8">操作顺序颠倒扣 10 分，漏一项扣 4 分，误操作扣 30 分</td></tr>
<tr><td>2</td><td>汽轮机转速在 3000r/min，启动交流润滑油泵及高压备用密封油泵</td></tr>
<tr><td>3</td><td>ETS 操作盘 OPC 钥匙开关放在“OPC DISABLE”位置，ETS 钥匙开关在“INHIBT”位置</td></tr>
<tr><td>4</td><td>设定 TARGET 为 3360r/min，RATE 为 50r/min，按 START 按钮。当转速升到 3330r/min 时，危急保安器动作，检查 TV、GV、RSV、IV 关闭转速下降，各连锁保护动作项目正常，若转速超过 3360r/min 危急保安器动作不动作，即手动脱扣停机</td></tr>
<tr><td>5</td><td>转速低于 2900r/min 时，重新复置升速到 3000r/min</td></tr>
<tr><td>6</td><td>停用交流润滑油泵及高压备用密封油泵</td></tr>
<tr><td>7</td><td>把 OPC 钥匙开关 NORMAL 位置，ETS 钥匙开关放 INSRVICE 位置</td></tr>
<tr><td>8</td><td>按上述步骤重新做一次、二次超速试验转速不得大于 6%</td></tr>
</table>

<table>
<tr><td>编　　号</td><td>C32B090</td><td>行为领域</td><td>e</td><td>鉴定范围</td><td>6</td></tr>
<tr><td>考核时限</td><td>20min</td><td>题　　型</td><td>B</td><td>题　　分</td><td>20</td></tr>
<tr><td>试题正文</td><td colspan="5">油温升高故障的处理</td></tr>
<tr><td>其他需要说明的问题和要求</td><td colspan="5">一、在仿真机上操作时，必须按仿真机的有关规定和要求进行操作
二、现场就地操作演示，不得触动运行设备
三、现场就地实际操作，必须遵守下列原则
1. 必须请示有关领导同意，并在认真监视下进行
2. 万一遇到生产事故，立即中止考核，退出现场
3. 若操作引起异常情况，则立即中止操作，恢复原状</td></tr>
<tr><td>工具、材料、设备、场地</td><td colspan="5">1. 仿真机
2. 现场设备</td></tr>
</table>

<table>
<tr><td rowspan="5">评分标准</td><td>序号</td><td>项 目 名 称</td><td>质量要求</td><td>满分</td><td>扣　　分</td></tr>
<tr><td>1</td><td>处理</td><td rowspan="4">按规程正确操作，且操作规范，顺序正确，不能有漏项</td><td rowspan="4">20</td><td rowspan="4">漏一项扣10分，误操作扣20分</td></tr>
<tr><td>1.1</td><td>轴承回油温度普遍升高2～3℃，分析原因，调整冷油器出油温度维持在40～45℃</td></tr>
<tr><td>1.2</td><td>任何轴承回油温度或推力瓦块或推力轴承回油温度上升到极限值时破坏真空紧急停机</td></tr>
<tr><td>1.3</td><td>任何一块推力瓦块温度上升，汇报值长，减少负荷到不超过规定值为止</td></tr>
</table>

行业：电力工程　　工种：汽轮机运行值班员　　等级：高/技师

<table>
<tr><td>编　　号</td><td>C32B091</td><td>行为领域</td><td>e</td><td>鉴定范围</td><td colspan="2">5</td></tr>
<tr><td>考核时限</td><td>20min</td><td>题　　型</td><td>B</td><td>题　　分</td><td colspan="2">20</td></tr>
<tr><td>试题正文</td><td colspan="6">油压下降检查及处理</td></tr>
<tr><td>其他需要说明的问题和要求</td><td colspan="6">一、在仿真机上操作时，必须按仿真机的有关规定和要求进行操作
二、现场就地操作演示，不得触动运行设备
三、现场就地实际操作，必须遵守下列原则
1. 必须请示有关领导同意，并在认真监视下进行
2. 万一遇到生产事故，立即中止考核，退出现场
3. 若操作引起异常情况，则立即中止操作，恢复原状</td></tr>
<tr><td>工具、材料、设备、场地</td><td colspan="6">1. 仿真机
2. 现场设备</td></tr>
<tr><td rowspan="13">评分标准</td><td>序号</td><td colspan="2">项 目 名 称</td><td>质量要求</td><td>满分</td><td>扣　　分</td></tr>
<tr><td>1</td><td colspan="2">油箱油位不变油压下降检查</td><td rowspan="6">检查要到位</td><td rowspan="6">10</td><td rowspan="6">检查每漏一项扣2分</td></tr>
<tr><td>1.1</td><td colspan="2">检查主油泵是否故障</td></tr>
<tr><td>1.2</td><td colspan="2">备用油泵止回阀是否泄漏</td></tr>
<tr><td>1.3</td><td colspan="2">注油器工作是否正常</td></tr>
<tr><td>1.4</td><td colspan="2">润滑油滤网是否堵塞</td></tr>
<tr><td>1.5</td><td colspan="2">油系统过压阀是否误动作</td></tr>
<tr><td>2</td><td colspan="2">处理</td><td rowspan="6">按规程正确操作，且操作规范，顺序正确，不能有漏项</td><td rowspan="6">10</td><td rowspan="6">操作顺序颠倒扣5分，漏一项扣2分，误操作扣20分</td></tr>
<tr><td>2.1</td><td colspan="2">主油泵故障，立即启动交流润滑油泵，紧急停机</td></tr>
<tr><td>2.2</td><td colspan="2">备用油泵止回阀泄漏，关闭油泵出油阀</td></tr>
<tr><td>2.3</td><td colspan="2">润滑油滤网堵塞，切到备用滤网或清洗</td></tr>
<tr><td>2.4</td><td colspan="2">油压下降检查备用油泵自启动</td></tr>
<tr><td>2.5</td><td colspan="2">油压下降到极限值，破坏真空紧急停机</td></tr>
</table>

行业：电力工程　　工种：汽轮机运行值班员　等级：技师/高技

<table>
<tr><td>编　号</td><td>C21B092</td><td>行为领域</td><td>e</td><td>鉴定范围</td><td>5</td></tr>
<tr><td>考核时限</td><td>20min</td><td>题　型</td><td>B</td><td>题　分</td><td>20</td></tr>
<tr><td>试题正文</td><td colspan="5">主蒸汽管道泄漏处理</td></tr>
<tr><td>其他需要说明的问题和要求</td><td colspan="5">一、在仿真机上操作时，必须按仿真机的有关规定和要求进行操作
二、现场就地操作演示，不得触动运行设备
三、现场就地实际操作，必须遵守下列原则
1. 必须请示有关领导同意，并在认真监视下进行
2. 万一遇到生产事故，立即中止考核，退出现场
3. 若操作引起异常情况，则立即中止操作，恢复原状</td></tr>
<tr><td>工具、材料、设备、场地</td><td colspan="5">1. 仿真机
2. 现场设备</td></tr>
</table>

<table>
<tr><td rowspan="6">评分标准</td><td>序号</td><td>项 目 名 称</td><td>质量要求</td><td>满分</td><td>扣　分</td></tr>
<tr><td>1</td><td>汇报值长，适当降低主汽压，观察泄漏情况</td><td rowspan="5">按规程正确操作，且操作规范，顺序正确，不能有漏项</td><td rowspan="5">20</td><td rowspan="5">操作顺序颠倒扣 10 分，漏一项扣 4 分，误操作扣 20 分</td></tr>
<tr><td>2</td><td>联系检修人员现场察看，是否可以带压堵漏处理</td></tr>
<tr><td>3</td><td>如运行中无法处理，则尽快申请停机处理</td></tr>
<tr><td>4</td><td>如泄漏有增大趋势或威胁人身和设备安全，则按规程紧急停机处理</td></tr>
<tr><td>5</td><td>现场设置醒目的安全隔离围栏，无关人员不得靠近或逗留</td></tr>
</table>

行业：电力工程　　工种：汽轮机运行值班员　等级：技师/高技

<table>
<tr><td colspan="2">编　　号</td><td>C21B093</td><td>行为领域</td><td>e</td><td>鉴定范围</td><td>5</td></tr>
<tr><td colspan="2">考核时限</td><td>20min</td><td>题　　型</td><td>B</td><td>题　　分</td><td>20</td></tr>
<tr><td colspan="2">试题正文</td><td colspan="5">循环水泵振动大处理</td></tr>
<tr><td colspan="2">其他需要说明的问题和要求</td><td colspan="5">一、在仿真机上操作时，必须按仿真机的有关规定和要求进行操作
二、现场就地操作演示，不得触动运行设备
三、现场就地实际操作，必须遵守下列原则
1. 必须请示有关领导同意，并在认真监视下进行
2. 万一遇到生产事故，立即中止考核，退出现场
3. 若操作引起异常情况，则立即中止操作，恢复原状</td></tr>
<tr><td colspan="2">工具、材料、设备、场地</td><td colspan="5">1. 仿真机
2. 现场设备</td></tr>
<tr><td rowspan="6">评分标准</td><td>序号</td><td colspan="2">项目名称</td><td>质量要求</td><td>满分</td><td>扣　　分</td></tr>
<tr><td>1</td><td colspan="2">如循环水泵发生剧烈振动，电流上升，线圈温度上升，则按紧急停泵处理</td><td rowspan="5">按规程正确操作，且操作规范，顺序正确，不能有漏项</td><td rowspan="5">20</td><td rowspan="5">操作顺序颠倒扣10分，漏一项扣4分，误操作扣20分</td></tr>
<tr><td>2</td><td colspan="2">循环水泵振动上升，但振动值未达到停机值，则应查明原因</td></tr>
<tr><td>2.1</td><td colspan="2">检查循环水泵进口滤网污脏情况并进行清理</td></tr>
<tr><td>2.2</td><td colspan="2">调整凝汽器循环水进、出水阀门开度，改变母管压力观察循环水泵振动情况</td></tr>
<tr><td>3</td><td colspan="2">如确认循环水泵叶轮碰磨或轴承磨损等机械部件问题时，则联系调备用泵运行，隔离解体检查</td></tr>
</table>

行业：电力工程　　工种：汽轮机运行值班员　等级：技师/高技

<table>
<tr><td>编　　号</td><td>C21B094</td><td>行为领域</td><td>e</td><td>鉴定范围</td><td colspan="2">5</td></tr>
<tr><td>考核时限</td><td>20min</td><td>题　　型</td><td>B</td><td>题　　分</td><td colspan="2">20</td></tr>
<tr><td>试题正文</td><td colspan="6">给水泵汽轮机油系统漏油处理</td></tr>
<tr><td>其他需要说明的问题和要求</td><td colspan="6">一、在仿真机上操作时，必须按仿真机的有关规定和要求进行操作
二、现场就地操作演示，不得触动运行设备
三、现场就地实际操作，必须遵守下列原则
1. 必须请示有关领导同意，并在认真监视下进行
2. 万一遇到生产事故，立即中止考核，退出现场
3. 若操作引起异常情况，则立即中止操作，恢复原状</td></tr>
<tr><td>工具、材料、设备、场地</td><td colspan="6">1. 仿真机
2. 现场设备</td></tr>
<tr><td rowspan="5">评
分
标
准</td><td>序号</td><td colspan="2">项 目 名 称</td><td>质量要求</td><td>满分</td><td>扣　　分</td></tr>
<tr><td>1</td><td colspan="2">发现油系统漏油，立即检查漏油部位是否可以隔离</td><td rowspan="4">按规程正确操作，且操作规范，顺序正确，不能有漏项</td><td rowspan="4">20</td><td rowspan="4">操作顺序颠倒扣 10 分，漏一项扣 5 分，误操作扣 20 分</td></tr>
<tr><td>2</td><td colspan="2">如漏油部位无法隔离或油箱油位下降较多时，则立即紧急停机，调备用给水泵运行。同时维持润滑油泵运行，停用高压油泵</td></tr>
<tr><td>3</td><td colspan="2">处理过程中立即联系对油箱进行加油，维持油箱油位</td></tr>
<tr><td>4</td><td colspan="2">处理过程中做好周围管道着火的安全措施</td></tr>
</table>

行业：电力工程　　工种：汽轮机运行值班员　等级：技师/高技

<table>
<tr><td>编　　号</td><td colspan="2">C21B095</td><td>行为领域</td><td>e</td><td>鉴定范围</td><td>5</td></tr>
<tr><td>考核时限</td><td colspan="2">20min</td><td>题　　型</td><td>B</td><td>题　　分</td><td>20</td></tr>
<tr><td>试题正文</td><td colspan="6">变频凝泵跳闸处理</td></tr>
<tr><td>其他需要说明的问题和要求</td><td colspan="6">一、在仿真机上操作时，必须按仿真机的有关规定和要求进行操作
二、现场就地操作演示，不得触动运行设备
三、现场就地实际操作，必须遵守下列原则
1. 必须请示有关领导同意，并在认真监视下进行
2. 万一遇到生产事故，立即中止考核，退出现场
3. 若操作引起异常情况，则立即中止操作，恢复原状</td></tr>
<tr><td>工具、材料、设备、场地</td><td colspan="6">1. 仿真机
2. 现场设备</td></tr>
<tr><td rowspan="6">评分标准</td><td>序号</td><td colspan="2">项 目 名 称</td><td>质量要求</td><td>满分</td><td>扣　　分</td></tr>
<tr><td>1</td><td colspan="2">检查备用工频凝泵应联启</td><td rowspan="5">按规程正确操作，且操作规范，顺序正确，不能有漏项</td><td rowspan="5">20</td><td rowspan="5">操作顺序颠倒扣10分，漏一项扣4分，误操作扣20分</td></tr>
<tr><td>2</td><td colspan="2">检查凝结水出口调整器自动关至某一开度，同时应关凝结水出口调整器旁路门</td></tr>
<tr><td>3</td><td colspan="2">复置跳闸凝泵开关</td></tr>
<tr><td>4</td><td colspan="2">手动调整凝结水出口调整器以维持除氧器水位至正常水位后投“自动”</td></tr>
<tr><td>5</td><td colspan="2">联系电气迅速查明原因，以便尽早消除故障</td></tr>
</table>

行业：电力工程　　工种：汽轮机运行值班员　等级：技师/高技

<table>
<tr><td>编　　号</td><td>C21B096</td><td>行为领域</td><td>e</td><td colspan="2">鉴定范围</td><td>5</td></tr>
<tr><td>考核时限</td><td>20min</td><td>题　　型</td><td>B</td><td colspan="2">题　　分</td><td>20</td></tr>
<tr><td>试题正文</td><td colspan="6">汽轮机单侧主汽门关闭</td></tr>
<tr><td>其他需要说明的问题和要求</td><td colspan="6">一、在仿真机上操作时，必须按仿真机的有关规定和要求进行操作
二、现场就地操作演示，不得触动运行设备
三、现场就地实际操作，必须遵守下列原则
1. 必须请示有关领导同意，并在认真监视下进行
2. 万一遇到生产事故，立即中止考核，退出现场
3. 若操作引起异常情况，则立即中止操作，恢复原状</td></tr>
<tr><td>工具、材料、设备、场地</td><td colspan="6">1. 仿真机
2. 现场设备</td></tr>
<tr><td rowspan="6">评分标准</td><td>序号</td><td colspan="2">项 目 名 称</td><td>质量要求</td><td>满分</td><td>扣　　分</td></tr>
<tr><td>1</td><td colspan="2">确认单侧主汽门关闭，迅速减负荷至50%以下，同时降低主汽压至50%以下。注意瓦温、振动、轴位移等参数在合格范围内，如超限达停机值，则按规定紧急停机</td><td rowspan="5">按规程正确操作，且操作规范，顺序正确，不能有漏项</td><td rowspan="5">20</td><td rowspan="5">操作顺序颠倒扣10分，漏一项扣4分，误操作扣20分</td></tr>
<tr><td>2</td><td colspan="2">热工将该侧主汽门切为“手动”控制方式，并设置为20%开度</td></tr>
<tr><td>3</td><td colspan="2">在降负荷、降汽压过程中注意观察汽门开启情况，如汽门开启后，应停止降压，并由热工手动缓慢开启主汽门直至开足</td></tr>
<tr><td>4</td><td colspan="2">在降负荷、降汽压过程中注意给水泵、高压加热器等辅机的运行情况，并根据规定进行切换或停用</td></tr>
<tr><td>5</td><td colspan="2">处理过程如超过30min，主汽门仍未开出则按紧急停机处理</td></tr>
</table>

行业：电力工程　　工种：汽轮机运行值班员　等级：技师/高技

编　　号	C21B097	行为领域	e	鉴定范围	5
考核时限	20min	题　　型	B	题　　分	20
试题正文	高压加热器疏水经济性调整				
其他需要说明的问题和要求	一、在仿真机上操作时，必须按仿真机的有关规定和要求进行操作 二、现场就地操作演示，不得触动运行设备 三、现场就地实际操作，必须遵守下列原则 1. 必须请示有关领导同意，并在认真监视下进行 2. 万一遇到生产事故，立即中止考核，退出现场 3. 若操作引起异常情况，则立即中止操作，恢复原状				
工具、材料、设备、场地	1. 仿真机 2. 现场设备				

评分标准	序号	项目名称	质量要求	满分	扣　　分
	1	确认各高压加热器已投运。高压加热器疏水已正常逐级自流至除氧器	按规程正确操作，且操作规范，顺序正确，不能有漏项	20	操作顺序颠倒扣10分，漏一项扣3分，误操作扣20分
	2	全开各高压加热器疏水冷却段排气门			
	3	检查并再次确认各高压加热器进出水温度显示正常			
	4	检查并再次确认各高压加热器进汽温度和压力显示正常			
	5	检查并再次确认各高压加热器疏水温度显示正常			
	6	由压力从高到低逐个缓慢提升加热器水位。注意其液位开关报警动作情况。并密切监视下一级加热器水位变化情况			
	7	在保证本级加热器出水温度不降低的前提下，本级高压加热器疏水温度与其进水温度差达到最小时，加热器水位为合适的水位			
	8	关闭各高压加热器疏水冷却段排气门			

行业：电力工程　　工种：汽轮机运行值班员　等级：技师/高技

<table>
<tr><td>编　　号</td><td>C21B098</td><td>行为领域</td><td>e</td><td>鉴定范围</td><td>5</td></tr>
<tr><td>考核时限</td><td>20min</td><td>题　　型</td><td>B</td><td>题　　分</td><td>20</td></tr>
<tr><td>试题正文</td><td colspan="5">逐级自流的低压加热器系统疏水经济性调整</td></tr>
<tr><td>其他需要说明的问题和要求</td><td colspan="5">一、在仿真机上操作时，必须按仿真机的有关规定和要求进行操作
二、现场就地操作演示，不得触动运行设备
三、现场就地实际操作，必须遵守下列原则
1. 必须请示有关领导同意，并在认真监视下进行
2. 万一遇到生产事故，立即中止考核，退出现场
3. 若操作引起异常情况，则立即中止操作，恢复原状</td></tr>
<tr><td>工具、材料、设备、场地</td><td colspan="5">1. 仿真机
2. 现场设备</td></tr>
<tr><td rowspan="9">评分标准</td><td>序号</td><td>项 目 名 称</td><td>质量要求</td><td>满分</td><td>扣　　分</td></tr>
<tr><td>1</td><td>确认各低压加热器已投运。低压加热器疏水已正常逐级自流至凝汽器热井</td><td rowspan="8">按规程正确操作，且操作规范，顺序正确，不能有漏项</td><td rowspan="8">20</td><td rowspan="8">操作顺序颠倒扣6分，漏一项扣3分，误操作扣20分</td></tr>
<tr><td>2</td><td>全开各低压加热器疏水冷却段排气门</td></tr>
<tr><td>3</td><td>检查并再次确认各低压加热器进出水温度显示正常</td></tr>
<tr><td>4</td><td>检查并再次确认各低压加热器进汽温度和压力显示正常</td></tr>
<tr><td>5</td><td>检查并再次确认各低压加热器疏水温度显示正常</td></tr>
<tr><td>6</td><td>由压力从高到低逐个缓慢提升加热器水位。注意其液位开关报警动作情况。并密切监视下一级加热器水位变化情况</td></tr>
<tr><td>7</td><td>在保证本级加热器出水温度不降低的前提下，本级低压加热器疏水温度与其进水温度差达到最小时，加热器水位为合适的水位</td></tr>
<tr><td>8</td><td>关闭各高压加热器疏水冷却段排气门</td></tr>
</table>

行业：电力工程　　工种：汽轮机运行值班员　等级：技师/高技

<table>
<tr><td>编　　号</td><td>C21B099</td><td>行为领域</td><td>e</td><td>鉴定范围</td><td colspan="2">5</td></tr>
<tr><td>考核时限</td><td>20min</td><td>题　　型</td><td>B</td><td>题　　分</td><td colspan="2">20</td></tr>
<tr><td>试题正文</td><td colspan="6">危急保安器注油试验操作</td></tr>
<tr><td>其他需要说明的问题和要求</td><td colspan="6">一、在仿真机上操作时，必须按仿真机的有关规定和要求进行操作
二、现场就地操作演示，不得触动运行设备
三、现场就地实际操作，必须遵守下列原则
1. 必须请示有关领导同意，并在认真监视下进行
2. 万一遇到生产事故，立即中止考核，退出现场
3. 若操作引起异常情况，则立即中止操作，恢复原状</td></tr>
<tr><td>工具、材料、设备、场地</td><td colspan="6">1. 仿真机
2. 现场设备</td></tr>
<tr><td rowspan="8">评分标准</td><td>序号</td><td>项目名称</td><td>质量要求</td><td>满分</td><td colspan="2">扣　　分</td></tr>
<tr><td>1</td><td>检查机组转速稳定在3000r/min</td><td rowspan="7">按规程正确操作，且操作规范，顺序正确，不能有漏项</td><td rowspan="7">20</td><td colspan="2" rowspan="7">操作顺序颠倒扣10分，漏一项扣3分，误操作扣20分</td></tr>
<tr><td>2</td><td>在机头将充油试验手柄扳至“试验”位置并保持</td></tr>
<tr><td>3</td><td>缓慢开启危急保安器充油试验隔离阀，注意充油压力应逐渐上升</td></tr>
<tr><td>4</td><td>当手动脱扣手柄“遮断”位置时，记录此时充油压力及机组转速</td></tr>
<tr><td>5</td><td>关闭危急保安器充油试验隔离阀，注意充油压力应逐渐下降到0</td></tr>
<tr><td>6</td><td>将手动脱扣手柄扳到“复位”位置后逐渐放松于“正常”位置</td></tr>
<tr><td>7</td><td>放松充油试验手柄并置于“正常”位置</td></tr>
</table>

行业：电力工程　　工种：汽轮机运行值班员　等级：技师/高技

<table>
<tr><td>编　号</td><td>C21B100</td><td>行为领域</td><td>e</td><td>鉴定范围</td><td>5</td></tr>
<tr><td>考核时限</td><td>20min</td><td>题　型</td><td>B</td><td>题　分</td><td>20</td></tr>
<tr><td>试题正文</td><td colspan="5">正常停机前汽轮机应做的准备工作</td></tr>
<tr><td>其他需要说明的问题和要求</td><td colspan="5">一、在仿真机上操作时，必须按仿真机的有关规定和要求进行操作
二、现场就地操作演示，不得触动运行设备
三、现场就地实际操作，必须遵守下列原则
1. 必须请示有关领导同意，并在认真监视下进行
2. 万一遇到生产事故，立即中止考核，退出现场
3. 若操作引起异常情况，则立即中止操作，恢复原状</td></tr>
<tr><td>工具、材料、设备、场地</td><td colspan="5">1. 仿真机
2. 现场设备</td></tr>
<tr><td rowspan="6">评分标准</td><td>序号</td><td>项目名称</td><td>质量要求</td><td>满分</td><td>扣　分</td></tr>
<tr><td>1</td><td>联系集控值长由邻机或启动锅炉供辅汽</td><td rowspan="5">按规程正确操作，且操作规范，顺序正确，不能有漏项</td><td rowspan="5">20</td><td rowspan="5">操作顺序颠倒扣 10 分，漏一项扣 4 分，误操作扣 20 分</td></tr>
<tr><td>2</td><td>进行主机交流润滑油泵、高压备用密封油泵、顶轴油泵、盘车电机试转，确认均正常投入自动。确认 DEH 控制系统在“全自动”方式</td></tr>
<tr><td>3</td><td>根据“负荷变化运行曲线”允许的减负荷率与锅炉许可减负荷率，选小的一方（不得大于 3.3MW/min）作为机组减负荷率的限制</td></tr>
<tr><td>4</td><td>按要求选择适当的停机方式</td></tr>
<tr><td>5</td><td>全面抄录一次蒸汽及金属温度并分析。然后从减负荷开始定期抄录汽轮机金属温度，直至主机盘车正常停用</td></tr>
</table>

4.2.3 综合操作

行业：电力工程　　工种：汽轮机运行值班员　　等级：中/高

<table>
<tr><td>编　　号</td><td>C43C101</td><td>行为领域</td><td>e</td><td>鉴定范围</td><td>1</td></tr>
<tr><td>考核时限</td><td>30min</td><td>题　　型</td><td>C</td><td>题　　分</td><td>30</td></tr>
<tr><td>试题正文</td><td colspan="5">汽轮机冷态启动、并列和带负荷操作</td></tr>
<tr><td>其他需要说明的问题和要求</td><td colspan="5">一、在仿真机上操作时，必须按仿真机的有关规定和要求进行操作
二、现场就地操作演示，不得触动运行设备
三、现场就地实际操作，必须遵守下列原则
1. 必须请示有关领导同意，并在认真监视下进行
2. 万一遇到生产事故，立即中止考核，退出现场
3. 若操作引起异常情况，则立即中止操作，恢复原状</td></tr>
<tr><td>工具、材料、设备、场地</td><td colspan="5">1. 仿真机
2. 现场设备</td></tr>
<tr><td rowspan="6">评分标准</td><td>序号</td><td>项 目 名 称</td><td>质量要求</td><td>满分</td><td>扣　　分</td></tr>
<tr><td>1</td><td>联系锅炉保持蒸汽参数稳定，逐渐开大调速汽门增加负荷，进行低负荷暖机</td><td rowspan="5">按规程正确操作，且操作规范，顺序正确，不能有漏项</td><td rowspan="5">30</td><td rowspan="5">操作顺序颠倒扣 10 分，漏一项扣 5 分，误操作扣 30 分</td></tr>
<tr><td>2</td><td>根据锅炉需要逐步关闭一、二级旁路调速汽门接近全开后，联系锅炉按冷态启动曲线升温、升压、增加负荷，在不同负荷下暖机（按电厂规程）</td></tr>
<tr><td>3</td><td>根据规程规定关闭有关疏水、高压加热器投用、汽加热投用、除氧器汽源切换及有关调节工作</td></tr>
<tr><td>4</td><td>注意汽缸金属温度、胀差、串轴、缸胀、振动等参数变化正常</td></tr>
<tr><td>5</td><td>当主蒸汽压力接近额定参数时，保持负荷不变，逐渐关小调速汽门定压运行</td></tr>
</table>

行业：电力工程　　工种：汽轮机运行值班员　　等级：中/高

<table>
<tr><td>编　号</td><td>C43C102</td><td>行为领域</td><td>e</td><td colspan="2">鉴定范围</td><td>3</td></tr>
<tr><td>考核时限</td><td>20min</td><td>题　型</td><td>C</td><td colspan="2">题　分</td><td>30</td></tr>
<tr><td>试题正文</td><td colspan="6">汽轮机运行监视、调整操作</td></tr>
<tr><td>其他需要说明的问题和要求</td><td colspan="6">一、在仿真机上操作时，必须按仿真机的有关规定和要求进行操作
二、现场就地操作演示，不得触动运行设备
三、现场就地实际操作，必须遵守下列原则
1. 必须请示有关领导同意，并在认真监视下进行
2. 万一遇到生产事故，立即中止考核，退出现场
3. 若操作引起异常情况，则立即中止操作，恢复原状</td></tr>
<tr><td>工具、材料、设备、场地</td><td colspan="6">1. 仿真机
2. 现场设备</td></tr>
<tr><td rowspan="6">评分标准</td><td>序号</td><td colspan="2">项 目 名 称</td><td>质量要求</td><td>满分</td><td>扣　分</td></tr>
<tr><td>1</td><td colspan="2">认真监盘，进行仪表分析，自动调节装置动作正常</td><td rowspan="5">按规程正确操作，且操作规范，顺序正确，不能有漏项</td><td rowspan="5">30</td><td rowspan="5">操作顺序颠倒扣10分，漏一项扣6分，误操作扣30分</td></tr>
<tr><td>2</td><td colspan="2">每小时抄表一次并进行分析，发现仪表读数和正常数值有差别时，应立即查明原因，并采取必要措施</td></tr>
<tr><td>3</td><td colspan="2">应保证汽轮机在最佳经济状态下运行，及时联系锅炉调整汽温、汽压，做好压红线运行</td></tr>
<tr><td>4</td><td colspan="2">做好回热系统设备的调节工作，保持加热器有水位运行，保证加热器出水温度符合设计值</td></tr>
<tr><td>5</td><td colspan="2">加强凝汽器设备污脏、结垢分析，进行清理</td></tr>
</table>

行业：电力工程　　工种：汽轮机运行值班员　　等级：中/高

<table>
<tr><td colspan="2">编　　号</td><td>C43C103</td><td>行为领域</td><td>e</td><td>鉴定范围</td><td>1</td></tr>
<tr><td colspan="2">考核时限</td><td>30min</td><td>题　　型</td><td>C</td><td>题　　分</td><td>30</td></tr>
<tr><td colspan="2">试题正文</td><td colspan="5">汽轮机热态启动操作</td></tr>
<tr><td colspan="2">其他需要说明的问题和要求</td><td colspan="5">一、在仿真机上操作时，必须按仿真机的有关规定和要求进行操作
二、现场就地操作演示，不得触动运行设备
三、现场就地实际操作，必须遵守下列原则
1. 必须请示有关领导同意，并在认真监视下进行
2. 万一遇到生产事故，立即中止考核，退出现场
3. 若操作引起异常情况，则立即中止操作，恢复原状</td></tr>
<tr><td colspan="2">工具、材料、设备、场地</td><td colspan="5">1. 仿真机
2. 现场设备</td></tr>
<tr><td rowspan="9">评分标准</td><td>序号</td><td colspan="2">项 目 名 称</td><td>质量要求</td><td>满分</td><td>扣　　分</td></tr>
<tr><td>1</td><td colspan="2">按运行规程完成热态启动前的检查</td><td rowspan="8">按规程正确操作，且操作规范，顺序正确，不能有漏项</td><td rowspan="8">30</td><td rowspan="8">操作顺序颠倒扣10分，漏一项扣4分，误操作扣30分</td></tr>
<tr><td>2</td><td colspan="2">启动时间要求按电厂规程规定</td></tr>
<tr><td>3</td><td colspan="2">锅炉有压力时，电动主汽门及一、二级旁路调整门需在锅炉点火后，联系锅炉同意后才能开启</td></tr>
<tr><td>4</td><td colspan="2">先送轴封汽后抽真空，按电厂规程控制轴封汽温度与轴封段内壁温差</td></tr>
<tr><td>5</td><td colspan="2">要求主蒸汽、再热蒸汽温度分别比高、中压缸温度高50～100℃</td></tr>
<tr><td>6</td><td colspan="2">冲转后，全面检查无异常，按规程要求快速地升至3000r/min</td></tr>
<tr><td>7</td><td colspan="2">机组并列后，联系锅炉尽快升荷至冷态启动缸温对应的负荷，随后按冷态升荷曲线加负荷</td></tr>
<tr><td>8</td><td colspan="2">严格监视机组振动、胀差、轴向位移、缸胀等参数正常</td></tr>
</table>

行业：电力工程　　工种：汽轮机运行值班员　　等级：中/高

<table>
<tr><td>编　　号</td><td colspan="2">C43C104</td><td>行为领域</td><td>e</td><td>鉴定范围</td><td>1</td></tr>
<tr><td>考核时限</td><td colspan="2">30min</td><td>题　　型</td><td>C</td><td>题　　分</td><td>30</td></tr>
<tr><td>试题正文</td><td colspan="6">汽轮机冲转、升速和暖机操作</td></tr>
<tr><td>其他需要说明的问题和要求</td><td colspan="6">一、在仿真机上操作时，必须按仿真机的有关规定和要求进行操作
二、现场就地操作演示，不得触动运行设备
三、现场就地实际操作，必须遵守下列原则
1. 必须请示有关领导同意，并在认真监视下进行
2. 万一遇到生产事故，立即中止考核，退出现场
3. 若操作引起异常情况，则立即中止操作，恢复原状</td></tr>
<tr><td>工具、材料、设备、场地</td><td colspan="6">1. 仿真机
2. 现场设备</td></tr>
<tr><td rowspan="10">评分标准</td><td>序号</td><td colspan="2">项 目 名 称</td><td>质量要求</td><td>满分</td><td>扣　　分</td></tr>
<tr><td>1</td><td colspan="2">冲转前做好有关技术记录（按电厂规程）</td><td rowspan="9">按规程正确操作，且操作规范，顺序正确，不能有漏项</td><td rowspan="9">30</td><td rowspan="9">操作顺序颠倒扣 10 分，漏一项扣 3 分，误操作扣 30 分</td></tr>
<tr><td>2</td><td colspan="2">投入汽轮机热保护达到冲转条件即可冲转</td></tr>
<tr><td>3</td><td colspan="2">转子冲动后，检查盘车装置自动脱开，停顶轴油泵，转速达 400～500r/min 关闭调速汽门，检查动静部分摩擦，正常后升速至 400～500r/min</td></tr>
<tr><td>4</td><td colspan="2">按确定速率将汽轮机升至中速，停留暖机，中速暖机避开临界转速（按电厂规程）</td></tr>
<tr><td>5</td><td colspan="2">中速暖机结束，应全面检查汽缸膨胀、胀差等（检查项目按电厂规程）</td></tr>
<tr><td>6</td><td colspan="2">中速暖机结束，应迅速、平稳地通过临界转速以 100～150r/min 速率升到额定转速暖机（按电厂规程）</td></tr>
<tr><td>7</td><td colspan="2">升速中，严格监视机组振动，超过规定值立即打闸停机</td></tr>
<tr><td>8</td><td colspan="2">升速中，严格监视差胀、轴向位移、缸胀、真空、油温等重要参数</td></tr>
<tr><td>9</td><td colspan="2">全速后停高压调速油泵</td></tr>
</table>

行业：电力工程　　工种：汽轮机运行值班员　　等级：中/高

<table>
<tr><td>编　号</td><td colspan="2">C43C105</td><td>行为领域</td><td>e</td><td>鉴定范围</td><td>2</td></tr>
<tr><td>考核时限</td><td colspan="2">30min</td><td>题　型</td><td>C</td><td>题　分</td><td>30</td></tr>
<tr><td>试题正文</td><td colspan="6">汽轮机解列后操作</td></tr>
<tr><td>其他需要说明的问题和要求</td><td colspan="6">一、在仿真机上操作时，必须按仿真机的有关规定和要求进行操作
二、现场就地操作演示，不得触动运行设备
三、现场就地实际操作，必须遵守下列原则
1. 必须请示有关领导同意，并在认真监视下进行
2. 万一遇到生产事故，立即中止考核，退出现场
3. 若操作引起异常情况，则立即中止操作，恢复原状</td></tr>
<tr><td>工具、材料、设备、场地</td><td colspan="6">1. 仿真机
2. 现场设备</td></tr>
<tr><td rowspan="10">评分标准</td><td>序号</td><td colspan="2">项目名称</td><td>质量要求</td><td>满分</td><td>扣　分</td></tr>
<tr><td>1</td><td colspan="2">汽轮机解列后注意空载转速正常</td><td rowspan="9">按规程正确操作，且操作规范，顺序正确，不能有漏项</td><td rowspan="9">30</td><td rowspan="9">操作顺序颠倒扣10分，漏一项扣3分，误操作扣30分</td></tr>
<tr><td>2</td><td colspan="2">启动润滑油泵检查油压正常，将调速油泵连锁开关退出</td></tr>
<tr><td>3</td><td colspan="2">打小启动阀，将高、中压自动主汽门关小至1/2位置，拍脱脱扣器，检查高、中压自动主汽门和高、中压调节汽门关闭，关闭电动主汽门</td></tr>
<tr><td>4</td><td colspan="2">关小同步器、启动阀至“0”（125MW机组）</td></tr>
<tr><td>5</td><td colspan="2">汽轮机转速下降记录惰走时间</td></tr>
<tr><td>6</td><td colspan="2">按本厂规程要求联系锅炉关闭一、二级旁路</td></tr>
<tr><td>7</td><td colspan="2">关闭抽汽器空气门，调节真空破坏门，使凝汽器真空与转速相应下降</td></tr>
<tr><td>8</td><td colspan="2">转速下降时做好检查调节工作（如轴承油流、油压、转动部分声音、调节轴封汽压力、发电机转子进水压力、加热器水位、凝汽器水位等）</td></tr>
<tr><td>9</td><td colspan="2">按电厂规程要求，开启有关疏水门</td></tr>
</table>

行业：电力工程　　工种：汽轮机运行值班员　　　等级：中/高

<table>
<tr><td>编　号</td><td>C43C106</td><td>行为领域</td><td>e</td><td>鉴定范围</td><td colspan="2">2</td></tr>
<tr><td>考核时限</td><td>30min</td><td>题　型</td><td>C</td><td>题　分</td><td colspan="2">30</td></tr>
<tr><td>试题正文</td><td colspan="6">汽轮机减负荷至解列操作</td></tr>
<tr><td>其他需要说明的问题和要求</td><td colspan="6">一、在仿真机上操作时，必须按仿真机的有关规定和要求进行操作
二、现场就地操作演示，不得触动运行设备
三、现场就地实际操作，必须遵守下列原则
1. 必须请示有关领导同意，并在认真监视下进行
2. 万一遇到生产事故，立即中止考核，退出现场
3. 若操作引起异常情况，则立即中止操作，恢复原状</td></tr>
<tr><td>工具、材料、设备、场地</td><td colspan="6">1. 仿真机
2. 现场设备</td></tr>
<tr><td rowspan="13">评分标准</td><td>序号</td><td colspan="2">项目名称</td><td>质量要求</td><td>满分</td><td>扣　分</td></tr>
<tr><td>1</td><td colspan="2">按电厂规程及停机曲线进行降温、降压减荷，投入汽加热装置</td><td rowspan="12">按规程正确操作，且操作规范，顺序正确，不能有漏项</td><td rowspan="12">30</td><td rowspan="12">操作顺序颠倒扣10分，漏一项扣3分，误操作扣30分</td></tr>
<tr><td>2</td><td colspan="2">减负荷过程注意轴承振动、胀差、轴向位移等重要表计变化</td></tr>
<tr><td>3</td><td colspan="2">做好高、低压加热器水位、凝汽器水位及有关设备的调节</td></tr>
<tr><td>4</td><td colspan="2">按电厂规程要求记录汽缸金属温度</td></tr>
<tr><td>5</td><td colspan="2">按本厂规程要求试开有关油泵</td></tr>
<tr><td>6</td><td colspan="2">当抽汽压力不符合除氧器滑压运行压力时，切换备用汽源</td></tr>
<tr><td>7</td><td colspan="2">按电厂规程要求联系锅炉停用高压加热器</td></tr>
<tr><td>8</td><td colspan="2">根据负荷联系锅炉开启一、二级旁路</td></tr>
<tr><td>9</td><td colspan="2">根据汽缸温度停用汽加热装置</td></tr>
<tr><td>10</td><td colspan="2">打小同步器将负荷减至零</td></tr>
<tr><td>11</td><td colspan="2">退出汽轮机热保护开关</td></tr>
<tr><td>12</td><td colspan="2">通知电气汽轮机可以解列</td></tr>
</table>

行业：电力工程　　工种：汽轮机运行值班员　　等级：中/高

<table>
<tr><td>编　　号</td><td>C43C107</td><td>行为领域</td><td>e</td><td colspan="2">鉴定范围</td><td>5</td></tr>
<tr><td>考核时限</td><td>30min</td><td>题　　型</td><td>C</td><td colspan="2">题　　分</td><td>30</td></tr>
<tr><td>试题正文</td><td colspan="6">不破坏真空紧急停机操作</td></tr>
<tr><td>其他需要说明的问题和要求</td><td colspan="6">一、在仿真机上操作时，必须按仿真机的有关规定和要求进行操作
二、现场就地操作演示，不得触动运行设备
三、现场就地实际操作，必须遵守下列原则
1. 必须请示有关领导同意，并在认真监视下进行
2. 万一遇到生产事故，立即中止考核，退出现场
3. 若操作引起异常情况，则立即中止操作，恢复原状</td></tr>
<tr><td>工具、材料、设备、场地</td><td colspan="6">1. 仿真机
2. 现场设备</td></tr>
<tr><td rowspan="7">评分标准</td><td>序号</td><td colspan="2">项 目 名 称</td><td>质量要求</td><td>满分</td><td>扣　　分</td></tr>
<tr><td>1</td><td colspan="2">手动危急遮断器或紧急停机按钮，检查汽轮机转速下降，高、中压主汽门及调速汽门、抽汽止回阀关闭，联动保护动作正常</td><td rowspan="6">按规程正确操作，且操作规范，顺序正确，不能有漏项</td><td rowspan="6">30</td><td rowspan="6">操作顺序颠倒扣10分，漏一项扣5分，误操作扣30分</td></tr>
<tr><td>2</td><td colspan="2">启动交流润滑油泵</td></tr>
<tr><td>3</td><td colspan="2">如凝汽器真空下降或厂用电故障，不可向凝汽器排放汽水，设法保持凝汽器的真空</td></tr>
<tr><td>4</td><td colspan="2">关闭主汽电动主闸阀</td></tr>
<tr><td>5</td><td colspan="2">维持凝结水及循环水运行</td></tr>
<tr><td>6</td><td colspan="2">完成规程规定的其他停机操作</td></tr>
</table>

行业：电力工程　　工种：汽轮机运行值班员　　等级：中/高

<table>
<tr><td>编　　号</td><td>C43C108</td><td>行为领域</td><td>e</td><td>鉴定范围</td><td>5</td></tr>
<tr><td>考核时限</td><td>30min</td><td>题　　型</td><td>C</td><td>题　　分</td><td>30</td></tr>
<tr><td>试题正文</td><td colspan="5">破坏真空紧急停机操作</td></tr>
<tr><td>其他需要说明的问题和要求</td><td colspan="5">一、在仿真机上操作时，必须按仿真机的有关规定和要求进行操作
二、现场就地操作演示，不得触动运行设备
三、现场就地实际操作，必须遵守下列原则
1. 必须请示有关领导同意，并在认真监视下进行
2. 万一遇到生产事故，立即中止考核，退出现场
3. 若操作引起异常情况，则立即中止操作，恢复原状</td></tr>
<tr><td>工具、材料、设备、场地</td><td colspan="5">1. 仿真机
2. 现场设备</td></tr>
<tr><td rowspan="7">评分标准</td><td>序号</td><td>项 目 名 称</td><td>质量要求</td><td>满分</td><td>扣　　分</td></tr>
<tr><td>1</td><td>手动危急遮断器或紧急停机按钮，检查汽轮机转速下降，高中压主汽门及调速汽门、抽汽止回阀关闭，联动保护动作正常</td><td rowspan="6">按规程正确操作，且操作规范，顺序正确，不能有漏项</td><td rowspan="6">30</td><td rowspan="6">操作顺序颠倒扣10分，漏一项扣5分，误操作扣30分</td></tr>
<tr><td>2</td><td>启动交流润滑油泵</td></tr>
<tr><td>3</td><td>开启真空破坏门，停用真空泵，不可向凝汽器排放汽水</td></tr>
<tr><td>4</td><td>关闭主汽电动主闸阀</td></tr>
<tr><td>5</td><td>维持凝结水及循环水运行</td></tr>
<tr><td>6</td><td>完成规程规定的其他停机操作</td></tr>
</table>

行业：电力工程　　工种：汽轮机运行值班员　　等级：高/技师

<table>
<tr><td>编　　号</td><td>C32C109</td><td>行为领域</td><td>e</td><td>鉴定范围</td><td>1</td></tr>
<tr><td>考核时限</td><td>30min</td><td>题　　型</td><td>C</td><td>题　　分</td><td>30</td></tr>
<tr><td>试题正文</td><td colspan="5">滑参数压力法启动操作</td></tr>
<tr><td>其他需要说明的问题和要求</td><td colspan="5">一、在仿真机上操作时，必须按仿真机的有关规定和要求进行操作
二、现场就地操作演示，不得触动运行设备
三、现场就地实际操作，必须遵守下列原则
1. 必须请示有关领导同意，并在认真监视下进行
2. 万一遇到生产事故，立即中止考核，退出现场
3. 若操作引起异常情况，则立即中止操作，恢复原状</td></tr>
<tr><td>工具、材料、设备、场地</td><td colspan="5">1. 仿真机
2. 现场设备</td></tr>
</table>

<table>
<tr><td rowspan="7">评分标准</td><td>序号</td><td>项 目 名 称</td><td>质量要求</td><td>满分</td><td>扣　　分</td></tr>
<tr><td>1</td><td>锅炉启动前，汽轮机主汽门、调速汽门关闭状态</td><td rowspan="6">按规程正确操作，且操作规范，顺序正确，不能有漏项</td><td rowspan="6">30</td><td rowspan="6">操作顺序颠倒扣10分，漏一项扣5分，误操作扣30分</td></tr>
<tr><td>2</td><td>锅炉点火后对主蒸汽、再热蒸汽管道暖管（按电厂规程）</td></tr>
<tr><td>3</td><td>锅炉参数满足汽轮机冲转条件后，用开启主汽门旁路门或开启调速汽门的方式冲动汽轮机转子</td></tr>
<tr><td>4</td><td>在启动升速过程中，保持蒸汽参数稳定（按电厂规程）</td></tr>
<tr><td>5</td><td>启动过程中，严格监视胀差、缸胀</td></tr>
<tr><td>6</td><td>金属温度、串轴、振动、凝结器水位油温等主要参数</td></tr>
</table>

行业：电力工程　　工种：汽轮机运行值班员　　等级：高/技师

<table>
<tr><td>编　　号</td><td>C32C110</td><td>行为领域</td><td>e</td><td>鉴定范围</td><td>5</td></tr>
<tr><td>考核时限</td><td>10min</td><td>题　　型</td><td>C</td><td>题　　分</td><td>30</td></tr>
<tr><td>试题正文</td><td colspan="5">油系统着火的处理</td></tr>
<tr><td>其他需要说明的问题和要求</td><td colspan="5">一、在仿真机上操作时，必须按仿真机的有关规定和要求进行操作
二、现场就地操作演示，不得触动运行设备
三、现场就地实际操作，必须遵守下列原则
1. 必须请示有关领导同意，并在认真监视下进行
2. 万一遇到生产事故，立即中止考核，退出现场
3. 若操作引起异常情况，则立即中止操作，恢复原状</td></tr>
<tr><td>工具、材料、设备、场地</td><td colspan="5">1. 仿真机
2. 现场设备</td></tr>
<tr><td rowspan="10">评分标准</td><td>序号</td><td>项目名称</td><td>质量要求</td><td>满分</td><td>扣分</td></tr>
<tr><td>1</td><td>主要原因</td><td rowspan="3">原因判断正确</td><td rowspan="3">10</td><td rowspan="3">漏一项扣5分</td></tr>
<tr><td>1.1</td><td>油系统泄漏至高温部件</td></tr>
<tr><td>1.2</td><td>电缆着火或其他着火引起</td></tr>
<tr><td>2</td><td>处理</td><td rowspan="6">正确处理，操作规范，顺序正确，不能有漏项</td><td rowspan="6">20</td><td rowspan="6">操作顺序颠倒扣10分，漏一项扣5分，误操作扣30分</td></tr>
<tr><td>2.1</td><td>立即组织灭火，汇报有关领导和消防部门，属电气设备着火的，应设法切断电源再进行灭火</td></tr>
<tr><td>2.2</td><td>正确使用消防器材进行灭火，同时应防止烧伤和窒息</td></tr>
<tr><td>2.3</td><td>迅速采取隔离措施，防止火灾蔓延</td></tr>
<tr><td>2.4</td><td>需开事故放油门时，应在转子静止前不得中断润滑油放油速度</td></tr>
<tr><td>2.5</td><td>油系统着火时，禁止启动高压油泵，必要时应降低润滑油压以减少泄漏，不得已时可停止油系统运行</td></tr>
</table>

行业：电力工程　　工种：汽轮机运行值班员　　等级：高/技师

<table>
<tr><td>编　　号</td><td>C32C111</td><td>行为领域</td><td>e</td><td>鉴定范围</td><td>5</td></tr>
<tr><td>考核时限</td><td>25min</td><td>题　　型</td><td>C</td><td>题　　分</td><td>30</td></tr>
<tr><td>试题正文</td><td colspan="5">汽轮机轴向位移增大原因及处理</td></tr>
<tr><td>其他需要说明的问题和要求</td><td colspan="5">一、在仿真机上操作时，必须按仿真机的有关规定和要求进行操作
二、现场就地操作演示，不得触动运行设备
三、现场就地实际操作，必须遵守下列原则
1. 必须请示有关领导同意，并在认真监视下进行
2. 万一遇到生产事故，立即中止考核，退出现场
3. 若操作引起异常情况，则立即中止操作，恢复原状</td></tr>
<tr><td>工具、材料、设备、场地</td><td colspan="5">1. 仿真机
2. 现场设备</td></tr>
</table>

<table>
<tr><td rowspan="17">评分标准</td><td>序号</td><td>项目名称</td><td>质量要求</td><td>满分</td><td>扣分</td></tr>
<tr><td>1</td><td>原因</td><td rowspan="11">原因判断正确</td><td rowspan="11">10</td><td rowspan="11">漏一项扣1分</td></tr>
<tr><td>1.1</td><td>负荷或蒸汽量增大</td></tr>
<tr><td>1.2</td><td>抽汽运行方式发生变化，使抽汽压差上升</td></tr>
<tr><td>1.3</td><td>通流部分损坏</td></tr>
<tr><td>1.4</td><td>汽轮机水冲击</td></tr>
<tr><td>1.5</td><td>蒸汽温度或压力下降</td></tr>
<tr><td>1.6</td><td>电网频率下降</td></tr>
<tr><td>1.7</td><td>叶片严重结垢</td></tr>
<tr><td>1.8</td><td>凝汽器真空下降</td></tr>
<tr><td>1.9</td><td>推力瓦块磨损</td></tr>
<tr><td>1.10</td><td>发电机转子窜动</td></tr>
<tr><td>2</td><td>处理</td><td rowspan="5">正确处理，操作规范，顺序正确，不能有漏项</td><td rowspan="5">20</td><td rowspan="5">操作顺序颠倒扣10分，漏一项扣5分，误操作扣30分</td></tr>
<tr><td>2.1</td><td>检查推力瓦和推力轴承温度，听汽轮机内部是否有异常声音及振动情况</td></tr>
<tr><td>2.2</td><td>当轴向位移增大报警时，应汇报值长减少负荷或调整抽汽运行方式，使轴向位移回到正常</td></tr>
<tr><td>2.3</td><td>如轴向位移增大，伴有异常声音，剧烈振动，应立即破坏真空紧急停机</td></tr>
<tr><td>2.4</td><td>轴向位移超过进行值时，保护动作紧急停机</td></tr>
</table>

行业：电力工程　　工种：汽轮机运行值班员　　等级：高/技师

<table>
<tr><td>编　号</td><td>C32C112</td><td>行为领域</td><td>e</td><td>鉴定范围</td><td colspan="2">5</td></tr>
<tr><td>考核时限</td><td>25min</td><td>题　型</td><td>C</td><td>题　分</td><td colspan="2">30</td></tr>
<tr><td>试题正文</td><td colspan="6">汽轮机水冲击原因及处理</td></tr>
<tr><td>其他需要说明的问题和要求</td><td colspan="6">一、在仿真机上操作时，必须按仿真机的有关规定和要求进行操作
二、现场就地操作演示，不得触动运行设备
三、现场就地实际操作，必须遵守下列原则
1. 必须请示有关领导同意，并在认真监视下进行
2. 万一遇到生产事故，立即中止考核，退出现场
3. 若操作引起异常情况，则立即中止操作，恢复原状</td></tr>
<tr><td>工具、材料、设备、场地</td><td colspan="6">1. 仿真机
2. 现场设备</td></tr>
<tr><td rowspan="14">评分标准</td><td>序号</td><td>项 目 名 称</td><td>质量要求</td><td>满分</td><td colspan="2">扣　分</td></tr>
<tr><td>1</td><td>原因</td><td rowspan="5">原因判断正确</td><td rowspan="5">10</td><td colspan="2" rowspan="5">漏一项扣2分</td></tr>
<tr><td>1.1</td><td>主蒸汽或再热汽温度急剧下降</td></tr>
<tr><td>1.2</td><td>从蒸汽管道法兰，阀门密封圈，汽轮机轴封，汽缸结合面处冒出白色的湿汽或溅出水滴</td></tr>
<tr><td>1.3</td><td>清楚地听到蒸汽管道或汽轮机内部有水冲击声</td></tr>
<tr><td>1.4</td><td>推力瓦块和推力轴承温度上升，轴向位移增大，管道和金属温度突然下降，胀差往负方向变化，机组振动剧烈（以上现象不一定同时出现）</td></tr>
<tr><td>2</td><td>处理</td><td rowspan="7">正确处理，操作规范，顺序正确，不能有漏项</td><td rowspan="7">20</td><td colspan="2" rowspan="7">操作顺序颠倒扣10分，漏一项扣3分，误操作扣30分</td></tr>
<tr><td>2.1</td><td>迅速果断地进行破坏真空紧急停机</td></tr>
<tr><td>2.2</td><td>打开管道和汽轮机本体疏水</td></tr>
<tr><td>2.3</td><td>如由于加热器或除氧器满水引起，立即隔离放水</td></tr>
<tr><td>2.4</td><td>惰走时仔细听汽轮机内部声音，并记录惰走时间</td></tr>
<tr><td>2.5</td><td>若无异常可重新启动，但要进行汽轮机及管道充分疏水，并仔细听其内部声音，如发现汽轮机内部有异声或摩擦声，立即破坏真空紧急停机，揭缸检查</td></tr>
<tr><td>2.6</td><td>水冲击时，如轴向位移增大到极限值，或推力瓦块和推力轴承温度升高，或惰走时间缩短，应停机检查推力轴承，并根据推力轴承的情况决定是否揭缸检查</td></tr>
</table>

行业：电力工程　　工种：汽轮机运行值班员　　等级：高/技师

<table>
<tr><td>编　　号</td><td>C32C113</td><td>行为领域</td><td>e</td><td>鉴定范围</td><td>5</td></tr>
<tr><td>考核时限</td><td>25min</td><td>题　　型</td><td>C</td><td>题　　分</td><td>30</td></tr>
<tr><td>试题正文</td><td colspan="5">不正常振动和异声的检查及处理</td></tr>
<tr><td>其他需要说明的问题和要求</td><td colspan="5">一、在仿真机上操作时，必须按仿真机的有关规定和要求进行操作
二、现场就地操作演示，不得触动运行设备
三、现场就地实际操作，必须遵守下列原则
1. 必须请示有关领导同意，并在认真监视下进行
2. 万一遇到生产事故，立即中止考核，退出现场
3. 若操作引起异常情况，则立即中止操作，恢复原状</td></tr>
<tr><td>工具、材料、设备、场地</td><td colspan="5">1. 仿真机
2. 现场设备</td></tr>
</table>

<table>
<tr><td rowspan="13">评分标准</td><td>序号</td><td>项 目 名 称</td><td>质量要求</td><td>满分</td><td>扣　分</td></tr>
<tr><td>1</td><td>检查下列是否正常</td><td rowspan="9">检查项目齐全</td><td rowspan="9">15</td><td rowspan="9">漏一项扣2分</td></tr>
<tr><td>1.1</td><td>润滑油压是否下降，发电机密封油压是否正常</td></tr>
<tr><td>1.2</td><td>冷油器出油温度是否过高或过低</td></tr>
<tr><td>1.3</td><td>轴承回油温度是否过高，发电机密封油温度是否正常</td></tr>
<tr><td>1.4</td><td>主再热蒸汽温度是否骤变</td></tr>
<tr><td>1.5</td><td>高、中压主汽门调节汽门开度是否正常</td></tr>
<tr><td>1.6</td><td>汽轮机汽缸膨胀是否均匀</td></tr>
<tr><td>1.7</td><td>发电机转子进水压力流量是否正常，氢气压力温度是否正常</td></tr>
<tr><td>1.8</td><td>发电机励磁机是否正常</td></tr>
<tr><td>2</td><td>处理</td><td rowspan="3">正确处理，操作规范，顺序正确，不能有漏项</td><td rowspan="3">15</td><td rowspan="3">操作顺序颠倒扣10分，漏一项扣5分，误操作扣30分</td></tr>
<tr><td>2.1</td><td>汽轮机组突然发生强烈振动或汽轮机内部发生明显的金属声音，如轴振保护未动作，应立即破坏真空紧急停机，并注意惰走时间，倾听汽轮机内部的声音</td></tr>
<tr><td>2.2</td><td>当机组发生振动值增加，或发出不正常的声音，应减低负荷直到振动减小至正常，同时应分析原因并设法消除</td></tr>
</table>

行业：电力工程　　工种：汽轮机运行值班员　　等级：高/技师

编　　号	C32C114	行为领域	e	鉴定范围	5
考核时限	25min	题　　型	C	题　　分	30
试题正文	运行中叶片损坏或脱落事故的处理				
其他需要说明的问题和要求	一、在仿真机上操作时，必须按仿真机的有关规定和要求进行操作 二、现场就地操作演示，不得触动运行设备 三、现场就地实际操作，必须遵守下列原则 1. 必须请示有关领导同意，并在认真监视下进行 2. 万一遇到生产事故，立即中止考核，退出现场 3. 若操作引起异常情况，则立即中止操作，恢复原状				
工具、材料、设备、场地	1. 仿真机 2. 现场设备				

评分标准	序号	项 目 名 称	质量要求	满分	扣　　分
	1	现象	现象判断正确	15	漏一项扣3分
	1.1	汽轮机内部发出明显的金属撞击声和摩擦声			
	1.2	机组振动增大			
	1.3	汽轮机调节级压力、某级抽汽压力或抽汽压差、轴向位移、推力轴承瓦块温度异常变化			
	1.4	凝结水电导率及硬度上升			
	2	处理	正确处理，操作规范，顺序正确，不能有漏项	15	操作顺序颠倒扣10分，漏一项扣5分，误操作扣30分
	2.1	汽轮机叶片损坏上述现象不一定同时出现，但要仔细观察并汇同专业人员共同分析，但发生下列情况之一要立即破坏真空，做紧急停机处理			
	2.1.1	汽轮机内部发出明显的金属撞击声及摩擦声			
	2.1.2	机组发生强烈振动			
	2.2	汽轮机调节级压力、某级抽汽压力或抽汽压差、轴向位移、推力轴承瓦块温度发生明显变化或相应轴承振动明显增大，应尽快申请减负荷停机			

行业：电力工程　　工种：汽轮机运行值班员　等级：技师/高技

编号	C21C115	行为领域	e	鉴定范围	5
考核时限	15min	题型	C	题分	30
试题正文	一号高压加热器泄漏				
其他需要说明的问题和要求	一、在仿真机上操作时，必须按仿真机的有关规定和要求进行操作 二、现场就地操作演示，不得触动运行设备 三、现场就地实际操作，必须遵守下列原则 1. 必须请示有关领导同意，并在认真监视下进行 2. 万一遇到生产事故，立即中止考核，退出现场 3. 若操作引起异常情况，则立即中止操作，恢复原状				
工具、材料、设备、场地	1. 仿真机 2. 现场设备				

评分标准	序号	项目名称	质量要求	满分	扣分
	1	现象	现象判断正确	10	漏一项扣2分
	1.1	“加热器系统故障”声光报警			
	1.2	一号高压加热器水位高，其事故疏水阀开启			
	1.3	给水泵流量与高压加热器出口流量不平衡			
	1.4	高压加热器出口温度下降			
	2	处理要点	正确处理，操作规范，顺序正确，不能有漏项	20	操作顺序颠倒扣10分，漏一项扣2分，误操作扣30分
	2.1	检查给水泵指令、转速比正常情况下有所升高，但与给水流量不匹配			
	2.2	发现一号高压加热器水位高，一号高压加热器正常疏水阀全开、事故疏水阀开启，一号高压加热器出水温度降低。判断为一号高压加热器泄漏			
	2.3	汇报值长：一号高压加热器泄漏，申请减负荷，撤高压加热器，通知检修到场			
	2.4	降低机组负荷至90%			

续表

	序号	项 目 名 称	质量要求	满分	扣 分
评分标准	2.5	关闭一号高压加热器连续排汽一、二次阀	正确处理，操作规范，顺序正确，不能有漏项	20	操作顺序颠倒扣10分，漏一项扣2分，误操作扣30分
	2.6	缓慢关闭一号高压加热器进汽隔离阀及止回阀，检查抽汽管道有关疏水阀开启，撤出一号高压加热器汽侧			
	2.7	开启加热器旁路阀，关闭进、出水阀，撤出一号高压加热器水侧			
	2.8	确认机组负荷上升后下降，检查各监视段压力、调节级压力、各轴承温度、振动等参数正常			
	2.9	监视凝结水系统运行正常、除氧器水位正常			
	2.10	通知锅炉值班人员，防止锅炉汽、壁温超温，维持主、再热汽温度、压力正常			
	2.11	汇报值长：一号高压加热器水侧泄漏，目前已撤出运行，机组可以恢复满负荷运行。通知检修处理			

行业：电力工程　　工种：汽轮机运行值班员　等级：技师/高技

编　　号	C21C116	行为领域	e	鉴定范围	5
考核时限	20min	题　　型	C	题　　分	30
试题正文	主机一号高压调节汽门故障关小				
其他需要说明的问题和要求	一、在仿真机上操作时，必须按仿真机的有关规定和要求进行操作 二、现场就地操作演示，不得触动运行设备 三、现场就地实际操作，必须遵守下列原则 1. 必须请示有关领导同意，并在认真监视下进行 2. 万一遇到生产事故，立即中止考核，退出现场 3. 若操作引起异常情况，则立即中止操作，恢复原状				
工具、材料、设备、场地	1. 仿真机 2. 现场设备				

评分标准	序号	项　目　名　称	质量要求	满分	扣　　分
	1	现象	现象判断正确	10	漏一项扣3分
	1.1	负荷下降，压力上升			
	1.2	DEH上一号高压调节汽门关小至20%，四号高压调节汽门开大			
	1.3	轴向位移异常变化			
	2	处理要点	正确处理，操作规范，顺序正确，不能有漏项	20	操作顺序颠倒扣10分，漏一项扣2分，误操作扣30分
	2.1	发现主汽压力上升，负荷下降，检查发现一号高压调节汽门关小至20%，四号高压调节汽门开大，否则手动开大四号高压调节汽门开度			
	2.2	联系巡检就地检查核对调节汽门开度，确认后汇报值长，联系检修			
	2.3	检查并调整调节汽门开度，维持主汽压力正常，必要时适当降低机组负荷			
	2.4	检查维持再热汽压力，主、再热汽温度正常			
	2.5	检查旁路系统运行情况			
	2.6	全面检查主机各系统运行情况，重点为监视段压力、调节级压力、振动、胀差、轴向位移、轴瓦温度、回油温度			
	2.7	小幅调整调节汽门指令，观察一号高压调节汽门，如出现卡涩不松动，汇报值长			
	2.8	联系检修处理无效，要求减负荷，降压停机			

行业：电力工程　　工种：汽轮机运行值班员　等级：技师/高技

<table>
<tr><td>编　号</td><td>C21C117</td><td>行为领域</td><td>e</td><td>鉴定范围</td><td colspan="2">5</td></tr>
<tr><td>考核时限</td><td>20min</td><td>题　型</td><td>C</td><td>题　分</td><td colspan="2">20</td></tr>
<tr><td>试题正文</td><td colspan="6">二号高压加热器正常疏水阀故障关闭，事故疏水阀故障未开启</td></tr>
<tr><td>其他需要说明的问题和要求</td><td colspan="6">一、在仿真机上操作时，必须按仿真机的有关规定和要求进行操作
二、现场就地操作演示，不得触动运行设备
三、现场就地实际操作，必须遵守下列原则
1. 必须请示有关领导同意，并在认真监视下进行
2. 万一遇到生产事故，立即中止考核，退出现场
3. 若操作引起异常情况，则立即中止操作，恢复原状</td></tr>
<tr><td>工具、材料、设备、场地</td><td colspan="6">1. 仿真机
2. 现场设备</td></tr>
<tr><td rowspan="9">评分标准</td><td>序号</td><td>项 目 名 称</td><td>质量要求</td><td>满分</td><td colspan="2">扣　分</td></tr>
<tr><td>1</td><td>现象</td><td rowspan="4">现象判断正确</td><td rowspan="4">10</td><td colspan="2" rowspan="4">漏一项扣3分</td></tr>
<tr><td>1.1</td><td>二号高压加热器水位上升</td></tr>
<tr><td>1.2</td><td>“加热器系统故障”并声光报警</td></tr>
<tr><td>1.3</td><td>CRT上二号高压加热器正常、事故疏水阀指令在100%，阀门显示绿色</td></tr>
<tr><td>2</td><td>处理要点</td><td rowspan="4">正确处理，操作规范，顺序正确，不能有漏项</td><td rowspan="4">20</td><td colspan="2" rowspan="4">操作顺序颠倒扣5分，漏一项扣2分，误操作扣30分</td></tr>
<tr><td>2.1</td><td>二号高压加热器水位上升，检查二号高压加热器正常、事故疏水阀指令在100%，阀门显示绿色，大幅调节疏水阀指令，显示不变</td></tr>
<tr><td>2.2</td><td>及时关闭一号高压加热器正常疏水阀、开启事故疏水阀，确认一号高压加热器水位自动调节正常。注意监视三号高压加热器加水位调节正常</td></tr>
<tr><td>2.3</td><td>联系巡检就地核对，确认二号高压加热器正常、事故疏水阀关闭，判断为二号高压加热器正常、事故疏水阀故障关闭卡涩</td></tr>
</table>

续表

	序号	项目名称	质量要求	满分	扣分
评分标准	2.4	汇报值长：二号高压加热器正常、事故疏水阀故障卡涩关闭，申请减负荷。撤二号高压加热器汽侧操作，同时通知检修到场检查处理	正确处理，操作规范，顺序正确，不能有漏项	20	操作顺序颠倒扣5分，漏一项扣2分，误操作扣30分
	2.5	降低机组负荷至90%额定负荷左右			
	2.6	缓慢关闭二号高压加热器抽电动隔离阀，确认抽汽止回阀关闭、抽汽管道疏水阀自动开启，高压加热器出水温度缓慢下降			
	2.7	检查调整主、再热汽温度、压力在正常范围内。检查低压旁路有否动作			
	2.8	密切监视高压加热器水位调节，检查凝结水系统运行情况，确认热井水位、除氧器水位、汽包水位正常			
	2.9	监视机组负荷变化，确认主机各监视段压力和调节级压力正常、轴向位移、各道轴承振动、金属温度、回油温度正常			
	2.10	联系巡检就地隔离二号高压加热器正常、事故疏水阀的前、后手动隔离阀			
	2.11	汇报值长：二号高压加热器由于正常疏水阀、事故疏水阀卡涩已撤出汽侧运行，机组各参数正常，可以恢复满负荷运行。通知检修二号高压加热器汽侧已撤出运行，准备进行后续的检修隔离工作			

行业：电力工程　　工种：汽轮机运行值班员　等级：技师/高技

<table>
<tr><td>编　　号</td><td colspan="2">C21C118</td><td>行为领域</td><td>e</td><td>鉴定范围</td><td>5</td></tr>
<tr><td>考核时限</td><td colspan="2">20min</td><td>题　　型</td><td>C</td><td>题　　分</td><td>30</td></tr>
<tr><td>试题正文</td><td colspan="6">汽动给水泵 A 跳闸</td></tr>
<tr><td>其他需要说明的问题和要求</td><td colspan="6">一、在仿真机上操作时，必须按仿真机的有关规定和要求进行操作
二、现场就地操作演示，不得触动运行设备
三、现场就地实际操作，必须遵守下列原则
1. 必须请示有关领导同意，并在认真监视下进行
2. 万一遇到生产事故，立即中止考核，退出现场
3. 若操作引起异常情况，则立即中止操作，恢复原状</td></tr>
<tr><td>工具、材料、设备、场地</td><td colspan="6">1. 仿真机
2. 现场设备</td></tr>
<tr><td rowspan="10">评分标准</td><td>序号</td><td colspan="2">项 目 名 称</td><td>质量要求</td><td>满分</td><td>扣　　分</td></tr>
<tr><td>1</td><td colspan="2">现象</td><td rowspan="6">现象判断正确</td><td rowspan="6">10</td><td rowspan="6">漏一项扣2分</td></tr>
<tr><td>1.1</td><td colspan="2">“汽动给水泵 A 跳闸”，“RB”报警</td></tr>
<tr><td>1.2</td><td colspan="2">CRT 上显示汽动给水泵 A 跳闸，电动给水泵自启动</td></tr>
<tr><td>1.3</td><td colspan="2">锅炉主控切至 TRACK，CCS 切至 TF 方式，主蒸汽压力控制切换至“滑压”方式，负荷指令下降</td></tr>
<tr><td>1.4</td><td colspan="2">蒸汽流量下降</td></tr>
<tr><td>1.5</td><td colspan="2">所有投自动的给煤机转速下降，最上层的制粉系统跳闸，保留下面四层制粉系统运行</td></tr>
<tr><td>2</td><td colspan="2">处理要点</td><td rowspan="2">正确处理，操作规范，顺序正确，不能有漏项</td><td rowspan="2">20</td><td rowspan="2">操作顺序颠倒扣 5 分，漏一项扣 2 分，误操作扣 30 分</td></tr>
<tr><td>2.1</td><td colspan="2">发现汽动给水泵 A 跳闸，确认电动给水泵自启动，否则立即手动启动，迅速增加电动给水泵转速，压力符合要求后，开启出口旁路阀，关小再循环阀，将电动给水泵并入运行，维持汽包水位正常</td></tr>
</table>

续表

	序号	项 目 名 称	质量要求	满分	扣　　分
评分标准	2.2	确认汽动给水泵B转速上升、出力增大，将汽动给水泵B切至手动，适当降低汽动给水泵B转速，控制流量在正常值	正确处理，操作规范，顺序正确，不能有漏项	20	操作顺序颠倒扣5分，漏一项扣2分，误操作扣30分
	2.3	确认锅炉主控切至TRACK，CCS切至TF方式，主蒸汽压力控制切换到“滑压”方式，自动发出减负荷至50%指令，投自动给煤机转速均匀下降，一台磨煤机跳闸，迅速投入油枪稳定锅炉燃烧			
	2.4	汇报值长，汽动给水泵A跳闸，电动给水泵自启，正在进行处理；通知检修到场			
	2.5	检查凝结水系统，确认热井水位、除氧器水位正常			
	2.6	维持主、再热汽温度、压力在正常范围			
	2.7	检查主机各监视段压力、轴向位移、差胀、各轴承振动、轴封系统压力、温度各参数正常			
	2.8	翻阅相关画面，确认报警，检查汽动给水泵A跳闸原因			
	2.9	联系巡检就地对汽动给水泵A进行检查			
	2.10	汇报值长：负荷稳定在50%额定负荷，汽动给水泵B和电动给水泵运行。联系检修，尽快查明故障原因，消除故障，恢复机组正常运行			

行业：电力工程　　工种：汽轮机运行值班员　等级：技师/高技

<table>
<tr><td>编　　号</td><td>C21C119</td><td>行为领域</td><td>e</td><td>鉴定范围</td><td>5</td></tr>
<tr><td>考核时限</td><td>20min</td><td>题　　型</td><td>C</td><td>题　　分</td><td>20</td></tr>
<tr><td>试题正文</td><td colspan="5">主机润滑油管道泄漏</td></tr>
<tr><td>其他需要说明的问题和要求</td><td colspan="5">一、在仿真机上操作时，必须按仿真机的有关规定和要求进行操作
二、现场就地操作演示，不得触动运行设备
三、现场就地实际操作，必须遵守下列原则
1. 必须请示有关领导同意，并在认真监视下进行
2. 万一遇到生产事故，立即中止考核，退出现场
3. 若操作引起异常情况，则立即中止操作，恢复原状</td></tr>
<tr><td>工具、材料、设备、场地</td><td colspan="5">1. 仿真机
2. 现场设备</td></tr>
<tr><td rowspan="11">评分标准</td><td>序号</td><td>项 目 名 称</td><td>质量要求</td><td>满分</td><td>扣　　分</td></tr>
<tr><td>1</td><td>现象</td><td rowspan="4">现象判断正确</td><td rowspan="4">10</td><td rowspan="4">漏一项扣3分</td></tr>
<tr><td>1.1</td><td>主油箱油位下降</td></tr>
<tr><td>1.2</td><td>润滑油供油压力下降</td></tr>
<tr><td>1.3</td><td>主机各轴承金属温度、回油温度有上升的趋势</td></tr>
<tr><td>2</td><td>处理要点</td><td rowspan="5">正确处理，操作规范，顺序正确，不能有漏项</td><td rowspan="5">20</td><td rowspan="5">操作顺序颠倒扣5分，漏一项扣1分，误操作扣30分</td></tr>
<tr><td>2.1</td><td>立即令巡检就地检查主机润滑油系统，并核对油箱油位、供油压力、温度，各道轴承回油温度、油流情况。重点对各油管路、冷油器进行检查</td></tr>
<tr><td>2.2</td><td>汇报值长，通知检修到场检查</td></tr>
<tr><td>2.3</td><td>密切监视油箱油位，降至1270mm低报警，并通知检修加油</td></tr>
<tr><td>2.4</td><td>对主机冷油器进行切换确认冷油器是否存在泄漏：对油侧进行注油放气，水侧进行注水放气，投运水侧、切换油侧，关闭原油侧、水侧</td></tr>
</table>

续表

	序号	项 目 名 称	质量要求	满分	扣 分
评分标准	2.5	巡检汇报就地油管路泄漏后，立即通知检修进行堵漏，并采取措施防止油流溅至高温管道，巡检现场监视泄漏情况，通知消防队到场	正确处理，操作规范，顺序正确，不能有漏项	20	操作顺序颠倒扣5分，漏一项扣1分，误操作扣30分
	2.6	汇报值长，快速减负荷70%			
	2.7	若不能堵漏，油位继续下降，至1200mm立即紧急停机并破坏真空			
	2.8	在就地操作台上按下“紧急停机”按钮，同时按下“紧急停炉”按钮			
	2.9	确认汽轮机跳闸、MFT、发电机开关跳闸大屏报警			
	2.10	汇报值长，令相关岗位MFT后对锅炉侧进行全面检查，发电机跳闸后对电气侧进行全面检查			
	2.11	确认主机转速下降			
	2.12	确认高中压主汽阀、调节汽门、高排止回阀、各级抽汽电动阀及止回阀关闭，疏水阀开启			
	2.13	确认高压缸通风阀开启			
	2.14	检查主机交流润滑油泵自启，注意润滑油压力的变化			

续表

<table>
<tr><td></td><td>序号</td><td>项 目 名 称</td><td>质量要求</td><td>满分</td><td>扣　　分</td></tr>
<tr><td rowspan="12">评分标准</td><td>2.15</td><td>开启真空破坏阀，确认真空泵跳闸，真空下降；真空到零后，停运轴封系统</td><td rowspan="12">正确处理，操作规范，顺序正确，不能有漏项</td><td rowspan="12">20</td><td rowspan="12">操作顺序颠倒扣5分，漏一项扣 1分，误操作扣30分</td></tr>
<tr><td>2.16</td><td>停运主机 EHC 油泵</td></tr>
<tr><td>2.17</td><td>监视主机惰走时，TSI 各参数，确认正常；派巡检对主机本体进行检查、听音</td></tr>
<tr><td>2.18</td><td>顶轴油泵在汽轮机转速2000r/min 时自启动，检查顶轴油压力正常</td></tr>
<tr><td>2.19</td><td>确认汽动给水泵跳闸，电动给水泵未自启；对给水泵组进行跳闸后的检查与确认</td></tr>
<tr><td>2.20</td><td>确认高低压旁路阀关闭</td></tr>
<tr><td>2.21</td><td>检查低压缸排汽温度，投入后缸喷水减温阀</td></tr>
<tr><td>2.22</td><td>检查凝汽器疏水扩容器温度，开启疏扩减温水以控制疏扩温度</td></tr>
<tr><td>2.23</td><td>主机转速至零后，投运盘车；记录大轴偏心度及汽轮机惰走时间</td></tr>
<tr><td>2.24</td><td>给水泵汽轮机转速到零后，投入盘车</td></tr>
<tr><td>2.25</td><td>对其他系统进行全面检查与确认</td></tr>
<tr><td>2.26</td><td>在 DEH 里，检查确认汽轮机跳闸首出原因</td></tr>
</table>

5 试卷样例

中级汽轮机运行值班员知识要求试卷

一、选择题（每题 2 分，共 20 分）

下列每题都有 4 个答案，其中只有 1 个正确答案，将正确答案的序号填入括号内。

1. 蒸汽在汽轮机内的膨胀过程可以看作是（D）。

（A）等温过程；（B）等压过程；（C）等容过程；（D）绝热过程。

2. 引起流体流动时能量损失的主要原因是（C）。

（A）流体的压缩性；（B）流体的膨胀性；（C）流体的黏滞性；（D）流体的特性。

3. 高压加热器运行中，水侧压力（B）汽侧压力。为保证汽轮机安全运行，在高压加热器水侧设自动旁路保护装置。

（A）低于；（B）高于；（C）等于；（D）不等。

4. 汽轮机通流部分结了盐垢时，轴向推力（A）。

（A）增大；（B）减小；（C）基本不变；（D）稍减小。

5. 汽轮机热态启动时油温不得低于（C）。

（A）30℃；（B）35℃；（C）38℃；（D）45℃。

6. 大容量汽轮机停机从 3000r/min 打闸时，高、中、低压差胀都有不同程度的向正值突增，（C）突增的幅度最大。

（A）高压胀差；（B）中压胀差；（C）低压胀差；（D）高、中压胀差。

7. 汽轮机串轴保护应在（C）投入。

（A）带部分负荷后；（B）定转后；（C）冲转前；（D）带满负荷后。

8. 汽轮机凝汽器真空应维持（C）才是最有利的。

（A）高真空下运行；（B）低真空下运行；（C）经济真空下运行；（D）较低真空下运行。

9. 凝汽式汽轮机正常运行中当主蒸汽流量增加时，它的轴向推力（A）。

（A）增加；（B）减小；（C）不变；（D）基本不变。

10. 汽轮机运行中，当发现凝结水泵流量增加，电流增大，负荷没变，真空有所增加时，应判断为（B），并通过化验水质确定。

（A）低压加热器铜管泄漏；（B）凝汽器铜管泄漏；（C）逆止门不严，向凝汽器返水；（D）补水门误开。

二、判断题（每题 1.5 分，共 30 分）

判断下列描述是否正确，正确的在括号内打“√”，错误的在括号内打“×”。

1. 蒸汽流经喷嘴时，热能转变为动能，所以蒸汽流速增加了。（√）

2. 在压力管道中，由于压力的急剧变化，从而造成液体流速显著的反复变化，这种现象称为水锤。（×）

3. 主蒸汽管道保温后可以防止热传递过程的发生。（×）

4. 火力发电厂中，除氧器以外的回热加热器普遍采用表面式加热器，其主要原因是表面式加热器的传热效果好。（×）

5. 凝汽式汽轮机当蒸汽流量变化时，不会影响机组的效率，因各中间级焓降不变，故效率也不变。（×）

6. 在热力循环中，降低蒸汽的排汽压力是提高热效率的方法之一。（√）

7. 由于中间再热的采用，削弱了给水回热的效果。（√）

8. 汽轮机热态启动时先供轴封汽后抽真空。（√）

9. 汽轮机能维持空负荷运行，就能在甩负荷后维持额定转速。（×）

10. 真空系统和负压设备漏空气，将使抽气器冒汽量增大且真空不稳。（√）

11. 汽轮机运行中当工况变化时，推力盘有时靠近工作瓦块，有时靠近非工作瓦块。（√）

12. 汽轮机调速系统迟缓率过大，在汽轮发电机并网后，将引起负荷摆动。（√）

13. 用来测量热工参数的仪表叫热工仪表。（√）

14. 进入汽轮机运转现场人员应戴安全帽。（√）

15. 提高蒸汽品质应从提高凝结水、补给水品质着手。（√）

16. 汽轮机滑销系统的作用在于防止汽缸受热位移而保持汽缸与转子的中心线一致。（×）

17. 汽轮机轴封系统的作用是为了防止汽缸内的蒸汽向大气泄漏。（×）

18. 多级汽轮机的各级叶轮面上一般都有5～7个水平孔，用来平衡两侧压差，以减小轴向推力。（×）

19. 汽轮机汽缸的进汽室是汽缸中承受压力最高的区域。（√）

20. 汽轮机转动部分包括轴、汽室、叶轮、叶栅等部件。（×）

三、简答题（每题5分，共30分）

1. 什么叫汽轮机的级组?

答：在多级汽轮机中，流通面积不变，流量相等的若干相邻单级的组合称为级组。每一台多级汽轮机都可根据上述条件划分成若干个级组。由于级组的各级通流面积保持一定且流量相等，故可把一个级组的变工况当作一个级的变工况来看待。

2. 汽轮机主蒸汽温度不变时，主蒸汽压力过高有哪些危害?

答：在主蒸汽温度不变的情况下，主蒸汽压力升高时：

（1）机组的末几级的蒸汽湿度增大，使末几级动叶片的工作条件恶化，水冲刷加重。对于高温高压机组来说，主蒸汽压力升高0.5MPa，其湿度增加约2%。

（2）主蒸汽压力升高，使调节级焓降增加，将造成调节级动叶片过负荷。

（3）主蒸汽压力过高，会引起主蒸汽承压部件的应力增高，将会缩短部件使用寿命，并可能造成这些部件的变形，以至于损坏部件。

3. 汽轮机自动保护装置的作用是什么?

答： 当汽轮机设备运行工况发生异常或某些参数超越允许值时，发出报警信号，同时自动保护装置动作，停止设备运行，避免设备损坏和保证人身安全。

4. 说明冲动式汽轮机的基本工作原理。

答： 具有一定压力和温度的蒸汽进入喷嘴后，由于喷嘴截面形状沿汽流方向变化，蒸汽的压力温度降低，比体积增大，流速增加，即蒸汽在喷嘴中膨胀加速，热能转变成动能，具有较高速度的蒸汽由喷嘴流出，进入动叶片流道，在弯曲的动叶片流道内改变汽流方向，蒸汽给动叶片以冲动力，产生了使叶片旋转的力矩，带动主轴旋转，输出机械功，将动能转变成机械能。

5. 造成汽轮机超速主要原因有哪些?

答： 造成汽轮机超速主要有以下原因：

（1）汽轮机调速系统有缺陷，甩负荷后不能维持空载运行。

（2）汽轮机超速保护故障。

（3）自动主汽门、调速汽门或抽汽逆止门不严。

6. 简答汽轮机热态启动中的注意事项。

答： 汽轮机热态启动中应注意以下事项：

（1）先供轴封蒸汽，后抽真空。

（2）加强监视振动，如突然发生较大振动，必须打闸停机，查清原因，消除后可重新启动。

（3）蒸汽温度不应出现下降情况，注意汽缸金属温度不应下降，若出现温度下降，无其他原因时应尽快升速、并列、带负荷。

（4）注意相对膨胀，当负值增加时应尽快升速，必要时采取措施控制负值在规定范围内。

（5）真空应保持高些。

（6）冷油器出口油温不低于 38℃。

四、计算题（每题 5 分，共 10 分）

1. 某循环热源温度 t_1 为 527℃，冷源温度 t_2 为 27℃，在此温度范围内循环可能达到的最大热效率 η_{max} 是多少？

解： $\eta_{max}=1-T_2/T_1$

$=1-(t_2+273)/(t_1+273)$

$=1-(27+273)/(527+273)$

$=0.625$

$=62.5\%$

答： 在此温度范围内循环可能达到的最大效率为 62.5%。

2. N1000–90–525 型汽轮机，在经济工况下运行，调节级室压力 p_0 为 4.4MPa，流量 q_m=100kg/s，运行一段时间后，调节级室压力 p_0' 为 4MPa，求蒸汽流量 q_m'？

解： $$q_m'=\frac{p_0'q_m}{p_0}=\frac{4\times100}{4.4}=90.9\ (\text{kg/s})$$

答： 蒸汽流量为 90.9kg/s。

五、绘图题（每题 5 分，共 10 分）

1. 画出朗肯循环热力设备系统图。

答： 见图 1。

2. 画出汽轮机轴封系统示意图。

答： 见图 2。

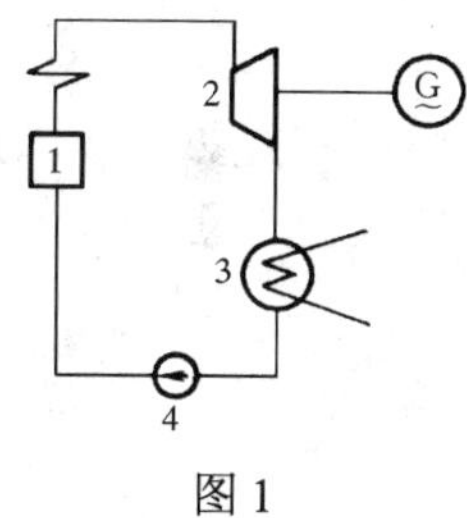

图 1

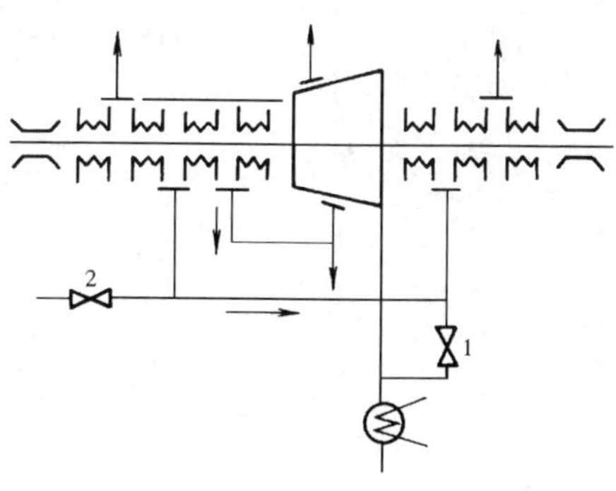

图 2

中级汽轮机运行值班员技能要求试卷

一、汽轮机真空系统严密性试验

二、汽轮机严重超速事故处理

三、汽轮机冷态启动、并列和带负荷操作

中级汽轮机运行值班员技能要求试卷（答案见下表）

一、答

<table>
<tr><td colspan="2">编　　号</td><td>C4A1</td><td>行为领域</td><td>e</td><td>鉴定范围</td><td>6</td></tr>
<tr><td colspan="2">考核时限</td><td>25min</td><td>题　　型</td><td>A</td><td>题　　分</td><td>20</td></tr>
<tr><td colspan="2">试题正文</td><td colspan="5">汽轮机真空系统严密性试验</td></tr>
<tr><td colspan="2">其他需要说明的问题和要求</td><td colspan="5">一、在仿真机上操作时，必须按仿真机的有关规定和要求进行操作
二、现场就地操作演示，不得触动运行设备
三、现场就地实际操作，必须遵守下列原则
1. 必须请示有关领导同意，并在认真监视下进行
2. 万一遇到生产事故，立即中止考核，退出现场
3. 若操作引起异常情况，则立即中止操作，恢复原状</td></tr>
<tr><td colspan="2">工具、材料、设备、场地</td><td colspan="5">1. 仿真机
2. 现场设备</td></tr>
<tr><td rowspan="13">评
分
标
准</td><td>序号</td><td colspan="5">项　目　名　称</td></tr>
<tr><td>1</td><td colspan="5">联系值长（或有关岗位做真空系统严密性试验）</td></tr>
<tr><td>2</td><td colspan="5">机组负荷在额定负荷的80%以上进行</td></tr>
<tr><td>3</td><td colspan="5">关闭抽气器空气门，每分钟记录真空表读数，记录5min结束。计算真空每分钟平均下降值</td></tr>
<tr><td>4</td><td colspan="5">试验过程中，凝汽器真空下降至85kPa时，试验立即停止恢复</td></tr>
<tr><td>质量要求</td><td colspan="5">严格按运行规程规定执行
操作程序不准颠倒或漏项
操作完毕应向上级汇报并记录时间</td></tr>
<tr><td rowspan="6">得分与扣分</td><td colspan="5">1. 操作顺序颠倒，扣1～4分。如因操作颠倒导致无法继续，该题不得分</td></tr>
<tr><td colspan="5">2. 操作漏项扣1～4分。如因漏项使操作必须重新开始，但不导致不良后果的，扣该题总分的50%；如导致不良后果的，该题不得分</td></tr>
<tr><td colspan="5">3. 每项操作后必须检查操作结果，再开始下一步操作，否则，扣1～4分</td></tr>
<tr><td colspan="5">4. 因误操作致使过程延误，但不造成不良后果的，扣该题总分的50%；造成不良后果的，该题不得分</td></tr>
<tr><td colspan="5">5. 每项操作结束后，应有汇报、记录，否则，该题扣1～4分</td></tr>
<tr><td colspan="5">6. 对操作过程中违反安全规程及运行规程的，一票否决</td></tr>
</table>

二、答

<table>
<tr><td colspan="2">编　　号</td><td>C4B2</td><td>行为领域</td><td>e</td><td>鉴定范围</td><td>5</td></tr>
<tr><td colspan="2">考核时限</td><td>30min</td><td>题　　型</td><td>B</td><td>题　　分</td><td>30</td></tr>
<tr><td colspan="2">试题正文</td><td colspan="5">汽轮机严重超速事故的处理</td></tr>
<tr><td colspan="2">其他需要说明的问题和要求</td><td colspan="5">一、在仿真机上操作时，必须按仿真机的有关规定和要求进行操作
二、现场就地操作演示，不得触动运行设备
三、现场就地实际操作，必须遵守下列原则：
1. 必须请示有关领导同意，并在认真监视下进行
2. 万一遇到生产事故，立即中止考核，退出现场
3. 若操作引起异常情况，则立即中止操作，恢复原状</td></tr>
<tr><td colspan="2">工具、材料、设备、场地</td><td colspan="5">1. 仿真机
2. 现场设备</td></tr>
<tr><td rowspan="22">评分标准</td><td>序号</td><td colspan="5">项　目　名　称</td></tr>
<tr><td>1
1.1
1.2
1.3
1.4</td><td colspan="5">现象
负荷及调节级压力到0
机组转速上升至危急保安器动作值及以上
汽轮机发出不正常的异声及振动增大
调节油压及一次油压迅速上升</td></tr>
<tr><td>2
2.1
2.2
2.3
2.4
2.5</td><td colspan="5">处理
立即破坏真空紧急停机，手动脱扣汽轮机，检查TV.GV.IV.RSV及各级抽汽门和逆止阀均关闭，转速应下降
检查高低压旁路动作正常
倾听汽轮机内部声音，记录惰走时间
对机组全面检查，并查明原因，待缺陷消除后，方可启动
必须进行危急保安器超速试验，合格后才能并网</td></tr>
<tr><td>质量要求</td><td colspan="5">分析准确、调整迅速
严格按运行规程规定处理
处理完毕及时汇报</td></tr>
<tr><td rowspan="7">得分与扣分</td><td colspan="5">1. 操作顺序颠倒，扣1～4分。如因操作颠倒导致无法继续的，该题不得分</td></tr>
<tr><td colspan="5">2. 操作漏项扣1～4分。如因漏项使操作必须重新开始，但不导致不良后果的，扣该题总分的50%；如导致不良后果的，该题不得分</td></tr>
<tr><td colspan="5">3. 每项操作后必须检查操作结果，再开始下一步操作，否则，扣1～4分</td></tr>
<tr><td colspan="5">4. 因误操作致使过程延误，但不造成不良后果的，扣该题总分的50%；造成不良后果的，该题不得分</td></tr>
<tr><td colspan="5">5. 每项操作结束后，应有汇报、记录，否则，该题扣1～4分</td></tr>
<tr><td colspan="5">6. 故障分析判断错误，该题不得分。如故障分析不全面、不准确，但不影响事故处理，扣该题总分的50%；如因故障分析不全面、不准确而导致事故扩大的，该题不得分</td></tr>
<tr><td colspan="5">7. 对操作过程中违反安全规程及运行规程的，一票否决</td></tr>
</table>

三、答

<table>
<tr><td>编　　号</td><td>C4C3</td><td>行为领域</td><td>e</td><td>鉴定范围</td><td>1</td></tr>
<tr><td>考核时限</td><td>30min</td><td>题　　型</td><td>C</td><td>题　　分</td><td>50</td></tr>
<tr><td>试题正文</td><td colspan="5">汽轮机冷态启动、并列和带负荷操作</td></tr>
<tr><td>其他需要说明的问题和要求</td><td colspan="5">一、在仿真机上操作时，必须按仿真机的有关规定和要求进行操作
二、现场就地操作演示，不得触动运行设备
三、现场就地实际操作，必须遵守下列原则
1. 必须请示有关领导同意，并在认真监视下进行
2. 万一遇到生产事故，立即中止考核，退出现场
3. 若操作引起异常情况，则立即中止操作，恢复原状</td></tr>
<tr><td>工具、材料、设备、场地</td><td colspan="5">1. 仿真机
2. 现场设备</td></tr>
<tr><td rowspan="14">评分标准</td><td>序号</td><td colspan="4">项　目　名　称</td></tr>
<tr><td>1</td><td colspan="4">联系锅炉保持蒸汽参数稳定，逐渐开大调速汽门增加负荷，进行低负荷暖机</td></tr>
<tr><td>2</td><td colspan="4">根据锅炉需要逐步关闭一、二级旁路</td></tr>
<tr><td>3</td><td colspan="4">调速汽门接近全开后，联系锅炉按冷态启动曲线升温、升压、增加负荷，在不同负荷下暖机（按电厂规程）</td></tr>
<tr><td>4</td><td colspan="4">根据规程规定关闭有关疏水、高压加热器投用、汽加热投用、除氧器汽源切换及有关调节工作</td></tr>
<tr><td>5</td><td colspan="4">注意汽缸金属温度、差胀、串轴、缸胀、振动等参数变化正常</td></tr>
<tr><td>6</td><td colspan="4">当主蒸汽压力接近额定参数时，保持负荷不变，逐渐关小调速汽门定压运行</td></tr>
<tr><td>质量要求</td><td colspan="4">严格按运行规程规定执行
操作程序不准颠倒或漏项
操作完毕应向上级汇报并记录时间</td></tr>
<tr><td rowspan="6">得分与扣分</td><td colspan="4">1. 操作顺序颠倒，扣1～5分。如因操作颠倒导致无法继续的，该题不得分</td></tr>
<tr><td colspan="4">2. 操作漏项扣1～5分。如因漏项使操作必须重新开始，但不导致不良后果的，扣该题总分的50%；如导致不良后果的，该题不得分</td></tr>
<tr><td colspan="4">3. 每项操作后必须检查操作结果，再开始下一步操作，否则，扣1～5分</td></tr>
<tr><td colspan="4">4. 因误操作致使过程延误，但不造成不良后果的，扣该题总分的50%；造成不良后果的，该题不得分</td></tr>
<tr><td colspan="4">5. 每项操作结束后，应有汇报、记录，否则，该题扣1～5分</td></tr>
<tr><td colspan="4">6. 对操作过程中违反安全规程及运行规程的，一票否决</td></tr>
</table>

6 组卷方案

6.1 理论知识考试组卷方案

技能鉴定理论知识试卷每卷不应少于五种题型，其题量不少于50题，每题分值不超过5分。试卷的题型与题量分配见下表：

试卷的题型与题量分配表

题 型	鉴定工种等级		配 分	
	初、中级工	高级工、技师	初、中级工	高级工、技师
选择题	25～30题（1分/题）	25题（1分/题）	25～30	25
判断题	25～30题（1分/题）	25题（1分/题）	25～30	25
简答题	6～4题（5分/题）	4题（5分/题）	30～20	20
计算题	2题（5分/题）	2题（5分/题）	10	10
识绘图	2题（5分/题）	2题（5分/题）	10	10
论述题		2题（5分/题）		10
总 计	50～68	50	100	100

高级技师组卷参照技师试卷命题，但要加大难度，以综合性、论述性内容为主。

6.2 技能操作考核方案

对于技能操作试卷，库内每一个工种的各技术等级下，应最少保证有5套试卷（考核方案），每套试卷应由2～3项典型操作或标准化作业组成，其选项内容互为补充，不得重复。

技能操作考核由实际操作与口试或技术答辩两项内容组成，初、中级工实际操作加口试进行，技术答辩一般只在高级工、技师、高级技师中进行，并根据实际情况确定其组织方式和答辩内容。